基于人工智能的信息技术基础

○ 主　编　张玉玲　李　梅
○ 副主编　孙中红　杨延村　邓　华

中国教育出版传媒集团
高等教育出版社·北京

内容提要

本书按照教育部高等学校大学计算机课程教学指导委员会组织制订的《新时代大学计算机课程教学基本要求》编写。本书采用"案例引导、任务驱动"的编写思路,案例紧贴学生实际需求,着重培养学生的计算思维能力,内容紧密结合国家信创产业发展重大战略需求,引入了国产操作系统与国产办公软件。

全书分为上、下两篇,上篇基础篇着重培养学生使用麒麟操作系统和 WPS Office 等国产软件的能力,内容涵盖信息技术与计算思维、计算机系统、WPS 文字处理高级应用、WPS 数据处理高级应用、WPS 演示文稿高级应用。下篇高级篇着重通过 Python 编程培养学生的计算思维能力,并简要介绍了当前的前沿技术,内容涵盖算法与程序设计、人工智能技术基础、云计算与大数据、物联网与区块链、计算机与人工智能伦理。

本书内容丰富、与时俱进、案例典型、图文并茂,既注重思维培养,又兼顾应用需求,为提高读者的实际操作能力,还配备了实验教材以供练习。本书可作为高等学校大学计算机通识课程的教材。

图书在版编目(CIP)数据

基于人工智能的信息技术基础 / 张玉玲,李梅主编;孙中红,杨延村,邓华副主编 . -- 北京:高等教育出版社,2024.9(2025.3重印). -- ISBN 978-7-04-063107-4

Ⅰ. TP18

中国国家版本馆 CIP 数据核字第 2024DQ8296 号

Jiyu Rengong Zhineng de Xinxi Jishu Jichu

| 策划编辑 | 张 曦 | 责任编辑 | 刘 娟 | 封面设计 | 张申申 张 志 | 版式设计 | 马 云 |
| 责任绘图 | 杨伟露 | 责任校对 | 刁丽丽 | 责任印制 | 张益豪 | | |

出版发行	高等教育出版社	网 址	http://www.hep.edu.cn
社 址	北京市西城区德外大街 4 号		http://www.hep.com.cn
邮政编码	100120	网上订购	http://www.hepmall.com.cn
印 刷	北京鑫海金澳胶印有限公司		http://www.hepmall.com
开 本	787mm×1092mm 1/16		http://www.hepmall.cn
印 张	21.5		
字 数	470千字	版 次	2024 年 9 月第 1 版
购书热线	010-58581118	印 次	2025 年 3 月第 4 次印刷
咨询电话	400-810-0598	定 价	43.80 元

前　言

近年来,以物联网、云计算、大数据、人工智能和区块链为代表的新一代信息技术快速发展,并与各类专业不断交叉与融合,催生了新工科、新文科、新医科和新农科"四新"专业体系。在新的形势下,大学计算机基础课程教学需要与时俱进,守正创新,不仅要强化对学生计算思维能力的培养,同时要推进物联网、大数据、人工智能等新技术的普及。在上述背景下,本书以立德树人教育理念为指导,以培养学生计算思维和信息素养为目标,建设体现前沿性和时代性、体现交叉融合新工科为特征的知识体系。具体地,本书具有以下特色:

1. 结合国家信创产业发展需求,培养学生的自主创新意识。

通过在教材中引入麒麟操作系统和 WPS 办公软件的教学,激发学生的自主创新意识,帮助他们更快地适应和熟悉国产软件,为未来职场生涯做好准备。

2. 紧跟人工智能等新技术的发展,培养学生的信息素养。

将人工智能、大数据、云计算、物联网技术等新一代信息技术融入教材,不仅能够强化对学生计算思维能力的培养,同时还能推进人工智能等新技术的普及。

3. 引入科技伦理教育,培养学生的社会责任感。

在学生学习和应用信息技术的过程中,引导他们思考科技发展对社会、经济、环境和人类的影响,培养他们的计算机和人工智能伦理意识,以及负责任的科技使用态度,注重数据的合法性、隐私的尊重和数据安全的保护。

4. 融合课程思政,体现立德树人教育理念。

教材中每章的"阅读与思考"部分渗透了激发学生的家国情怀、科学创新精神和工匠精神的内容,用于培养学生正确的价值观和科学观。这样在不影响介绍计算机专业知识的同时,也使学生的思想道德修养得到了熏陶,实现了专业知识教育与思想政治教育的有机结合,落实了立德树人的根本任务。

5. 案例凸显综合应用,具有实际应用价值。

本书以案例为线索,围绕着应用组织教学内容。例如,毕业论文的组织与编排、期末考试成绩的统计与分析、企业介绍等。这种做法充分反映了创新应用型人才培养模式,有利于激发学生的创新潜能,并使他们所学的知识更具有实际应用价值。

本书内容丰富、选材新颖、层次清晰、文字流畅,融入课程思政元素,涵盖了目前计算机应用的各个方面。全书分为上、下两篇,上篇基础篇共 5 章,内容涵盖信息技术与计算思维、计算机系统、WPS 文字处理高级应用、WPS 数据处理高级应用、WPS 演示文稿高级应用;下篇高级篇共 5 章,内容涵盖算法与程序设计、人工智能技术基础、云计算与大数据、物联网与区块链、计算机与人工智能伦理。本书还配套有《基于人工智能的信息技术基础实验指导》。

　　本书的出版受到山东省本科教学改革研究重点项目(Z2023310)和教育部高等学校大学计算机课程教学指导委员会项目的资助,也得到麒麟软件有限公司苏胜男等老师的大力支持,在此深表感谢。由于作者水平有限,对有些知识的理解和研究不够深入,书中难免有疏漏和不妥之处,敬请广大读者批评指正!编者邮箱为 30865684@qq.com。

编　者

2024 年 7 月 17 日

目　录

上篇　基　础　篇

下篇　高　级　篇

上篇 基 础 篇

第1章 信息技术与计算思维

进入21世纪以来,信息技术进一步重构现代社会的生产力和生产关系。随着物联网、大数据、人工智能等新一代信息技术的广泛应用,人们前所未有地感受到信息化带来的冲击与社会变革。在信息社会中,信息素养和计算思维能力已经成为新时代大学生人才素质的基本要求。

本章从利用计算机进行信息处理的角度,介绍信息、信息技术、计算思维的基本概念与基础知识。

1.1 信息的基本概念

1.1.1 信息的概念

我们生活在一个信息大爆炸的时代,文字、影像、语言、鸟鸣、花香……我们的五官每天感知到大量的信息,那么信息究竟是什么呢?

信息自古就有,上古人类结绳记事属于信息的记录,烽火狼烟、旗语信鸽属于信息的传递,李清照有诗云"不乞隋珠与和璧,只乞乡关新信息"。但是当时人们并没有意识到信息的存在。美国数学家、控制论的主要奠基人维纳说:"信息就是信息,既不是物质也不是能量",这句话起初被人批评为唯心主义,也有人笑话维纳"说了等于没说"。但是人们后来才意识到,正是维纳揭示了信息的特质,即信息是独立于物质和能量之外存在于客观世界的第三要素。没有物质,什么都不存在,没有能量,什么都不会发生,没有信息,什么都没有意义。

信息的概念十分广泛,不同的科学家从不同的角度给出定义。数学家认为"信息是使概率分布发生改变的东西",哲学家认为"信息是物质成分的意识成分按完全特殊的方式融合起来的产物",另外还有"信息是事物之间的差异""信息是用于消除不确定性的东西""信息就是一种消息"……。1948年,美国数学家香农发表了《通信的数学理论》一文,以概率论为工具,阐述了通信的一系列基本问题,给出了信息量的计算方法,从而创立了"信息论"这一学科。从香农信息论的角度出发,可以对信息下这样的定义:信息是对事物运动状态和变化方式的表征,它存在于任何事物当中,可以被认识的主体(生物或机器)获取和利用。

1.1.2　信息的性质与分类

信息具有如下重要的特征:

① 存在的普遍性:信息的本质是运动和变化,绝对静止的事物是没有的,因此,信息普遍存在。

② 有序性:信息可以用来消除不确定性,要使一个系统从无序变为有序,必须从外界获取信息。

③ 相对性:仁者见仁,智者见智,对于同一个事物,不同的观察者所获得的信息量可能不同。

④ 可度量性:信息量的大小是可以度量的,事件发生的概率越小,此事件含有的信息量越大。

⑤ 可扩充性:信息是不断扩充的,例如,人类对于宇宙的认识也是在不断扩充的。

⑥ 可存储、传输与携带性:信息依附于物质载体,可以通过信息载体进行存储、传输与携带。

⑦ 可压缩性:人们获取信息之后,往往需要进行整理、概括、归纳,从而使信息更加精练、可靠。

⑧ 可替代性:信息能够替代劳动力、资本甚至时间,及时有效地利用信息可以节省时间,创造财富。

⑨ 可扩散性:信息可以在短时间内快速扩散,例如,通过广播、互联网等,顷刻间可以传遍全球。

⑩ 可共享性:信息可以共享,例如,教师将知识传授给学生,教师并不会失去这些知识。

⑪ 时效性:过时的信息会失去价值。例如,过时的新闻无法引起人们的兴趣,丧失了新闻本身的意义。

信息分类有很多不同的方法:

① 从信息的传递方向分:前馈信息、反馈信息。

② 从信息的应用领域分:工业信息、农业信息、军事信息、政治信息、科技信息、文化信息等。

③ 从信息源的性质分:语音信息、图像信息、文字信息等。

④ 从信息的载体分:电子信息、光学信息、生物信息等。

⑤ 从携带信息的信号形式分:连续信息、离散信息等。

⑥ 从信息的性质分:语法信息、语义信息和语用信息。这是信息分类中最重要的一种。语法信息指事物运动的状态和状态改变方式本身,它不涉及这些状态的含义和效用。语义信息指信息的具体含义。语用信息指信息的主观价值、实际效用。

1.1.3 信息的发展阶段

人类历史已先后经历过五个阶段的信息变革。

1. 第一阶段:语言的产生

科学家研究发现,30万年前的智人已经具备了语言能力,4万年前的人类遗迹表明当时的人类已经具备语言交流所需的抽象思维能力。原始人群只能通过简单的动作和声音来互相传递信息,通过不断地磨炼和积累,促使了器官的进化和完善,终于创造并使用语言,从而推动了交流和交往,更重要的是扩大了人们的记忆领域,刺激大脑的进化,促使了人类最初思维能力的升华。语言的产生是从猿进化到人的重要标志,是信息交换的第一载体。

2. 第二阶段:文字的创造

浙江平湖庄桥坟遗址表明,大约在距今5 000年前,良渚先民就开始使用文字(图1.1)。公元前1600年的殷商时期,中国人创造了甲骨文(图1.2),公元前220年秦始皇统一了汉字,两者皆为现代汉字和简化汉字的发展奠定了基础。在文字成为信息的载体之后,信息的存储和传递第一次脱离了时间和空间的限制,大大促进了信息的流动。文字使口语传递的信息存储下来,逐步积累,并加以系统化形成知识。文字完成了人类文明从以天然物质为载体到以人工符号为载体的飞跃,使人类进入有史文明时代,加速了人类文明的进步与变革。

图1.1 庄桥坟遗址出土的一件石钺上的原始文字　　　图1.2 甲骨文

3. 第三个阶段:造纸和印刷术的发明

公元105年,我国东汉的蔡伦发明了一套较为完善的造纸方法(图1.3),使造纸技术有了飞跃的进步,并流传至世界各地。东汉末年,我国劳动人民在总结石刻和印章经验的基础上,创造了拓印法,后在隋朝发展成为雕版印刷。公元1041—1048年间,毕昇发明了活字印刷术(图1.4),为现代印刷术和印刷机的发展奠定了基本原理,成为印刷史上的一次革命,使人类文化传播上升到批量阶段,推动着人类信息大量生产、规模复制、加速交流和广泛传播,极大地推动了人类文明进步。

图 1.3 造纸术　　　　　　　　　　　　　　图 1.4 活字印刷术

4. 第四个阶段：电报电话的发明

1837 年，美国人摩尔斯和两个英国工程师库克、怀斯顿几乎同时发明了电报（图 1.5 所示为莫尔斯电报码），使得人类历史上第一次有可能克服距离的障碍而达到通信的目的。1876 年，贝尔发明了第一部实用电话（图 1.6 所示），其所采用的电声和声电变换技术成为后来各种各样的电子录音设备的基础。电报、电话逐步取代信件传递成为主要通信方式。由此开始，信息载体是每秒 30 万千米的电磁波，使信息瞬间传遍全球，同时也催化了科学技术更加迅猛地发展，推动了工业社会的全面革新，使人类文明在短短几十年时间内超越了以前几个世纪。

图 1.5 摩尔斯电报码　　　　　　　　　　图 1.6 贝尔与他发明的电话

5. 第五个阶段：计算机和互联网的诞生

1946 年，第一台电子数字计算机在美国诞生，随着互联网及微处理芯片的发明，以计算机技术与新一代通信技术的有机结合为开端，人类迎来了数字计算和数字化新时代。电子计算机使劳动工具从体力的延伸发展到脑力的延伸，计算机网络在社会生产、生活中的广泛应用，引起了从生产工具到劳动对象再到生产的组织管理的一系列变革，这已不只是一种科技现象,更是一种经济、政治、文化、社会现象,促进了生产力的飞跃。

6. 第六个阶段

进入 21 世纪以来,随着云计算、物联网、移动互联网、大数据、人工智能等新一代信息技术的产生,人类社会进入了以云、物、移、大、智为核心的发展阶段。习近平总书记指出:"从社会发展史看,人类经历了农业革命、工业革命,正在经历信息革命。""信息化为中华民族带来了千载难逢的机遇。"

1.2　信息的表示

信息的形式多种多样,如文字、符号、数值、图形、图像、音频、视频等,这些信息形式在计算机中都是以数字的形式表示的,因此我们必须先要了解数的表示与信息的数字编码。

1.2.1　数制与编码

数制也称计数制,是指用一组固定的符号和统一的规则来表示数值的方法。按进位的方法进行计数,称为进位计数制,简称为进制。人们最常用的是十进位计数制,即按照逢十进一的原则进行计数。通常采用的进制还有二进制、八进制、十二进制、十六进制、六十进制等。例如,12 个月是 1 年,采用的是十二进制;60 秒是 1 分钟,采用的是六十进制。计算机科学中经常使用的是十进制、二进制、八进制、十六进制。

这些进制中都涉及 3 个基本要素:数符、基数和位权。

1. 进制的三要素

(1)数符

数符是一组用来表示某种数制的符号,也叫数码。例如,十进制的数码是 0、1、2、3、4、5、6、7、8、9,二进制的数码是 0、1。

(2)基数

基数是某数制可以使用的数码个数。

十进制数有 0、1、2、3、4、5、6、7、8、9 这 10 个数字符号,基数是 10。运算规则:逢十进一,借一当十。

二进制数有 0、1 两个数字符号,基数是 2。运算规则:逢二进一,借一当二。

八进制数有 0、1、2、3、4、5、6、7 这 8 个数字符号,基数是 8。运算规则:逢八进一,借一当八。

十六进制数有 0、1、2、3、4、5、6、7、8、9、10、11、12、13、14、15 这 16 个数字符号,基数是 16。运算规则:逢十六进一,借一当十六。

> 注意:为了区别于十进制数的 10、11、12、13、14、15,规定在书写时将十六进制数的 10、11、12、13、14、15 分别用字母 A、B、C、D、E、F 来表示。

（3）位权

数码在一个数中所处的位置叫作数位。以十进制为例,十进制整数中的数位是从右往左逐渐变大:第一位是个位,第二位是十位,第三位是百位,第四位是千位,第五位是万位,以此类推。同一个数码,由于所在数位不同,计数单位不同,所表示数值的大小也就不同。例如,十进制整数 666,个位上的数码 6 表示的数值是 6,即 6 与 1（10^0）的乘积;十位上的数码 6 表示的数值是 60,即 6 与 10（10^1）的乘积;百位上的数码 6 表示的数值是 600,即 6 与 100（10^2）的乘积。一（个）、十、百、千、万……,即 10^0、10^1、10^2、10^3、10^4……,都是计数单位。数制中每一数位对应的计数单位值称为位权,简称为“权”,位权的值等于基数的整数次幂。某一位数码代表的数值的大小是指该位的数码与位权的乘积,因此,任何一种进制数都可以写成按位权展开的形式。例如,不同进制数的按权展开式如下:

十进制数:$143.75 = 1 \times 10^2 + 4 \times 10^1 + 3 \times 10^0 + 7 \times 10^{-1} + 5 \times 10^{-2}$

二进制数:$(101.11)_2 = 1 \times 2^2 + 0 \times 2^1 + 1 \times 2^0 + 1 \times 2^{-1} + 1 \times 2^{-2}$

八进制数:$(37.41)_8 = 3 \times 8^1 + 7 \times 8^0 + 4 \times 8^{-1} + 1 \times 8^{-2}$

十六进制数:$(2A.7F)_{16} = 2 \times 16^1 + 10 \times 16^0 + 7 \times 16^{-1} + 15 \times 16^{-2}$

……

那么,具有 n 位整数、m 位小数的 R 进制数 N,可以按位权展开表示成如下形式:

$$(N)_r = (D_{n-1}D_{n-2}\cdots D_1 D_0 \cdot D_{-1}D_{-2}\cdots D_{-m+1}D_{-m})_r$$
$$= \sum_{i=0}^{n-1} D_i r^i + \sum_{j=-1}^{-m} D_j r^j$$
$$= D_{n-1}r^{n-1} + D_{n-2}r^{n-2} + \cdots + D_1 r^1 + D_0 r^0 + D_{-1}r^{-1} + D_{-2}r^{-2} + \cdots + D_{-m+1}r^{-m+1} + D_{-m}r^{-m}$$

2. 书写规则

为了区别各种进制的数,通常采用在数字后面加写相应的英文字母或在括号外面加下标的方法来加以区分。

二进制数:用 B（binary）表示。例如,二进制数 1001 可写成 1001B 或（1001）$_2$。

八进制数:用 O（octal）表示。例如,八进制数 56 可写成 56O 或（56）$_8$。

十进制数:用 D（decimal）表示。例如,十进制数 702 可写成 702D 或（702）$_{10}$。

十六进制数:用 H（hexadecimal）表示。例如,十六进制数 32CF 可写成 32CFH 或（32CF）$_{16}$。

通常无后缀或下标的数字为十进制数。

3. 计算机内部采用二进制的原因

（1）二进制在物理上比较容易实现

这是因为具有两种稳定状态的物理器件很多,如电路的接通与断开、晶体管的导通与截止、电容的充电和放电、电压的高与低等,而它们恰好可以对应表示“1”和“0”这两个数码。假如采用十进制,就要制作具有 10 种稳定状态的物理电路,而这是非常困难的。

（2）二进制的运算规则简单

数学推导已经证明,对 R 进制数进行算术求和或求积运算,其运算规则各有 $R(R+1)/2$ 种。如采用十进制,则 $R=10$,就有 55 种求和或求积的运算规则;而采用二进制,则 R=2,仅有 3 种求和或求积的运算规则,以加法为例:0+0=0,0+1=1(1+0=1),1+1=10,因而可以大大简化运算器等物理器件的设计。

（3）适合逻辑运算

采用二进制后,仅有的两个符号"1"和"0"正好可以与逻辑命题的两个值"真"和"假"相对应,能够方便地使用逻辑代数这一有力工具来分析和设计计算机的逻辑电路。

因此,在计算机内部,不管什么样的数据,均采用二进制数的形式表示。但是人们习惯用十进制数,有时还会用八进制和十六进制来表示数。二进制数书写起来太冗长,容易出错,故在书写时常用十六进制数表示。不管采用哪种形式,计算机都要把它们变成二进制存入计算机,并以二进制的方式进行运算,当要输出结果时,再转换成人们习惯的十进制等形式通过输出设备输出。因此要熟悉各种进制数及它们之间的相互转换。

4. 各种进制之间的相互转换

（1）任意进制数转换为十进制数

按权展开求和法:把任意进制数每位上的权值与该位上的数码相乘,然后求和即得要转换的十进制数。例如:

$$（1011.11）_2=1 \times 2^3+0 \times 2^2+1 \times 2^1+1 \times 2^0+1 \times 2^{-1}+1 \times 2^{-2}=8+2+1+0.5+0.25$$
$$=（11.75）_{10}$$

$$（14.1）_8=1 \times 8^1+4 \times 8^0+1 \times 8^{-1}=（12.125）_{10}$$

$$（3F.A）_{16}=3 \times 16^1+15 \times 16^0+10 \times 16^{-1}=（63.625）_{10}$$

> 注意:在进行计算时,十六进制数中的 A、B、C、D、E、F 分别要转换成 10、11、12、13、14、15。

（2）十进制数转换为任意进制数

在将十进制数转换成任意进制数时,需对整数部分和小数部分按不同规则分别运算。

整数部分:除基取余倒排列,除到商为零时为止(除基取余法)。

小数部分:乘基取整顺排列,乘到小数部分为零或者满足精度要求时为止(乘基取整法)。

例如,把（90.687 5）$_{10}$ 转换为二进制数,可按以下 3 步进行。

① 除基取余法。将十进制整数 90 不断地除以基数 2,取余数,除到商为 0 时为止。然后将取得的余数从下往上排列。例如:

```
2 │          90
 2 │         45 ·············· 余0
  2 │        22 ·············· 余1
   2 │       11 ·············· 余0
    2 │       5 ·············· 余1
     2 │      2 ·············· 余1
      2 │     1 ·············· 余0
           0 ·············· 余1
```

所以,$(90)_{10}=(1011010)_2$。

② 乘基取整法。将十进制小数 0.687 5 不断地乘以基数 2,取整数,乘到小数部分为 0 时为止。然后将取得的整数从上往下排列。例如:

$$
\begin{array}{r}
0\ .6\ 8\ 7\ 5 \\
\times\ \ 2 \\
\hline
\boxed{1}.\ 3\ 7\ 5\ 0 \quad \cdots\cdots\text{取整数} 1\\
\times\ \ 2 \\
\hline
\boxed{0}.\ 7\ 5\ 0\ 0 \quad \cdots\cdots\text{取整数} 0\\
\times\ \ 2 \\
\hline
\boxed{1}.\ 5\ 0\ 0\ 0 \quad \cdots\cdots\text{取整数} 1\\
\times\ \ 2 \\
\hline
\boxed{1}.\ 0\ 0\ 0\ 0 \quad \cdots\cdots\text{取整数} 1\\
\end{array}
$$

所以,$(0.687\ 5)_{10}=(0.1011)_2$。

③ 合并。将十进制整数转换的二进制数写到小数点的前面,十进制小数转换的二进制数写到小数点后面。

从而有$(90.687\ 5)_{10}=(1011010.1011)_2$。

十进制数转换成八进制、十六进制数,可相应采用除以 8、16 取余(对整数部分),乘以 8、16 取整(对小数部分)的方法。

> 注意:并不是所有的小数都能乘到小数部分为零,例如,$0.2=(0.0011001\cdots)_2$,需根据精度要求确定转换所得小数的位数。

（3）二进制、八进制、十六进制数之间的转换

当把 A 进制数转换为 B 进制数时,如果 A 与 B 的基数满足 $A=B^N$,可直接将一位 A 进制数与 N 位 B 进制数对应转换。

① 二进制与八进制之间的互换。

二进制转换为八进制时,以小数点为界,分别向左、向右每 3 位二进制数划分为一组,不足 3 位用 0 补齐。然后,按对应位置写出与每一组二进制数等值的八进制数。

例如,将二进制数 1101.1011 转换为八进制数:

$$
\underline{001}\quad \underline{101}\quad .\quad \underline{101}\quad \underline{100}
$$
$$
\downarrow \qquad \downarrow \qquad\quad \downarrow \qquad \downarrow
$$
$$
1 \qquad 5 \qquad . \qquad 5 \qquad 4
$$

所以,$(1101.1011)_2=(15.54)_8$。

反之,八进制转换为二进制时,只要将每位八进制数用 3 位二进制数表示。然后再将首尾不影响数大小的 0 去掉。

例如,将八进制数 15.54 转换为二进制数:

$$
1 \qquad 5 \qquad . \qquad 5 \qquad 4
$$
$$
\downarrow \qquad \downarrow \qquad\quad \downarrow \qquad \downarrow
$$
$$
\underline{001}\quad \underline{101}\quad .\quad \underline{101}\quad \underline{100}
$$

所以,$(15.54)_8=(1101.1011)_2$。

② 二进制与十六进制之间的互换。

二进制转换为十六进制时,以小数点为界,分别向左、向右每 4 位二进制数划分为一组,不足 4 位用 0 补齐。然后,将每 4 位二进制数用一位十六进制数表示。

例如,将二进制数 10111101101.0100101 转换为十六进制数:

$$0101 \quad 1110 \quad 1101 \quad . \quad 0100 \quad 1010$$
$$\downarrow \quad\quad \downarrow \quad\quad \downarrow \quad\quad\quad \downarrow \quad\quad \downarrow$$
$$5 \quad\quad E \quad\quad D \quad\quad . \quad 4 \quad\quad A$$

所以,$(10111101101.0100101)_2 = (5ED.4A)_{16}$。

反之,十六进制转换为二进制时,只需将每一位十六进制数用 4 位二进制数表示。然后再将首尾不影响数大小的 0 去掉。

例如,将十六进制数 5ED.4A 转换为二进制数:

$$5 \quad\quad E \quad\quad D \quad\quad . \quad 4 \quad\quad A$$
$$\downarrow \quad\quad \downarrow \quad\quad \downarrow \quad\quad\quad \downarrow \quad\quad \downarrow$$
$$0101 \quad 1110 \quad 1101 \quad . \quad 0100 \quad 1010$$

所以,$(5ED.4A)_{16} = (10111101101.0100101)_2$。

③ 八进制与十六进制之间的互换。

通过二进制作中介,先将一种进制转换成二进制,再将二进制转换为另一种进制。

表 1.1 给出了部分十进制、二进制、八进制、十六进制数之间关系的对照表。依据表 1.1,可方便地将不同进制进行相互转换。

表 1.1 常用计数制的表示法

十进制	二进制	八进制	十六进制	十进制	二进制	八进制	十六进制
0	0000	0	0	9	1001	11	9
1	0001	1	1	10	1010	12	A
2	0010	2	2	11	1011	13	B
3	0011	3	3	12	1100	14	C
4	0100	4	4	13	1101	15	D
5	0101	5	5	14	1110	16	E
6	0110	6	6	15	1111	17	F
7	0111	7	7	16	10000	20	10
8	1000	10	8	17	10001	21	11

1.2.2 数值型数据的表示

任何数据在计算机中都是以二进制形式存放的,计算机中的数据按照基本用途可以分为两类:数值型数据和非数值型数据。数值型数据表示具体的数量,有大、小和正、负之分;非数值型数据主要包括字符、声音、图像等。这两类数据在计算机中存储和处理前均需要以特定的编码方式转换为二进制表示形式,从而建立各类数据与二进制数据之间的对应关系,以便于计算机识别、存储和处理。下面首先介绍数值型数据在计算机中的表示。

在计算机内部,小数点的位置是隐含的。隐含的小数点位置可以是固定的,也可以是变动的,前者称为定点数,后者称为浮点数。通常使用定点数表示整数和纯小数,而用浮点数表示既有整数部分又有小数部分的实数。

1. 定点数

(1) 定点整数

整数可用定点数表示,约定小数点的位置在数值的最右边。例如, –111B 用 8 位定点数表示为:

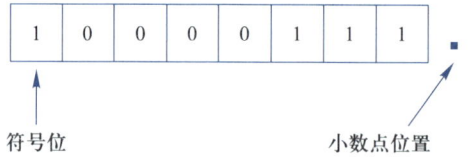

(2) 定点小数

纯小数也可用定点数表示,符号位被放在最高位,小数点位置在符号位之后,称为定点纯小数。例如, +0.111B 用 8 位定点纯小数表示为:

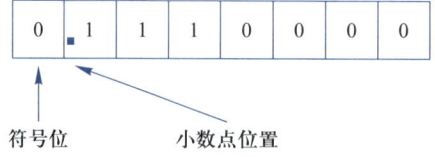

2. 浮点数

浮点数是小数点位置不固定的数。为了能表示特大数或特小数,实数采用“浮点数”或称为“科学计数法”来表示。把字长分成阶码(表示指数)和尾数(表示数值)两部分,则任意二进制浮点数的表示形式为:

$$N = \pm S \times 2^{\pm j}$$

其中,j 称为 N 的阶码,也称为指数,j 前面的正、负号称为 N 的阶符;S 是一个二进制小数,称为 N 的尾数,S 前面的正、负号称为数符。在浮点表示法中,小数点的位置是可以移动的,如何移动由阶码和阶符决定。

计算机中存储浮点数时,通常先转换为浮点数的规格化形式再存储。所谓浮点数的规格化,就是通过移动尾数并相应加减指数,使尾数 S 的最高数字位为 1,即满足 $0.5 \le |S| < 1$。在机器字长一定的情况下,规格化的浮点数精度最高。例如,二进制数 $(-101101.0101)_2 = -0.0101101010 1 \times 2^{+111} = -0.001011010101 \times 2^{+1000} = -0.1011010101 \times 2^{+110}$,但只有 $-0.1011010101 \times 2^{+110}$ 是这个数字的规格化指数形式,其浮点数表示为

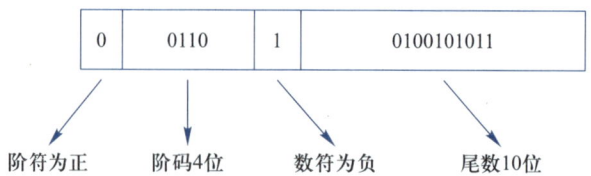

浮点数中的尾数部分是定点小数,阶码部分是定点整数,均用补码表示。为了简化浮点数运算时指数部分的对阶运算,在浮点运算器中的阶码部分通常采用移码表示。整数的移码可以由其补码变换得到。无论是正数还是负数,其移码是将其补码表示中的符号位取反得到。在移码表示中,符号位为 0 表示是负数,为 1 表示是正数。

3. 原码、反码与补码

整数分两类:无符号整数和有符号整数。无符号整数所有位都用来表示数值,常用于表示地址等正整数,可以是 8 位、16 位、32 位或更多位数。有符号整数使用一个二进制位作为符号位,一般符号位都放在所有数位的最左面一位(最高位),0 代表正号(正数),1 代表负号(负数),其余各位用来表示数值的大小。因此,同样的存储位数中,无符号数能表示正数的范围是有符号数的两倍。在计算机中为了便于计算,有符号整数采用补码表示。在用补码表示之前,首先要弄清楚什么是机器数、真值、原码、反码和补码。

① 机器数与真值。机器数是一个数在计算机中的表示形式,将正、负号数字化的二进制数称为机器数,通常是用机器数的最高位作为符号位,用来表示数符。若该位为 0,则表示正数;若该位为 1,则表示负数。机器数所对应原来的带有正、负号的二进制数值称为真值。机器数也有不同表示法:原码、反码和补码。

② 原码:用 0、1 分别表示正、负号,其他位直接表示二进制数值的编码称为原码。例如:

用原码进行加减运算时,负数的符号位不能与其数值部分一起参加运算,而必须利用单独的线路确定和的符号位。要实现这些操作,电路就很复杂,这显然是不经济实用的。为了简化电路,解决机器内负数的符号位参加运算的问题,总是将减法运算变成加法运算,也就引进了反码和补码这两种机器数。

③ 反码:是计算机内的一种数值编码方法,正数的反码与原码相同,负数的反码是将二进制数除符号位之外按位取反。例如,十进制数 –7 的真值为 –0000111,原码为 10000111,反码为 11111000。

④ 补码:是计算机内的又一种数值编码方法,正数的补码与原码相同,负数的补码是将反码的末位加 1。例如,十进制数 –7 的补码为 11111001(将反码末位加 1)。

4. BCD 码

人们习惯使用十进制数,而计算机内部是以二进制形式运算的,因而输入时要求将十进制数转换成二进制数,输出时要将二进制数转换成十进制数。这样便产生一个问题:在将十进制数输入到计算机之后就要用二进制数表示。在有些应用领域需要大批量处理数值数据,并且只需要对这些数值数据作简单运算,如银行的存、取款业务,进行上述格式转换将极大地影响数据处理效率,这时,为了提高计算机的运算效率,可以直接用十进制来表示和处理数值数据。当计算机采用十进制来表示和处理数值数据时,每个十进制数位还是要用多个二进制数位来表示。在计算机行业通常用4位二进制代码的不同组合来表示不同的十进制数码,这种编码方法称为二–十进制编码(binary coded decimal),简称为BCD码。这种编码通常作为十进制转换成二进制的中间过渡形式,有些计算机也直接支持BCD数的存储和运算。

由于十进制数有10个不同的数码,因此需要用4位二进制数来表示。而4位二进制代码有16种不同的组合,从中选取10种组合来表示0~9这10个数码有很多方案。其中8421BCD码是一种应用十分广泛的代码。这种代码每位的权值是固定不变的。它取二进制码的前10种组合表示1位十进制数0~9,即0000(0)~1001(9),从高位到低位的权值分别是8、4、2、1。

例如,$(241.86)_{10}$的8421BCD码为001001000001.10000110。

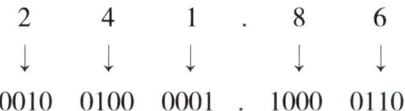

除8421码外,常用的BCD码还有2421码、5421码、余3码、格雷码等。十进制数与常用BCD码对应关系见表1.2。

表 1.2　十进制数与常用 BCD 码对应关系表

十进制数	8421 码	余 3 码	格雷码
0	0000	0011	0000
1	0001	0100	0001
2	0010	0101	0011
3	0011	0110	0010
4	0100	0111	0110
5	0101	1000	1110
6	0110	1001	1010
7	0111	1010	1000
8	1000	1011	1100
9	1001	1100	0100

1.2.3　非数值型数据的表示

早期计算机主要用于科学计算,而现代计算机不仅需要处理数值领域的科学计算问题,而且要处理大量非数值问题,如各种文字、英文字母、数字符号、标点符号、图形符号等信息的表示、存储、传输等处理,这类非数值信息统称为字符。把用于表示各种字符的二进制代码称为字符编码,目前普遍采用的字符编码是 ASCII(American standard code for information interchange)码,即美国标准信息交换码,它已被国际标准化组织 ISO 采纳,作为国际通用的信息交换标准代码。

1. 字符编码

ASCII 码用 7 个二进制位表示一个字符,共有 128 个字符,包括 10 个十进制数码,52 个英文大写和小写字母,以及标点符号、其他控制符号和特殊符号。128 个字符用二进制编码共需 7 位。通常采用 8 位二进制数表示一个字符的编码,ASCII 码使用其中的 7 位,最高位作为奇偶校验位使用,不加说明时,可认为最高位为 0。标准的 ASCII 码见表 1.3。例如,字符 A 的编码为 1000001,而字符",",的编码为 0101100。

表 1.3　标准 ASCII 码表

低 4 位	高 3 位 $a_6 a_5 a_4$							
$a_3 a_2 a_1 a_0$	000	001	010	011	100	101	110	111
0000	NUL	DLE	SP	0	@	P	`	p
0001	SOH	DC1	!	1	A	Q	a	q
0010	STX	DC2	"	2	B	R	b	r
0011	ETX	DC3	#	3	C	S	c	s
0100	EOT	DC4	$	4	D	T	d	t
0101	ENQ	NAK	%	5	E	U	e	u
0110	ACK	SYN	&	6	F	V	f	v
0111	BEL	ETB	'	7	G	W	g	w
1000	BS	CAN	(	8	H	X	h	x
1001	HT	EM	)	9	I	Y	i	y
1010	LF	SUB	*	:	J	Z	j	z
1011	VT	ESC	+	;	K	[	k	{
1100	FF	FS	,	<	L	\	l	|
1101	CR	GS	_	=	M	]	m	}
1110	SO	RS	.	>	N	^	n	~
1111	SI	US	/	?	O	–	o	DEL

为了使用更多的符号,操作系统采用了扩充的 ASCII 码,扩充的 ASCII 码用 8 位二进制数编码,共可表示 256 个符号。编码范围在 0000 0000～0111 1111 之间,即最高位为 0 的编码所对应的符号与标准的 ASCII 码相同,而 1000 0000～1111 1111 的编码定义了另外 128 个图形符号。

2. 汉字编码

为了在计算机中处理汉字,同样需要对汉字进行编码。计算机对汉字信息的处理过程实际上是对汉字进行各种编码及其相互转换的过程。根据对汉字的输入、处理、输出的不同要求,汉字编码主要分为汉字输入码、汉字交换码、汉字机内码、汉字地址码、汉字字形码等。

（1）汉字输入码

将汉字输入到计算机所使用的编码称为汉字输入码，也称外码。目前，汉字主要是经过键盘输入到计算机的，所以汉字输入码的作用是使用键盘上的字母和数字来描述汉字。汉字输入码应易于学习和记忆，码长应尽可能短，重码尽可能少。编码短、重码少，可以加快输入速度。

根据汉字的发音和结构等多种属性而确定的编码方案有很多，目前较流行的汉字输入码编码方案主要有音码（如全拼、双拼）、形码（如五笔）和音形码（如自然码）3大类。

（2）汉字交换码

为了在不同汉字系统之间准确无误地交换汉字信息而制定的统一编码称为汉字交换码，简称交换码，也叫国标码。它是为了使系统、设备之间进行信息交换时能够采用统一的形式而制定的。

我国于1981年颁布了中华人民共和国国家标准《信息交换用汉字编码字符集 基本集》，代号GB 2312—1980。这种编码称为国标码。在这个标准中，共收入了7 445个字符编码，其中汉字符号6 763个，英、日、希、俄字母和图形符号756个。汉字根据使用频率分为两级：一级汉字3 755个，为常用字，按汉语拼音字母顺序排列，同音字以笔画顺序横、竖、撇、捺、折为序；二级汉字3 008个，按部首排列。字母图形符号包括一般符号202个，序号60个，数字22个，英文字母52个（大写26个，小写26个），日文假名169个，希腊字母48个，俄文字母66个，汉语拼音符号26个和汉语拼音字母37个，制表符76个。

在国标码中，一个汉字用两个字节表示，每个字节用其中的后7位，每个字节的取值范围和94个可打印的ASCII字符的取值范围相同（21H～7EH），涵盖了一、二级汉字和符号。第一个字节的94个取值范围对应1～94个区号，第二个字节94个取值对应1～94个位号，构成了区位码。区位码经简单变换就是国标码。为了避免ASCII码和国标码同时使用时产生歧义问题，大部分汉字系统将国标码每个字节高位置"1"作为汉字机内码。这样既解决了汉字机内码与西文机内码之间的歧义性，又使汉字机内码与国标码具有极简单的对应关系。表1.4给出了GB 2312编码表的总体布局。

表 1.4　GB 2312 编码表总体布局（区位码）

区号	01～94 位
1	常用符号（94）
2	序号、罗马数字（72）
3	GB1988 图形字符集（94）
4	日文平假名（83）
5	日文片假名（86）

续表

区号	01~94 位
6	希腊字母（48）
7	俄文字母（66）
8	汉语拼音符（26）、注音字母（37）
9	制表符（76）
10~15	空
16~55	第一级汉字（3 755 个）
56~87	第二级汉字（3 008 个）
88~94	空

（3）汉字机内码

汉字的内部码是在计算机内部对汉字信息进行处理时所用的汉字代码,汉字的机内码也称为汉字的内部码（简称内码）。汉字输入到计算机后,计算机系统一般都会把各种不同的汉字输入编码在机内转换成唯一的机内码。在汉字信息系统内部,对汉字信息的采集、传输、存储、加工运算的各个过程都要用到汉字机内码。

根据国标码的规定,每一个汉字都有了确定的二进制代码,但是这个代码在计算机内部处理时会与 ASCII 码冲突,为解决这个问题,对国标码的每一个字节的首位加1。由于 ASCII 码只用 7 位,所以,这个首位上的"1"就可以作为识别汉字代码的标志,计算机在处理到首位是"1"的代码时把它理解为是汉字的信息,在处理到首位是"0"的代码时把它理解为是 ASCII 码。经过这样处理后的国标码就是机内码。在微机内部汉字代码都用机内码,在磁盘上记录汉字代码也使用机内码。

区位码、国标码和机内码之间的关系可以概括为,区位码（十六进制）+2020H=国标码,国标码 +8080H= 机内码。以汉字"大"为例,"大"字的区位码为 2083（20 为区号,83 是位号,均为十进制）,将其转换为十六进制表示为 1453H,加上 2020H 得到国标码为 3473H,再加上 8080H 得到机内码为 B4F3H。

（4）地址码和字形码

汉字信息用输入码送入计算机,用机内码进行各种处理,处理后,要将汉字信息以图形方式显示或打印出来,就要用到两种码:地址码和字形码。

地址码是用来指出汉字字型信息在汉字库中存放的逻辑地址的编码。字形码是用来描述汉字图形的点阵信息的数字代码。汉字的输出分打印输出和显示输出。为了输出各种不同的汉字和符号,在计算机的存储设备中必须装有庞大的汉字库。

目前用得最多的是点阵字库,我国已颁布 16×16、24×24、32×32、48×48 点阵的字模标准。在一个 16×16 点阵字库中,一个汉字用 256 个点表示,每个点占一个二进制位,存储每个汉字字模要占用 32 个字节（$256 \div 8 = 32$）;24×24 点阵的汉字要占用 72 个字节……。目前屏幕上显示汉字常用 16×16 点阵的字模,而普通打印常用 24×24 点阵的字模。点阵越密,字形质量越高,存储量也越大。

1.3　信　息　技　术

　　信息技术是指人们获取、存储、处理、传递、开发和利用信息的技术。信息本身看不见摸不着，必须依附于一定的物质形式存在，例如语言、文字、图像、电磁波等。因此，信息技术也就是处理语言、文字、图像、电磁信号等的技术。

1.3.1　信息技术处理过程

　　1. 信息的获取

　　生物体的感官是天然的传感器，人通过"五官"分别获取视、听、嗅、味、触觉的信息。机器设备获取外界信息的方式则是通过不同类型的传感器，将自然界中的信息转换成电信号。例如，在人工智能的应用中，通过光传感器获取视觉信息，通过压力传感器获取触觉信息。

　　2. 信息的存储

　　信息存储是将获得的或加工后的信息保存起来，以备进一步使用。

　　① 传统存储方式：纸质存储。其优点在于可靠稳定、简单易用，不需要任何设备就可以查看和传递信息。缺点在于存储量有限，难以长期保管，容易损坏和丢失。同时，纸质存储也不便于信息的检索和分享。

　　② 数码存储方式：磁盘、闪存、光盘等。其优点是存储容量大，还可以实现数据的备份和共享，方便信息的传递与管理。缺点是可靠性存在隐患，例如，设备损坏导致数据丢失。

　　③ 网络存储方式：FTP 存储、云存储、分布式存储等。其优点在于存储容量大，支持多设备的同步和共享。缺点是需要依赖互联网的稳定性，另外也可能面临数据泄露和黑客攻击的安全风险。

　　在计算机中，所有数据信息都是以二进制形式表示的。

　　① 位（bit）：简记为 b，是二进制位，信息的最小单位。一个二进制位只能表示 0或 1 两种状态。

　　② 字节（byte）：简记为 B，是衡量存储器容量的最基本单位。1 B=8 b，一个字节可以存放一个西文半角字符，两个字节可以存放一个中文全角字符。

　　③ 字（word）：计算机进行数据处理时，一次存取、加工和传送的一组二进制数称为一个字。一个字通常由一个或多个字节组成。一个字所含二进制位的数量称为字长，它决定了计算机数据处理的能力和精度，是衡量计算机性能的一个重要指标，字长越长，性能越好。例如，8 位机的字长为 8，表示其运算器能直接处理 8 位二进制数。16 位机的字长为 16，32 位机的字长为 32。目前市场上的微型计算机通常都是64 位机，大型机已达到 128 位。

　　存储器容量单位还有千字节（KB）、兆字节（MB）、吉字节（GB）、太字节（TB），它

们的换算关系为

$$1\,\text{KB} = 1\,024\,\text{B}\,(2^{10}\,\text{B}) \quad 1\,\text{MB} = 1\,024\,\text{KB}\,(2^{20}\,\text{B})$$
$$1\,\text{GB} = 1\,024\,\text{MB}\,(2^{30}\,\text{B}) \quad 1\,\text{TB} = 1\,024\,\text{GB}\,(2^{40}\,\text{B})$$

例如，一台计算机，内存标注 4 GB，外存硬盘标注为 500 GB，则它实际可存储的内、外存字节数分别如下：

$$内存容量 = 4 \times 1\,024 \times 1\,024 \times 1\,024\,\text{B}$$
$$硬盘容量 = 500 \times 1\,024 \times 1\,024 \times 1\,024\,\text{B}$$

3. 信息的加工

信息加工是对收集来的信息进行去伪存真、去粗取精、由表及里、由此及彼的加工过程。它是在原始信息的基础上，生产出价值含量高、方便用户利用的新信息的过程。

信息加工的基本内容如下：

① 信息的筛选和判别。指对原始信息可用性的筛检和挑选，或是对原始信息真伪的判断和鉴别。

② 信息的分类和排序。信息的分类是指根据选定的分类表，对杂乱无章的原始信息进行分门别类。信息的排序是指在信息分类的基础上，按照一定规律前后排列成序。

③ 信息的计算和研究。是指对分类排序后的信息进行计算、分析、比较和研究，以便创造出更为系统、更为深刻、更具使用价值的新信息的活动。

④ 信息的著录和标引。信息的著录是指按照一定的标准和格式，对原始信息的外表特征（如名称、来源、加工者等）和物质特征（如载体形式等）进行描述并记载下来的活动。信息的标引是指对著录后的信息载体按照一定规律加注标识符号的活动。

信息加工的基本方法如下：

① 使用通用软件：例如，利用 WPS 字处理软件处理文本信息，利用电子表格软件处理表格信息，利用 Photoshop 处理图像，利用 Flash 创作动画等。

② 设计专用程序：针对具体的问题编制专用的程序，需要熟悉相关的算法，并掌握程序设计语言，例如 C、C++、Python 等。

③ 智能化系统：利用计算机技术自主加工信息，人工智能的发展使得智能化系统也得到广泛应用，例如语音识别系统、人脸识别系统、指纹识别系统等。

4. 信息的传输

信息传输是从一端将信息经信道传送到另一端，并被对方所接收。传输介质分有线和无线两种：有线为电话线或专用电缆；无线是利用电台、微波及卫星技术等。我们最常见的移动通信，短短几十年已经经历了从 1G 到 5G 的发展。衡量信息传输的性能指标分为以下三种。

（1）有效性

有效性用频谱复用程度或频谱利用率来衡量。提高有效性的措施是，采用性能好的信源编码以压缩码率，采用频谱利用率高的调制减小传输带宽。

（2）可靠性

可靠性用信噪比和传输错误率来衡量。提高数字传输可靠性的措施是，采用高性能的信道编码以降低错误率。

（3）安全性

安全性用信息加密强度来衡量。提高安全性的措施是，采用高强度的密码与信息隐藏或伪装的方法。

5. 信息的利用

信息获取、加工、传输的最终目的是充分利用信息。为了全面有效地利用现有的知识和信息，人们需要熟练使用检索工具，掌握检索语言和检索方法，并能对检索结果进行判断和评价。信息检索技术就是指将信息按一定的方式组织起来，并根据用户的需求找出有关信息的过程和技术。目前，大数据技术已经能够帮助人们从海量的、无序的、类型不同的数据中挖掘出有用的信息，实现数据的增值。

1.3.2　信息技术应用创新

信息技术应用创新，简称"信创"，其内涵是构建我国自主的信息产业标准和生态，逐步构建自主的信息技术底层架构和标准，形成自由的开放生态，使得信息技术产品和技术安全可控。信创是数据安全、网络安全的基础，是一项重要的国家战略，也是当今形势下国家经济发展的新动能，目标是使我国信息技术产业摆脱关键技术"卡脖子"和"受制于人"的局面，从基础硬件—基础软件—行业应用软件全面实现国产化替代和自主可控。

1. 信创产业发展的背景

作为通用性技术，信息技术对于其他产业与整体经济具有明显的辐射作用，没有信息化就没有产业升级的可能。长期以来，中国信息技术产业借由与英特尔、微软、甲骨文、IBM 等国外厂商及其成熟软硬件产品的交流，实现了高速蓬勃发展。这些国外厂商也与不断崛起的中国厂商一起，深度参与和见证了国内各个领域的信息化进程。

然而近年来，国内外网络安全事故频发，2013 年美国"棱镜计划"被曝光。美国国家安全局（NSA）和联邦调查局（FBI）于 2007 年启动了一个代号为"棱镜"的秘密监控项目，直接进入美国网际网络公司的中心服务器里挖掘数据、收集情报，包括微软、雅虎、谷歌、苹果等公司在内的 9 家国际网络巨头皆参与其中。美国针对中国也进行了大规模网络进攻，攻击的目标包括商务部、外交部、银行和电信公司等。随着全球化不断深入，全球化的网络产品和服务采购活动不可避免地面临更为开放且缺乏安全控制的外部环境，某些国外 CPU 存在后门等未公开指令，针对关键信息基础设施和机密资料的网络间谍和网络破坏活动大多基于此而展开，对国家信息安全造成严重威胁。

随着中美贸易的摩擦不断，美国对中国在科技领域的打压不断升级。2019 年 5月 16 日凌晨（美国当地时间 2019 年 5 月 15 日），美国开始全面制裁华为公司。时任美国总统特朗普签署了行政令，宣布国家进入紧急状态，随后美国商务部将华为公司及其 70 家附属公司列入出口管制"实体名单"。2020 年，美方以"威胁美国国家安全和外交政策"名义将 33 家中国企业和机构纳入出口管制"实体清单"，这些中国企业集中于 5G、通信设备、人工智能等高科技领域，表明美国对中国技术封锁的企图。

"科技无国界,但是有双标"的现实,让我们不得不重新以战略的视角,思考和审视自主创新的重要性和紧迫性。通过发展信创产业,加快实现关键核心技术突破,关键领域 IT 基础设施全方位国产化建设,达成对千行百业网络安全的根本性保障,已经上升为筑牢国家安全防线的必要前提和核心举措。

2. 信创产业发展的历程

信创产业发展历程可分为以下四个阶段:

第一阶段为萌芽期(1999—2005 年)。1999 年,时任科技部部长徐冠华指出"中国信息产业缺芯少魂",Xteam、蓝点、中科红旗、银河麒麟、中软 Linux 等公司陆续成立,产业进入萌芽期。

第二阶段为起步期(2006—2013 年)。2006 年,"核高基"政策推出,明确"核心电子器件、高端通用芯片及基础软件产品"方向,标志着信创产业的起步。

第三阶段为试点实践期(2014—2017 年)。2014 年,中央网络安全与信息化领导小组成立,研究制定网络安全和信息化发展战略、宏观规划和重大政策,推动国家网络安全和信息化法治建设,不断增强安全保障能力;2016 年《"十三五"国家信息化规划》出台,各地开始部署现代信息技术产业生态体系,信创试点工作进入实质性阶段。

第四阶段为规模化推广期(2018 年至今)。2018 年至 2019 年,中兴、华为公司被美国制裁,美国开始加大对中国高技术进出口限制,我国加速推进自主研发应用试点并扩大范围,信创产业招投标大幅增加,信创产业从"试点实践"进入"规模化推广"阶段。2020 年,央行成立金融信创生态实验室,第一批"金融信创解决方案"出现,各行业在不同环节、不同层级、不同领域纷纷上线信创解决方案,被公认为信创产业规模化的应用实践元年。

3. 信创产业生态全景图

信创产业生态体系非常庞大,如图 1.7 所示。以信息技术产品生态体系为基础框架,当前传统的信息技术产业主要由 4 部分组成:基础硬件、基础软件、应用软件、信息安全。信创产业中,CPU 是"心脏",操作系统是"灵魂",信创整体解决方案的核心逻辑在于,形成以 CPU 和操作系统为核心的国产化生态体系,系统性保证整个国产化信息技术体系可生产、可用、可控和安全。

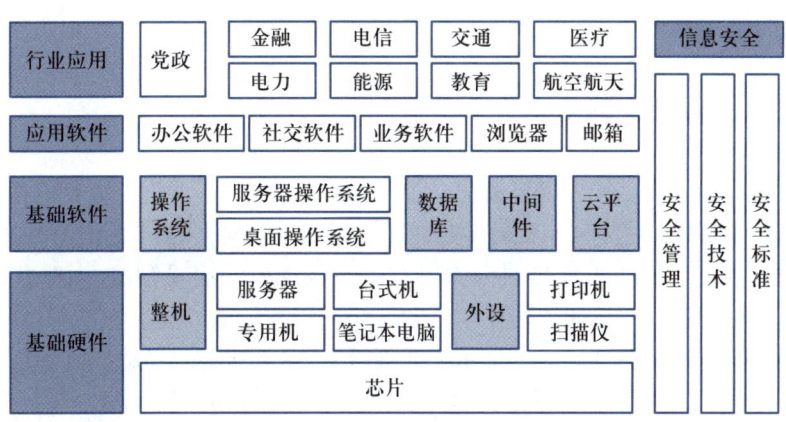

图 1.7 信创产业体系全景图

1.4　计 算 思 维

人类认识世界和改造世界有三种思维模式:理论思维(以数学学科为代表)、实证思维(以物理学科为代表)和计算思维(以计算机学科为代表)。

1.4.1　计算思维的概念

计算思维(computational thinking)不是数学计算的能力,也不是运用计算机的能力,国际上广泛认同的计算思维定义来自美国卡耐基梅隆大学的周以真教授。周教授认为,计算思维是运用计算机科学的思维方式进行问题求解、系统设计以及人类行为理解等的一系列思维活动。

为了让人们更易于理解,周以真教授又将计算思维进行了更为细致的阐述:

① 计算思维是通过约简、嵌入、转化和仿真等方法,把一个困难的问题阐释为如何求解它的思维方法。

② 计算思维是一种递归思维,是一种并行处理,是一种把代码译成数据又能把数据译成代码的方法,是一种多维分析推广的类型检查方法。

③ 计算思维是一种采用抽象和分解来控制庞杂的任务或进行巨大复杂系统设计的方法,是基于关注分离的方法(SoC 方法)。

④ 计算思维是一种选择合适的方式去陈述一个问题,或对一个问题的相关方面建模使其易于处理的思维方法。

⑤ 计算思维是按照预防、保护及通过冗余、容错、纠错的方式,并从最坏情况进行系统恢复的一种思维方法。

⑥ 计算思维是利用启发式推理寻求解答,也即在不确定情况下的规划、学习和调度的思维方法。

⑦ 计算思维是利用海量数据来加快计算,在时间和空间之间,在处理能力和存储容量之间进行折中的思维方法。

1.4.2　计算思维的本质

计算思维的本质是抽象和自动化。抽象对应着建模,自动化对应着模拟。

抽象是计算思维的核心,其最重要的用途是产生各种各样的系统模型,以此作为解决问题的基础。抽象思维是对同类事物去除其现象的次要方面,抽取共同的主要方面,从个别把握一般,从现象把握本质的认知过程和思维方法。

自动化则是计算思维的另一个重要方面,包括自动执行和自动控制。

① 自动执行:可以按预先设计好的程序或系统自动运行。这需要一组预定义的指令及预定义的执行顺序,一旦执行,这组指令就可以根据安排自动完成某个特定

任务。

② 自动控制：自动执行体现了程序执行后的必然效果，但这种执行并非总是线性的，往往因时而变，程序应能随时响应用户的需要。

1.4.3 计算思维与计算机的关系

1972 年，图灵奖得主艾兹格·迪科斯彻（Edsger Dijkstra）说：“我们所使用的工具影响着我们的思维方式和思维习惯，从而也深刻地影响着我们的思维能力”，这就是著名的“工具影响思维”论。劳动工具在人类从猿到人的过程中起到了关键作用，人类在使用原始的劳动工具过程中开始学会思维，之后，冶炼技术的出现、纸张和印刷技术的发明、现代交通工具和航天技术的发展，都对人类的生活方式和思维方式产生了深刻的影响。

计算机作为现代电子计算工具，具备高速的数值计算、逻辑计算和存储记忆功能，能够按照程序运行，自动处理海量数据，成为现代社会中不可或缺的智能电子设备。计算机的发展和应用改变了人们旧的思维方式和工作方式，为计算思维提供了广阔的平台和丰富的工具，使得计算思维得以在处理实际问题中得到应用和实现。

1.4.4 生活中的计算思维

计算思维无处不在，当计算思维真正融入人类活动的整体时，它作为一种问题解决的思维方式和有效工具，人人都应掌握，处处都会被使用。生活中的计算思维举例如下：

① 人们按照菜谱做菜，烹饪步骤的罗列可以看作是问题的分解，例如，炒鸡蛋可以分解为“准备原料→炒鸡蛋→盛盘”等步骤。

② 泡茶时，我们在烧水等待水开的同时，可以进行洗杯子、准备茶叶的工作，这体现了“并发”的思想。

③ 人们根据书籍的目录快速找到对应的章节，这是计算机中广泛使用的索引技术。

④ 学生上学时，只把当天使用的书本放入书包内，这是计算机中的预置和缓存。

1.4.5 计算思维与其他学科的结合

计算思维领域的新思想、新方法促使自然科学、工程技术和社会经济等领域产生了革命性的研究成果，并影响着其他学科的发展，创造了一系列新的学科分支。

1. 计算生物学

计算生物学是指开发和应用数据分析及理论的方法、数学建模和计算机仿真技术，并用于生物学研究；其运用大规模高效的理论模型和数值计算来识别基因组序列中代表蛋白质的编码区，破译隐藏在核酸序列中的遗传语言规律。

2. 计算力学

计算力学是根据力学中的理论,利用现代电子计算机和各种数值方法,解决力学中的实际问题的一门新兴学科。计算力学主要进行数值方法的研究,如对有限差分方法、有限元法做进一步深入研究,对一些新的方法及基础理论问题进行探索,等等。计算力学的应用范围已扩大到固体力学、岩土力学、水力学、流体力学、生物力学等领域。

3. 计算材料学

计算材料学是材料科学与计算机科学的交叉学科,是关于材料组成、结构、性能、服役性能的计算机模拟与设计的学科,是连接材料学理论与实验的桥梁。计算材料学主要包括两个方面的内容:一方面是计算模拟,即从实验数据出发,通过建立数学模型及数值计算,模拟实际过程;另一方面是材料的计算机设计,即直接通过理论模型和计算,预测或设计材料结构与性能。

4. 计算经济学

计算经济学是经济学、管理学与计算机技术交叉融合而形成的社会科学。计算经济学研究的三种基本方法:一是数学规划,即将经济问题转化成数学优化问题并进行数值求解;二是计算机仿真,即运用计算机程序来模拟经济活动并开展模拟实验;三是机器学习,即运用机器学习算法对海量数据进行建模,以对经济现象进行预测或分析。

计算机不仅为不同专业领域提供了解决专业问题的有效方法和手段,而且提供了一种独特的处理问题的思维方式。计算思维能力,不仅是计算机专业学生应该具备的基本能力,也是所有大学生必须具备的重要素养。

1.5 扩展阅读

扩展阅读
1-1:
周以真

周以真(Jeannette M.Wing),计算机科学家,美国艺术与科学院院士,美国国家发明家科学院院士,美国国家工程院院士。周以真的主要研究领域是形式化方法、可信计算、分布式系统、编程语言等。

思 考 题

1. 趣味生存实验。某陆战队在原始森林进行为时一个月的生存实验,要求如下:

① 每个队员除了身上穿的衣服外,随身只能带三件物品,每件物品不能超过 2 kg;

② 队员都是由飞机空降到半径为 1 000 km 原始森林的中心地带,要求在一个月时间内从森林里走出来。可选择的物品有手机、枪、水、饼干、指南针、打火机、钢刀、火石。请问:如果你是其中的一名队员,带哪三件物品合适呢? 说出你的理由。

2. 计算思维在现实生活中还有哪些应用? 请举例说明。

第2章　计算机系统

计算机是 20 世纪最伟大的科学技术发明之一，对人类的生产活动和社会活动产生了极其深远的影响，并以强大的生命力飞速发展，已形成了规模巨大的计算机产业，带动了全球范围的技术进步。它的应用领域从最初的军事科研应用扩展到社会的各个领域。掌握计算机技术的基本知识及其应用，成为人们工作、学习和生活中所必需的基本技能之一。

本章将围绕着案例的完成，介绍计算机的发展过程、应用领域、计算机的工作原理及系统组成、操作系统的基本概念及麒麟操作系统的配置和使用。学习本章的内容可帮助读者初步了解计算机的发展及应用，为后续章节的学习打下基础。

2.1　案例与案例解析

1. 本章案例

挑选一台符合安可标准的 PC，了解 PC 的组成及工作原理，了解操作系统的使用。

2. 案例说明与分析

目前，计算机已渗透至各行各业，人们在工作、学习和生活中，已经把计算机特别是微型计算机（PC）当作一种工具而普遍使用。因此，有必要了解目前主流 PC 的配置，在了解计算机的发展与分类、特点及应用、发展趋势的同时，也能了解计算机系统的组成，掌握微型计算机软硬件的日常维护，了解计算机的前沿技术。本章案例所涉及的知识点基本上包含了本章的全部内容，通过本章的学习，不但可以了解计算机的工作原理，而且可以学会挑选出适合自己的计算机，并且能够进行拆卸、日常维护和使用。

本章主要知识点

① 计算机的特点、分类及应用。

② 计算机的发展和展望。

③ 计算机系统的组成。

④ 微机的基本结构及配置。

⑤ 微型计算机系统性能的主要技术指标。

⑥ 麒麟 V10 的基本操作。

2.2 计算机概述

计算机(computer)俗称电脑,是一种用于高速计算的电子计算机器,它不但可以进行数值计算,还可以进行逻辑计算,还具有存储记忆功能,是能够按照程序运行,自动、高速处理海量数据的现代化智能电子设备。

现代计算机,同其他任何先进技术一样,是人类社会发展到一定阶段的产物。在人类的发展过程中,所使用的计算工具也经历了从简单到复杂、从低级到高级的发展过程,计算工具相继出现了如绳结、算盘、计算尺、手摇机械计算机、电动机械计算机等。它们在不同的时期发挥着各自的作用,同时也孕育了现代计算机的雏形。可以说,现代计算机正是从那些古老的计算工具中一步步发展而来的。

2.2.1 计算机的发展与分类

1937 年,英国著名数学家和逻辑学家艾伦·麦席森·图灵(Alan Mathison Turing,1912—1954 年)提出了著名的"图灵机"模型,并严格定义了可计算性,证明了通用数字计算机是可以实现的,这一理论为现代计算机的产生奠定了坚实的理论基础,因此,图灵被称为"计算机理论之父"。1945 年,美籍匈牙利科学家约翰·冯·诺依曼(John von Neumann, 1903—1957 年)提出了"存储程序"的工作原理,并成功将其运用在计算机的设计之中,根据这一原理制造的计算机被称为冯·诺依曼结构计算机,世界上第一台冯·诺依曼式计算机是 1949 年研制的 EDVAC,由于他对现代计算机技术的突出贡献,冯·诺依曼又被称为"现代计算机之父"。

1. 计算机的发展

1946 年 2 月 15 日,世界上第一台通用数字电子计算机在美国宾夕法尼亚大学问世,简称 ENIAC(Electronic Numerical Integrator and Computer,电子数字积分计算机),如图 2.1 所示。ENIAC 采用电子管作为基本元器件,全机共使用 18 000 多个电子管和

1 500 多只继电器,占地 170 m²,重量达 30 t,耗电 150 kW,每秒可进行 5 000 次加法或 400 次乘法运算。虽然与现代的计算机相比,它的体积庞大、功耗多、功能差、速度慢,但它的诞生开辟了人类文明的新纪元,奠定了计算机发展的基础,其意义极其深远。一般将 ENIAC 公认为世界上第一台通用计算机。

自从 ENIAC 诞生以来,电子计算

图 2.1 世界上第一台电子计算机 ENIAC

机在短短的几十年里经历了电子管、晶体管、集成电路和超大规模集成电路 4 个阶段的发展,如表 2.1 所示。其体积越来越小,功能越来越强,价格越来越低,应用越来越广泛。

表 2.1　计算机的划分

代次	起止时间	使用器件	软件	应用领域
第 1 代	1946—1957 年	电子管	机器语言或汇编语言	科学计算
第 2 代	1958—1964 年	晶体管	高级语言	数据处理、工程设计
第 3 代	1965—1970 年	集成电路	操作系统	工业控制
第 4 代	1971 年至今	大 / 超大规模集成电路	数据库等各种软件	社会各领域

（1）第 1 代电子计算机（1946—1957 年）:电子管计算机时代

其主要特征是采用电子管（也叫真空管）作为逻辑元器件,使用机器语言与汇编语言编制程序。主存储器采用汞延迟线、磁鼓等,外存储器使用穿孔卡片、纸带等。计算机运算速度每秒几千次到几万次,其存储容量小,仅为几千字节,成本很高,可靠性较低,主要用于科学计算。

这个时代的代表机型有 ENIAC、EDVAC、IBM-650（小型机）、IBM-709（大型机）。

（2）第 2 代电子计算机（1958—1964 年）:晶体管（transistor）计算机时代

其主要特征是使用晶体管作为逻辑元器件,开始使用操作系统和计算机高级语言,比如 FORTRAN、COBOL 等高级语言。主存储器采用磁性材料制成的磁芯存储器,外存储器使用磁带、磁盘,运算速度提高到每秒几万次至几十万次,体积缩小,存储容量扩大,成本降低,可靠性提高,不仅用于科学计算,而且在气象、数据处理、事务管理等领域都得到应用。

这个时代的代表机型有 IBM-7090、ATLAS、CDC-7600。

（3）第 3 代电子计算机（1965—1970 年）:中小规模集成电路计算机时代

其主要特征是使用小规模集成电路（SSI）与中规模集成电路（MSI）作为电子元器件,而操作系统的出现和高级语言的进一步发展使计算机的功能越来越强,应用范围越来越广。主存储器采用半导体存储器,运算速度提高到每秒几十万次到几百万次。体积进一步减小,成本进一步下降,可靠性进一步提高,为计算机的小型化、微型化提供了良好的条件,应用范围扩大到工业控制等领域。

这个时代的代表机型有 IBM-360、IBM-370、CDC-6000、PDP-11。

（4）第 4 代电子计算机（1971 年至今）:大规模或超大规模集成电路计算机时代

其主要特征是采用大规模集成电路（LSI）、超大规模集成电路（VLSI）作为电子元器件。主存储器采用集成度更高的半导体存储器,外存储器除广泛使用软、硬磁盘外,还可使用光盘、U 盘和移动硬盘等,计算机运算速度大大提高,达到每秒几百万次至百亿次,体积大大缩小,成本大大降低,可靠性大大提高。

第 4 代计算机在系统结构方面发展了并行处理技术、多机系统、分布式计算机系统和计算机网络系统,出现了一批高效而可靠的计算机高级语言,如 Ada、Java、C++等,数据库系统及软件工程标准化进一步发展和完善,计算机科学理论的研究已形成系统。与此同时,外部设备丰富多彩,输入输出设备品种多、质量高,网络通信技术、多媒体技术及信息高速公路使世界范围内的信息传递更加方便快捷。

这个时代的代表机型有 IBM-308X、IBM-4300、VAX-11、IBM-PC。

随着计算机技术的迅猛发展,前 4 代计算机的分代规则在新形势下已经不适合了。专家们不再沿用"第 5 代计算机"的说法,统称为新一代计算机。

从 20 世纪 80 年代开始,日本、美国等国都投入了大量的人力、物力研制新一代计算机。新一代计算机要实现的目标是让其具备像人类一样有触觉、视觉、嗅觉和听觉等,还要具备思考、推理、学习等能力,能够以实时方式同时并行地处理随时变化的大量数据,并能导出结论,形成智能型、超智能型计算机。

2. 计算机的分类

计算机的种类很多,可以从不同的角度对计算机进行分类。图 2.2 所示是计算机的一种分类。

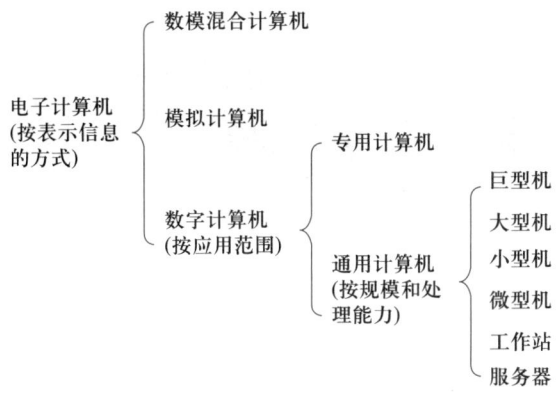

图 2.2 计算机的分类

数字计算机按应用范围分类,分为专用计算机和通用计算机。

(1)专用计算机

专用计算机是为解决一个或一类特定问题而设计的计算机。它的硬件和软件的配置依据解决特定问题的需要而定,并不求全。专用机功能单一,配有解决特定问题的固定程序,能高速、可靠地解决特定问题。嵌入式计算机属于专用计算机,它将软件固化在芯片上,广泛应用于各种家用电器,如空调、冰箱、自动洗衣机、数字电视、数码相机等。

(2)通用计算机

通用计算机是为能解决各种问题,具有较强的通用性而设计的计算机。它具有一定的运算速度,有一定的存储容量,带有通用的外部设备,配备各种系统软件、应用软件。一般的数字式电子计算机多属此类。

通用计算机按规模和处理能力分类,分为巨型机(super computer)、大型机(mainframe)、小型机(minicomputer)、微型机(personal computer)、工作站(workstation)、服务器(server)。

① 巨型机。

巨型机又称为高性能计算机或超级计算机,超级计算机是计算机中功能最强、数值计算能力和数据处理能力最大、运算速度最快、价格最昂贵的计算机。超级计算机的研制水平、生产能力及其应用程度已成为衡量一个国家经济实力和科技水平的重要标志。"神威·太湖之光"(图 2.3 所示)在我国超级计算机发展史上占有重要的地位,它作为 863 计划信息技术领域重大项目支持的课题之一,2014 年由科技部立项,由国家并行计算机工程技术研究中心研制。"神威·太湖之光"处理器峰值性能为每秒 12.5 亿亿次,曾连续多次霸榜全球超级计算机 TOP 500 榜单。

图 2.3 神威·太湖之光超级计算机

② 大型机。

大型机又称为大 / 中型计算机,这是在微型机出现之前最主要的计算模式,它通用性最强。以大型主机及其外部设备为基础,可以组成一个计算中心或计算机网络。大型主机经历了批处理阶段、分时处理阶段,进入了分散处理与集中管理的阶段。随着微机与网络的迅速发展,大型主机正在走下坡路。许多计算中心的大机器正在被高档微机群取代。

③ 小型机。

由于大型主机价格昂贵,操作复杂,只有大企业大单位才能买得起。在集成电路推动下,小型计算机一般为中小型企事业单位或某一部门所用。小型机规模小、结构简单、可靠性高、成本低、易于操作维护。它们已广泛应用于工业自动控制、大型分析仪器、测量设备、企业管理、大学和科研机构等。

④ 微型机。

微型机又称为个人计算机。自 20 世纪 70 年代出现后,以其设计先进和不断采用高性能微处理器升档为标志,以轻、小、价廉、易用等优势而广为普及和应用。

目前市场上 PC 的 CPU 芯片普遍采用的是 64 位。随着芯片性能的提高,PC 的功能越来越强大。今天,PC 的应用已遍及各个领域,从工厂的生产控制到政府的办公自动化,从商店的数据处理到个人的学习娱乐,几乎无处不在,无所不用。日常使用的台式计算机、笔记本电脑、一体计算机、平板电脑、掌上电脑等都是微型计算机。

⑤ 工作站。

工作站是一种高档的微型计算机,通常配有高分辨率的大屏幕显示器及容量很大的内存储器和外部存储器,主要面向专业应用领域,具备强大的数据运算与图形、图像处理能力。工作站主要是为满足工程设计、动画制作、科学研究、软件开发、金融管理、信息服务、模拟仿真等专业领域需要而设计开发的同性能微型计算机。

需要指出的是,这里所说的工作站不同于计算机网络系统中的工作站概念,计算机网络系统中的工作站仅是网络中的任何一台普通微型机或终端,只是网络中的任一用户节点。

⑥ 服务器。

随着计算机网络的日益推广和普及,一种可供网络用户共享的、高性能的计算机应运而生,这就是服务器。服务器一般具有大容量的存储设备和丰富的外部设备,其上运行网络操作系统,要求较高的运行速度。服务器主要为网络用户提供文件、数据库、应用及通信方面的服务。

2.2.2 未来的计算机

1. 计算机的发展方向

目前计算机的发展方向主要是巨型化、微型化、网格化、智能化。

（1）巨型化

巨型化指计算机具有极高的运算速度、大容量的存储空间、更加强大和完善的功能,它的研制水平是一个国家科技水平和经济实力的重要标志。超级计算机"比以往任何时候都重要",能为能源、医药、飞机制造、汽车与娱乐业等广泛领域的行业提供高性能计算服务。更强大的计算能力将使得这些不同行业更快地生产出优异的新产品,从而提高一个国家的竞争力。

（2）微型化

大规模和超大规模集成电路技术的不断发展推动了微型计算机的发展。从第一块微处理器芯片问世以来,计算机芯片的发展速度与日俱增。计算机芯片的集成度每 18 个月翻一番,而价格则减一半,这就是计算机芯片性能与价格比的摩尔定律。计算机体积大大缩小,出现了笔记本电脑以及像掌上电脑这样的"袖珍型计算机"。微型机可以集成在家用电器、导弹弹头等现代化民用和军事设备中,使计算机系统应用软件固化在芯片中,实现与整个系统的集成。在微型化方面具有代表性的是移动通信技术领域的计算机技术应用,4G、5G 手机不仅能处理音频、图像和视频等多媒体数据形式,还能无线上网,使用多种无线接入信息服务。

（3）网格化

目前大部分计算机实现了联网,实现了资源共享,但是,信息的搜索和整合还需要手工完成,效率较低。网格(grid)技术可以更好地管理网络上的资源,它把整个互联网虚拟成一台空前强大的一体化信息系统,犹如一台巨型机,在动态变化的网络环境中,实现计算机资源、存储资源、数据资源、信息资源、知识资源、专家资源的全面共享,从而让用户从中享受可灵活控制的、智能的、协作式的信息服务,并获得前所未有的使用方便性和超强的数据处理能力。

（4）智能化

智能化是要求计算机具有模拟人的思维和感觉的能力。这是新一代计算机所要实现的目标。智能化的研究领域包括自然语言的生成与理解、模式识别、自动定理证明、自动程序设计、专家系统、学习系统、智能机器人等。

随着硅芯片技术的快速发展,硅技术也越来越接近其物理极限,为了解决物理特性对硅芯片的影响,世界各国都在加紧研制新技术,计算机领域将会出现一些新技术,给计算机的发展带来质的飞跃。虽然这些新型计算机技术还在发展中,但不久这些新型的量子计算机、光子计算机、生物计算机、纳米计算机等将会遍布我们生活的各个领域,获得广泛的应用。

2. 未来的计算机

（1）量子计算机

量子计算机(quantum computer)是一类遵循量子力学规律进行高速数学和逻辑运算、存储及处理量子信息的物理装置。当某个装置处理和计算的是量子信息,运行的是量子算法时,它就是量子计算机。量子计算机的特点主要有运行速度较快、处置信息能力较强、应用范围较广等。与一般计算机相比,信息处理量越多,其实施运算也就越有利,也就更能确保运算具备精准性。量子计算机的计算基础是量子比特。

2024 年 1 月 6 日,我国第三代自主超导量子计算机"本源悟空"在本源量子计算科技(合肥)股份有限公司上线运行。其取名来源于中国传统文化中的神话人物孙悟空,寓意如孙悟空般"72 变"。该量子计算机搭载 72 位自主超导量子芯片"悟空芯",共有 198 个量子比特,其中包含 72 个工作量子比特和 126 个耦合器量子比特,是目前中国最先进的可编程、可交付超导量子计算机。

（2）光子计算机

光子计算机是由光信号进行数字运算、逻辑操作、信息存储和处理的新型计算机。光子代替电子,光运算代替电运算,其传播速度非常快,它的能力超过了现有电话电缆的很多倍,同时光子计算机对环境条件的要求非常低,不易出现错误,和人脑具有类似的容错性。随着现代光学与计算机技术、微电子技术相结合,在不久的将来,光子计算机将成为人类普遍使用的工具。

2023 年潘建伟团队研制出了世界首个 255 个光子的光子计算机,比超级计算机快 1 000 万亿倍。光子计算机克服了传统计算机依靠电子通信的瓶颈,未来有望广泛应用于航空航天领域、军事领域和医疗领域等。

（3）生物计算机

生物计算机即仿生计算机,主要原材料是生物工程技术产生的蛋白质分子,并以此作为生物芯片来替代半导体硅片,利用有机化合物存储数据。生物芯片比硅芯片上的电子元件要小很多,而且生物芯片本身具有天然独特的立体化结构,其密度要比平面型的硅集成电路高 5 个数量级。通过这种技术制作的生物计算机体积小、耗电少、存储量大,还能运行在生化环境或者有机体中,比较适合应用于医疗诊治及生物工程等。2021 年 3 月,西班牙庞培·法布拉大学的一支研究小组设计了"生物计算机",能够在纸片上打印细胞。

（4）纳米计算机

纳米计算机是将纳米技术运用于计算机领域所研制出的一种新型计算机。纳米属于计量单位,大概是氢原子直径的 10 倍。应用纳米技术研制的计算机内存芯片,其体积不过数百个原子大小,相当于人的头发丝直径的千分之一。纳米计算机不仅几乎不需要耗费任何能源,而且其性能要比今天的计算机强大许多倍。纳米技术如果能应用到计算机上,必定会大大节省资源,提高计算机性能。

2021 年,美国宾夕法尼亚州立大学研究人员首次研制出一种纳米"计算机",可控制参与细胞运动和癌症转移的特定蛋白质的功能。这项发表在 2021 年 11 月 16 日《自然·通讯》上的研究,为构建用于治疗癌症和其他疾病的复杂设备铺平了道路。

总之,未来的计算机将在结构形式和元器件上有较大的飞跃,将是微电子技术、光学技术、超导技术和电子仿生技术等新技术的产物。

2.3 计算机系统的组成及工作原理

2.3.1 计算机系统的组成

一个完整的计算机系统由硬件系统和软件系统两部分组成,它们是计算机系统中相互依存、相互联系的整体。硬件是指构成计算机的物理装置,是计算机工作的物理基础。而软件是指系统中的程序以及开发、使用和维护程序所需要的所有文档的集合,包括计算机本身运行所需的系统软件和用户完成特定任务所需的应用软件。

最内层为硬件系统,通常把不装任何软件的计算机称为"裸机"。操作系统安装在硬件系统上,直接控制和管理硬件资源,它向下控制硬件,向上支持其他软件,所有其他软件都必须在操作系统支持下才能运行,最外层是用户,操作系统是用户与计算机的接口,如图 2.4 所示。

一个完整的计算机系统组成如图 2.5 所示。

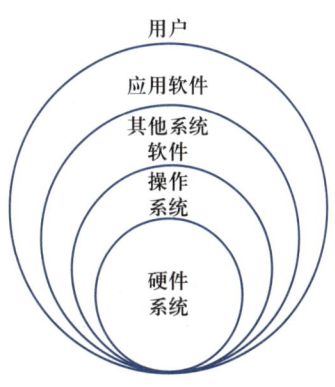

图 2.4 计算机系统的层次结构

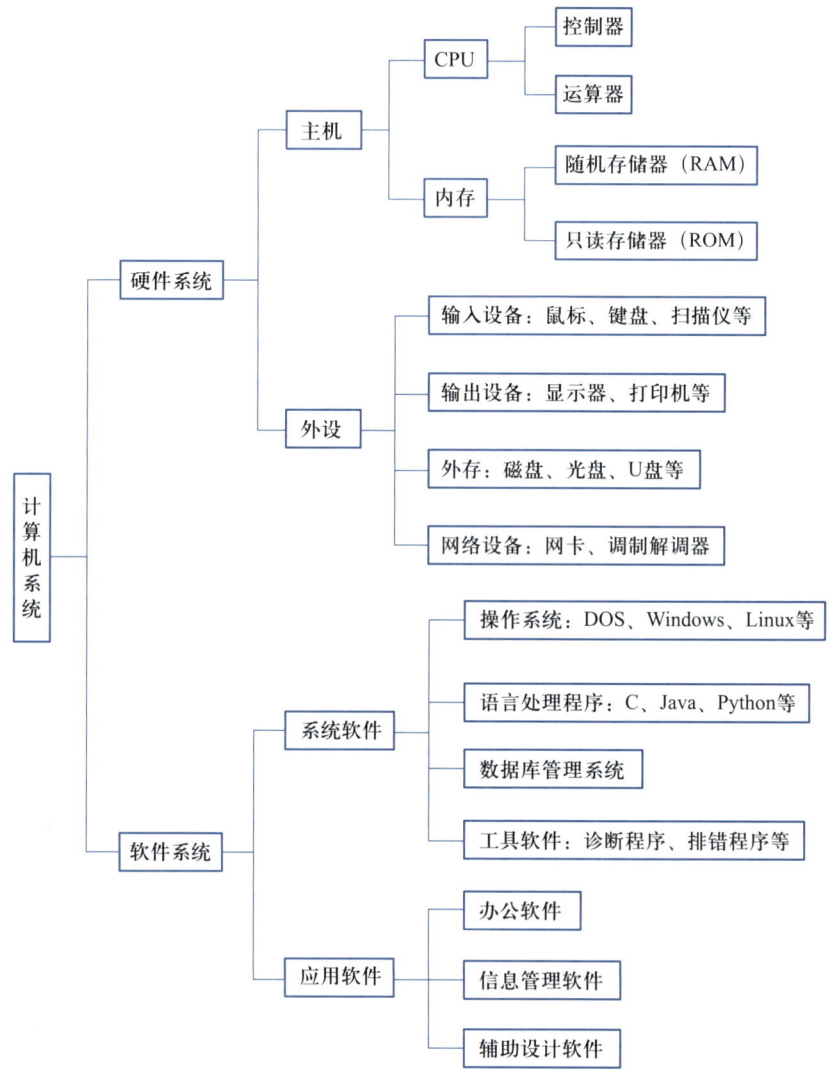

图 2.5　计算机系统的组成

2.3.2　计算机硬件系统

硬件系统是指构成计算机系统的实体和装置。冯·诺依曼提出的"存储程序"工作原理决定了计算机硬件系统都是由输入设备、存储器、运算器、控制器和输出设备五大部分组成。其结构示意图如图 2.6 所示。

（1）运算器

运算器（arithmetic logic unit，ALU）是计算机中进行数据信息加工处理的部件，对各种信息进行算术运算（加、减、乘、除）和逻辑运算（与、或、非、异或）以及进行数据的比较、移位等操作。运算器由算术逻辑单元、寄存器和控制门等组成。寄存器用来提供参与运算的操作数，并存放运算的结果。运算器一次运算二进制数的位数称为

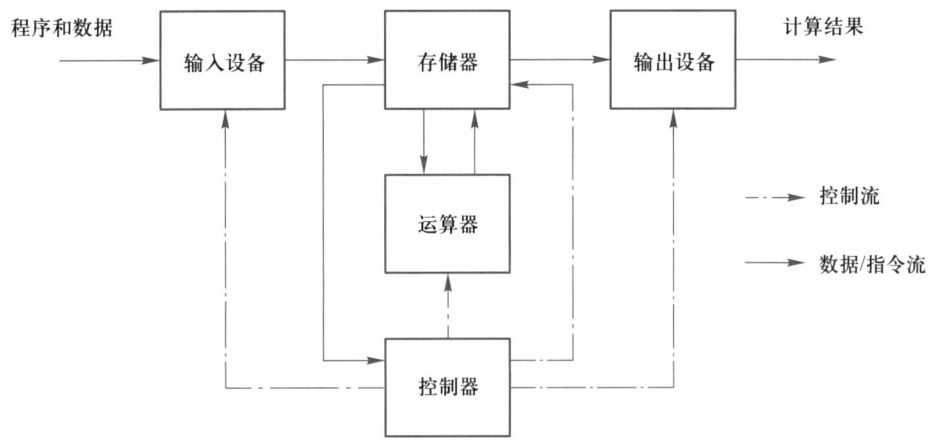

图 2.6 冯·诺依曼计算机结构示意图

字长。它是计算机的重要性能指标。常用的字长有 8 位、16 位、32 位及 64 位。它的速度决定了计算机的运算速度。

（2）控制器

控制器（controller）是全机的指挥中心,它控制各部件的运作,使整个机器连续地、有条不紊地工作。它的实质是解释程序,控制器按时间顺序地从存储器中取出指令,并对指令代码进行分析译码,然后向各部件发出相应的命令,使各部件按相应的命令执行。当执行完一条指令,它将会从存储器取出下一条指令,再执行这条指令,不断循环。通常把取指令的一段时间称为取指周期,而把执行指令的一段时间称为执行周期。因此,控制器不断地处在取指周期与执行周期之中,直至程序执行完毕。它主要由程序计数器、指令寄存器、指令译码器和操作控制器等组成。

通常,将运算器和控制器采用大规模集成电路工艺制成芯片,构成中央处理器（central processing unit, CPU）,又称微处理器芯片。CPU 是硬件系统的核心,计算机的性能主要取决于 CPU。

（3）存储器

存储器（memory）是计算机系统的记忆装置,用来存放程序和数据。计算机中全部信息,包括预置的原始数据、计算机程序、中间运行结果和最终运行结果都保存在存储器中。它根据控制器指定的位置存入和取出信息。存储器分为内存储器和外存储器。

① 内存储器。内存储器简称内存,也称为主存,是计算机用于存储程序和数据的装置,由若干大规模集成电路存储芯片或其他存储介质组成。内存储器直接与中央处理器（CPU）交换数据,存取速度快,管理较复杂。内存又分为随机存储器和只读存储器两大类。但人们常说的内存往往是指随机存储器（random access memory, RAM）,用于存储当前计算机正在使用的程序和数据,信息可以随时存取,一旦断电,RAM 中的信息全部丢失,且无法挽救,通常所说的内存容量是指 RAM 容量;只读存储器（read only memory, ROM）中的信息只能读出,不能写入。通常,厂商把计算机最重要的系统信息和程序数据存储在 ROM 中,即使机器断电,ROM 中的信息也不会丢失。

② 外存储器。外存储器简称外存,也称辅存,它作为一种辅助存储设备,主要用来存放一些暂时不用而又需长期保存的程序或数据,不能与 CPU 直接交换信息,当需要执行外存中的程序或处理外存中的数据时,必须通过输入输出指令,将其调入 RAM 中才能被 CPU 执行和处理。外存储器能长期保存信息,存储容量大,但其存取速度相对较慢。常见的外存储器有磁带、软盘、硬盘、光盘和 U 盘等。随着技术的进步,磁带和软盘已被淘汰。存储器的分类如图 2.7 所示。

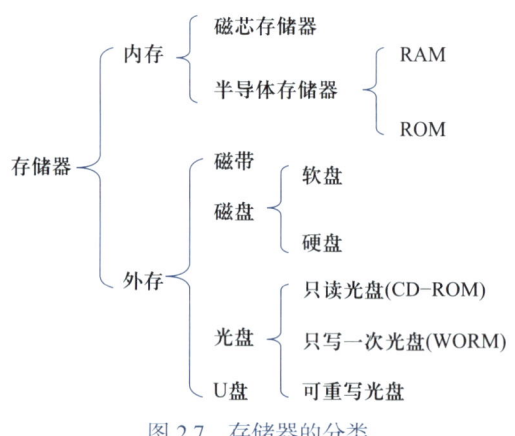

图 2.7　存储器的分类

（4）输入设备

输入设备（input device）是将程序和数据输入到计算机的设备,是计算机与用户或其他设备通信的桥梁。它由两部分组成:输入装置与输入接口。常见的输入装置有键盘、鼠标、摄像头、扫描仪、光笔、手写输入板、游戏杆、语音输入装置等。

（5）输出设备

输出设备（output device）是计算机的终端设备,将计算机的工作结果以数字、字符、图表、音视频等形式表现出来,它由输出接口电路和输出装置两部分组成,常见的输出装置有显示器、打印机、绘图仪、音箱、D/A 转换器等。

运算器、存储器、控制器、输入设备、输出设备五大部分组成了计算机的硬件系统（简称硬件）,是计算机工作的基础。五大部件必须连接在一起才能构成一个完整的计算机硬件系统。

2.3.3　计算机软件系统

软件是指为方便用户使用计算机而提供的程序、数据和有关文档的总和。程序是计算机运行的规则,数据是程序的处理对象,文档是与程序的研制、维护和使用有关的资料,不一定装入计算机。

计算机软件通常分为系统软件和应用软件两大类。

（1）系统软件

系统软件负责管理和协调计算机系统中各种独立的硬件资源,使得计算机使用者和其他软件将计算机当作一个整体而不需要顾及底层每个硬件是如何工作的。它主要包括操作系统、语言处理程序、数据库管理系统、各类服务程序等。

① 操作系统（operating system，OS）。操作系统是对计算机的软、硬件资源进行管理与控制的系统化程序的集合，是安装在"裸机"上的最底层软件，它控制所有计算机运行的程序并管理整个计算机的资源，是用户和计算机硬件系统之间的接口，为用户和应用软件提供了访问和控制计算机硬件的桥梁。没有它，用户也就无法使用某种软件或程序。

② 语言处理程序。用汇编语言、FORTRAN、Java 等各种程序设计语言编写的源程序，计算机是不能直接执行的，必须经过翻译（对汇编语言源程序是汇编，对高级语言源程序则是编译或解释）才能执行。这些翻译程序就是语言处理程序，包括汇编程序、编译程序和解释程序等，它们的基本功能是把用面向用户的高级语言或汇编语言编写的源程序翻译成机器可执行的二进制语言程序。

③ 数据库管理系统（database management system，DBMS）。数据库管理系统是一种操纵和管理数据库的软件，用于建立、使用和维护数据库。它对数据库进行统一的管理和控制，以保证数据库的安全性和完整性。用户通过 DBMS 访问数据库中的数据，数据库管理员也通过 DBMS 进行数据库的维护工作。它可使多个应用程序和用户用不同的方法在同时或不同时刻去建立、修改和查询数据库。

④ 工具软件。实用程序又称工具软件，如系统诊断程序、调试程序、排错程序、编辑程序和查杀病毒程序等，是协助用户维护计算机硬件系统的正常运行和开发所配置的软件系统。

（2）应用软件

应用软件是利用计算机解决某类问题而设计的程序的集合，供用户使用，如文字处理、图形图像处理、计算机辅助设计、工程计算、工程画图等软件。应用软件分为通用软件和专用软件两类。通用软件是为解决某一类问题而设计的，一般在市场上可以买到。专用软件是只为完成某一特定的专业任务而设计的软件，它往往是针对某行业和某用户的特定需求而专门开发的，如某个公司的管理信息系统（MIS）、医院信息系统（HIS）、企业资源计划（ERP）等。

随着计算机应用的不断深入，软件的分类不是那么绝对，而是相互交叉和变化的。一些具有通用价值的应用程序可以纳入系统软件之中，作为一种资源提供给用户。

2.3.4　计算机的工作原理

1．"存储程序"工作原理

1945 年 6 月，约翰·冯·诺依曼在研制第一台电子计算机 ENIAC 的过程中，撰写了长达 101 页的报告 *First Draft of a Report on the EDVAC*，即计算机史上著名的"101 页报告"。在报告中，冯·诺伊曼明确提出了计算机的体系结构。他设计的计算机体系结构称为"冯·诺依曼体系结构"，尽管几十年来计算机体系结构发生了重大变化，性能不断地改进提高，但冯·诺依曼计算机中的许多设计思想仍然影响着现代计算机的设计，他的主要思想如下：

① 采用二进制形式表示数据和指令。

② 计算机包括运算器、控制器、存储器、输入设备和输出设备五大基本部件。

③ 线性组织的定长存储单元。

④ 对计算机进行集中的顺序控制。

⑤ 采用存储程序和程序控制的工作方式。

存储程序是指把解决问题的程序和需要加工处理的原始数据存入存储器中,这是计算机能够自动、连续工作的先决条件。程序控制是指由控制器从存储器中逐条地读出指令,并发出与各条指令相应的控制信号,指挥和控制计算机的各个组成部件自动、协调地执行指令所规定的操作,直至得到最终的结果,即整个信息处理过程是在程序控制下自动实现的。

2. 计算机的工作过程

计算机的工作过程就是执行程序的过程,如何组织和执行程序与计算机的系统结构有关。按照冯·诺依曼设计的计算机体系结构,计算机完成一条指令的操作可分为取指令、分析指令、执行指令 3 个步骤,一条指令执行完后,CPU 再根据程序计数器的值,取出新指令,然后分析、执行,如此周而复始地取指令、分析指令、执行指令。计算机的工作过程如下:

① 准备程序和数据,通过输入设备送到存储器中存储。

② 从存储器某个地址中取出要执行的指令送到 CPU 内部的指令寄存器暂存。

③ 把保存在指令寄存器中的指令送到指令译码器,译出该指令对应的操作。

④ 根据指令译码,向各个部件发出相应控制信号,完成指令规定的各种操作。例如,通过运算器进行运算,输出设备显示或打印等。

⑤ 重复步骤②~④。

⑥ 任务处理完毕,输出处理的结果。

其工作流程示意图如图 2.8 所示。

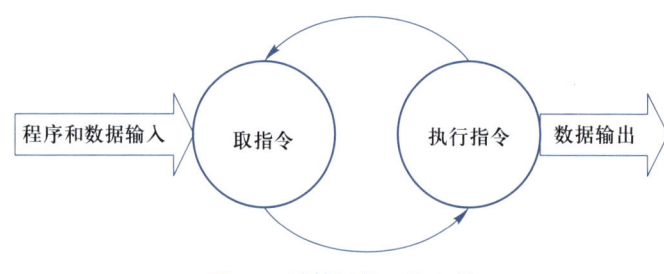

图 2.8　计算机的工作流程

2.3.5　微型计算机的配置

1. 主机

主机是微机的主要部件,安装在主机箱内,它由主板、外存、显示卡和多功能接口卡、电源等组成。

① 主板：主机板是微机主要部分，又称系统板、逻辑板、母板、底板等，是微机内最大的一块集成电路板。上面安装了组成计算机的主要电路系统，一般有 CPU 芯片、BIOS 芯片、I/O 控制芯片、键和面板控制开关接口、指示灯插接件、扩充插槽、主板及插卡的直流电源供电接插件等元件。图 2.9 所示为某型号主板。

CPU 是硬件的核心，由运算器和控制器组成。在很大程度上计算机的性能由CPU 决定，而 CPU 的性能主要体现在其运行程序的速度上。影响运行速度的性能指标包括 CPU 的工作频率、Cache 容量、指令系统和逻辑结构等参数。现在习惯上将CPU 的型号作为微机的型号，国际主流 CPU 主要有 Intel 公司的 Pentium（奔腾）系列、Core（酷睿）系列、AMD 公司的 Ryzen（锐龙）系列等。近年来，国家大力发展信创产业，国产处理器龙芯、兆芯、海光、鲲鹏、申威、飞腾等六个品牌，深耕自主技术，基本都赶上了国际主流水平。如图 2.10 所示为龙芯 3 号处理器。

图 2.9   主板

图 2.10   龙芯 3 号处理器

主板上还有两个重要的系统：BIOS 和 CMOS。BIOS 是微机的基本输入输出系统（basic input/output system），其内容集成在微机主板上的一个 ROM 芯片上，主要保存着有关微机系统最重要的基本输入/输出程序，系统信息设置、开机后自检程序和系统自启动程序等。每次打开计算机时，BIOS 都要进行自检，它检测所有主要部件以确认它们都能正常运行，当计算机正常运行后，所有操作都是通过 BIOS 对计算机进行控制的。CMOS（complementary metal oxide semiconductor，互补金属氧化物半导体）是微机主板上的一块可读写的 RAM 芯片，主要用来保存当前系统的硬件配置和操作人员对某些参数的设定。CMOS RAM 芯片由系统通过一块后备电池供电，因此无论是在关机状态中，还是遇到系统掉电情况，CMOS 信息都不会丢失。

② 内存：在微机内部，内存是仅次于CPU 的部件，用来存放当前执行的程序和使用的数据。现在微机中 RAM 集成片都放在一个长方形的小条形板上，称"内存条"，将它插入主板上，因而使得内存容量的扩充变得很容易，如图 2.11 所示。

③ 硬盘（hard disk，HD）：硬盘是计算机主要的存储媒介之一，由一个或者多个铝

图 2.11   内存条

制或者玻璃制的碟片组成。它的主要性能指标是容量（单位为 TB 或 GB）、读写速度（单位为 μs 或 ms）、接口类型等。现在硬盘常见的容量配置有 320 GB、500 GB、1 TB 及以上等，如图 2.12 所示。

图 2.12　硬盘

④ 光盘：光盘存储技术是 20 世纪 70 年代的重大科技发明，光盘是利用激光原理进行读、写的设备，是迅速发展的一种辅助存储器，可以存放各种文字、声音、图形、图像和动画等多媒体数字信息。由于制作简便、存储量大，被广泛使用在多媒体计算机中。

根据性能的不同，可将光盘分为只读光盘、一次性写入光盘和可擦写型光盘。光驱主要由几家大公司制造，如 SONY、Panasonic、Philips 等，如图 2.13 所示。

(a) 光盘　　　　　　　　　　　　　　　(b) 光驱

图 2.13　光盘和光驱

⑤ 声卡（sound card）：是计算机处理音频的主要设备，也称音频卡。其主要功能是把来自话筒、磁带、光盘的原始声音信号加以转换，输出到耳机、扬声器、扩音机、录音机等设备，或通过音乐设备数字接口（MIDI）使乐器发出美妙的声音。

⑥ 网卡：计算机与外界局域网的连接是通过主机箱内插入一块网络接口板，网络接口板又称为通信适配器或网络适配器（network adapter）或网络接口卡（network interface card，NIC），简称为"网卡"，如图 2.14 所示。

图 2.14　网卡

网卡的基本工作原理是处理计算机上发往网络的数据,将数据分解为适当大小的数据包之后经过网络发送出去。对于网卡而言,每块网卡都有一个唯一的网络节点地址,它是网卡生产厂家在生产时烧入 ROM(只读存储芯片)中的,把它叫作 MAC 地址(物理地址),且保证绝对不会重复。网卡的选择与服务器和工作站计算机类型有关,用户可以根据服务器和工作站计算机的类型及网络的性能和价格要求来选择所需网卡,并要求使用相应的驱动程序和网卡参数设置来建立网络,日常使用的网卡都是以太网网卡。

⑦ 显卡:是显示器和主机连接的接口,显卡接在计算机主板上,它将计算机的数字信号转换成模拟信号让显示器显示出来,同时显卡还有图像处理能力,可协助 CPU 工作,提高整体的运行速度,如图 2.15 所示。

⑧ 机箱:它是主机的外壳,主要用于固定主机内各个部件,并对各个部件起保护作用。建议购买空间容量大、扩充性好、接口人性化、外观大方的机箱。

⑨ 电源:它将 220 V 的外接电源转化为 +5 V 和 +12 V 两种直流电源,供微机各部件使用,如图 2.16 所示。

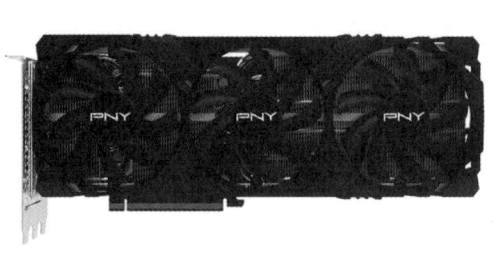

图 2.15　显卡

图 2.16　电源

2. 显示器

显示器(monitor)通常也被称为监视器或屏幕,用来显示计算机输出的文字、图形或影像,是用户与计算机之间对话的主要信息窗口。早期主流的显示器是阴极射线管显示器(CRT),但是目前 CRT 已经被液晶显示器(LCD)所取代。目前台式机和笔记本电脑都以液晶显示器作为基本的配置,如图 2.17 所示。除了 LCD 显示器,目前触摸屏显示器也得到很多应用。随着 iPad 的流行及触摸屏手机的广泛使用,触摸屏显示器目前更是随着手持计算机的普及而得到了很大的发展,如图 2.18 所示。

显示器的主要性能指标是屏幕大小、分辨率、点间距、色彩数。

屏幕大小:显示器屏幕的有效显示大小是显示器重要的性能指标之一,一般显示器的显示区域越大,所能支持的屏幕分辨率也越高,图形显示效果也越好。19 英寸以上液晶显示器是目前的主流配置。

分辨率:指显示器所能显示的点(像素)的多少。由于屏幕上的点、线和面都是由像素组成的,一般有 640×480 像素、800×600 像素、1 024×768 像素、1 080×1 024 像素、1 680×1 050 像素等。从理论上来讲,显示器显示的像素越多,字符、图形也越完整清晰,同样的屏幕区域内能显示的信息也越多。但实际显示效果还与显示卡的性能以及卡上的显示缓冲存储器有关。

图 2.17　显示器　　　　　　　　　图 2.18　触摸屏显示器

点间距：指在最高分辨率下屏幕上两个像素之间的距离，它是决定屏幕分辨率的一个重要参数。点间距越小，图像越清晰。目前显示器常用的点间距有 0.28 mm、0.26 mm、0.21 mm、0.18 mm 等几种。

色彩数：显示器有单色和彩色显示器两类，单色显示器只能显示黑白及不同灰度的图像，而彩色显示器可以显示彩色图像，它不仅取决于显示器的制造技术，更取决于显示卡的性能和显示缓冲区的容量。色彩数分为 16、256、64K、16.7M、32M 种颜色（真彩色）等。

性能优良的显示器还有如下特点：防静电、防炫光、低辐射、数字控制、符合能源之星标准和色温可调等。

显示器的调整主要是调节亮度和对比度，如图 2.19 所示为显示器面板上的各种旋钮。

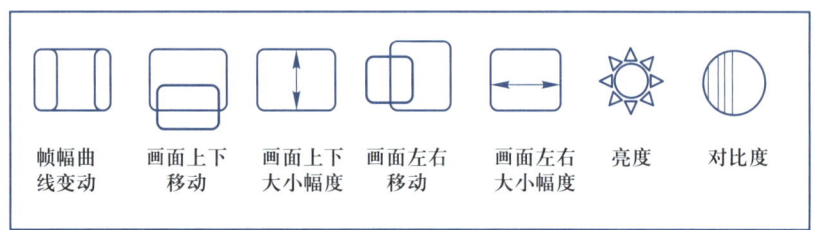

帧幅曲　　画面上下　　画面上下　　画面左右　　画面左右　　亮度　　对比度
线变动　　移动　　　　大小幅度　　移动　　　　大小幅度

图 2.19　显示器常用旋钮控制符号

3. 键盘

键盘（key board）是人机对话的基本设备，用于输入数据、命令和程序，如图 2.20 所示。

图 2.20　键盘

　　键盘内有专门的控制电路,当按下键盘上某一个键时,键盘内部的控制电路就会产生一个相应的二进制代码,并将此代码输入到计算机内部。现在大部分键盘都采用 USB 接口。

　　4. 鼠标器

　　鼠标器(mouse)的种类有很多,目前常用的鼠标按照结构分为机械式和光电式两种。

　　机械式鼠标器:通过滚动鼠标器下方的小球,滚动时小球与桌面产生摩擦,从而控制光标的移动。目前基本已被淘汰。

　　光电式鼠标器:光标移动的控制是依靠鼠标器下方的两个平行光源,鼠标器在专用的反射板上移动,光源发出的光经反射板反射后被鼠标器接收,成为移动信号。

　　按工作原理分,鼠标器有有线鼠标与无线鼠标两种。无线鼠标采用无线技术与计算机通信,从而省却了电线的束缚。其通常采用的无线通信方式包括蓝牙、WiFi(IEEE 802.11)、Infrared(IrDA)、ZigBee(IEEE 802.15.4)等多个无线技术标准,但对于当前主流无线鼠标而言,仅有 27 MHz、2.4 GHz 和蓝牙无线鼠标共 3 类,如图 2.21 和图 2.22 所示。

　　鼠标器有两个或 3 个按键,其功能由所使用的软件来确定。鼠标器有 Microsoft 和 PC 两种标准,PC 标准是用 3 个按键,Microsoft 标准用两个按键。

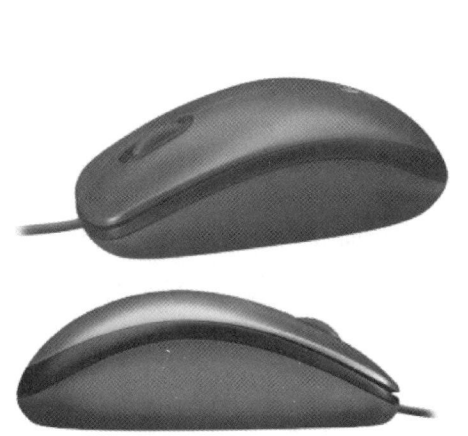

图 2.21　有线鼠标器

图 2.22　无线鼠标器

　　5. 声卡

　　声卡与音箱是多媒体计算机必不可少的设备,如图 2.23 所示。声音在计算机中也是用二进制数据存储的,声卡的基本作用是将计算机存储的数字声音信号转换为模拟信号输出,或将外界的模拟声音信号转换为数字信号输入到计算机。计算机音箱发出的悦耳动听的音乐全是声卡的作用。

　　声卡一般有 5 个主要的插孔和接头:

　　① LINE IN 插孔:用来连接录音机或 CD 唱盘等附有放大器的音源装置。

　　② LINE OUT 插孔:用来外接放大器或内建放大器的喇叭。

③ MIC 插孔：用来接麦克风以便输入声音。

④ MIDI/GAME 插孔：用来连接外接的 MIDI 键盘或游戏摇杆。

⑤ SPK 插孔：如果音箱本身没有电源，需要通过声卡内建的放大器来发音，那么可以接到该位置。

图 2.23 声卡

2.3.6 微型计算机系统性能的主要技术指标

微机系统的主要技术指标如下：

1. 字长

字长是以二进制位为单位，是 CPU 能够一次并行处理的二进制的位数，它决定了计算机一次数据传输的吞吐能力。通常，字长越长，运算精度越高，处理速度越快。

2. 主频

主频是指计算机的时钟频率，它是 CPU 在单位时间（秒）内平均要"动作"的次数。由于 CPU 和计算机内部的逻辑电路均以时钟脉冲作为同步信号触发电子器件工作，所以主频在很大程度上决定了计算机的工作速度。主频以 MHz 或 GHz 为单位。

3. 运算速度

运算速度一般用每秒能执行多少条指令来表示，主频越高，速度越快，但主频并不是决定运算速度的唯一因素。标识计算机运算速度的常用单位是 MIPS（million instructions per second，百万条指令每秒）和 BIPS（billion instructions per second，十亿条指令每秒）。

4. 内存容量

内存大小反映了内存储器存储数据的能力。内存容量越大，计算机整体运算速度就越快，即时处理数据的规模就越大。很多软件运行需提供足够大的内存空间。目前，市场上主流个人微机内存容量一般为 2 GB、4 GB，或更高。

5. 外设配置

外设是指计算机的输入输出设备以及外存，如键盘、显示器（CRT）、打印机、磁盘驱动器等。有些外设成本甚至高于主机。现在的计算机通常应配备较大容量的软、硬盘,特别是硬盘,容量一般选 320 GB 以上为宜。

6. 软件配置

软件配置包括操作系统、计算机语言处理程序、数据库管理系统、通信网络软件、办公处理软件及其他应用软件等。只有选定好的软件才能最大限度发挥硬件的性能和潜力。

2.4 操作系统

2.4.1 操作系统基本概念

操作系统是一种管理系统,它可以管理和协调计算机硬件和软件资源,以及各种应用程序的使用。根据不同的功能和特点,操作系统可以划分为以下几类:

① 桌面操作系统。这是最常见的操作系统形式,用于个人计算机和其他设备。

② 移动操作系统。这种操作系统主要用于手机和平板电脑等移动设备。

③ 服务器操作系统。这种操作系统通常用于大型企业,为用户提供网络服务。

④ 云操作系统。这是一种基于云计算的平台,能够让用户租用虚拟化的硬件和服务。

⑤ 嵌入式操作系统。这种操作系统被设计用来控制其他设备,比如汽车或者工业机械。

⑥ 物联网操作系统。这种操作系统被设计用来连接和管理各种物联网设备。

此外,早期的操作系统,如批处理操作系统;另外还有分时操作系统,允许多个用户同时使用计算机;实时操作系统,能够快速响应用户的操作请求。

2.4.2 麒麟操作系统简介

银河麒麟桌面操作系统 V10(以下简称银河麒麟桌面 V10)是一款适配国产软硬件平台并深入优化和创新的简单易用、稳定高效、安全可靠的新一代图形化桌面操作系统产品;实现了同源支持飞腾、龙芯、申威、兆芯、海光、鲲鹏、海思麒麟等国产处理器平台和 Intel、AMD 等国际主流处理器平台;界面风格和交互设计全新升级,提供更好的硬件兼容性。系统融入更多企业级使用场景,增加多种触控手势和统一认证方式,自研应用和工具软件全面提升,让用户的办公更加高效;注重移动设备协同,优化驱动管理,引入可信安全计算体系,封装系统级 SDK,操作简便,上手快速。

目前,公司旗下产品已全面应用于党政、金融、交通、通信、能源、教育等重点行业,服务用户覆盖所有的中央和地方的党政机关。根据赛迪顾问统计,截至 2022 年,麒麟软件旗下操作系统产品连续 11 年位列中国 Linux 市场占有率第一名。

1. 登录及桌面环境

开机启动计算机后进入银河麒麟桌面,如图 2.24 所示,根据系统设置会默认选择自动登录或停留在登录窗口等待登录。

图 2.24 登录界面

当启动系统后,系统会提示输入密码,即系统中已创建的用户名和密码。单击"隐藏"/"取消隐藏"按钮即可实现密码隐藏/显示。

桌面是登录后主要操作的屏幕区域,如图 2.25 所示,银河麒麟初始桌面由图标、任务栏、桌面背景组成,图标主要有计算机、回收站和主文件夹,鼠标左键双击即可打开。

图 2.25 初始界面

桌面的图标大小可以调节,桌面上的图标也可以按照需要进行排序。系统默认提供 4 种图标大小的设置,分别为小图标、中图标(默认)、大图标和超大图标。右击桌面,选择"视图类型"命令,选择一个合适的图标大小。

选中计算机图标,右击并选择"属性"命令,可以查看当前系统版本、内核版本、激活状态等相关信息,如图 2.26 所示。

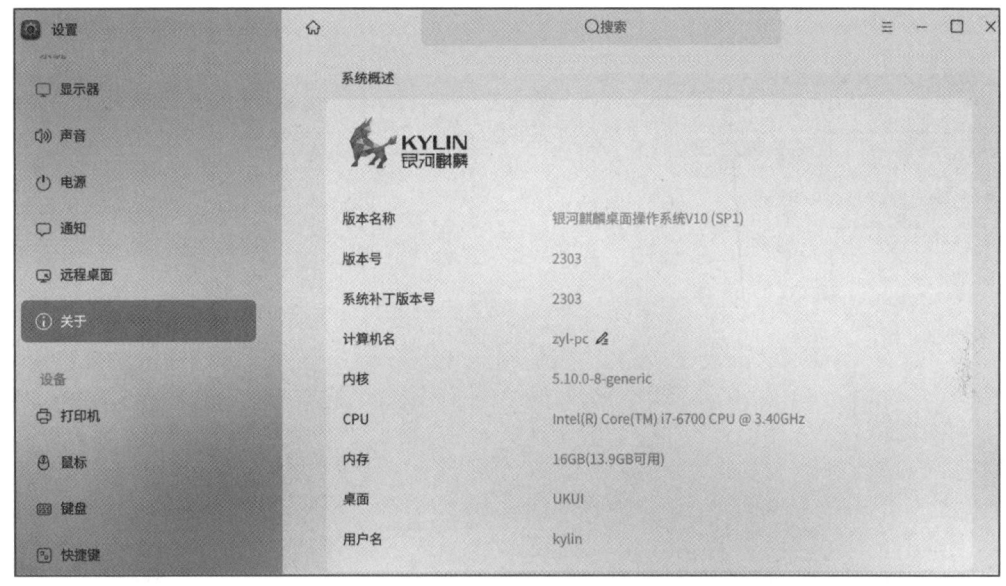

图 2.26 系统概述

2. 电源管理

电源管理是桌面操作系统最基本的功能,能够实现对当前桌面操作系统电源状态及当前账户状态的修改,包括休眠、睡眠、锁屏、注销、重启、关机。打开方式:在"开始"菜单中选择"电源"命令,如图 2.27 所示。

图 2.27 电源管理

3. 任务栏

任务栏用于查看系统启动应用、系统托盘图标，位于桌面底部。任务栏默认放置"开始"菜单、显示任务视图、文件管理器、系统托盘图标等。在任务栏可打开"开始"菜单、显示桌面、进入工作区，对应用程序进行打开、新建、关闭、强制退出等操作，还可以设置输入法，调节音量，连接网络，查看日历，进行搜索，进入关机界面等，如图2.28所示。

图2.28 任务栏设置

4. "开始"菜单

"开始"菜单 是使用系统的"起点"，可查看并管理系统中已安装的所有应用，在菜单中使用分类导航或搜索功能可以快速定位应用程序。"开始"菜单有小窗口和大窗口两种模式，如图2.29和图2.30所示。单击"开始"菜单界面右上角的图标来切换模式。两种模式均支持搜索应用、设置快捷方式等操作。小窗口模式还支持快速打开文件管理器、控制中心和进入关机界面等功能。

5. 安装和卸载

银河麒麟桌面操作系统提供两种软件的安装和卸载方式：一是自带软件商店，支持一键下载安装应用；二是提供图形化的安装器，支持单个或批量安装软件包。

（1）软件商店

软件商店是一款图形化软件管理工具，为用户提供软件的搜索、下载、安装、更新、卸载等一站式软件管理服务。软件商店作为软件分发平台，为用户推荐常用软件和高质量软件。每款上架的软件都有详细的软件介绍信息以供参考，用户可根据实际需要下载安装。

图 2.29 小窗口模式

图 2.30 大窗口模式

单击桌面左下角"开始"菜单,以通过鼠标上下滚动、搜索软件名称、按首字母查询、按类别查询软件商店,单击软件商店查找结果即可启动软件商店。

可以在"开始"菜单右击"软件商店"选项进行多种选择:

① 固定到所有应用:可将软件商店图标固定到"开始"菜单的软件排序前列。

② 固定到任务栏:固定到任务栏后可直接单击桌面左下角任务栏中的"软件商店"图标快速打开。

③ 添加到桌面快捷方式:添加桌面快捷方式后,可在桌面上找到软件商店的图标快速打开,如图 2.31 所示。

（2）安装器

安装器用于在系统中图形化安装或卸载 deb 格式的软件应用。单击"开始"菜单,打开"安装器",如图 2.32 和图 2.33 所示。

单个软件包安装有以下三种方式:

第一种,单击"添加"按钮后选择需要安装的软件包,单击"安装"按钮。

第二种,双击所需要安装的 deb 包,会弹出"安装器"界面,如图 2.34 所示,单击"一键安装"按钮。

第三种,通过在终端输入命令安装,kylin-installer + 包名,会弹出"安装"界面,单击"一键安装"按钮。例如,安装 360 安全浏览器,在终端输入:kylin-installer browser360-cn-stable_10.6.1022.22-1_amd64.deb。

图 2.31　"开始"菜单

图 2.32　安装器——日间模式

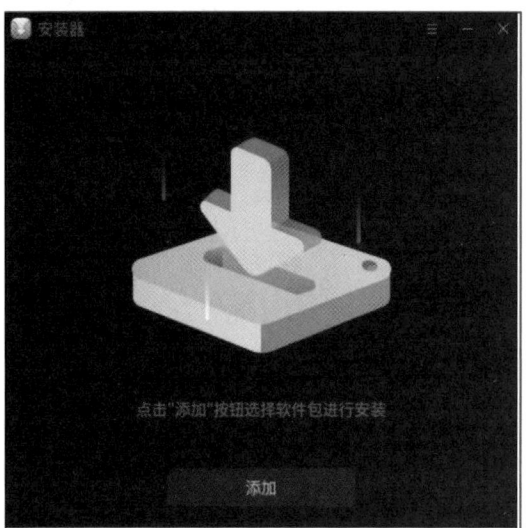

图 2.33 安装器——夜间模式

图 2.34 单个软件包安装

安装器还支持批量安装软件包,先在"开始"菜单打开安装器,然后单击"添加"按钮,添加需要批量安装的多个软件包,单击"安装"按钮,如图 2.35 所示。

软件安装完成界面如图 2.36 所示。

图 2.35　软件包批量添加

图 2.36　安装成功

卸载软件有两种方式：

第一种，通过"开始"菜单找到要卸载的软件，右击选择"卸载"命令，如图 2.37 所示弹出卸载界面。

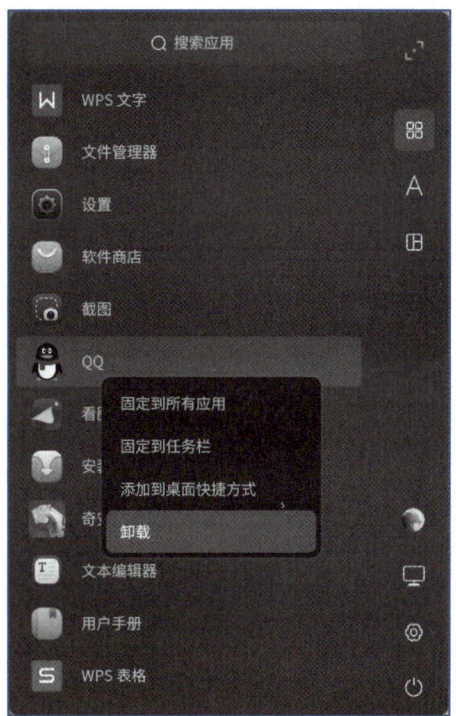

图 2.37 "开始" 菜单中卸载软件

第二种: 通过终端输入命令卸载, 即输入 kylin-uninstaller [desktop 文件及其路径]
命令, 例如, 卸载 360 安全浏览器, 在终端输入:

```
kylin-uninstaller /home/kylin/桌面/browser360-cn.desktop
```

注意: 当应用正在使用时, 软件不允许卸载, 不允许同时卸载两个及以上的
软件。

2.4.3 麒麟 V10 设置

操作系统通过系统设置来管理系统的基本设置, 包括系统、设备、网络、个性化、
账户、时间语言、更新、安全、应用、搜索等。当进入桌面环境后, 打开 "开始" 菜单,
选择 "设置" 命令即可打开 "设置" 面板, 可以选择需要修改的系统设置, 如图 2.38
所示。该操作系统支持以下功能:

① 支持全屏模式与窗口模式, 用户可以通过上方的搜索框直接搜索相关
设置。

② 支持单击二级目录直接打开设置项。

③ 支持打印机、网络、音箱、鼠标、键盘等常用硬件设备设置功能。

④ 支持壁纸、屏保、字体、账户、时间与日期、电源管理、个性化设置等功能。

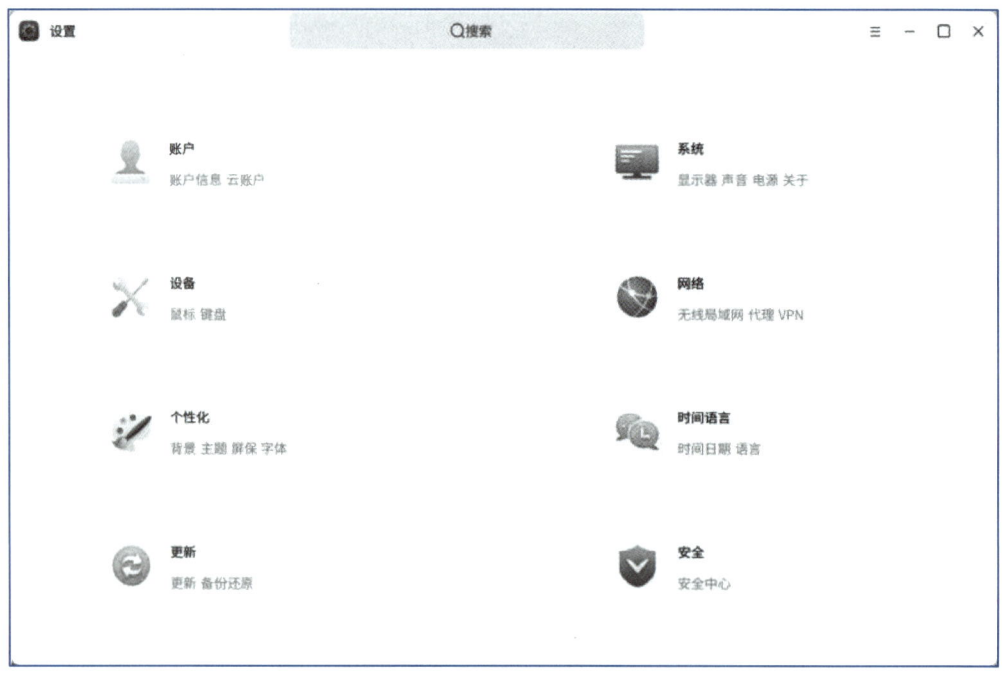

图 2.38　设置

1. 账户

在"账户"设置模块,可进行"账户信息""登录选项""云账户"的基础配置。

在账户信息中,可以对用户的密码、头像等属性进行设置,同时可以设置免密登录和自动登录。如图 2.39 所示,可以看到当前的用户为 kylin。

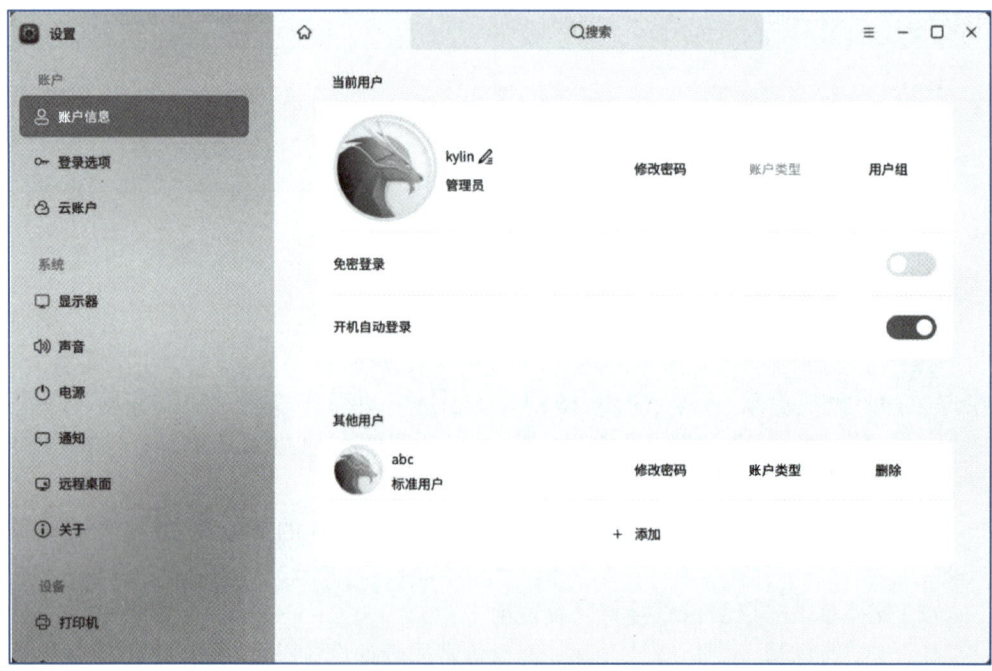

图 2.39　账户信息

单击用户名旁边的修改图标,可以修改用户昵称,单击"确定"按钮生效,如图 2.40 所示。

单击用户组,可以对用户组进行添加、修改、删除操作,如图 2.41 所示。

图 2.40　修改用户昵称

图 2.41　用户组操作

在"其他用户"组中选择"添加"命令可新建用户,同时设置用户的权限,如图 2.42 所示。

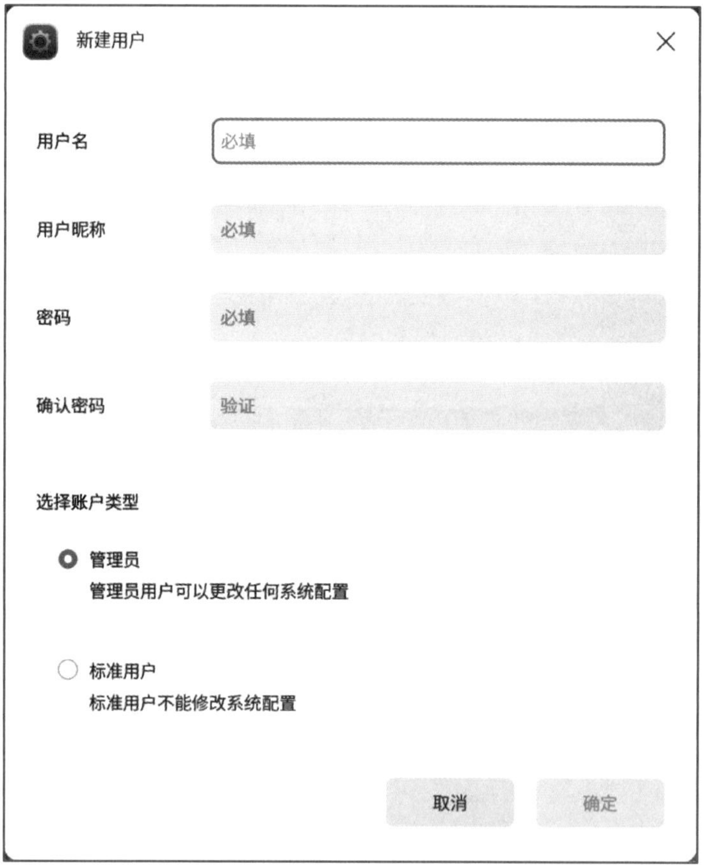

图 2.42 新建用户

对于创建的标准用户,可以进行修改密码操作,如图 2.43 所示,管理员可对账户类型进行修改和删除,如图 2.44 所示。

删除用户时可以选择"保留该用户下所属的桌面、文件、收藏夹、音乐等数据""删除该用户所有数据"两种选项,如图 2.45 所示。

2. 时间和语言

(1)时间和日期

系统提供时区、时间、日期的显示和设置,方便随时查看时间和日期。在桌面右下角任务栏中实时显示日期和时间,如图 2.46 所示,如需修改,可以依次选择"设置"→"时间语言"→"时间和日期"选项进入设置窗口。或在桌面右下角时间日期显示区域右击,选择"时间日期设置"命令进入设置窗口。

在"时间和日期"设置中,可进行时间、日期、语言、地区的相关设置。选择"自动同步时间"单选按钮,则会自动同步该时区的网络时间,选择"手动更改时间"单

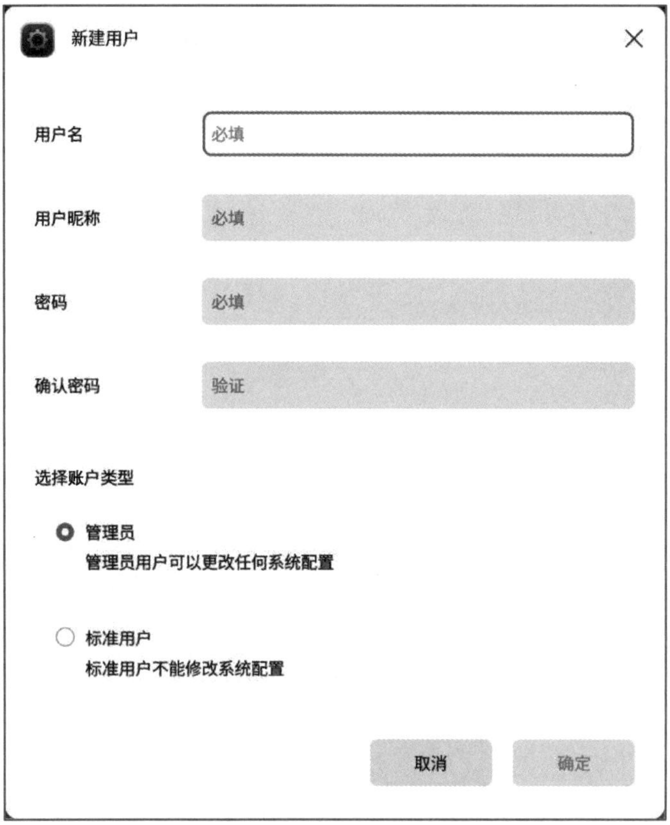

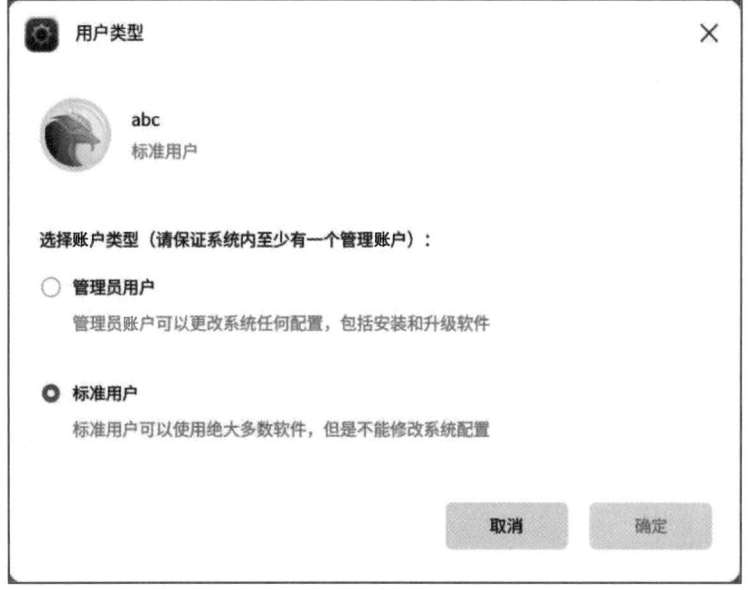

图 2.43 修改密码

图 2.44 用户类型修改

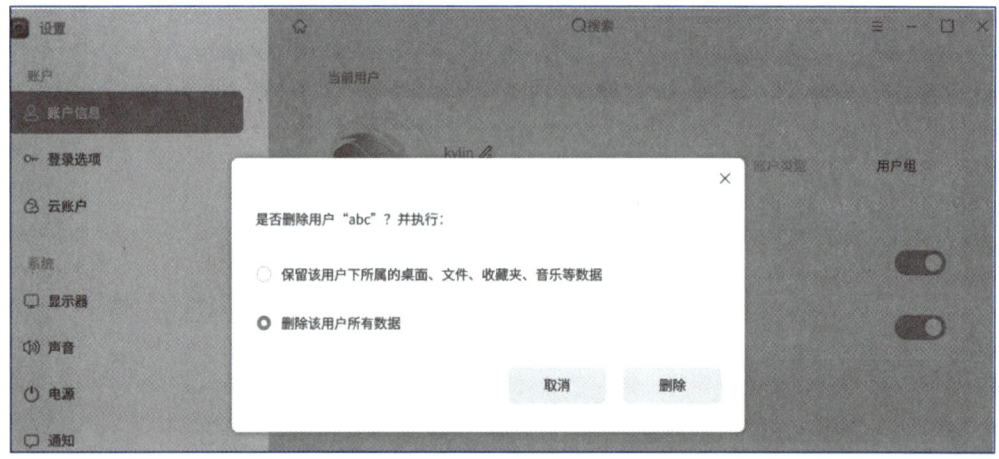

图 2.45 其他用户删除

图 2.46 时间和日期

选按钮,即可进行手动的时间调整,还可以通过同步服务器设置当前时间,如图 2.47 所示。

用户还可以修改时区或添加其他时区时间。单击"修改时区"或"+添加"按钮,在打开的界面中的搜索栏检索并选择地区,或通过选择地图中的位置选择地区,如图 2.48 所示,选择后并确认即设置完成。设置成功后,自动同步到系统面板中显示所选时区的时间。

（2）区域语言

在"区域语言"设置中,可进行"语言格式"和"系统语言"的设置,如图 2.49 所示。

图 2.47 时间和日期设置

图 2.48 修改 / 添加时区

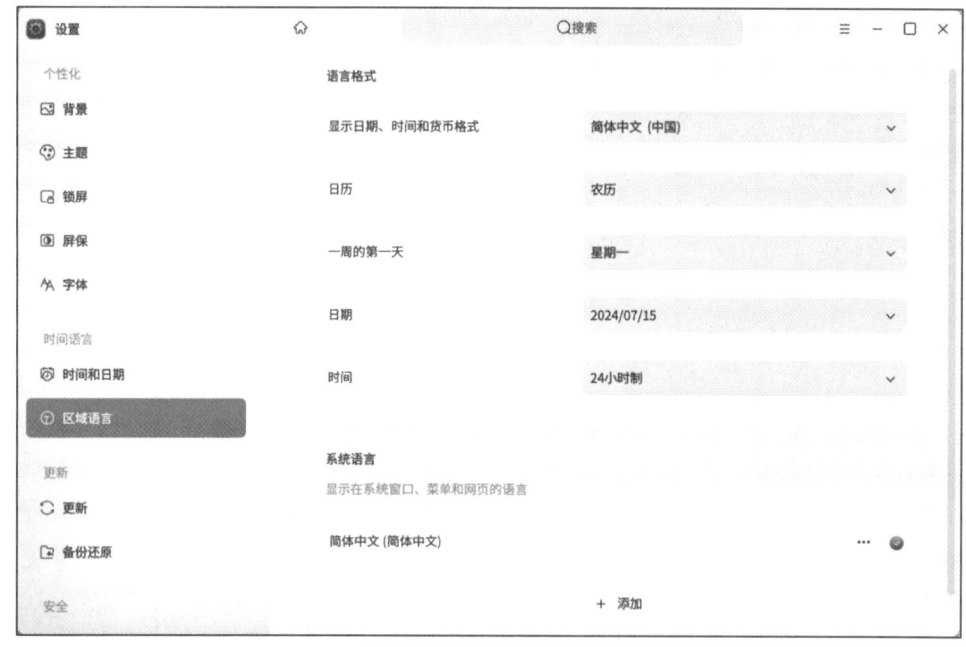

图 2.49　区域语言

3. 输入法

有以下两种方法可以打开输入法设置界面：

方法一，在任务栏选择▦图标，右击，选择"配置"命令。

方法二，在"开始"菜单中选择"设置"→"键盘"→"输入法设置"命令。

对任务栏中输入法图标右击后将弹出输入法菜单栏，可以进行切换输入法、配置输入法、选择 / 切换虚拟键盘、设置输入法皮肤、退出 / 重新启动输入法等设置，如图 2.50 所示。在"开始"菜单中选择"设置"→"键盘"→"输入法设置"命令也可以打开"输入法配置"窗口，如图 2.51 所示。

图 2.50　输入法菜单栏

在"输入法配置"窗口中,可以进行添加 / 删除输入法、设置输入法顺序和全局配置的操作,如图 2.51 所示。在输入法列表中,单击底部的"+"按钮可以选择并添加其他输入法,如图 2.52 所示。单击"–"按钮可删除输入法。单击"↑"或"↓"按钮可以设置输入法顺序。

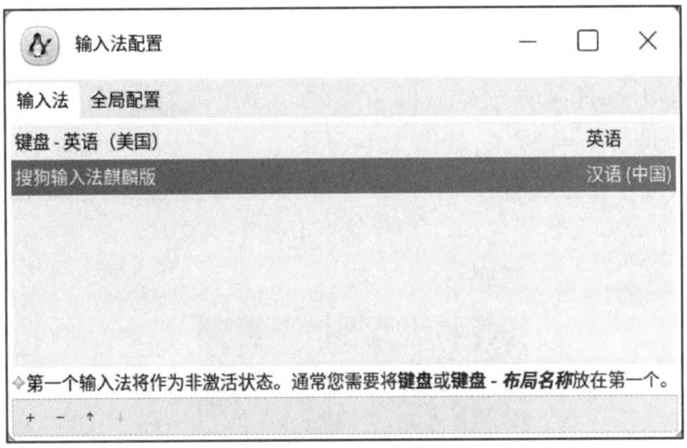

图 2.51 "输入法配置"窗口

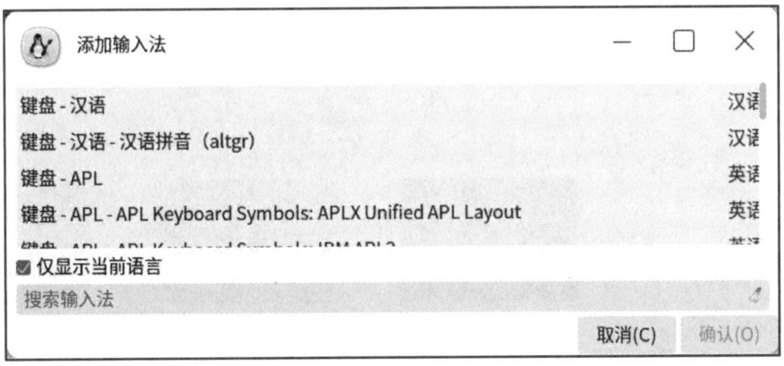

图 2.52 添加输入法

在全局配置窗口,可以设置切换输入法的快捷键、默认输入法状态、在窗口间共享的状态等,如图 2.53 所示。

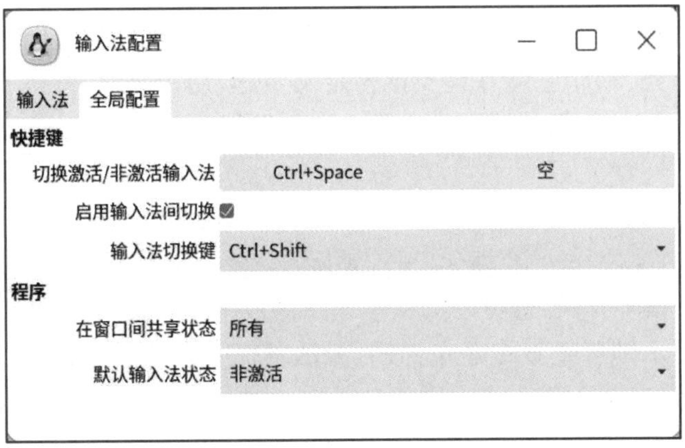

图 2.53 输入法全局配置

4. 个性化

在"个性化"配置中,可进行背景、主题、锁屏、屏保、字体的相关配置。

(1)背景

用户可以选择精美、时尚的壁纸来美化桌面,让计算机的显示与众不同。在桌面上右击,选择"设置背景"命令,打开桌面的"背景"设置界面,或在"开始"菜单中选择"设置"→"个性化"→"背景"命令。预览系统自带的壁纸效果,选择线上图片可下载线上壁纸,单击选择某一壁纸后即可生效。还可以设置桌面背景的显示方式:填充、平铺、居中、拉伸、适应、跨区,如图 2.54 所示。

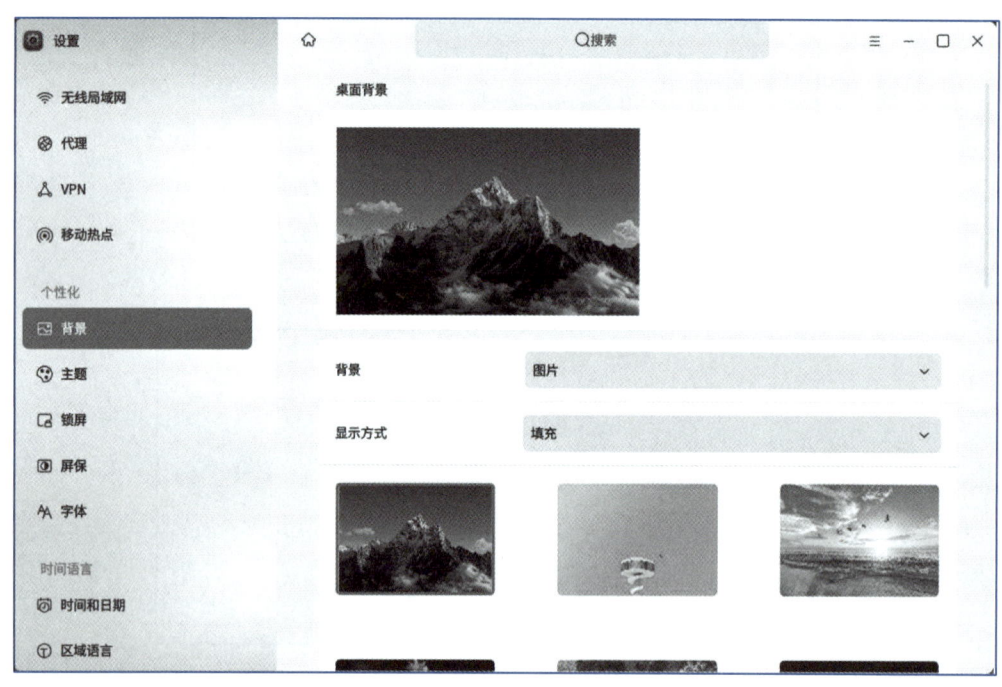

图 2.54　设置背景

(2)主题

用户可以切换系统主题。在桌面上右击,选择"设置背景"命令打开桌面的"主题"设置界面,或在"开始"菜单中选择"设置"→"个性化"→"主题"命令。

系统提供寻光、和印主题并且支持自定义主题,用户可以一键切换主题。此外,用户还可以设置窗口外观及强调色、图标、光标、壁纸及提示音,如图 2.55 所示。

(3)锁屏

在桌面上右击,选择"设置背景"命令,打开桌面的"锁屏"设置界面,或在"开始"菜单中选择"设置"→"个性化"→"锁屏"命令。用户可以在提供的图像中选择任意的图像作为锁屏背景,也可以浏览本地图像或下载线上图片设置为锁屏背景,还可以设置是否显示锁屏壁纸在登录界面、激活屏保时锁定屏幕,设定锁屏的时间段,如图 2.56 所示。

(4)屏保

屏幕保护程序可在本人离开计算机时防范他人访问并操作。在桌面上右击,选

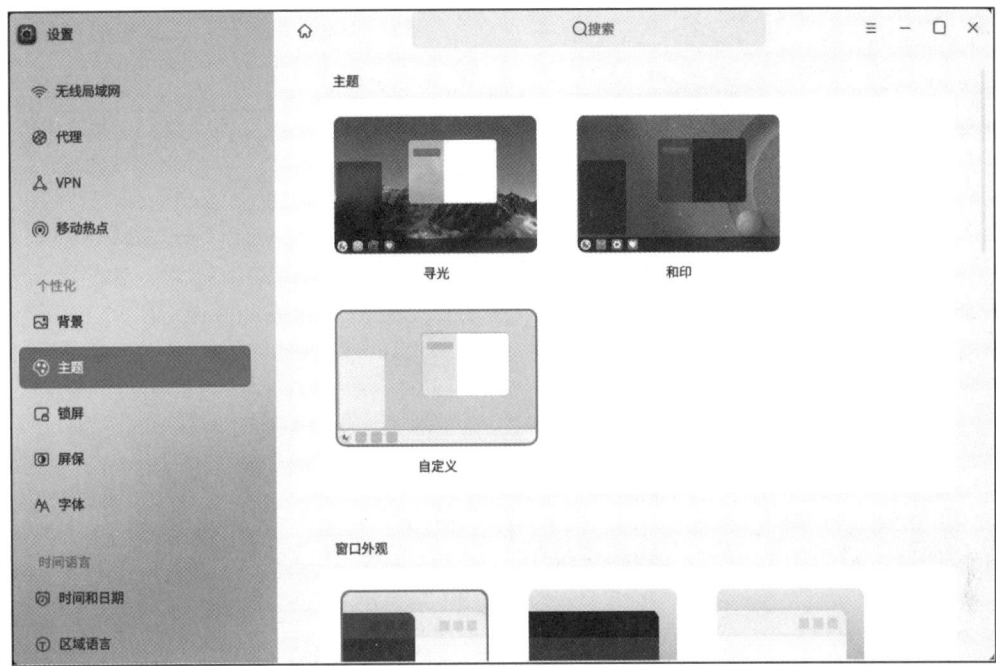

图 2.55　设置主题

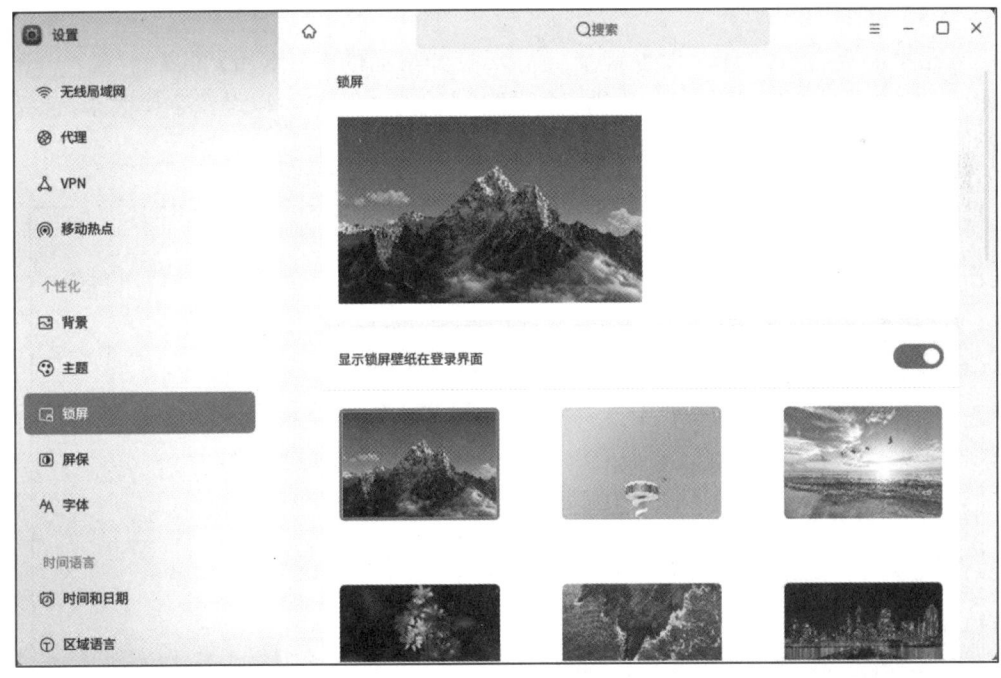

图 2.56　设置锁屏

择"设置背景"命令,在个性化菜单栏中选择"屏保"选项,或在"开始"菜单中选择"设置"→"个性化"→"屏保"命令。设置是否显示休息时间、屏保样式和等待时间,待计算机无操作到达设置的等待时间后,系统将启动选择的屏幕保护程序,如图 2.57所示。

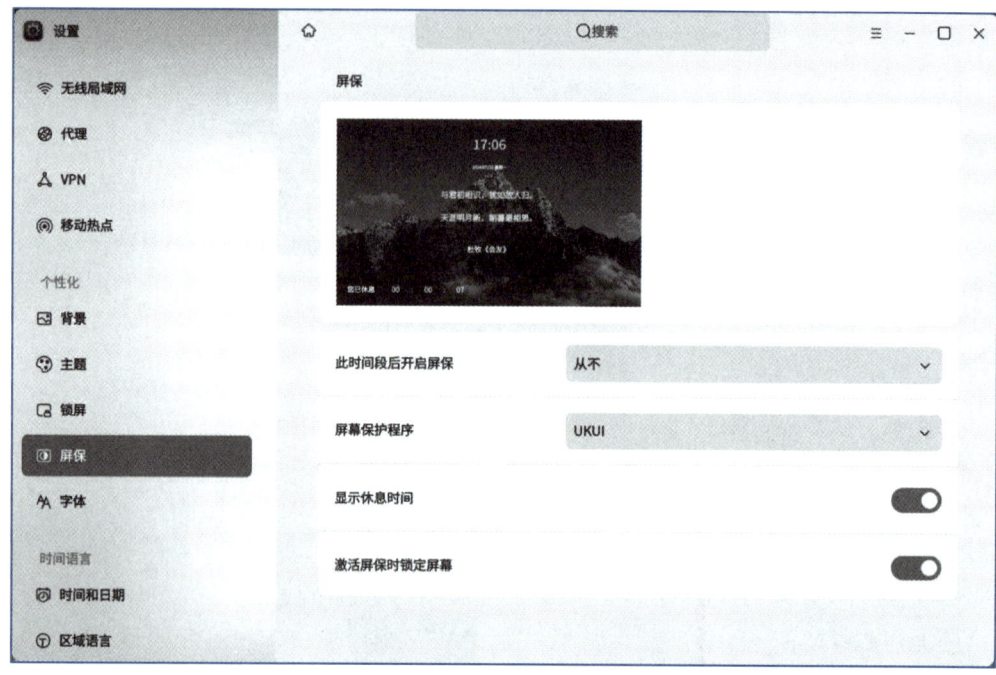

图 2.57　设置屏保

（5）字体

在桌面上右击，选择"设置背景"命令，打开桌面的"字体"设置界面，或在"开始"菜单中选择"设置"→"个性化"→"字体"命令。用户可以设置字体大小，选择不同的字体，设置等宽字体，如图 2.58 所示。

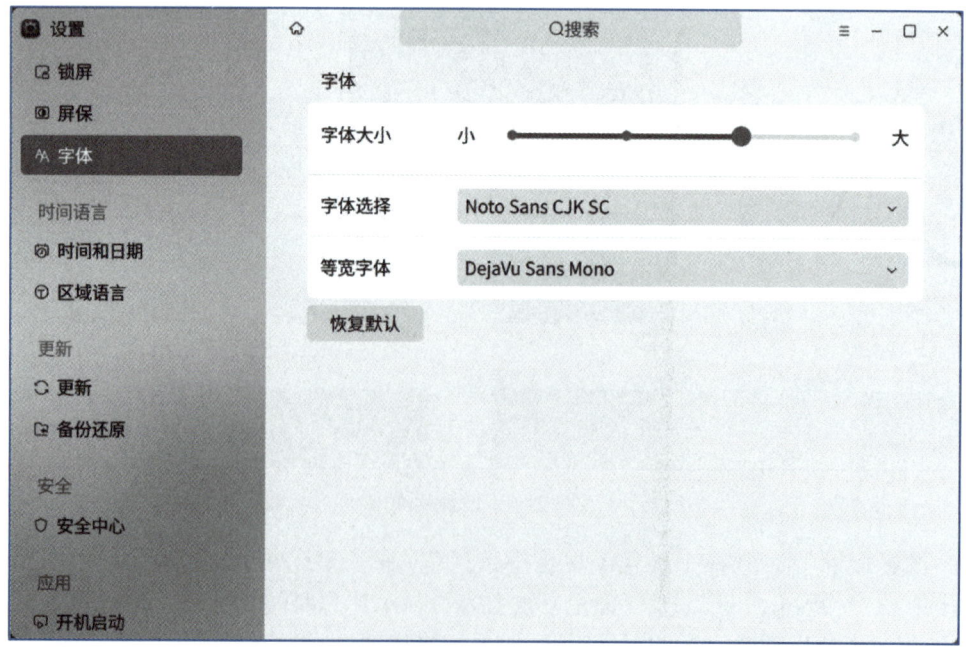

图 2.58　设置字体

2.4.4 麒麟 V10 文件资源管理

1. 文件及文件夹

文件夹可以帮助收纳整理用户的资料,包含桌面应用、文件及文件夹等。在桌面可直接新建文件/文件夹,也可以对文件/文件夹进行常规的复制、粘贴、重命名、删除等操作。

在桌面右击,选择"新建"命令,选择新建文件类型或新建文件夹,输入新建文件/文件夹的名称。在桌面文件或文件夹上右击,可以使用文件管理器的相关功能,如表2.2所示。

表2.2 文件管理器的功能

名称	描述
打开方式	选定系统默认打开方式,也可以选择其他关联应用程序来打开
反选	反向选择桌面文件/文件夹
删除到回收站	删除文件或文件夹到回收站
重命名	重命名文件或文件夹
图片打印	文件为图片时支持选择打印机打印图片
病毒扫描	打开安全中心对文件/文件夹扫描病毒
属性	查看文件或文件夹的基本信息、共享方式及其权限

右击,选择"排序方式"命令,系统提供如下四种排序方式:

① 单击文件名称,将按文件的名称顺序显示。

② 单击修改日期,文件将按文件最近一次的修改日期顺序显示。

③ 单击文件类型,将按文件的类型顺序显示。

④ 单击文件大小,将按文件的大小顺序显示。

2. 文件管理器

文件管理器可以分类查看系统上的文件和文件夹,支持文件和文件夹的常用操作,如图2.59和图2.60所示。文件管理器有以下三种打开方式:

① 在桌面双击"文件管理器"图标 。

② 在"开始"菜单选择"文件管理器"→"打开"命令。

③ 在"开始"菜单选择"搜索"→"文件管理器"→"打开"命令。

(1)文件名

① 系统文件名长度最长可以为255个字符,通常是由字母、数字、"."(点号)、"_"(下划线)和"-"(连接符)组成的。

② "."为文件名首字母时,默认情况下会被隐藏,设置了显示隐藏文件才会显示。

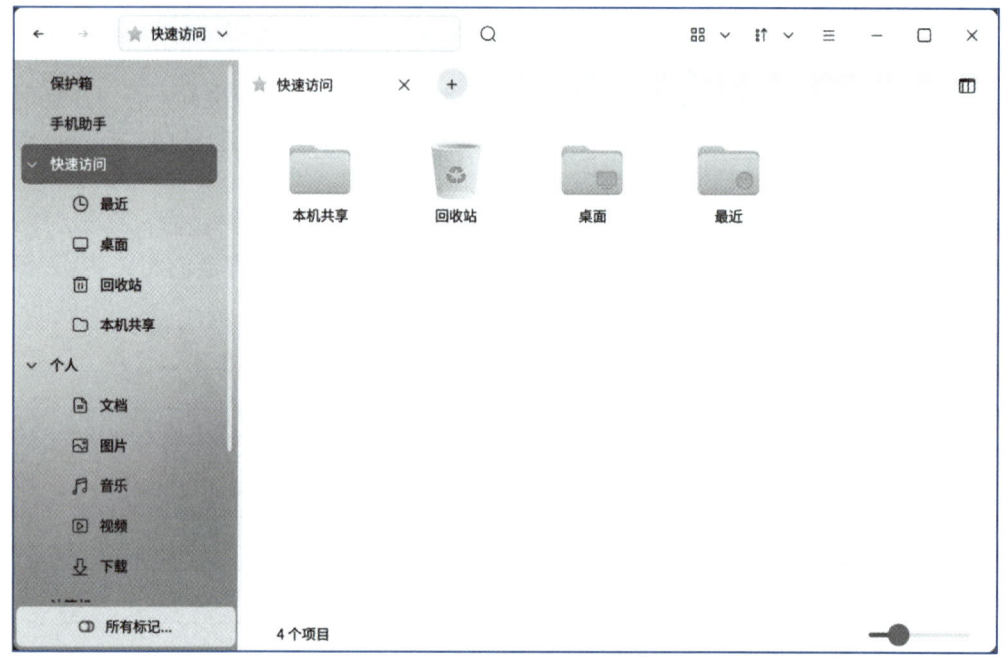

图 2.59 文件管理器——日间模式

图 2.60 文件管理器——编辑菜单

③ 文件名不能含有"/"符号；因为"/"在操作系统目录树中，表示根目录或路径中的分隔符号。

④ 使用当前目录下的文件时，可以直接引用文件名；如果要使用其他目录下的

文件,必须指定该文件所在的目录路径。

（2）文件类型

系统支持如表 2.3 所示的文件类型。

表 2.3　支持的文件类型

文件类型	说明
普通文件	包括文本文件、数据文件、可执行的二进制程序等
目录文件（目录）	系统把目录看成是一种特殊的文件,利用它构成文件系统的分层树形结构
设备文件（字符设备文件/块设备文件）	系统用它来识别各个设备驱动器,内核使用它们与硬件设备通信
符号链接	存放的数据是文件系统中通向某个文件的路径;当调用符号链接文件时,系统将自动访问保存在文件中的路径

（3）文件管理器窗口

文件管理器窗口可划分为工具栏和地址栏、文件夹标签预览区、侧边栏、窗口区和状态栏、预览窗口六个部分,如图 2.61 所示。

（4）主要功能

① 查看文件和文件夹。用户可以使用文件管理器查看和管理本机文件、本地存储设备（如外置硬盘）、文件服务器和网络共享上的文件。

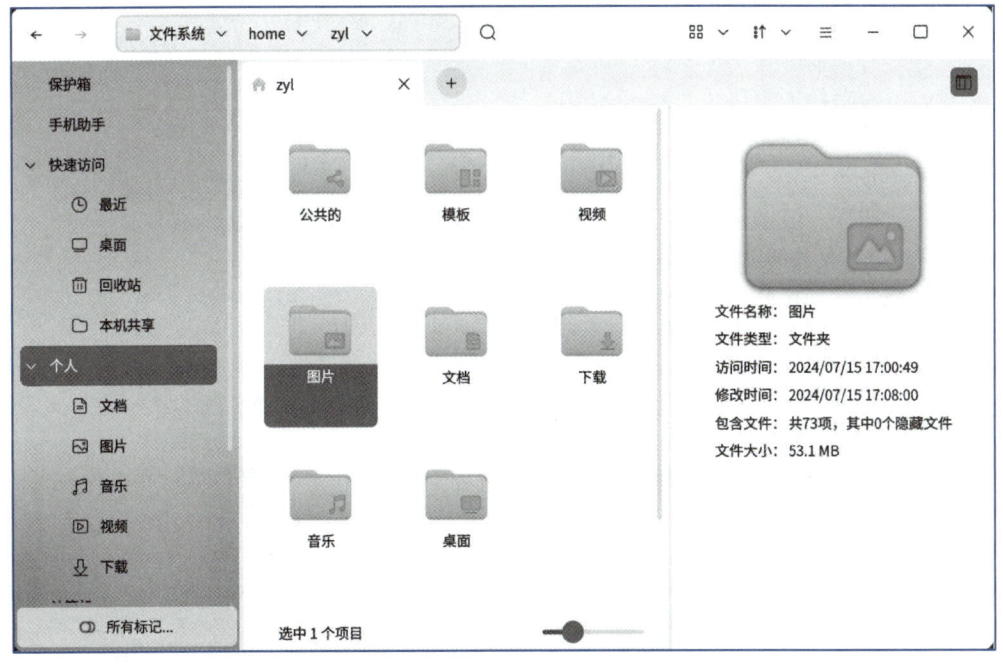

图 2.61　文件管理器窗口分区示意图

在文件管理器中,双击任何文件夹,可以查看其内容(使用文件的默认应用程序打开);也可以右击一个文件夹,选择在新标签页或新窗口中打开。

② 视图模式。用户通过单击  图标可选择文件视图模式,可将图标设为图标视图、列表视图模式,如图 2.62 所示。

在图标视图中,文件管理器中的文件将以大图标 + 文件名的形式显示,如图 2.63 所示。

在列表视图中,文件管理器中的文件将以小图标 + 文件名 + 文件信息的形式显示,如图 2.64 所示。

图 2.62　视图模式

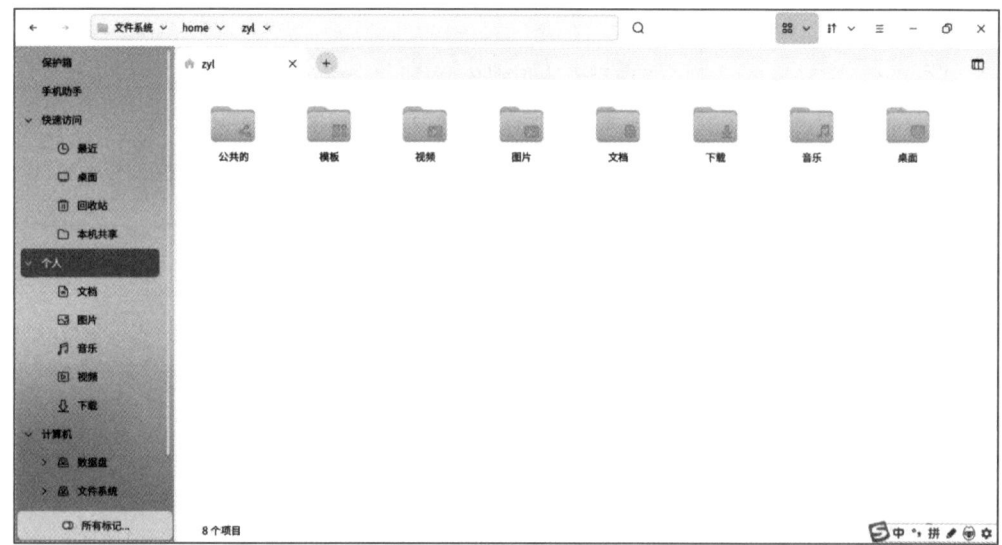

图 2.63　图标视图

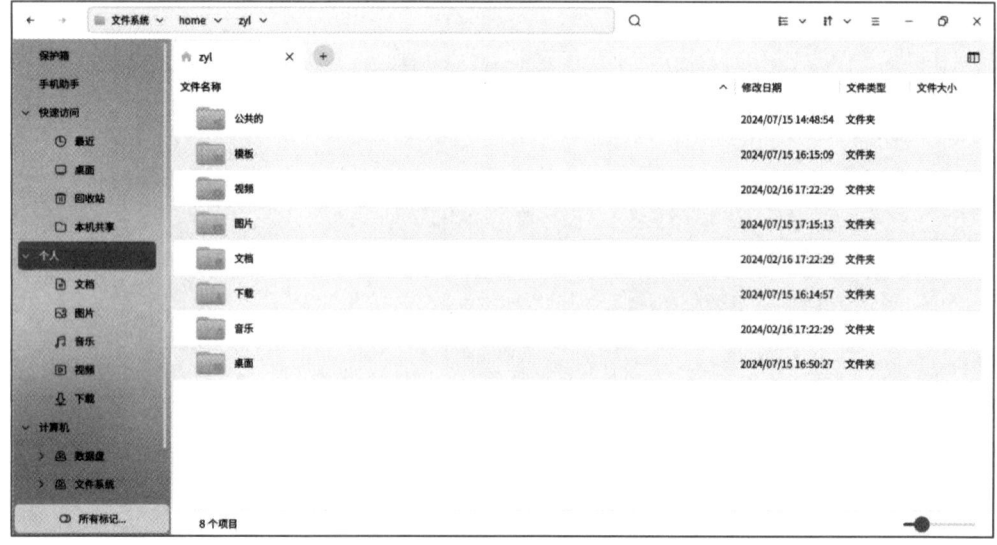

图 2.64　列表视图

③ 文件排序。浏览时,用户可以用不同的方式对文件进行排序。排列文件的方式取决于当前使用的文件夹视图方式,用户可以单击工具栏上的 ⇅ 图标来更改,如图 2.65 所示。

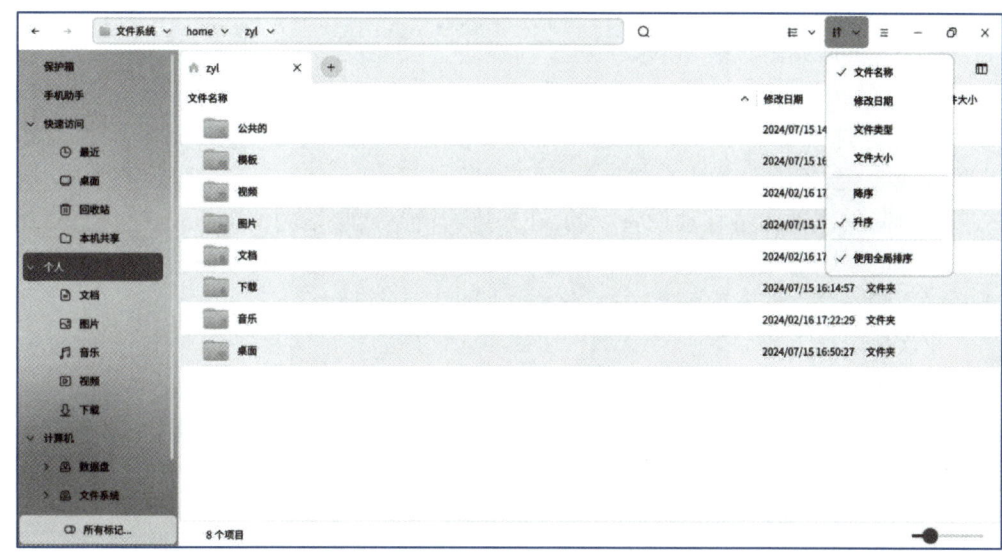

图 2.65　排序方式

各种文件排序方式介绍如下:
- 按名称排序:按文件名以字母顺序排列。
- 按修改日期排序:按上次更改文件的日期和时间排序;默认情况下会从最旧到最新排列。
- 按类型排序:按文件类型以字母顺序排列;会将同类文件归并到一起,然后按名称排序。
- 按大小排序:按文件大小(文件占用的磁盘空间)排序;默认情况下会从最小到最大排列。
- 设置升序/降序:根据上面 4 种不同的排序方式,可设置相应的升序/降序排序。
- 使用全局排序:在打开的目录下设定排序方式,如果想将此排序方式应用到所有目录,可以选择使用全局排序。

2.4.5　麒麟 V10 文件及文件夹常用操作

1. 复制
方式 1:选中项目,右击,选择"复制"命令,选择目标位置,右击,选择"粘贴"命令。
方式 2:选中项目,按 Ctrl+C 键,选择目标位置,按 Ctrl+V 键。
方式 3:从项目所在文件夹窗口拖动至目的文件夹窗口。
在方式 3 中,如果两个文件夹都在计算机的同一硬盘设备上,项目将被移动;如果是从 U 盘拖拽到系统文件夹中,项目将被复制(因为这是从一个设备拖动到另一个设备)。要在同一设备上进行拖动复制,需要在拖动同时按住 Ctrl 键。

2. 移动

方式 1：选中项目，右击，选择"剪切"命令，选择目标位置，右击，选择"粘贴"命令。

方式 2：选中项目，按 Ctrl+X 键，选择目标位置，按 Ctrl+V 键。

3. 删除

删除至回收站的方法如下：

方式 1：选中项目，右击，选择"删除到回收站"命令。

方式 2：选中项目，按 Delete 键。

方式 3：选中项目，拖入桌面上的"回收站"图标。

若删除的文件为可移动设备上的，在未进行清空回收站的情况下弹出设备，可移动设备上已删除的文件在其他操作系统上可能看不到，但这些文件仍然存在；当设备重新插入删除该文件所用的系统时，将能在回收站中看到。

永久删除的方法如下：

方式 1：在"回收站"中再删除。

方式 2：选中项目，按 Shift+Delete 键。

4. 重命名

方式 1：选中项目，右击，选择"重命名"命令。

方式 2：选中项目，按 F2 键。

若要撤销重命名，按 Ctrl+Z 键即可恢复。

2.4.6 麒麟 V10 常用程序

1. 文本编辑器

文本编辑器是一款快速记录文字的文档编辑工具，用户可以使用文本编辑器进行临时性内容的快速记录和编辑，支持打印、文档拼写检查、文档统计、搜索查找等功能，如图 2.66 和图 2.67 所示。

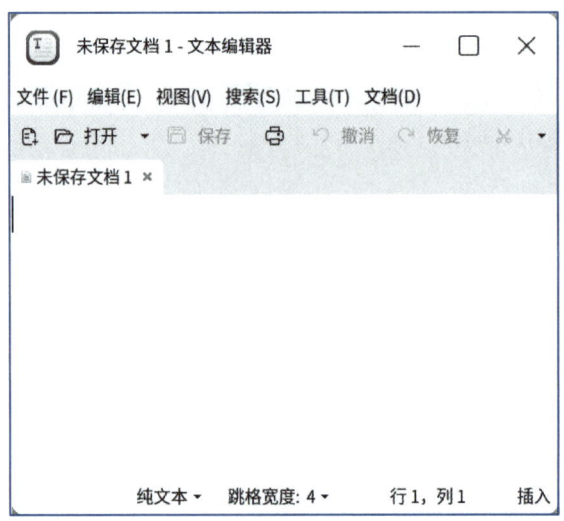

图 2.66　文本编辑器——日间模式

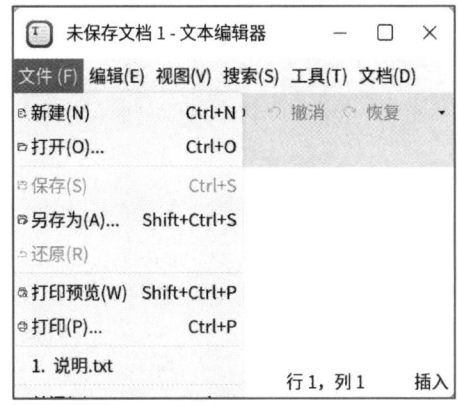

图 2.67 文本编辑器——文件菜单

打开方式如下：

① 在"开始"菜单选择"文本编辑器"命令。

② 在桌面空白处右击选择"新建"→"空文本"命令。

③ 在任务栏中的"搜索"框输入"文本编辑器"，选择"打开"命令。

在打开的文档中进行编辑时，单击"撤销"按钮可以撤销上次操作，单击"恢复"按钮可以恢复上次撤销的操作。

选中内容后单击 ✂ 按钮一键剪切内容，单击 🗐 按钮一键复制内容；选中内容后右击也可以快速进行"剪切"/"复制"操作，还可以"删除"选中的内容，选择"全选"命令则选中全部文本内容。在光标所在处右击可选择"粘贴"命令，如图 2.68 所示。

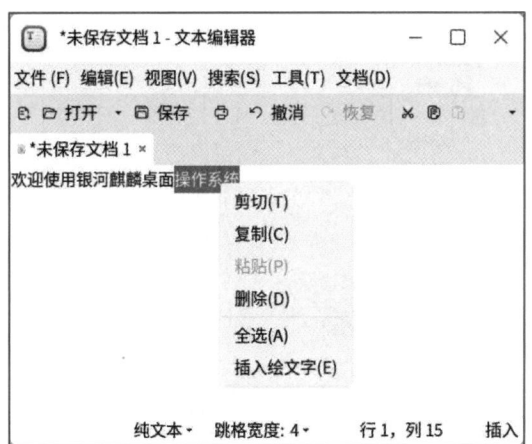

图 2.68 文本编辑器

选择"插入绘文字"命令将打开绘文字选择窗口，选中绘文字即可插入到文本中，如图 2.69 所示。

2. 截图

截图是一款多功能的桌面实用工具，可便捷地截取图像并保存，支持快捷键截图、框选截图、全屏截图、延迟截图、绘图标记、添加文本、固定截图至桌面等功能。

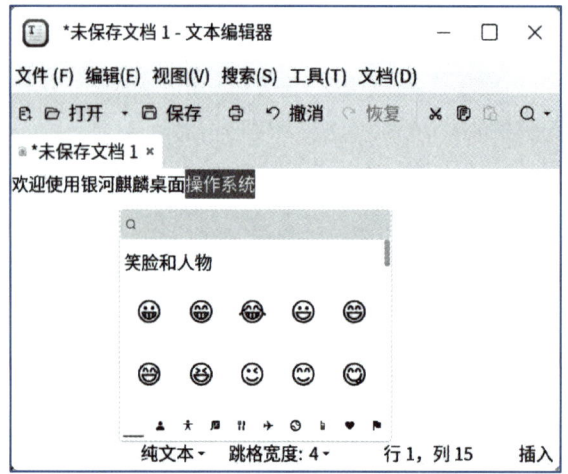

图 2.69 插入绘文字

打开方式如下：

① 在"开始"菜单选择"截图"命令。

② 在任务栏单击"截图"图标。

③ 在任务栏的"搜索"框中输入"截图"，选择"打开"命令。

打开截图工具后，桌面显示光标的实时位置框图，移动光标后单击可自定义框选需要截取的区域，在打开的窗口中单击可自动截取当前的框选区域。截图后，自动显示当前截取区域的大小和截图工具栏，可以通过拉伸截图区域调整区域大小。使用工具栏的工具可以对截图进行编辑、保存、复制到剪贴板等操作。截图快捷键如图 2.70 所示，截图工具栏说明如表 2.4 所示。

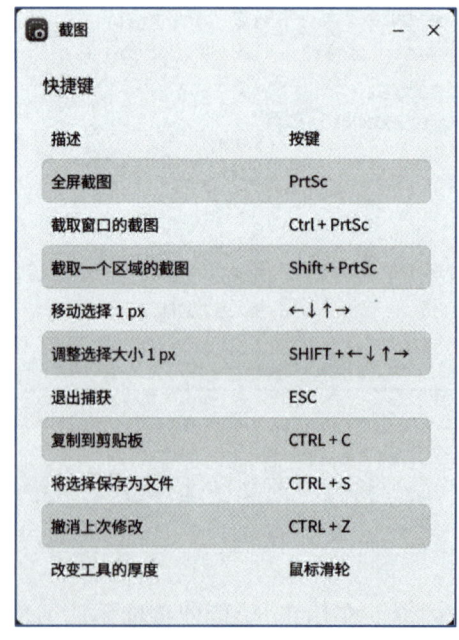

图 2.70 截图快捷键

表 2.4 截图工具栏功能说明

图标	名称	描述
	方框	画出方形
	圆形	画出圆形
	直线	画出直线
	箭头	画出箭头
	画笔	自行绘画
	标记	进行绘画标记
	文本	添加文本文字
	模糊	模糊区域
	撤销	撤销至上一步操作
	取消截图	取消截图操作
	复制至剪贴板	将截图复制至剪贴板
	保存	保存截图内容
	固定截图	固定截图至桌面

3. 画图

打开画图工具的方式如下:

① 在"开始"菜单选择"画图"命令。

② 在任务栏中的"搜索"框中输入"画图",选择"打开"命令。

打开画图工具后,默认显示白色画板和黑色画笔,界面顶部为菜单栏和操作栏,左侧为工具栏,底部为颜色选择窗口和状态栏,如图 2.71 所示。可以使用鼠标在左侧工具栏选择相应的绘画工具,在颜色选择窗口选择绘图颜色后,在白色画板中进行绘画,如图 2.72 所示。

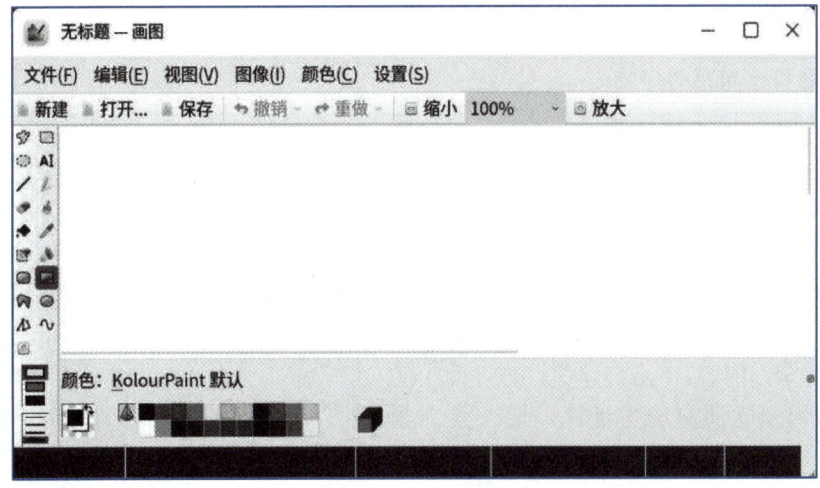

图 2.71 画图

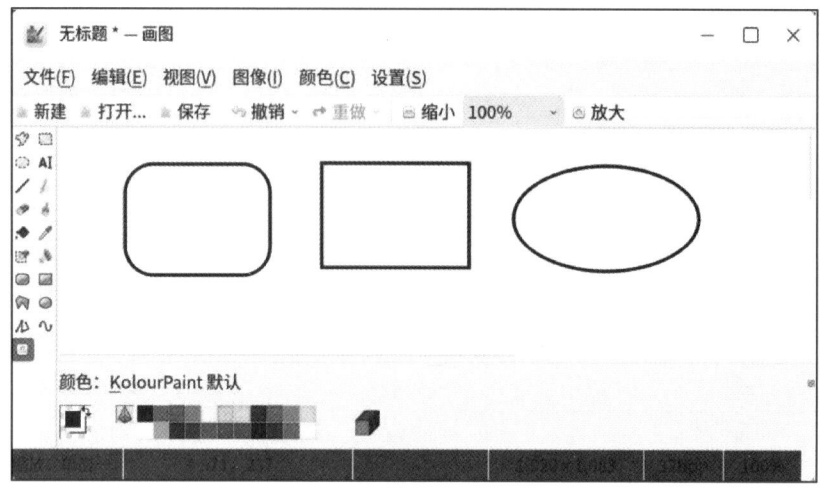

图 2.72 选用绘图工具画图

4. 计算器

计算器是一款高效、实用的桌面计算工具,提供标准计算、科学计算、汇率换算和程序员计算模式,可完成复杂的数学计算、货币换算、编程计算;支持计算过程完整记录,方便随时查阅编辑运算过程。打开方式如下。打开后的界面如图 2.73 所示。

① 在"开始"菜单中选择"计算器"命令。

② 在任务栏中的"搜索"中输入"计算器",选择"打开"命令。

计算器集成了标准计算、科学计算、汇率换算和程序员计算模式,可根据不同需求切换至对应的计算模式,同时支持使用鼠标和键盘输入数字和运算符,输入运算式的三种方式如下:

① 通过鼠标单击计算器界面的虚拟键。

② 通过键盘"↑""↓""→""←"键选择计算器界面符号后按 Enter 输入。

③ 通过键盘直接输入数字或运算符(注意:运算符的键盘输入需使用 Shift+ 符号的组合键,如输入"×",需按 Shift+* 键)。

输入运算式后,按 Enter 键或单击计算器中的 = 按钮即可显示计算结果。计算器的界面符号"C"为清除键,单击 C 按钮可清除当前输入的全部内容,单击程序员计算界面中的 AC 按钮可清除所有历史计算记录,⌫ 为删除键,单击一次向前删除一个数字或字符。

在计算器界面,单击 ✐ 按钮可将计算器

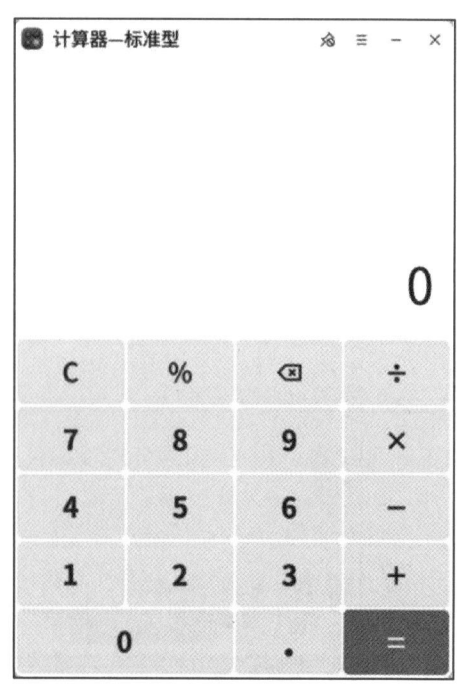

图 2.73 计算器——日间模式

置顶在桌面,单击 按钮取消置顶。单击 ☰ 按钮可打开计算器菜单栏,在菜单栏中可切换计算器计算模式,如图 2.74 所示。单击"帮助"命令将自动跳转至手册中,可查看该工具的操作说明,单击"关于"命令可查看当前版本信息。

（1）标准计算

标准计算模式下,可进行数学基本运算（＋、－、×、÷、%）,支持显示历史计算记录,支持复制、粘贴计算结果,如图 2.75 所示。

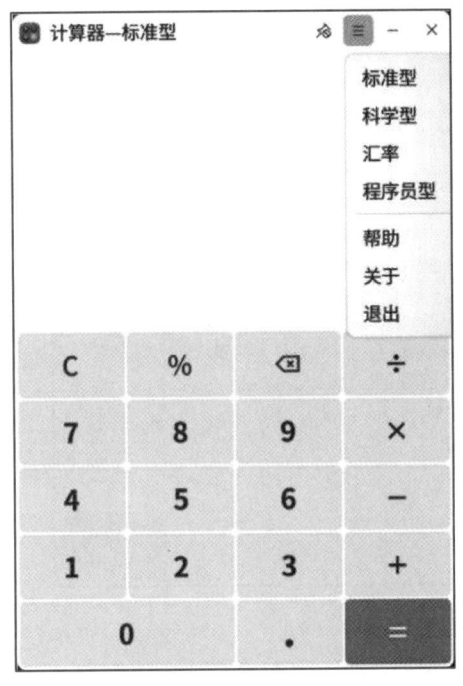

图 2.74　计算器菜单栏

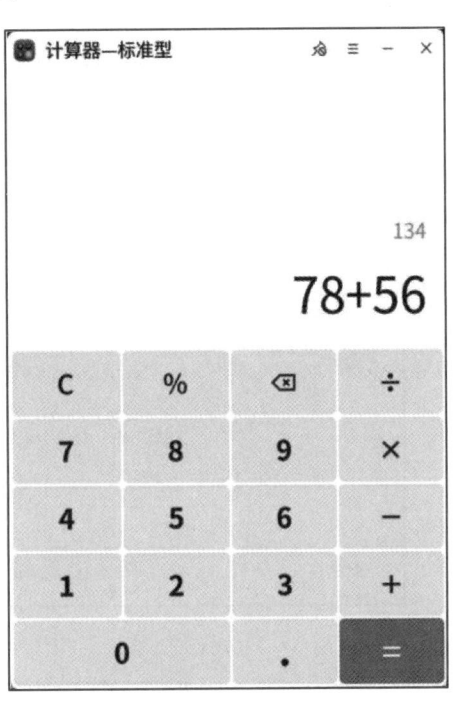

图 2.75　标准计算

（2）科学计算

科学计算模式下,如图 2.76 所示,可进行数学基本运算（＋、－、×、÷、%）和高级函数运算（cos、sin、tan、log、rad、ln、n! 等）,支持显示历史计算记录,支持复制、粘贴计算结果。

（3）汇率换算

汇率换算模式下,同时支持全球汇率查询、汇率实时更新、汇率换算,支持显示历史换算记录,支持复制、粘贴计算结果,如图 2.77 所示。在计算器界面选择待换算的货币,在"汇率更新"栏中单击 ↻ 按钮可查看最新汇率,输入换算的货币数值,按 Enter 键或单击 = 按钮可得到换算结果。

（4）程序员计算

程序员计算模式（图 2.78）下,支持以下功能:

① ASCII 编码转换。

② 数据宽度选择,包括 BYTE（字节）、WORD（字）、DWORD（双字）、QWORD（四字）。

③ 二进制、八进制、十进制、十六进制转换。

④ 逻辑运算,包括 OR(或)、AND(与)、XOR(异或)、NOR(或非)。

⑤ 位运算,包括 ~(按位取反)、<<(Lsh,字位左移)、>>(Rsh,字位右移)、ROR(循环右移)、ROL(循环左移)。

⑥ 显示历史换算记录,支持复制、粘贴计算结果。

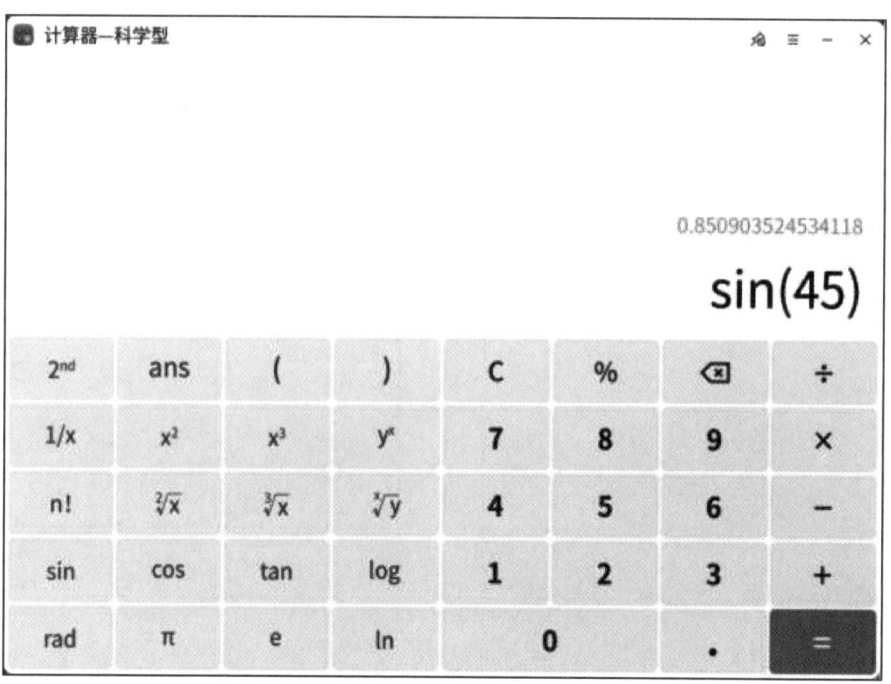

图 2.76   科学计算

图 2.77   汇率换算

计算器—程序员型							⊟ ≡ − ×

1A78AB

1A78AB

ASCII	Unicode		QWORD	⌄		显示二进制		8	10	**16**

OR	AC	C	D	E	F	⌫
AND	~	⁺∕₋	A	B	C	+
ROR	>>		7	8	9	−
ROL	<<		4	5	6	×
XOR	X<<Y		1	2	3	÷
NOR	Y<<X		(	)	0	=

图 2.78　程序员计算

2.5　扩 展 阅 读

1. 慈云桂

慈云桂,计算机专家、教育家、中国科学院院士、中国计算机科学与技术的开拓者之一。是我国第一台亿次巨型计算机的总设计师,他主持研制了我国第一台电子管计算机、第一台晶体管计算机,奠定了我国计算机事业的基石,被称为"中国巨型计算机之父"。

扩展阅读 2-1：慈云桂

扩展阅读
2-2：
夏培肃

2. 夏培肃

夏培肃，计算机专家，中国科学院院士，中国计算机事业的奠基人之一，被誉为"中国计算机之母"。

扩展阅读
2-3：
金怡濂

3. 金怡濂

金怡濂，中国高性能计算机领域著名专家，中国工程院院士，中国巨型计算机事业开拓者，"神威"超级计算机总设计师，有"中国巨型计算机之父"美誉。

扩展阅读
2-4：
王选

4. 王选

王选，计算机文字信息处理专家，中国科学院院士，中国工程院院士，计算机汉字激光照排技术创始人，当代中国印刷业革命的先行者，被称为"汉字激光照排系统之父"，被誉为"有市场眼光的科学家"。

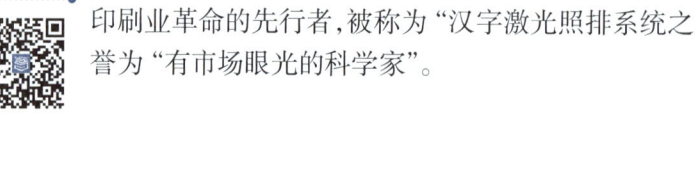

5. 姚期智

姚期智,著名物理学家,计算机学家,中国科学院院士,中国工程院院士,美国艺术与科学院院士。他是第一个获得"图灵奖"的华人,也是到目前为止的唯一一个。

扩展阅读
2-5:
姚期智

6. 孔金珠

孔金珠,长期从事国产银河麒麟操作系统及国产软硬件生态的研究工作,是国产操作系统"银河麒麟"的开发者之一。退役后专注于国产操作系统的产业化推广,让科技成果转化成生产力,在促进我国信息系统国产化建设和自主保障能力方面做出重要贡献。

扩展阅读
2-6:
孔金珠

思 考 题

1. 被称为计算机之父的科学家是谁,他做了哪些贡献?
2. 计算机的主要性能指标有哪些?
3. 简述电子计算机的用途和特点。
4. 计算机的硬件系统主要由哪些部分组成? 分别说明各部分的主要作用。
5. 简述 RAM 和 ROM 的区别。
6. 不同进位计数制之间如何转换?
7. CPU 的性能参数主要有哪些? 目前 Intel CPU 有哪些型号?
8. 显示器主要有哪几种,各有什么特点?
9. 对我国计算机发展做出贡献的科学家除了文中提到的 6 位,还有哪些? 通过阅读你有什么体会和启发?

10. 麒麟 V10 的任务栏由哪几部分构成？

11. 在麒麟 V10 中，如何安装和卸载软件？

12. 启动文件资源管理器的方法有哪些？

13. 麒麟 V10 桌面上的普通图标和快捷图标的区别是什么？

14. 如何复制、删除、移动、恢复文件夹和文件？

第3章　WPS文字处理高级应用

文字处理软件的发展和文字处理的电子化是信息社会发展的标志之一。金山办公软件股份有限公司推出的 WPS Office 一站式办公服务平台是一款兼容 Word、Excel、PPT、PDF 等多种文档格式的办公软件，提供云服务、多人协作、思维导图、流程图等功能，适用于制作各种文档，如信函、传真、公文、书刊和简历等。

1989 年，金山创始人求伯君正式推出 WPS 1.0，并在 2001 年完成政府采购第一枪；2005 年，WPS Office 宣布个人版免费使用；2011 年，金山办公正式发布 WPS Office 移动端；2012 年，金山 WPS 通过核高基重大专项验收；2015 年，WPS+ 一站式云办公发布；2018 年，召开了主题为"简单·创造·不简单"云 AI 未来办公大会，发布了金山文档等新产品。目前已推出 WPS Office 365 教育版，在每一个升级版本中都会比前一个版本增加一些新的功能。本章将介绍 WPS Office 2023 文字处理软件的主要功能和基本使用方法，以提高用户文字处理方面的实际高级应用能力。

3.1　案例与案例解析

1. 本章案例

组织与编排毕业论文。

2. 案例说明与分析

毕业论文的撰写是大学生毕业之前必经的一个教学环节，学生有必要掌握毕业论文的组织与编排方法。毕业论文的组织与编排几乎涵盖了 WPS Office 2023 文字处理部分的全部内容。由于毕业论文往往是几十页的长篇幅，所以，它的编排不同于一般文档的处理。如果采用传统的方法处理长文档，在编辑和排版过程中会有很多不便，甚至导致混乱，极大地影响文档格式的一致性和编排效率。同时，毕业论文中包含的内容表现形式丰富，除文字（文字部分除了可以自己输入，也可以来自其他方面，如插入现成的文件、从网上或其他地方复制）和符号外，通常还有框图、图片、表格、数学公式等。论文最后需要装订，因此，需要按书籍样式考虑整体效果。论文既要有摘要、目录，同时在正文格式一致性排版的基础上还要考虑封面、页眉和页脚的设计以及保证整篇文档便于正确打印和装订成册。本章以毕业论文的组织与编排为案例讲解 WPS Office 文字处理高级功能与操作方法,既容易理解其操作方法,又有一定的实际应用价值,对以后的学习和工作会有很大帮助。

本章主要知识点

① 文字文稿的创建与编辑。

② 文字文稿的排版:边框和底纹、项目符号和编号、分栏、首字下沉。

③ 表格的创建、编辑与格式化。

④ 图片、文本框、公式和艺术字的插入与编辑.

⑤ 插入分隔符和页码。

⑥ 创建和编辑页眉和页脚。

⑦ 样式的使用、脚注和尾注。

⑧ 生成目录。

⑨ 文字文稿的审阅与修订。

3.2 文字文稿的创建与编辑

3.2.1 创建文字文稿

启动 WPS Office 时,单击"新建"按钮,在"新建"窗格用户可以利用模板创建文字文稿,也可以自行创建文字文稿。WPS Office 允许用户同时建立或者打开多个文字文稿。

1. 利用模板创建文字文稿

WPS Office 提供了多种模板让用户快速建立所需的文字文稿。启动 WPS Office 时,单击 WPS Office 首页左侧主导航的"新建"按钮,在"新建"窗格单击"Office 文档"区域的"文字"按钮,在出现的"新建文档"窗格模板类型中选择所需的模板,利用所需的模板创建文字文稿。

2. 自行创建文字文稿

(1)打开空白文字文稿

打开空白文字文稿的常用方法有以下 4 种:

① 单击工作界面顶端标题栏加号旁的下拉按钮 ▾,选择"文字"选项。

② 单击快速访问工具栏的"新建"按钮 ▣。

③ 按 Ctrl+N 键。

④ 在"文件"菜单中选择"新建"命令,选择"空白文档"选项。

(2)输入字符

输入字符时应注意以下问题:

① 中英文两种状态之间的切换:如果已经选择了输入法,并已进入中文输入状态,这时,可以按 Ctrl+ 空格键,在中、英文两种输入状态之间进行切换。

② 全角、半角字符的输入：全角字符占一个汉字的位置，半角字符占半个汉字的位置。单击输入法工具栏的"全 / 半角"切换按钮 ◯ 或 ◗，进行全角、半角字符状态的切换。

③ 中英文标点的切换：按 Ctrl+.（句号）键切换，或单击输入法工具栏的"中 / 英文标点"切换按钮 •• 或 ••。

④ 特殊符号和难检字的输入：单击"插入"选项卡中的"符号"下拉按钮 ▼，在弹出的如图 3.1 所示的"符号"列表中，选择需要的符号。单击"其他符号"选项，打开"符号"对话框。在"符号"或"特殊字符"选项卡中，选择需要的符号或特殊字符，单击"插入"按钮（或直接双击所需的符号或特殊字符）即可。

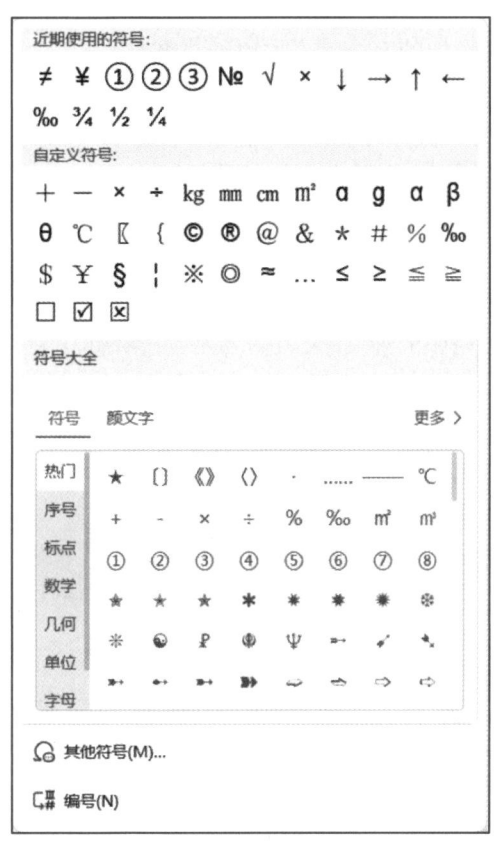

图 3.1 "符号"列表

输入符号或特殊字符的另一种方法是右击输入法工具栏的"软键盘"按钮，在弹出的快捷菜单中，单击需要的符号名称，例如，单击"数学符号"选项，屏幕上会出现一个模拟键盘。模拟键盘上的每个键上显示的不再是标准键盘的字符，而是对应选中的某种特殊字符集，只要用鼠标单击模拟键盘上的键，或者直接按真实键盘，对应的符号就会自动插入到文字文稿中。要取消软键盘，只需单击输入法工具栏的"软键盘"按钮即可。

⑤ 大、小写字母输入技巧：在英文状态下，按住 Shift 键，再按某字母键，则得到该字母相反大小写状态的字母。

3.2.2 保存文字文稿

文字文稿建立或修改好后,需要将其保存到外存储器上。文字文稿保存后的默认扩展名是 .docx。对于修改过的旧文字文稿,要保存到其他位置或者重新命名保存,而原来位置的文件不受影响,则选择"文件"菜单中的"另存为"命令,在出现的"另存为"对话框中重新设置保存的路径及文件名。

3.2.3 编辑文字文稿

WPS Office 文字文稿中的字符除了可以通过键盘来输入,还可以通过从本文字文稿、其他文字文稿或网页复制或移动的方法得到。

首先选定要移动或复制的文本,可使用剪贴板移动或复制文本,可与键盘结合移动或复制文本,还可以使用拖动操作移动或复制文本。在这里重点介绍一下选择性粘贴。

1. 选择性粘贴

进行一般性粘贴操作时,会对原文本及所有包含的格式进行粘贴。如果只想复制不带格式的文本或表格中的纯文字,就需要用到选择性粘贴。使用方法如下:

① 选定要复制的网页内容或其他多格式文本,按 Ctrl+C 键将其复制到剪贴板中。

② 将插入点定位到目标位置,单击"开始"选项卡中的"粘贴"下拉按钮 ▾,选择"选择性粘贴"选项,打开"选择性粘贴"对话框,如图 3.2 所示。从中选择"无格式文本"选项,单击"确定"按钮即可。

或将插入点定位到目标位置,单击"开始"选项卡中的"粘贴"按钮 📋(或按 Ctrl+V 键),将复制的内容插入到目标位置的同时,出现"粘贴选项"按钮 📋▾,单击此按钮,弹出下拉列表,从中选择"只粘贴文本"选项。

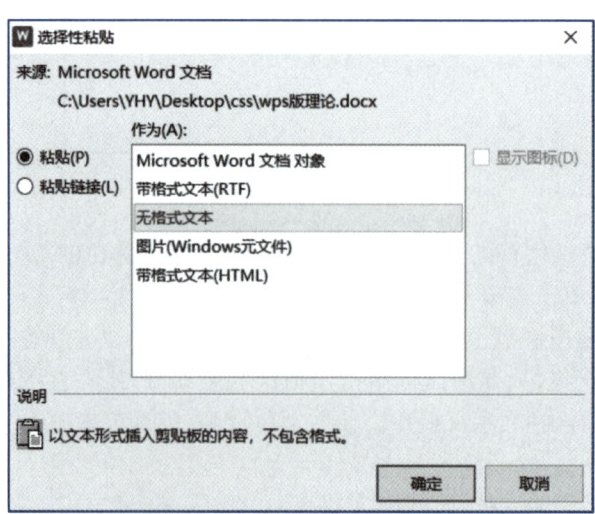

图 3.2 "选择性粘贴"对话框

2. 插入文件

WPS Office 文字文稿中的字符还可以通过插入已有的整个文件的方法得到。

单击"插入"选项卡中的"附件"下拉按钮 ，选择"文件中的文字"选项，打开"插入文件"对话框，从中选择所要插入的文件（如果当前文件夹没有所要插入的文件，可以在文件列表框左面的列表框或上方的下拉列表框中选择所要插入文件所在的文件夹），单击"插入"按钮即可。

3. 查找与替换

如果要对一个很长的文档中的某一文本或符号进行修改、删除，或用一个新文本替换原有的文本，而原文本或符号又在文字文稿中多处重复出现，这时如果用滚动鼠标的办法，在如此长的文字文稿中查找，又要做到一个不漏，是很困难的，甚至不可能，这就需要通过 WPS Office 文字文稿的"查找"和"替换"功能来实现。

查找或替换不但可以作用于具体的文字，也可以作用于格式、特殊字符、通配符等。

【例 3.1】将文档中所有的"手机"一词都替换成加粗倾斜显示的"*mobile phone*"。
实现方法如下：

① 单击"开始"选项卡中的"查找替换"下拉按钮 ，选择"查找"选项，打开"查找和替换"对话框，如图 3.3 所示。

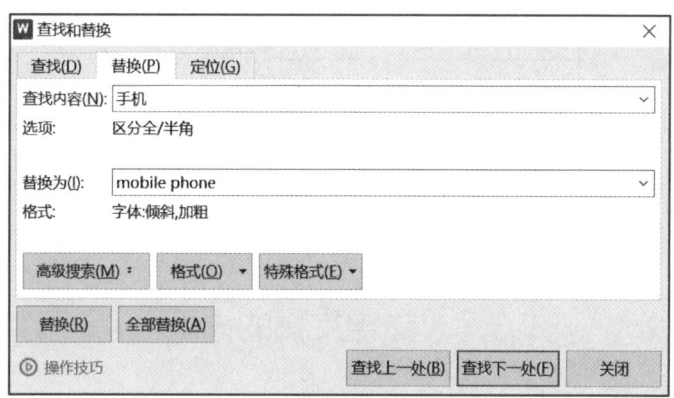

图 3.3 "查找和替换"对话框

② 在"查找内容"文本框中输入要查找的文本，如"手机"；在"替换为"文本框中输入要替换后的文本（若要删除要查找的文本，则"替换为"文本框为空），如"mobile phone"。

③ 选定"mobile phone"文本，单击"查找和替换"对话框中的"格式"按钮，在弹出的下拉列表中选择"字体"选项，打开"替换字体"对话框，如图 3.4 所示，设置字形为"加粗 倾斜"。

④ 单击"全部替换"按钮，即可把所选段落中的所有"手机"一词都替换成加粗倾斜显示的"*mobile phone*"。单击"关闭"按钮，关闭"查找和替换"对话框。

全部替换完成后，WPS Office 文字处理会提示已经完成了多少处替换。

图 3.4 "替换字体" 对话框

　　如果要查找或替换特殊格式的字符或标记,可在"查找和替换"对话框中单击"特殊格式"按钮,从弹出的列表中选择所需的符号或标记。

3.3 文字文稿的排版

3.3.1 设置边框和底纹

WPS Office 文字处理可以为选定的字符、段落、页面、表格及各种图形设置各种颜色的边框和底纹,从而美化文字文稿。其操作方法如下:

　　① 选定要添加边框或底纹的文字或段落。

　　② 单击"页面"选项卡左侧第二组的"页面边框"按钮(或单击"开始"选项卡左侧第三组的"边框"下拉按钮 ▾,选择"边框和底纹"选项),打开"边框和底纹"对话框,如图 3.5 所示。

　　③ 选择"边框"选项卡,分别设置边框的样式、颜色、宽度、应用范围等。应用范围可以是选定的"文字"或"段落"。对话框右边会出现效果预览,用户可以根据预览效果随时进行调整,直到满意为止。

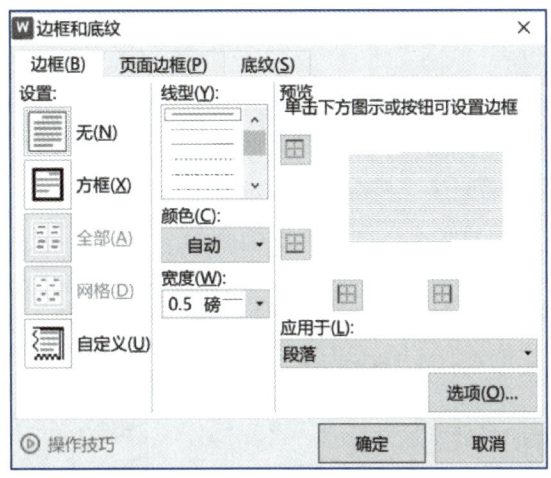

图 3.5　"边框和底纹"对话框

④ 选择"页面边框"选项卡,分别设置边框的样式、颜色、宽度、应用范围等。如果要使用"艺术型"页面边框,可以单击"艺术型"下拉列表框,从下拉列表框中选择后,单击"确定"按钮。应用范围可以是整篇文稿、本节、本节 – 仅首页、本节 – 除首页外所有页。

⑤ 选择"底纹"选项卡,分别设置填充底纹的颜色、样式和应用范围等。

除了使用"边框和底纹"对话框外,还可以使用"开始"选项卡左侧第二组的"字符边框"按钮 ▲ 和"字符底纹"按钮 ▲,快速设置文本的边框和底纹,但样式比较单一。

3.3.2　设置项目符号和编号

为了提高文字文稿的可读性,需要在段落之前添加项目符号或编号。当列出一组相关的但无序的信息项时,使用项目符号;当列出一组相关但有序的信息项时,使用编号。

段落前的编号和项目符号一般不在输入文本时作为文本的内容输入,因为这样添加的编号不易修改,应当用 WPS Office 文字处理自动设置项目符号和编号的功能来设置编号,这样,当对中间编号插入或者删除时,WPS Office 文字处理会自动提供后面的编号。设置项目符号或编号的步骤如下:

① 选定要添加项目符号或编号的段落。

② 单击"开始"选项卡"段落"组中的"项目符号"按钮 ⊞ 或"编号"按钮 ⊞。

单击"项目符号"下拉按钮 ▾,可以在展开的"项目符号库"中选择需要的项目符号。若"项目符号库"中没有适合的项目符号,可以单击"自定义项目符号"选项,进行自定义新项目符号。同样,若"编号库"中没有适合的编号,可以单击"自定义编号"选项进行定义。

使用了项目符号或编号后,在该段落结束按 Enter 键时,系统会自动在新的段落前插入同样的项目符号或编号,并会自动调整项目符号或编号的缩进位置。

3.3.3 首字下沉

为了引起读者的注意,报纸、杂志文章中的第一个段落的第一个字常常使用"首字下沉"的方式,并从该字开始阅读。其操作步骤如下:

① 将插入点移至需首字下沉的段落中。

② 单击"插入"选项卡右侧第二组的"首字下沉"按钮,打开"首字下沉"对话框,如图 3.6 所示。

③ 在对话框的"位置"选项区域选择"下沉"选项。

④ 在"选项"选项区域选择字体、下沉行数等。

⑤ 设置完毕,单击"确定"按钮即可。

要取消首字下沉,只要在"位置"选项区域选择"无"选项即可。

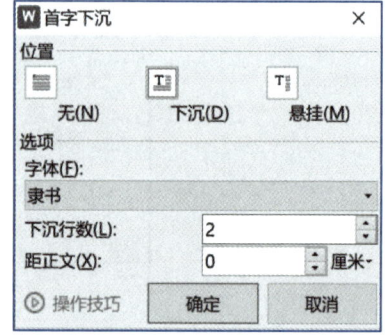

图 3.6 "首字下沉"对话框

3.4 表 格 制 作

由于表格式统计图表结构严谨,效果直观,在文字文稿中经常用它来组织、表达信息。WPS Office 文字处理提供了丰富的表格功能,可以方便地在文字文稿中插入表格、处理表格,将表格转换成各类统计图表等。

3.4.1 创建表格

1. 插入表格

表格是由若干行和列组成的,行列的交叉区域称为"单元格"。在单元格中可以填写文字、数字或插入图片。创建表格有多种方法,下面介绍最常用的两种。

单击"插入"选项卡"表格"下拉列表,拖拽鼠标生成有规律的表格,如图 3.7 所示。或选择"插入表格"选项,打开"插入表格"对话框,如图 3.8 所示,输入表格的行数、列数,生成表格。

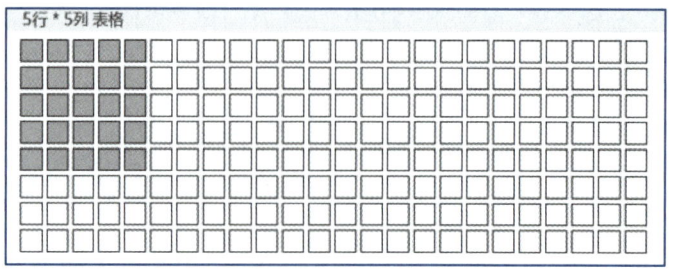

图 3.7 拖拽生成表格

（1）根据内容调整表格

当表格比较凌乱、内容较少时，使用"根据内容调整表格"功能可以起到立即美化的作用，它会合理调整列宽，使包含英文字母或数字的文本尽可能显示在一行，而不是换行，对于内容比较少的列，会自动压缩其所占的空间。使用后表格内容分布会变得比较匀称，几乎不需要再进行调整，或只需简单的微调即可达到理想的效果。

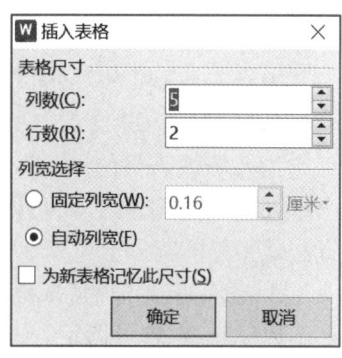

图 3.8 "插入表格"对话框

（2）根据窗口调整表格

当表格所占内容较多而当前表格又比较小时，可以用"根据窗口调整表格"功能，它能充分利用页面的宽度。

2. 文本转换成表格

WPS Office 文字处理允许把已经输入的文字转换成表格，这也是一种创建表格的方法。如果要将已有的文字转换为表格的形式，其文本必须用分隔符标记要拆分为行和列的位置。应该注意的是，要转换为一个表格的文字，只允许使用一种分隔符，且分隔符只能是空格、制表符、段落标记、逗号或其他字符之一。注意：逗号或其他字符的分隔符必须在英文状态下输入。

选定要转换为表格的文本，单击"插入"选项卡左侧第二组的"表格"下拉按钮，选择"文本转换成表格"选项，打开"将文字转换成表格"对话框，如图 3.9 所示。

注意：文本转化成表格的行数由选定文本的行数决定；文本转换成表格的列数由分隔符数量最多的那一行决定。

文本可以转成表格，反过来，已有的表格也可以转换成文本。选定表格，单击"表格工具"选项卡右侧第二组的"转为文本"按钮，打开"表格转换成文本"对话框，如图 3.10 所示。

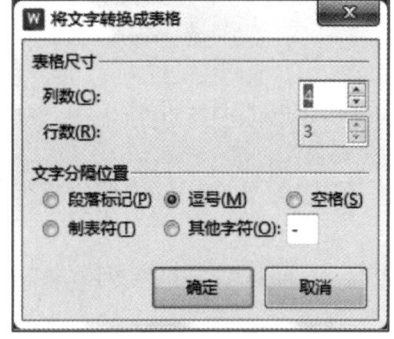

图 3.9 "将文字转换成表格"对话框

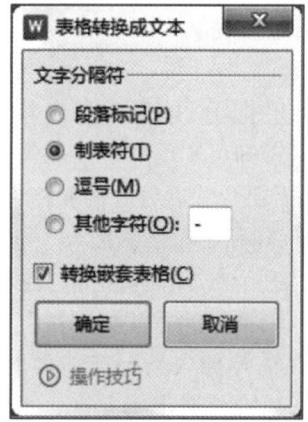

图 3.10 "表格转换成文本"对话框

3.4.2　编辑表格

编辑表格需要使用"表格工具"和"表格样式"选项卡,只有将插入点置于表格中,"表格工具"和"表格样式"选项卡才会出现。通过上述两个选项卡编辑表格。

1. 表格的选定

当要修改表格的结构或格式时,需要选定单元格、行、列或整个表格。要选定一个单元格中的部分内容,可以用鼠标拖动的方法来选定,与在文字文稿中选定文本的方法是一样的。

① 选定单元格:将鼠标指针移到单元格左边缘处,当鼠标指针变成向右箭头时,单击鼠标左键,即可选定一个单元格。

② 选定一行:将鼠标指针移到行左边缘处,当鼠标指针变成向右箭头时,单击鼠标左键,即可选定一行。另一种选定行的方法是,将插入点置于行的任意一个单元格中,然后单击"表格工具"选项卡右侧第一组的"选择"下拉按钮,选择"行"选项。

③ 选定一列:将鼠标指针移到列顶端,当鼠标指针变成一个黑色的向下箭头时,单击鼠标左键,即可选定一列。另一种选定列的方法是,将插入点置于列的任意一个单元格中,然后单击"表格工具"选项卡右侧第一组的"选择"下拉按钮,选择"列"选项。

④ 选定多个单元格、多行或多列:用鼠标拖动经过这些单元格、行或列;或者选定某个单元格、行或列,再按住 Shift 键并单击另一单元格、行或列。

⑤ 选定整个表格:将插入点置于表格中,此时表格左上方出现一个表格控制符 ,单击它就可以选定整个表格。另一种选定表格的方法是,将插入点置于表格中,然后单击"表格工具"选项卡右侧第一组的"选择"下拉按钮,选择"表格"选项。

2. 拆分表格

在实际工作中,有时候需要将一个表格拆分成两个或多个表格,拆分表格的方法如下:

① 将插入点定位到要拆开作为第 2 个表格的第 1 行上。

② 单击"表格工具"选项卡左侧第三组的"拆分表格"下拉按钮,选择"按行拆分"选项,或按 Shift+Ctrl+Enter 键,表格的中间就自动地插入了一个空行,表格也就一分为二了。

如果想把分开的两个表格放在不同的两页中,并且要分页打印,只要按 Ctrl+Enter 键即可实现。

如果需要合并拆分开的表格,只需要把两个表格中间的回车符删除即可。

3. 行、列和单元格的插入

制作完一个表格后,经常会根据需要增加一些内容,如在表格中插入整行、整列或单元格等,插入的方法如下:

① 在需要插入新行或新列的位置,选定 1 行(1 列)或多行(多列)。如果要插入单元格,就要先选定单元格。

② 单击"表格工具"选项卡"左侧第二组的"插入"下拉按钮,选择相应选项,如

图 3.11 所示。如果是插入行,可以选择"在上方插入行"或"在下方插入行"选项;如果是插入列,可以选择"在左侧插入列"或"在右侧插入列"选项。如果要插入的是单元格,则单击"插入单元格"按钮,在打开的"插入单元格"对话框中进行选择,如图 3.12 所示。如果选择的是"整行插入"或"整列插入"单选按钮,则将选定单元格所在行整行插入或所在列整列插入。

除用上述方法,还可以用以下几种方法插入行、列和单元格:

① 右击选定的行、列或单元格,在弹出的快捷菜单中选择"插入"命令,然后在弹出的级联菜单中进行相应选择,如图 3.13 所示。

② 将插入点移到行的最后,按 Enter 键,即可在插入点所在行的下面增加一行。

③ 如果要在表格末尾插入新行,可以将插入点移到表格的最后一个单元格中,然后按 Tab 键,即可在表格的底部添加一行。

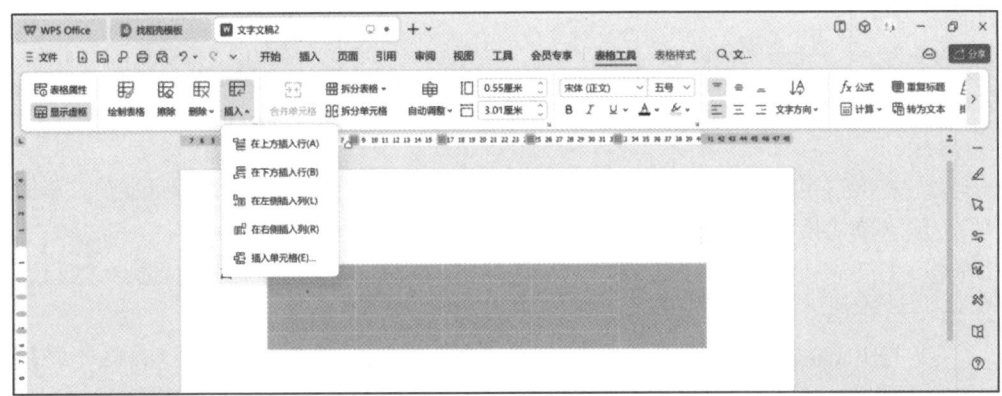

图 3.11 插入行或列

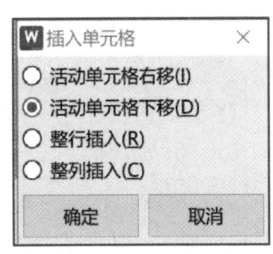

图 3.12 "插入单元格"对话框　　　　图 3.13 插入行、列和单元格的快捷菜单

4. 行、列、单元格和表格的删除

如果需要删除某些行、列、单元格或表格,则选定要删除的行、列、单元格或表格后,可以通过以下方法来实现:

① 单击"表格工具"选项卡左侧第二组的"删除"下拉按钮,从其弹出的下拉列表中选择相应选项,如图 3.14 所示。如果选择"表格"选项,将删除插入点所在的整个表格;如果选择"单元格"选项,将打开"删除单元格"对话框,如图 3.15 所示,然后再根据需要进行选择。

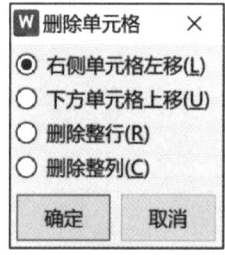

图 3.14 行、列、单元格和表格的删除   图 3.15 "删除单元格"对话框

② 右击选定的行、列、单元格或表格,在弹出的快捷菜单中选择"删除行""删除列""删除单元格"或"删除表格"命令。

③ 右击要删除的行、列、单元格或表格,在弹出的快捷菜单中选择"剪切"命令。

④ 按 Backspace 键,可以删除选中的行、列、单元格或整个表格。注意:不能用 Delete 键删除,Delete 键只能删除表格中的内容,不能删除表格。

5. 单元格的合并与拆分

在进行表格编辑时,有时需要把多个单元格合并成一个单元格或把一个单元格拆分成多个单元格,以适应数据不同的呈现形式。

(1)合并单元格

选定行或列中需要合并的两个或两个以上的连续单元格,使用下列两种方法合并单元格:

① 单击"表格工具"选项卡左侧第三组的"合并单元格"按钮。

② 右击选定的单元格,从弹出的快捷菜单中选择"合并单元格"命令。

(2)拆分单元格

将插入点置于要拆分的单元格内,使用下列两种方法的任意一种,打开"拆分单元格"对话框,如图 3.16 所示。在对话框中输入要拆分成的列数和行数,然后单击"确定"按钮。

① 单击"表格工具"选项卡左侧第三组的"拆分单元格"按钮。

② 右击单元格,从弹出的快捷菜单中选择"拆分单元格"命令。

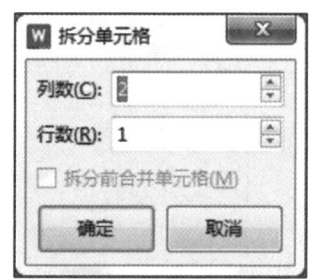

图 3.16 "拆分单元格"对话框

6. 调整行高、列宽

通常情况下,系统会根据表格字体的大小自动调整表格的行高或列宽。当然,用户也可以手动调整表格的行高或列宽。

（1）精确设置行高或列宽

选定要调整行高的一行或多行,单击"表格工具"选项卡左侧第一组的"表格属性"按钮,打开"表格属性"对话框,如图 3.17 所示。选择"行"选项卡,勾选"指定高度"复选框,在其后的文本框中输入具体高度,单击"确定"按钮。

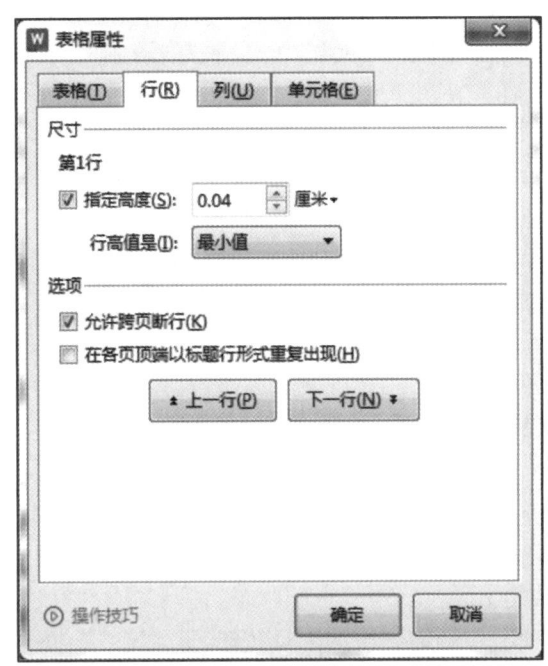

图 3.17 "表格属性"对话框

要使几个行的高度相同,首先选定这几个行,然后单击"表格工具"选项卡左侧第四组的"自动调整"下拉按钮,选择"平均分布各行"选项,每一行的高度将是这几行的总高度除以行数。或右击选定的行,在弹出的快捷菜单中选择"自动调整"→"平均分布各行"命令。

列的设置与行类似。

（2）使用鼠标调整行高或列宽

将鼠标指针移到要调整行高的行线上,直到鼠标指针变成 形状,按住鼠标左键,会出现一条水平的虚线表明改变后行高的大小,按住鼠标左键上下移动,即可调整表格行高。

调整列宽与调整行高类似。调整列宽还可以双击要调整列宽的右列线,使其自动根据表格最大内容调整列宽（即与要调整列宽的那一列内容最多的单元格中的内容的宽度一致）。

（3）使用标尺调整行高或列宽

将插入点置于表格中,将鼠标指针移到表格每行或列在标尺上对应的 标志。

按下鼠标左键拖动调整即可。

7. 改变表格大小

在 WPS Office 文字处理中,将鼠标指针指向表格的任意位置,表格的右下角会出现一个正方形的表格控制柄 ，此时表格就像一幅图片一样,拖动此控制柄,可以快速随意地改变表格的大小。

8. 绘制斜线表头

在 WPS Office 文字处理中制作的表格,往往需要在左上角的单元格中绘制斜线表头,以便在斜线单元格中添加表格项目名称。用户要为表格添加一个斜线表头,首先将光标置于准备画斜线表头的单元格中,通常为第 1 行第 1 列,然后单击"表格样式"选项卡右侧第二组的"斜线表头"按钮,在弹出的"斜线单元格类型"对话框中选择需要的斜线表头样式。

也可以单击"插入"选项卡左侧第二组的"形状"按钮,选择"直线"选项,在表格中更灵活地绘制斜线。

删除斜线表头的方法是,选中要删除的斜线表头,单击"表格样式"选项卡右侧第二组的"斜线表头"按钮,在弹出的"斜线单元格类型"对话框中选择空白样式。

3.4.3 格式化表格

格式化表格主要包括设置表格的边框和底纹,设置单元格中文字的字体、字号和对齐方式等,从而美化表格,使之赏心悦目。

1. 单元格的对齐方式

通过"开始"选项卡左侧第三组的工具按钮 ≣ ≣ ≣ 可以设置单元格内文字的对齐方式,但仅限于水平方向。要设置更多的对齐方式,可以在选定单元格内的文字后右击,从弹出的快捷菜单中选择"单元格对齐方式"命令,从弹出的级联菜单中选择相应的对齐方式即可,如图 3.18 所示。

单元格的对齐方式也可以通过"表格工具"选项卡右侧第三组中的相应工具按钮进行设置。

2. 使用"表格属性"对话框格式化表格

选中要格式化的表格,单击"表格工具"选项卡左侧第一组的"表格属性"按钮;或右击,从弹出的快捷菜单中选择"表格属性"命令,均可以打开"表格属性"对话框。

在"行"("列")选项卡中,可以设置选定行(列)的高度(宽度)。

在"单元格"选项卡中,可以设置选定单元格的宽度以及其内部文字的垂直对齐方式。

在"表格"选项卡中,可以设置表格的对齐方式和表格与文字的环绕方式等。单击"边框和底纹"按钮,可以对表格进行边框和底纹的设置。

图 3.18　单元格对齐方式

3. 使用"开始"选项卡格式化表格

选中要格式化的表格,单击"开始"选项卡左侧第二组中的相应选项,可以设置表格内文字的各种格式;单击"开始"选项卡左侧第三组的"边框"(或"表格样式"选项卡左侧第一组的"边框")下拉按钮 ，选择"边框和底纹"选项,在弹出的"边框和底纹"对话框中,可以设置表格的边框和底纹。

若要设置表格线,使表格线在浏览时能看到、打印时看不到,可选择"边框和底纹"对话框的"边框"选项卡,在"设置"选项区域单击"无"按钮。或选定整个表格后,单击"开始"选项卡左侧第三组的"边框"下拉按钮 ，在弹出的列表框中选择"无框线"选项。

若要设置表格线,使在浏览和打印时都看不到表格线,可选择"边框和底纹"对话框中的"边框"选项卡,在线的"颜色"下拉列表框中,选择一种和底纹颜色一致的颜色。

4. 使用"表格自动套用格式"功能格式化表格

设置一个美观的表格往往比创建表格还要麻烦,为了加快表格的格式化速度,WPS Office 文字处理提供了"表格自动套用格式"功能,使用该功能可以快速格式化表格,方法如下:

将插入点置于要格式化的表格内,单击"表格样式"选项卡左侧第一组的表格样式列表框中的相应按钮,可选择一种内置的表格样式,应用到当前选中的表格对象中。可通过表格样式列表框右边的下三角按钮 选择表的其他外观样式。在该列表中列出了 WPS Office 文字处理内置的 12 种预设表格样式,如图 3.19 所示。单击"更多"按钮,可看到会员畅享的表格样式,其中每种样式均包括边框格式、底纹格式、字体等。既可套用所选样式的全部格式,也可套用部分格式。

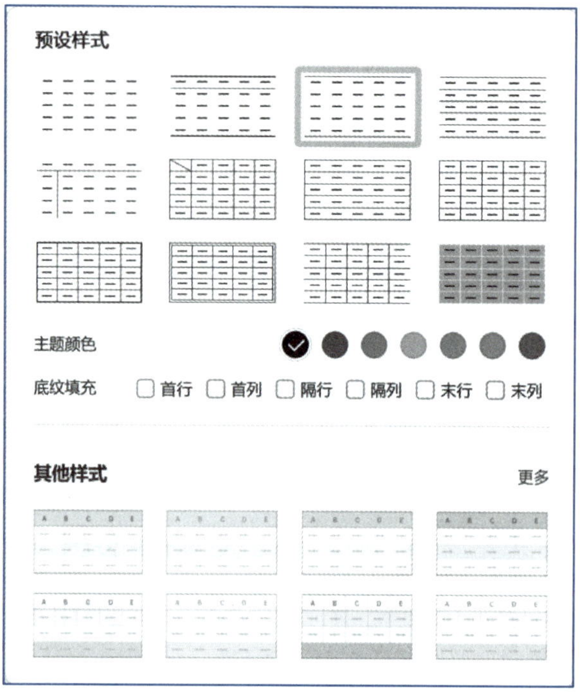

图 3.19　表格样式列表

3.5　插入图形和对象

WPS Office 文字处理不仅有强大的文字处理功能,还具有强大的图形处理功能,可以在文字文稿中插入各种图片、艺术字、文本框等对象,还可以绘制图形,使文字文稿图文并茂,更具有感染力。

3.5.1　插入图片

在文字文稿中可以插入多种格式的图片文件,这些图片可以通过剪贴板或以文件形式插入到文字文稿中。

1. 通过剪贴板插入图片

如果要把网页上或文字文稿中的某个图片、活动窗口、当前屏幕复制到文字文稿中,可以采用下面的方法。

(1)插入网页上或文字文稿中的图片

右击网页上或文字文稿中所选的图片,在弹出的快捷菜单中选择"复制"命令,然后在文字文稿的合适位置粘贴即可。

(2)插入活动窗口

打开所需的活动窗口,按 Alt+PrtSc 键可以将活动窗口的内容以位图格式复制到剪贴板上,然后到文字文稿的合适位置粘贴即可。

（3）插入当前屏幕

打开所需的当前屏幕,按 PrtSc 键可以将当前屏幕以位图的格式复制到剪贴板上,然后到文字文稿的合适位置粘贴即可。

2. 以文件形式插入图片

在 WPS Office 文字处理中,可以通过"插入"选项卡插入文件形式图片,插入的文件形式图片可以是本地图片,也可以是扫描仪或手机拍照产生的以文件形式保存的图片,还可以是互联网搜索图库中的各类图片。

用户可以把一个已经保存的本地图片(如从网上、数码相机或扫描仪中得到的图片)插入到 WPS Office 文字文稿中。可以直接插入的图片文件类型有 bmp、wmf、png、jpg 等。将插入点定位于要插入图片的位置,单击"插入"选项卡左侧第二组的"图片"下拉按钮,展开"图片"下拉列表,选择"本地图片"选项,打开"插入图片"对话框,找到需要插入的图片,单击"插入"按钮即可把所需的图片插入到文字文稿中。

3.5.2　编辑和格式化图片

当插入到文字文稿中的图片不符合实际要求时,WPS Office 文字处理允许对插入的图片进行编辑修改,如对图片复制、移动、删除、缩放、裁剪和旋转等,还可以进行格式设置。WPS Office 文字处理对图片编辑工具进行了规整化,更直观且分类清晰,在其功能区出现相应的设置调整模块,可以对图片进行相应的编辑和调整。

1. 选定图片

在对一个图片进行编辑或格式化操作时,首先要选定这个图片。选定的方法很简单,只要用鼠标单击该图片就可以了。同时,图片四周会出现 9 个控制点。其中 4 条边上和 4 个角上出现 8 个小圆点,这些小圆点称为尺寸控制点,可以用来调整图片的大小;图片上方有一个旋转控制点,可以用来旋转图片,如图 3.20 所示。只要单击图片外的任意位置,已选定的图片即被取消。

图 3.20　图片编辑控制点

2. 编辑图片

插入的图片大小、位置等不合适时,可以改变其大小,也可以移动、复制、删除或裁剪一个图片。下面介绍这些操作的方法。

（1）调整图片的大小

选定要调整大小的图片,将鼠标指针放在图片的尺寸控点上,当出现双向箭头时,按住鼠标左键沿缩放方向拖动,拖动至适当的大小后松开鼠标,这时的图片即被放大或缩小。

如果要精确调整图片的大小和在页面上的位置,可以在"布局"对话框中设置。

单击要编辑的图片,在功能区显示"图片工具"选项卡,如图 3.21 所示。或在插入图片后,功能区也会自动显示此选项卡。单击左侧第二组右下角的对话框启动器按钮,打开"布局"对话框,如图 3.22 所示。若要调整图片的大小,在"大小"选项卡中输入高度和宽度,或在"缩放"选项区域输入高度和宽度的百分比,最后单击"确定"按钮,关闭对话框。

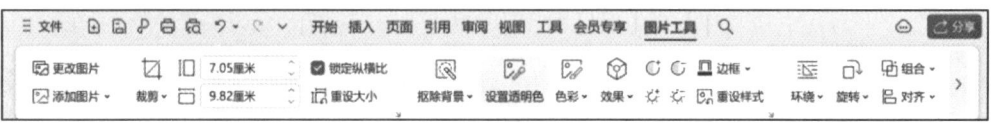

图 3.21　"图片工具"选项卡

图 3.22　"布局"对话框

说明：在"布局"对话框中的"大小"选项卡,输入图片的高度和宽度之前,应先取消勾选"锁定纵横比"复选框,否则设置完成后,再次打开该对话框查看图片高度和宽度时,其数据会发生变化。

（2）移动图片

对于选择的浮动式图片,将鼠标指针移到该图片上,按住鼠标左键拖动它到目的位置即可。对于选择的嵌入式图片,将鼠标指针移到该图片上,按住鼠标左键向目的位置拖动图片,插入点也变成了一虚竖线在字符间移动,当插入点移到目的位置时释放鼠标即可。

（3）复制图片

一个图片可以被多次复制,这样可省去一次次插入同一图片的麻烦。方法是,当选择的是浮动式图片,将鼠标移到该图片上,按住鼠标左键,同时按住 Ctrl 键,拖动图片到目的位置时先松开鼠标左键,然后松开 Ctrl 键即可。当选择的是嵌入式图片时,将鼠标指针移到该图片上,按住鼠标左键,同时按住 Ctrl 键,向目的位置拖动图片,插入点也变成了一竖线在字符间移动,当插入点移到目的位置时先松开左键,然后松开Ctrl 键即可。

（4）删除图片

只要将图片选择后按 Delete 键,即可删除。

对象的移动、复制及删除均可以通过剪贴板完成,方法同正文的操作方法一样,不再赘述。

（5）旋转图片

对于文字文稿中的图片可以进行任意角度的旋转,具体操作方法如下：

① 选中要旋转的图片,图片上方就会出现一个圆弧状箭头,称为旋转控制点,直接拖动旋转控制点旋转到合适的角度即可。

② 选中要旋转的图片,单击"图片工具"选项卡左侧第四组的"旋转"下拉按钮,从其下拉列表中选择需要的选项。或者单击左侧第二组右下角的对话框启动器按钮,在"大小"选项卡中的"旋转"选项区域,在"旋转"文本框中输入要旋转的角度。

（6）裁剪图片

先选中准备裁剪的图片,单击"图片工具"选项卡左侧第二组的"裁剪"按钮 ⬚,图片周围出现 8 个裁剪控点,如图 3.23 所示,其中4 条边上出现的 4 个控点叫中心裁剪控点,4 个角上出现的 4 个控点叫角部裁剪控点。

若要裁剪某一侧,则将该侧的中心裁剪控点向里拖动;若要同时均匀地裁剪两侧,则在按住Ctrl 键的同时将任一侧的中心裁剪控点向里拖动;若要同时均匀地裁剪全部四侧,则在按住 Ctrl 键的同时将一个角部裁剪控点向里拖动。

3. 设置图片格式

可以使用"图片工具"选项卡、"属性"窗格和"布局"对话框完成图片的格式化。

图 3.23 8 个裁剪控点

打开"属性"窗格、"布局"对话框可以用下面的两种方法：

① 右击图片，从出现的快捷菜单中选择"设置对象格式"命令，可以打开"属性"窗格。

② 单击"图片工具"选项卡左侧第二组右下角的对话框启动器按钮，可以打开"布局"对话框。

要格式化图片，首先要选中图片，然后再进行如下的格式化操作。

（1）改变图片的颜色

在 WPS Office 中，可以用以下方法改变图片的颜色：

单击"图片工具"选项卡左侧第三组的"色彩"下拉按钮，弹出下拉列表，从中选择具有不同风格的颜色样式图片来控制剪贴画或图片的颜色，例如，自动、灰度、黑白、冲蚀。

（2）改变图片的对比度和亮度

单击"图片工具"选项卡左侧第三组的增加/降低亮度和对比度按钮，如图3.24所示，可以改变图片的亮度和对比度。

（3）设置图片的位置和环绕方式

插入到文字文稿中的图片等对象有两种插入形式：嵌入式和浮动式。

嵌入式对象是将对象像一个字符那样插在当前插入点位置，而不能放在页面上任意位置，不能与其他对象组合，可以与正文一起排版，但不能实现环绕效果。

浮动式对象既可以浮于文字上方，也可以衬于文字下方，可以实现多种形式的正文环绕，还可以和其他对象组合成一个新对象。可以直接拖放到页面上的任意位置，而不必像嵌入式对象那样，必须通过图文框来实现在页面上的任意放置。这是一种方便、实用的插入形式。

WPS Office 默认插入的剪贴画和图片的形式是嵌入式，既不能随意移动位置，也不能在其周围环绕文字。要使图片的周围环绕文字，可以用如下方法：

① 在"图片工具"选项卡左侧第四组中，单击"环绕"按钮，弹出"环绕"下拉列表，如图3.25所示。

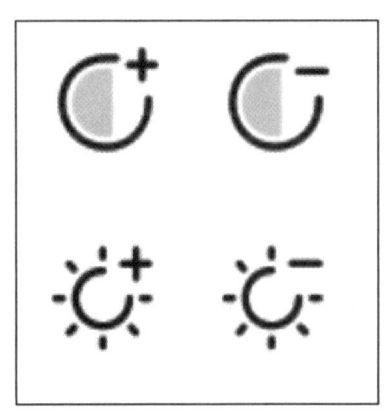

图 3.24　增加/降低亮度和对比度按钮　　　　图 3.25　"环绕"下拉列表

可以在"环绕"下拉列表中选择环绕方式,此时,WPS Office 自动将嵌入式图片设为浮动式图片,当图片改为浮动式时,就可以在文字文稿中任意移动位置。

② 右击图片,在弹出的快捷菜单中选择"文字环绕"→"其他布局选项"命令,打开"布局"对话框,在"文字环绕"选项卡中,可以设置文字的环绕方式及图片上、下、左、右各边与文字之间的距离等,如图 3.26 所示。在"位置"选项卡中,可以设置图片的水平位置和垂直位置。图片周围的正文将按指定的方式环绕。

图 3.26 "布局"对话框中的"文字环绕"选项卡

3.5.3 绘制图形

在 WPS Office 中除了可以插入图片,还可以绘制一些图形,如流程图、结构图等。还可以对自绘图形填充颜色、纹理、图案和图形,设置阴影和三维效果等。

单击"插入"选项卡左侧第二组的"形状"下拉按钮,弹出如图 3.27 所示的下拉列表。利用相应的图形绘制或插入一个图形后,功能区会自动出现一个"绘图工具"选项卡。使用该选项卡就能编辑或修饰图形。

1. 绘制自选图形

WPS Office 包含一整套现成的图形,在文字文稿中可以使用这些图形,并可重新调整图形的大小,也可对图形进行旋转、翻转和添加颜色,还可与其他图形组合成更复杂的图形。

绘制自选图形的操作方法如下:

① 从"形状"下拉列表中按类别选择要绘制的图形。或者从"绘图工具"选项卡"形状"下拉列表中选择要绘制的图形。

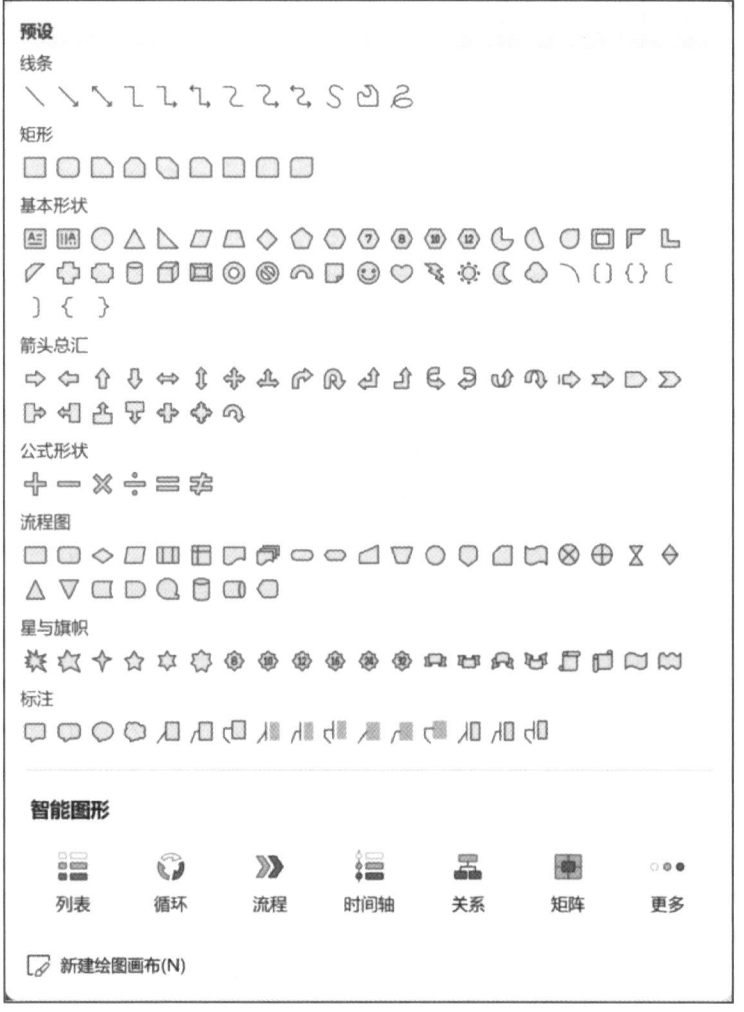

图 3.27　"形状"下拉列表

② 单击文字文稿中插入图形的位置即可。如果要插入一个自定义尺寸的图形，则将鼠标指针移到要插入图形的位置，然后按住鼠标左键拖动。

WPS Office 提供了丰富的绘图功能，以下是绘图中需要掌握的两个操作技巧。

（1）Shift 键在绘图中的应用

在"形状"下拉列表中，单击"矩形"工具按钮，按住 Shift 键，拖拽鼠标绘制出的图形为正方形。单击"椭圆"工具按钮，按住 Shift 键，拖拽鼠标绘制出的图形为圆形。选中"直线"或"箭头"工具按钮，按住 Shift 键，拖拽鼠标可分别绘制水平、垂直或固定角度的直线或箭头。

（2）绘图中的微调操作技巧

为控制图形以极微小距离移动，用户可以单击"绘图工具"选项卡左侧第四组的"对齐"按钮，在下拉列表中选择"绘图网格"选项，打开"绘图网格"对话框，如图 3.28 所示。在"水平间距"和"垂直间距"数值框中，设置最小值，即 0.01 字符和 0.01 行，单击"确定"按钮。再按键盘的方向键，图形将以 0.01 字符和 0.01 行为单位横向和纵向移动。此外,还可以选中图形,在英文状态下,按住 Ctrl 键的同时使用←、→、↑、↓键来进行微小距离移动。

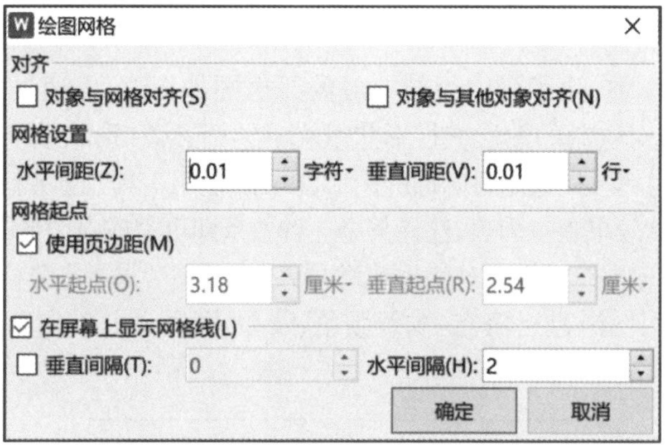

图 3.28 "绘图网格"对话框

2. 编辑图形

(1)在自选图形中添加文字

在 WPS Office 中,可以在自选图形(直线和任意多边形除外)中添加文字,这些文字将附加在对象之上并且随对象一起移动。

如果要在图形对象上添加文字,可以右击图形,从弹出的快捷菜单中选择"编辑文字"命令,即可输入文本,并且可以对输入的文本进行排版,如改变字体和字号等。

(2)组合与取消组合

若文字文稿中一个完整图形是由若干个图形组成,为防止移动这个完整图形时发生错位,可以使用 WPS Office 提供的组合功能,将多个图形组合成一个图形,这样就变成了一个整体。应当注意的是,只有浮动式对象才能进行组合。

组合图形对象可以按照以下方法进行操作:

① 单击"开始"选项卡右侧第二组的"选择"按钮,选择"选择对象"选项 ,然后按住鼠标左键拖动,将要选中的图形全部框住,此时,被选中的每个图形周围出现尺寸控点,表明这些图形都是独立的。或者按住 Shift 键依次单击每个图形,也可以选定需要组合的图形。

② 单击"绘图工具"选项卡右侧第三组的"组合"按钮,选择"组合"选项(或右击要组合的某个图形处,从出现的快捷菜单中选择"组合"命令),即可将选中的图形组合在一起,这些组合在一起的图形对象周围出现 8 个尺寸控点。

将多个图形组合后,若发现还需对其中某个图形进行单独修改,则选中要取消组合的图形,然后单击"绘图工具"选项卡右侧第三组的"组合"按钮,选择"取消组合"选项(或右击要取消组合的图形,从出现的快捷菜单中选择"取消组合"命令)。

(3)图形的叠放

当多个图形重叠在一起时,若要改变某个图形的叠放次序,可右击该图形,在出现的快捷菜单中选择所需的命令,如"置于顶层""上移一层""浮于文字上方""置于底层""下移一层""衬于文字下方"。也可在"绘图工具"选项卡右侧第三组中选择"上移"和"下移"命令进行相应操作。

（4）图形的旋转

图形的旋转和图片的旋转方法一样，在此不再赘述。

3. 图形的格式设置

在 WPS Office 中，除了可以绘制一般的线框图外，还可以通过"绘图工具"选项卡"形状样式"组对绘制的图形进行形状填充、形状轮廓和形状效果格式设置。

以形状效果为例。先选定要修饰的图形，单击"绘图工具"选项卡左侧第三组的"效果"按钮，弹出形状效果下拉列表，选择其中一种效果即可完成对图形的形状效果设置。

单击左侧第三组右下角的对话框启动器按钮，打开"属性"窗格，如图 3.29 所示。利用该窗格可以对图形进行填充、线条颜色、线型、阴影、倒影、发光和柔化边缘、三维格式、三维旋转等格式设置。

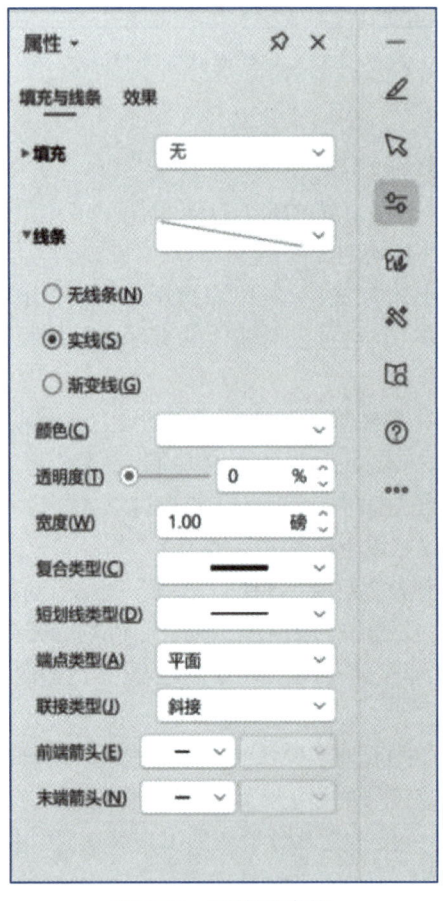

图 3.29　"属性"窗格

3.5.4　SmartArt 图形的插入、编辑及格式设置

SmartArt 图形是信息和观点的可视表达形式，可以更轻松、快速、有效地传达信息。流程、层次结构、循环或关系等信息可以用 SmartArt 图形来表示。在创建

SmartArt 图形之前,用户需要考虑最适合显示数据的类型和布局,SmartArt 图形要传达的内容是否要求特定的外观等问题。

1. 插入 SmartArt 图形

借助 WPS Office 提供的 SmartArt 功能,用户可以在文字文稿中插入丰富多彩、表现力丰富的 SmartArt 示意图,操作步骤如下:

① 将插入点置于要插入 SmartArt 图形的位置,单击 "插入" 选项卡左侧第二组的 "智能图形" 按钮,打开 "智能图形" 对话框,如图 3.30 所示。

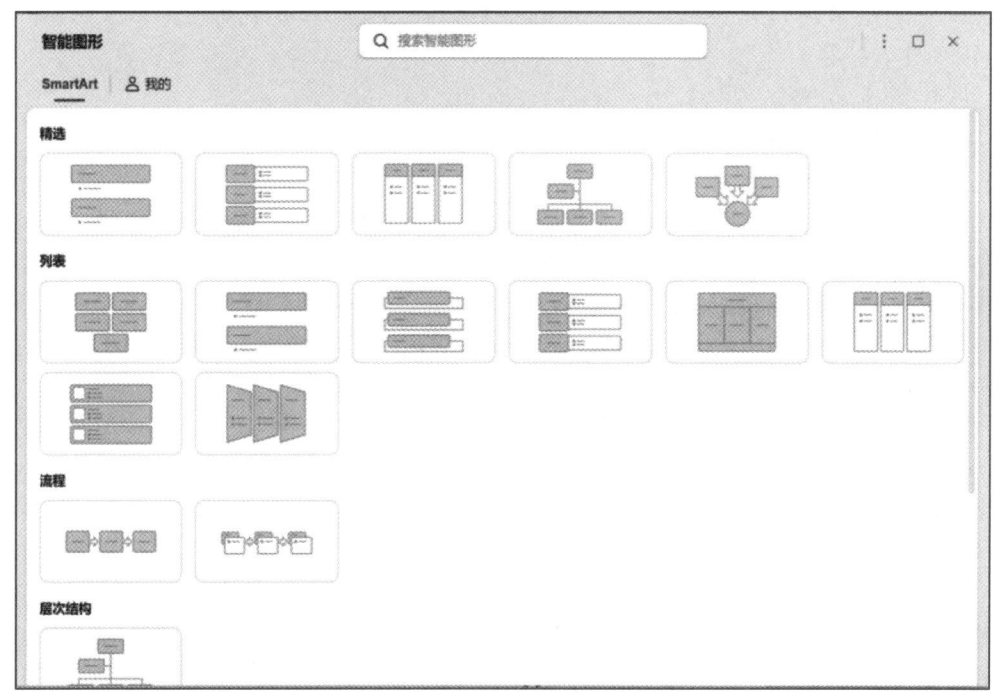

图 3.30 "智能图形" 对话框

② 在 "智能图形" 对话框中,单击左侧的 SmartArt 选项卡,在下方选择合适的类别,然后单击需要的 SmartArt 图形,即可在插入点处插入选择的 SmartArt 图形。

③ 在插入的 SmartArt 图形中,在文本框内输入合适的文本,在图片框内插入合适的图片,并调整图形的大小、位置。

2. 编辑及设置 SmartArt 图形格式

在文字文稿中插入 SmartArt 图形的同时,在功能区显示 "SmartArt 工具" 上下文选项卡,如图 3.31 所示,内有 "设计" 和 "格式" 两个上下文选项卡。在 "设计" 和 "格式" 上下文选项卡中,可以对插入的 SmartArt 图形进行编辑和格式设置。或者右击插入的 SmartArt 图形,在弹出的快捷菜单中选择需要的命令,对 SmartArt 图形进行编辑或格式设置。

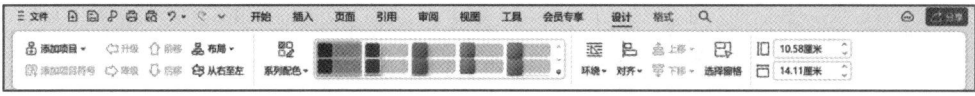

图 3.31 "SmartArt 工具" 上下文选项卡

3.5.5 文本框的插入、编辑及其格式设置

文本框是将文字、表格、图形精确定位的最好工具。若要将图形和文字一起进行图文混排,就要用到文本框。文本框如同容器,任何文字文稿的内容,不论是一段文字、一张表格、一幅图形或是其综合体,只要被置于方框内,就可以随时被移动到页面的任何地方,也可以让正文环绕而过,还可以进行放大缩小等操作。文本框可以看成是特殊的图形对象,正确使用好文本框是做好图文混排的技巧之一。

1. 插入文本框

文本框默认的插入形式是浮动式,插入文本框的步骤如下:

① 单击"插入"选项卡左侧第二组的"文本框"下拉按钮,弹出下拉列表,从内置文本框中选择需要的一种文本框样式;也可选择"多行文字"或"横向""竖向"选项,此时鼠标指针变成"+"形状,然后按住鼠标左键在编辑区拖动,即可得到文本框。文本框中有文字文稿插入点,可以直接输入需要的文字等。

② 选中要纳入文本框的内容,单击"插入"选项卡左侧第二组的"文本框"按钮,从弹出的下拉列表中选择需要的文本框样式。

2. 文本框链接

将两个以上的文本框链接在一起称为文本框链接。如果一个文本框无法显示过多的内容,则通过链接可将多出来的内容在另一个文本框中显示出来。链接文本框的操作步骤如下:

① 创建多个文本框后,选择第 1 个文本框,单击"文本工具"上下文选项卡右侧第一组的"文本框链接"下拉按钮,选择"创建文本框链接"选项,此时鼠标指针变成杯子形状。

② 将鼠标指针移至第 2 个文本框中,此时杯子形状的指针变成倾斜状,单击,即可完成两个文本框的链接。

③ 如果还有其他文本框链接,再选择第 2 个文本框,用上述方法与第 3 个文本框链接,这样依次链接下去。

链接好文本框后,才可以在文本框中输入内容。只要在第 1 个文本框中输入内容,多余的内容可以依次在其他已链接的文本框中显示。

要断开链接,可先选中前一个文本框,单击"文本工具"上下文选项卡右侧第一组的"文本框链接"下拉按钮,选择"断开文本框链接"选项即可。

3. 对文本框的编辑和格式设置

插入文本框的同时,在功能区显示"文本工具"上下文选项卡,在"文本工具"上下文选项卡中可以对文本框进行编辑和格式设置。双击文本框边框,也可显示此上下文选项卡。

(1)改变文本框的文字方向

在 WPS Office 中,插入文本框后,用户可以根据实际需要对文字方向进行调整。首先选中需要改变文字方向的文本框,单击"文本工具"上下文选项卡左侧第三组的

"文字方向"按钮 ![icon]，就可以进行水平和垂直方向的文字方向转换。

（2）设置文本框边距和垂直对齐方式

默认情况下，WPS Office 文字文稿的文本框垂直对齐方式为顶端对齐，文本框内部左右边距为 0.25 cm，上下边距为 0.13 cm。这种设置符合大多数用户的需求，不过用户也可以根据实际需要设置文本框的边距和垂直对齐方式。首先右击文本框，在打开的快捷菜单中选择"设置对象格式"命令，打开"属性"窗格，在"文本选项"区域选择"文本框"选项，设置文本框边距、对齐方式、文字方向。

文本框的选定、移动、复制、删除、旋转、文字环绕以及调整文本框的大小等编辑操作同图片的对应操作方法类似，在此不再细述。

3.5.6 艺术字的插入与编辑

Word 中的艺术字是一种特殊的图形，以图形的方式来展示文字，它弥补了纯图形的不足，增强了图形的可读性，渲染了图形的表现效果，艺术字的使用可以使打印出来的文字文稿更加美观。艺术字默认的插入形式是浮动式。

1. 插入艺术字

单击"插入"选项卡左侧第二组的"艺术字"下拉按钮，弹出"艺术字"下拉列表，如图 3.32 所示。选择一种艺术字样式，出现一个文本框，如图 3.33 所示。在文本框中输入要插入的艺术字的内容并设置字体、字号等。

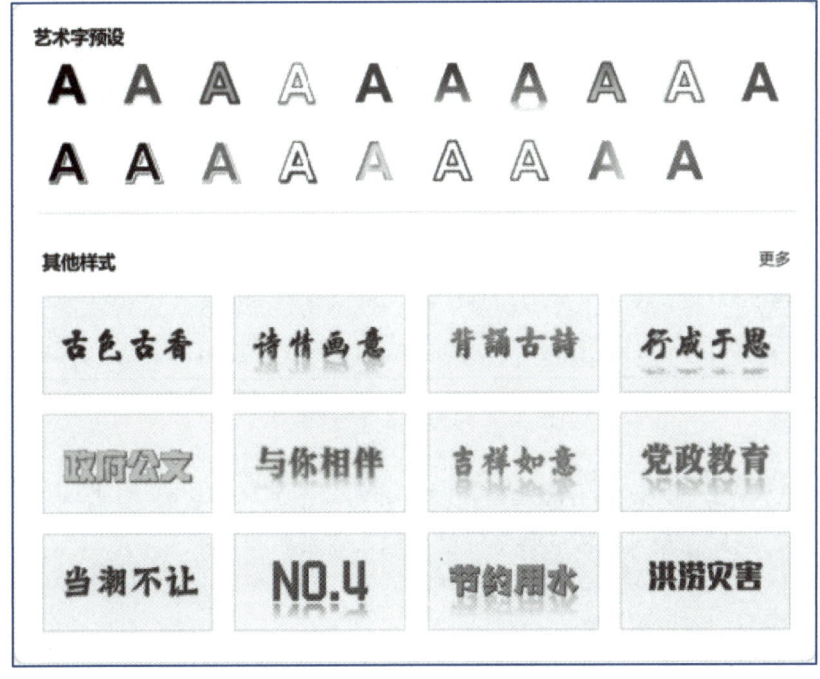

图 3.32 "艺术字"下拉列表

图 3.33　输入艺术字内容文本框

2. 编辑艺术字

插入艺术字的同时在功能区会出现"文本工具"上下文选项卡。或双击插入的
艺术字,也会出现"文本工具"上下文选项卡。在右侧第三组中可以编辑艺术字和设
置艺术字效果。

3.5.7　数学公式的插入与编辑

在学术论文中经常需要在文字文稿内编写各种公式,但是很多符号无法直接从
键盘上输入,WPS Office 自带了多种常用的公式供用户使用,用户可以根据需要直接
插入这些内置公式以提高工作效率。

1. 插入数学公式

将插入点置于需要插入公式的位置,单击"插入"选项卡左侧第三组的"公式"
下拉按钮 ❤,弹出内置公式下拉列表,从中选择需要的公式,单击即可插入。

如果要插入新公式,则从内置公式列表中单击"插入新公式"选项,在功能区出
现"公式工具"选项卡,如图 3.34 所示。有上下两排符号按钮和结构模板按钮,单击
结构模板按钮,会弹出下拉列表,其中包含多种模板供选择。单击"插入"选项卡"符
号"组的"公式"按钮,也可出现"公式工具"选项卡。

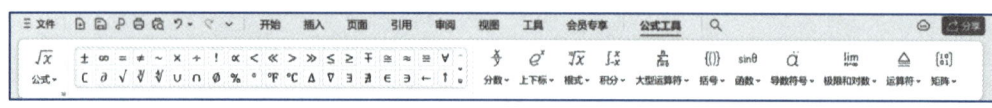

图 3.34　"公式工具"选项卡

利用"公式工具"选项卡的符号和模板创建一个新的公式时,只需选择相应的公
式输入模板,然后在输入模板的各个插槽上输入变量名和常量。

用以上方法编写公式,在输入过程中,需要移动鼠标指针去定位插入点位置,或
用 Tab 键转换模板插槽位置。

创建公式结束,在公式输入框外任何位置单击,公式即被插入到文字文稿中。

2. 修改数学公式

若需要对输入后的公式进行修改,则单击要修改的数学公式,即可出现"公式工具"选项卡,然后即可对公式进行编辑和修改。

3.6 长文字文稿的页面布局与审阅

3.6.1 页面设置

编辑好一篇文字文稿后,一般都需要打印出来。为了打印出更美观、实用的效果,在打印之前还要进行一些适合的版式设置,如纸型,设置页眉和页脚等。

单击"页面"选项卡左侧第一组右下角的对话框启动器按钮,打开"页面设置"对话框,如图 3.35 所示。该对话框中有 5 个选项卡:页边距、纸张、版式、文档网格和分栏,下面分别介绍使用它们可以进行的设置。

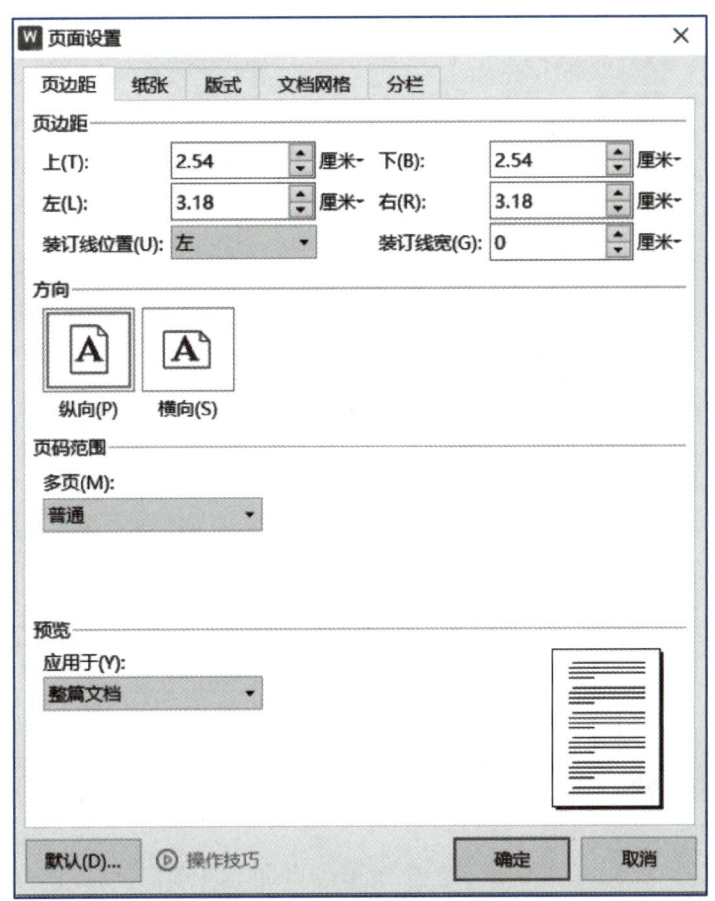

图 3.35 "页面设置"对话框

1. 页边距

在"页面设置"对话框中,选择"页边距"选项卡,在此选项卡中可以设置页边距、纸张方向、页码范围等。在"页码范围"选项区域的"多页"下拉列表框中,选择"对称页边距"选项,可使正反面版面统一。

2. 纸张

在"页面设置"对话框中,选择"纸张"选项卡,如图 3.36 所示,在该选项卡中可以设置纸张大小和纸张来源。如果系统中没有所需要的纸张大小,可以选择"纸张大小"下拉列表框中的"自定义大小"选项,然后在"高度"和"宽度"文本框中输入自定义纸张的大小。

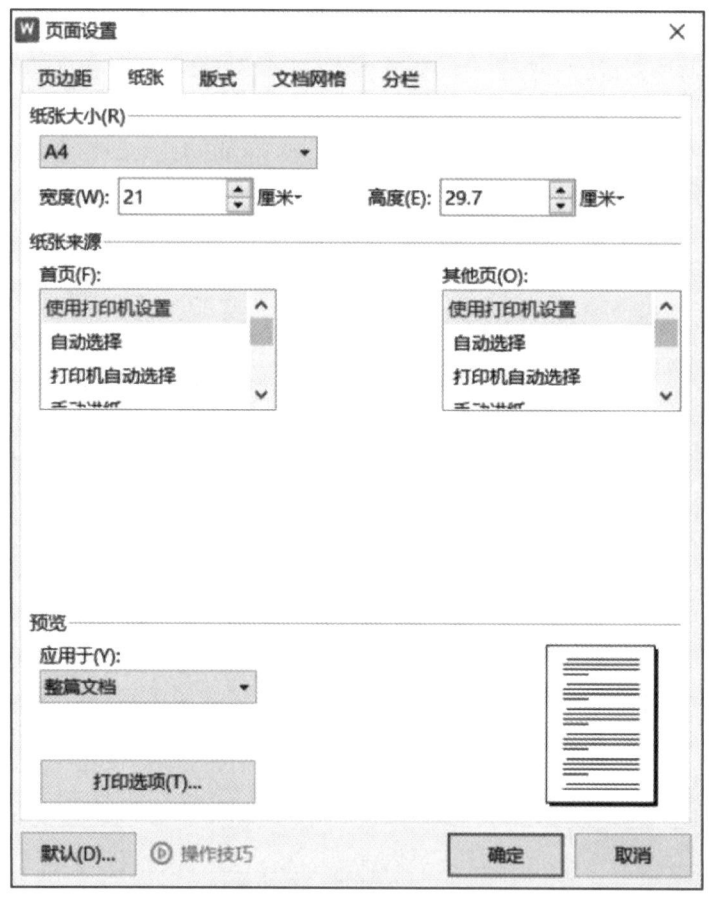

图 3.36　"纸张"选项卡

3. 版式

在"页面设置"对话框中,选择"版式"选项卡,如图 3.37 所示,在该选项卡中可进行以下设置。

在"页眉和页脚"选项区域,勾选"奇偶页不同"复选框,则可以分别设置奇数页、偶数页的页眉和页脚,可以设置页眉和页脚距边界的距离。

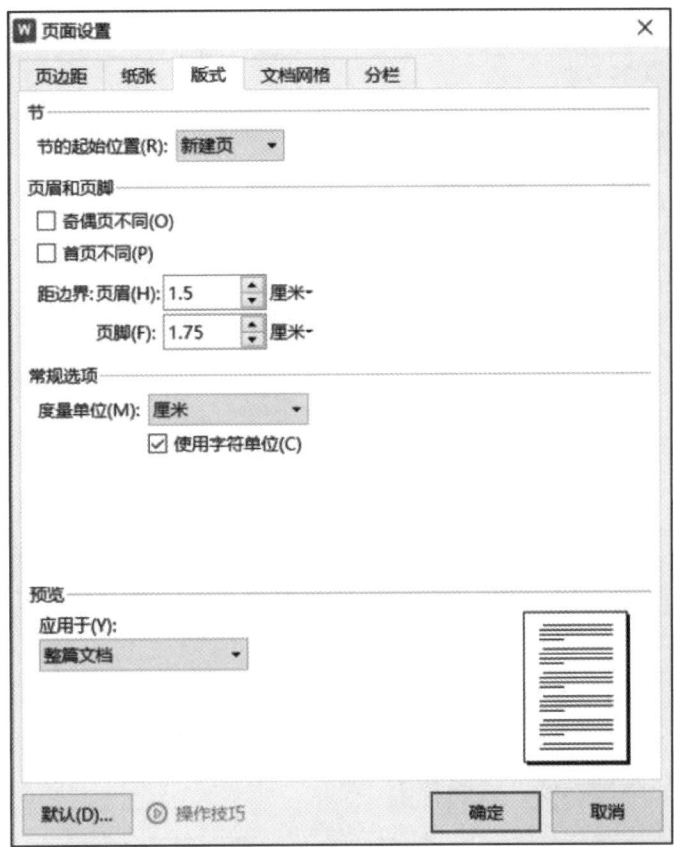

图 3.37 "版式"选项卡

4. 文档网格

在"页面设置"对话框中,选择"文档网格"选项卡,如图 3.38 所示。在该选项卡中可以设置文字排列方式,各选项的作用如下。

在"文字排列"选项区域,可以设置文字的排列方向。

在"网格"选项区域,选择"只指定行网格"单选按钮,可以调整每页中的行数。选择"指定行和字符网格"单选按钮,可以调整每页中的行数和每行的字符数。

在"字符"选项区域的"每行"文本框中,可以设置每行的字符个数。

在"行"选项区域的"每页"文本框中,可以设置一页中打印文档的行数,当一个文档有 1 页多 1 行时,可将"每页"文本框值增加 1,就可以把整个文档压缩到一页打印,系统会调整行距满足用户的要求。

5. 分栏

分栏是指将一段或若干段文本分成并排的几栏,这是报纸、杂志上常用的排版方式,以增加版面的美感,而且便于划分版块和阅读。

在"页面设置"对话框中,选择"分栏"选项卡,如图 3.39 所示,在该选项卡中可进行以下设置。

在"预设"选项区域,可以设置等宽或需要的分栏栏数。

在"宽度和间距"选项区域,可以设置分栏的宽度和间距,默认状态下各栏宽相等。

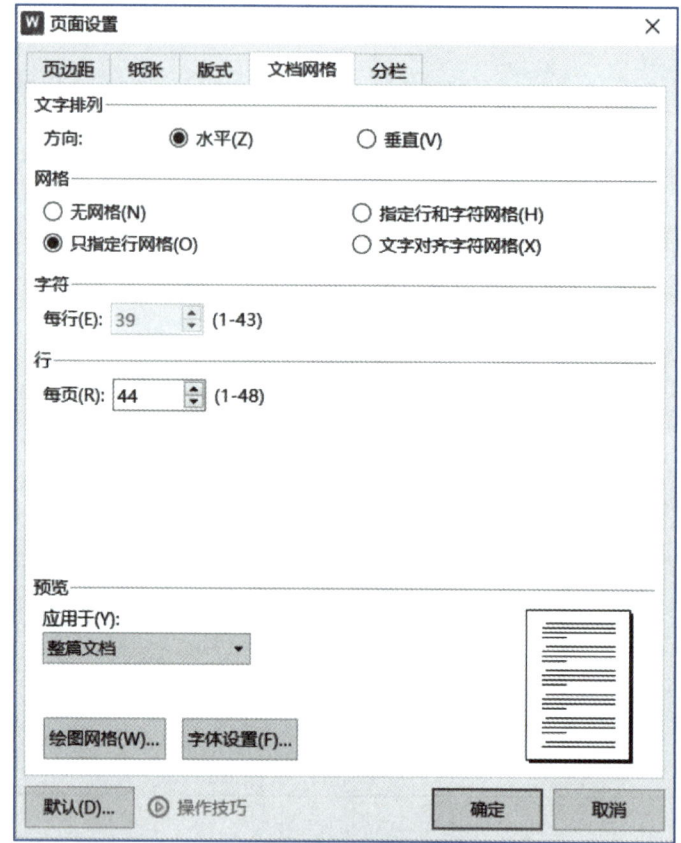

图 3.38　"文档网格"选项卡

3.6.2　页面背景

页面背景是指显示于文字文稿最底层的颜色或图案,用于丰富文字文稿的页面显示效果。文字文稿中好的背景色不仅能让文字文稿中的文字、版式显得更加生动,更能给文字文稿增加活力。

1. 设置页面颜色

① 单击"页面"选项卡"背景"按钮,弹出"页面颜色"下拉列表,如图 3.40 所示。

② 可以在"页面颜色"下拉列表中选择一种需要的颜色。若没有看到满意的颜色,可以选择"其他填充颜色"选项,打开"颜色"对话框,如图 3.41 所示。在"标准"选项卡中,从调色板中选择所需的颜色样块。如果希望自己定义颜色,可选择"自定义"选项卡,拖动箭头进行颜色的调整设置,直到"新增"窗口内看到满意的颜色为止。单击"确定"按钮,即可完成页面背景颜色设置,同时,关闭"颜色"对话框。

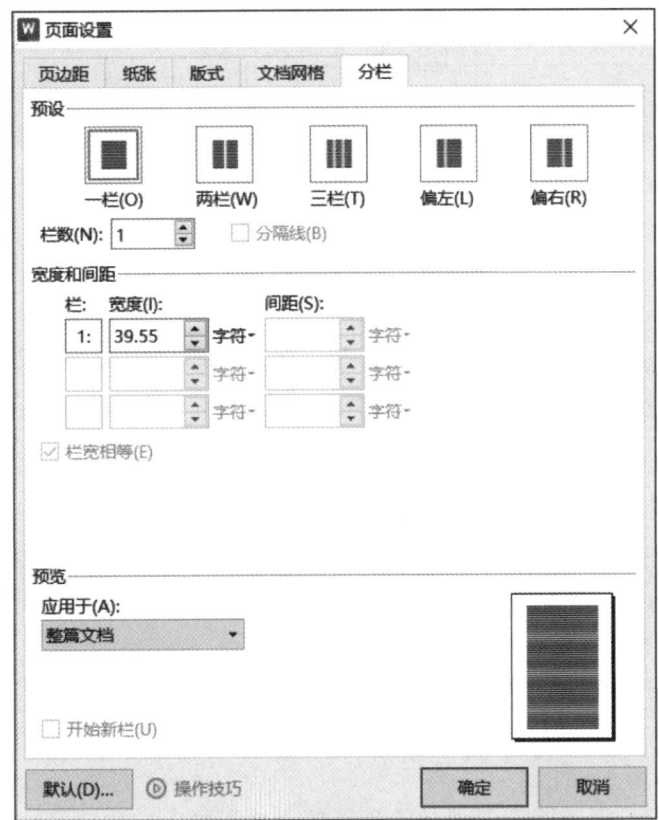

图 3.39 "分栏"选项卡

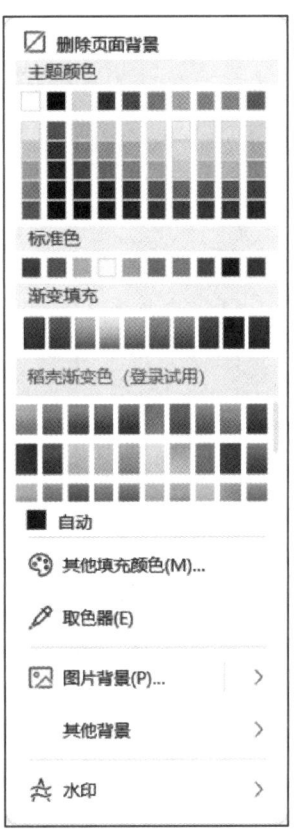

图 3.40 "页面颜色"下拉列表

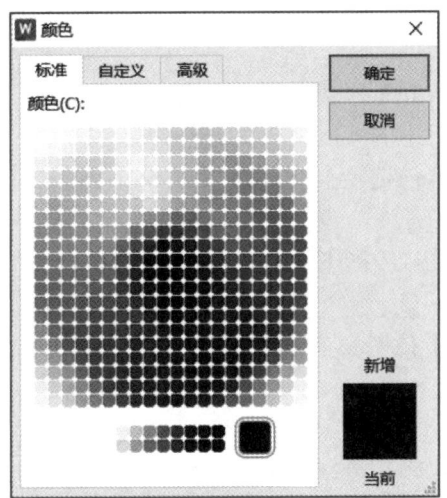

图 3.41 "颜色"对话框

③ 从"页面颜色"下拉列表中选择"其他背景"选项,选择"渐变"选项,打开"填充效果"对话框,如图 3.42 所示。根据需要,在该对话框的相应选项卡中进行效果的设置,设置完毕,单击"确定"按钮,即可在关闭"填充效果"对话框的同时,完成页面背景设置。

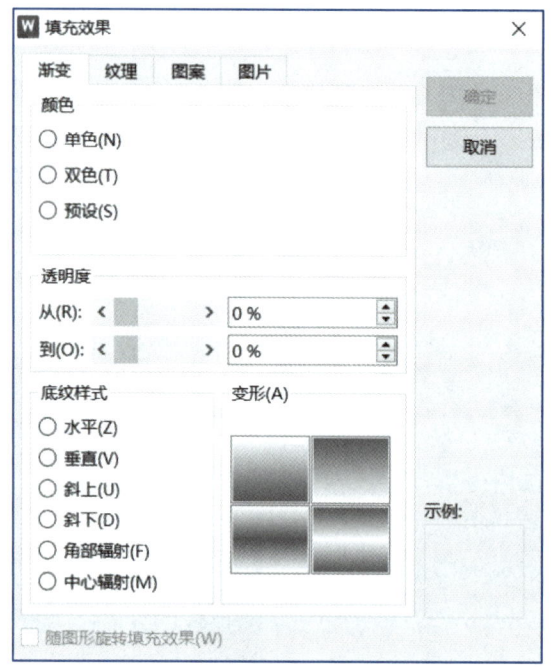

图 3.42　"填充效果"对话框

"渐变"选项卡：以多种方式将一种或两种颜色合并到一种颜色中。通过选择"单色"或"双色"选项，选择用户自己的配色方案。或选择某种预设方案，在预设方案中包含某些色彩缤纷的颜色混合。还可以使用"底纹样式"和"变形"选项获得希望的效果。

"纹理"选项卡：在"纹理"选项卡中可以看到多种纹理。单击"其他纹理"按钮，还可以导入保存在计算机中的其他纹理。

"图案"选项卡：打开该选项卡，可以看到许多的线条、点和以所选两种颜色为基础的图案组合。

"图片"选项卡：单击"选择图片"按钮，可以选择合适的图片，作为文字文稿的背景。

④ 在"页面颜色"下拉列表中选择"删除页面背景"选项，即可取消页面背景的设置。

2. 设置水印

WPS Office 制作的水印是指作为文字文稿背景图案的文字或图像。为了更好地保护作品不被窃取，传递给读者一种特殊的信息，例如，一份绝密文件的页面上添加"绝密"字样的水印后，能够随时提醒读者这是一份绝密文件。

（1）插入水印

单击"页面"选项卡"水印"按钮，弹出"水印"下拉列表，如图 3.43 所示。列表中为用户提供了预设水印，用户根据需要单击选择即可。

图 3.43 "水印"下拉列表

（2）自定义水印

在"水印"下拉列表中的"自定义水印"区域，单击"点击添加"按钮，打开"水印"对话框，如图 3.44 所示，可插入图片水印或文本水印。

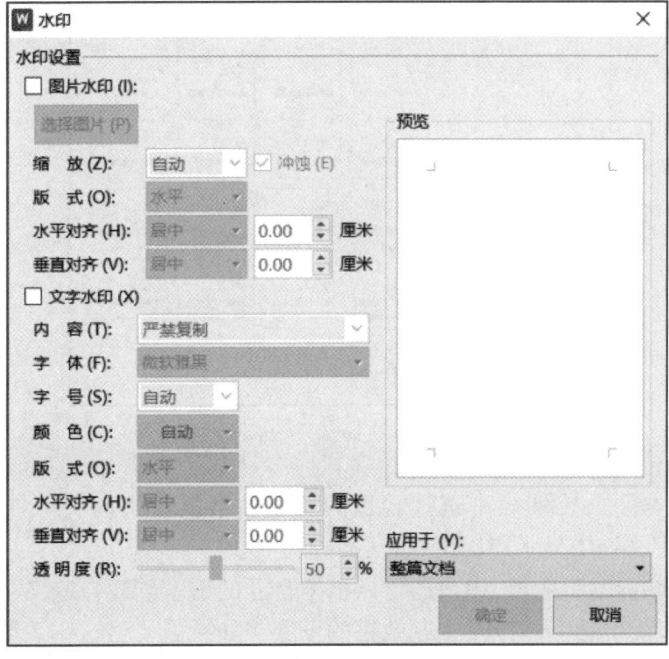

图 3.44 "水印"对话框

（3）删除水印

单击"水印"下拉列表中的"删除文档中的水印"选项,即可删除添加到文字文稿中的水印。

3.6.3 使用文字文稿主题

文字文稿主题是一套具有统一设计元素的格式选项,通过使用主题,可以快速而轻松地设置整个文字文稿格式,改变 WPS Office 文字文稿的整体外观,主要包括字体、字体颜色和图形对象的效果。在 WPS Office 文字文稿中使用主题的步骤如下:

① 打开 WPS Office 文字文稿窗口,单击"页面"选项卡"主题"按钮,弹出如图 3.45 所示的"主题"下拉列表。

图 3.45 "主题"下拉列表

② 在"主题"下拉列表中选择合适的主题。当鼠标指向某一种主题时,会在 WPS Office 文字文稿中显示应用该主题后的预览效果。

除了使用内置的主题外,用户还可以根据自己的需求创建自定义文字文稿主题,完成对主题颜色、主题字体以及主题效果的设置。如果需要将这些主题进行应用,应先将设置好的主题进行保存,然后再应用。

3.6.4 插入文字文稿封面

在使用 WPS Office 编辑文字文稿的过程中,常常需要为文字文稿插入一张漂亮的封面,可以借助 WPS Office 提供的多种封面样式为 WPS Office 文字文稿插入风格各异的封面。并且无论当前插入点光标在什么位置,插入的封面总是位于 WPS Office 文字文稿的首页。在 WPS Office 文字文稿中插入封面的步骤如下:

① 打开 WPS Office 文字文稿窗口,单击"插入"选项卡"封面"按钮,弹出如图 3.46 所示的"封面"下拉列表。

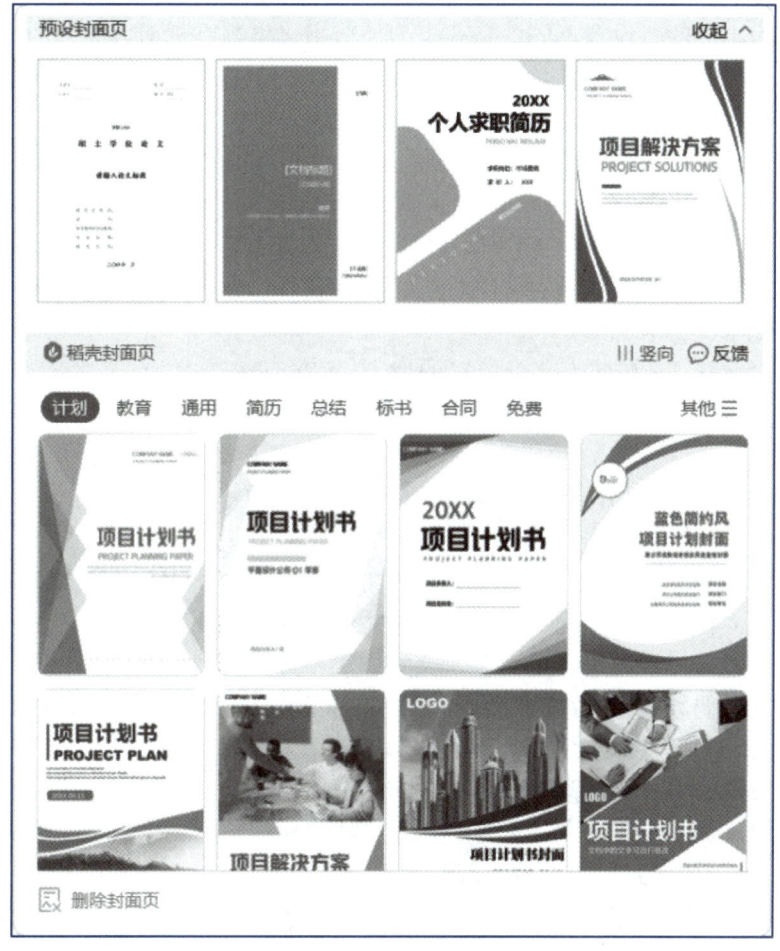

图 3.46 "封面"下拉列表

② 在"封面"下拉列表中选择合适的封面样式,该封面会自动被插入到文字文稿的第一页中,现有文字文稿内容会后移。

③ 单击封面中的文本属性,输入相应的内容即可。

如果要删除该封面,再次单击"插入"选项卡"封面"按钮,在弹出的"封面"下拉列表中,单击"删除封面页"选项即可。

3.6.5 分节符与分页符

1. 分节符

"节"是文字文稿格式化的最大单位(或指一种排版格式的范围),分节符是一个"节"的结束符号。默认方式下,WPS Office 将整个文字文稿视为一"节",故对文字文稿的页面设置是应用于整篇文字文稿的。若需要在一页之内或多页之间采用不同的版面布局,则需插入"分节符",将文字文稿分成几"节",然后根据需要设置每"节"的格式。分节符中存储了"节"的格式设置信息,分节符只控制它前面文字的格式。

可以为不同的节设置不同的格式类型。节格式类型有页面方向(横向或纵向)、页边距、页面边框、分栏、垂直对齐方式、行号、页眉和页脚样式、页码、纸张大小及纸张来源等。

要插入分节符,单击"插入"选项卡"分页"按钮,弹出"分页"下拉列表,如图3.47所示。

在 WPS Office 中有4种分节符可供选择,它们分别是"下一页分节符""连续分节符""偶数页分节符"和"奇数页分节符"。

下一页分节符:在插入此分节符的地方,WPS Office 会强制分页,新的节从下一页开始。如果要在不同页面上分别应用不同的页码样式、页眉和页脚文字以及想改变页面的纸张方向、纵向对齐方式或者纸型,应该使用这种分节符。

连续分节符:插入"连续"分节符后,文字文稿不会被强制分页。但是,如果"连续"分节符前后的页面设置不同,WPS Office 也会在分节符处强制文字文稿分页。

图3.47 "分页"下拉列表

奇数页或偶数页分节符:在插入"奇数页分节符"或"偶数页分节符"之后,新的一节会从其后的第一个奇数页或偶数页开始(以页码编号为准)。

删除分节符时,同时删除了节中文本的格式,分节符控制其前面文字的节格式。如果删除某个分节符,其前面的文字将合并到后面的节中,文本成为下一节的一部分,并采用该节的格式进行设置。若要删除分节符,可以单击"开始"选项卡"显示/隐藏编辑标记"按钮 ♪,来显示隐藏的分节符标记,然后将光标定位到该标记前面,按 Delete 键即可。

2. 分页符

WPS Office 有自动分页功能,当文字文稿满一页时,系统会自动换到下一页,并在文字文稿中插入一个自动分页符。除了自动分页外,也可以人工分页,所插入的分页符称为人工分页符。

要插入分页符,将插入点移至要分页的位置,然后在"分页"下拉列表中单击"分页符"选项,就可以在当前插入点的位置开始新的一页。

3.6.6 页码

如果文字文稿页数较多，为了便于阅读和查找，就需要给文字文稿设置页码。

1. 插入页码

页码可以单独出现在页眉或页脚中，即页眉或页脚中只包含页码，成为页眉或页脚的唯一内容。如果希望每个页面都显示页码，并且不希望包含任何其他信息（例如，文字文稿标题或文件位置），可以快速添加库中的页码，也可以创建自定义页码。

（1）从库中添加页码

单击"插入"选项卡"页码"按钮，弹出"页码"下拉列表，如图 3.48 所示，在"页码"下拉列表中选择页码的位置。例如，选择页面底端，然后从其下拉列表中单击一种所需的页码格式，即可在页面底端插入需要格式的页码，同时，在功能区显示"页眉页脚"选项卡，如图 3.49 所示。单击此选项卡中的"关闭"按钮，退出页眉页脚编辑状态，返回文字文稿正文。

图 3.48 "页码"下拉列表

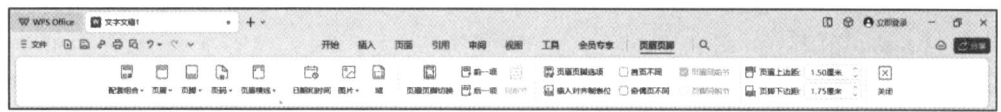

图 3.49　"页眉页脚"选项卡

（2）添加自定义页码

库中的一些页码含有总页数（第 X 页，共 Y 页）。如果要创建自定义页码，操作步骤如下：

① 双击页眉区域或页脚区域（靠近页面顶部或页面底部），显示"页眉页脚"选项卡。单击"页眉页脚"选项卡"插入对齐制表位"按钮，打开"对齐制表位"对话框，如图 3.50 所示。在"对齐方式"选项区域，可选择一种需要的位置，最后单击"确定"按钮，关闭对话框。

② 输入"第"和一个空格。

③ 单击"插入"选项卡右侧第二组的"文档部件"按钮，选择"域"选项，打开"域"对话框，如图 3.51 所示。在"域名"列表框中，选择"当前页码"选项，单击"确定"按钮。

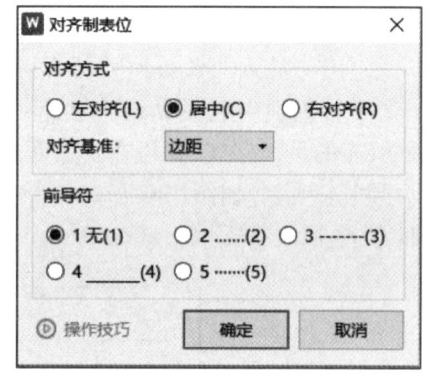

图 3.50　"对齐制表位"对话框

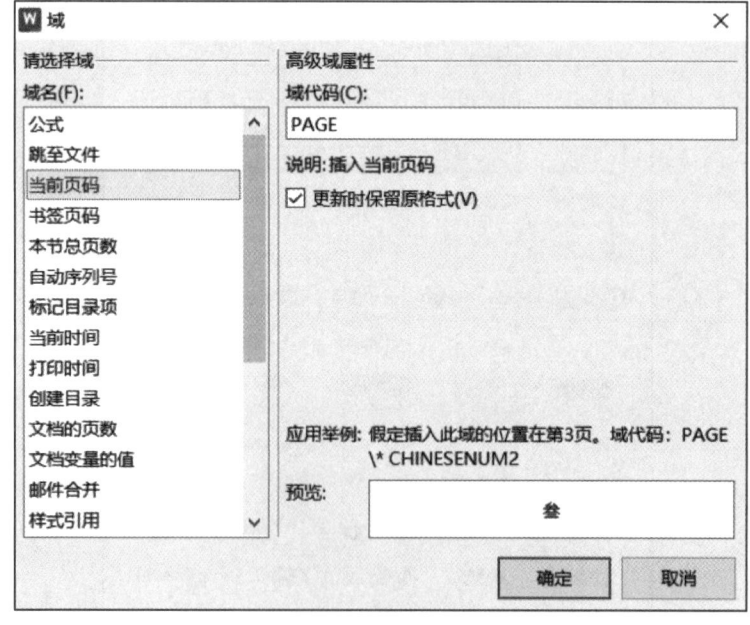

图 3.51　"域"对话框

④ 在该页码后输入一个空格，再依次输入"页"","共"，然后再输入一个空格。

⑤ 再次单击"插入"选项卡右侧第二组的"文档部件"按钮，选择"域"选项，打

开"域"对话框,在"域名"列表框中选择"文档的页数"选项,再单击"确定"按钮。

⑥ 在总页数后输入一个空格,再输入"页"。

⑦ 双击文字文稿正文,退出页眉和页脚的编辑状态。

2. 设置页码的格式

页码的格式包含页码的数字格式、是否包含章节号、页码的编排顺序等。设置页码格式的方法如下:

① 在"页码"下拉列表中选择"页码"选项,打开"页码"对话框,如图 3.52所示。

② 在"样式"下拉列表框中选择页码的数字格式。在一篇文字文稿中可以设置不同的编码样式。

③ 勾选"包含章节号"复选框,表示在页码中包含章节号。这时,可以在其下方的列表框中,选择章节起始样式和使用分隔符的形式。例如,如果选择分隔符为"-",则页码中章节号的形式为1-1、1-2、……

④ 在"页码编号"选项区域,选择是否"续前节"以及是否设置"起始页码"。如果一个文字文稿分为几个节,为了使整个文字文稿的页码连续,则选择"续前节"选项。如果要改变起始页码,先将插入点置于要改变起始页码的节中,然后选

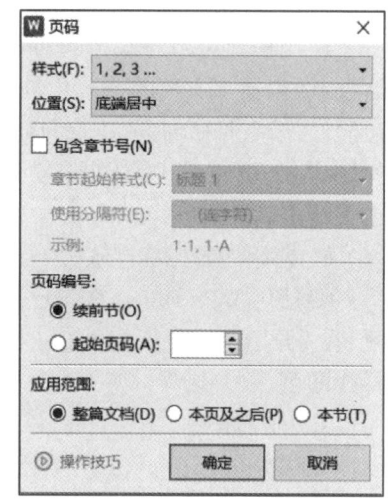

图 3.52 "页码"对话框

择"起始页码"选项,再在其后面的文本框中,输入起始数值,或用微调按钮设置起始数值。

⑤ 设置完毕,单击"页码"对话框中的"确定"按钮,关闭"页码"对话框。

⑥ 双击文字文稿正文,退出页眉和页脚编辑状态。

3.6.7 页眉和页脚

页眉和页脚的内容不是随文字文稿输入的,而是专门设置的。页眉和页脚只有在页面视图下才能看到,因此,在创建页眉和页脚时,必须先切换到页面视图。

插入页眉和页脚的方法如下:

① 单击"插入"选项卡"页眉页脚"按钮,即可在页面顶端或底端插入需要格式的页眉或页脚,同时在功能区显示"页眉页脚"选项卡,并进入页眉和页脚编辑状态,在该状态下,正文呈暗显状态。

② 在页面顶端页眉编辑区内输入内容,如文字或图片,使用"页眉页脚"选项卡上的工具按钮,可以插入页码、时间、日期等,并可以对输入的内容进行格式化。

③ 单击"页眉页脚"选项卡"页眉页脚切换"按钮,切换到页脚,在页脚中输入内容并设置其格式。此时,再单击"页眉页脚切换"按钮,可以切换到页眉。

④ 单击此选项卡中的"关闭"按钮(或双击文字文稿正文),返回到正文编辑

状态。

双击页眉或页脚区域,可再次进入页眉和页脚编辑状态,继续修改页眉和页脚。

3.6.8　样式的应用

样式是已经定义并被命名后保存的一系列格式。样式中包括字体、段落、制表位、边距、格式等。使用样式可以方便地为文字文稿建立统一的编排格式,当样式修改后,所有套用该样式的段落格式都将自动被新样式所代替。

使用样式可节省编排各种类型的文字文稿所花费的时间,有助于确保格式的一致性,使得文字文稿的修改更加容易。有了 WPS Office 中的样式功能,就可以简化排版操作,节省排版时间,提高排版速度。WPS Office 提供了上百种内置的标准样式,如标题样式、正文样式等,如果用户有特殊要求,也可以根据自己的需要修改标准样式或重新定制样式。

1. 使用内置标准样式

要使用 WPS Office 系统已有的标准样式,可单击要应用样式的段落中的任意位置,在"开始"选项卡右侧第三组中选取所需要的样式即可。

2. 创建样式

WPS Office 还允许用户自己创建新的样式,新建样式的方法如下:

① 单击"开始"选项卡右侧第三组右下角的对话框启动器按钮,弹出"样式和格式"列表框,如图 3.53 所示。

② 在"样式和格式"列表框中,单击"新样式"按钮,打开"新建样式"对话框,如图 3.54 所示。

③ 在"属性"选项区域的"名称"文本框中输入新定义样式的名称,在"样式类型"下拉列表框中选择所创建的样式类型,在"样式基于"下拉列表框中选择该样式的基准样式,在"后续段落样式"下拉列表框中选择要应用于下一段落的样式。若要更详细地设置效果,可通过对话框左下角的"格式"按钮设置。效果显示在预览框中。

④ 设置完毕,单击"确定"按钮,关闭该对话框。

3. 修改、删除样式

用户在使用样式时,有些样式不符合自己排版的要求,可以对样式进行修改,甚至删除。系统只允许用户删除自己创建的样式,而 WPS Office 的内置样式只能修改,不能删除。

图 3.53　"样式和格式"列表框

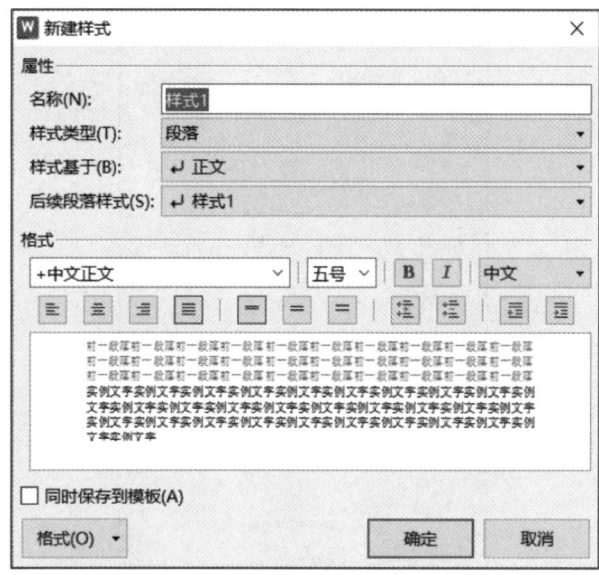

图 3.54 "新建样式"对话框

（1）修改样式

在"开始"选项卡的右侧第三组中右击要修改的样式，或在图 3.53 所示的"样式和格式"列表框中右击需修改的样式，都会弹出快捷菜单，在快捷菜单中选择"修改样式"命令，弹出"修改样式"对话框，如图 3.55 所示。在该对话框中更改所需的格式选项，其操作方法与创建新样式相同。

图 3.55 "修改样式"对话框

（2）删除样式

删除样式的方法是，在"样式和格式"列表框中，单击要删除样式右边的下拉箭头，从下拉列表中选择"删除"命令即可，如图 3.56 所示。

图 3.56　"删除"命令

3.6.9　脚注和尾注

脚注和尾注用于为文字文稿中的文本提供解释、批注以及相关的参考资料。可用脚注对文字文稿内容进行注释说明,而用尾注说明引用的文献。脚注的注释部分会出现在该页的底部,而尾注的注释部分会出现在整篇文字文稿的最后。

脚注或尾注由两个互相链接的部分组成:注释引用标记和与其对应的注释文本。

在 WPS Office 中加入脚注或尾注的方法如下:

① 将插入点移动到要插入脚注或尾注的文字后面。

② 单击"引用"选项卡"插入脚注"或"插入尾注"按钮。

③ 在文字所在页底部或尾部输入注释的内容。

例如,要对论文的题目添加脚注,先将光标移动到题目的后面,单击"插入脚注"按钮,题目后面会出现一个上标"1",在该页面底部会出现一条横线,下方还有数字"1",可以在下方的"1"后面添加注释说明。

3.6.10　插入题注

题注是一种可以为文字文稿中的图表、表格、公式和其他对象添加编号的标签。若在文字文稿编辑的过程中对题注进行了添加、删除和移动等操作,则可以一次性更新所有题注编号。在 WPS Office 文字文稿中插入题注的方法如下:

① 将插入点移动到要插入题注的位置。

② 单击"引用"选项卡"题注"按钮,打开"题注"对话框,如图 3.57 所示。可以根据添加题注的不同对象,在该对话框的"标签"下拉列表框中选择不同的标签类型。若要在文字文稿中使用自定义的标签显示方式,则可以单击该对话框的"新建标签"按钮,在打开的对话框中设置相应的自定义标签。

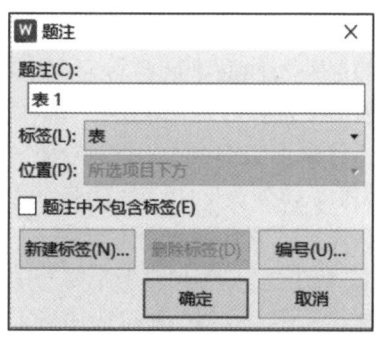

③ 设置完毕,单击"确定"按钮,即可将题注添加到相应的文字文稿位置。

图 3.57　"题注"对话框

3.6.11　交叉引用

WPS Office 文字文稿中的交叉引用,就是在文字文稿的一个位置引用文字文稿另一个位置的内容,类似于超链接,不同的是交叉引用一般是在同一文字文稿中互相引用。交叉引用实质上是一种域,称为引用域。通过它建立起文字文稿正文和被引用的对象之间的联系。其作用,一是把读者的注意从正文转向被引用的对象;二是确保引用关系的正确可靠。

在长文字文稿编辑中,常常会对其中的章节、插图、参考文献等进行增、删、改变顺序等操作,这些操作很有可能会引起对象编号的改变,进而使正文中的引用发生混乱。要改正这些引用,既麻烦又容易遗漏。如果使用 WPS Office 的交叉引用功能,WPS Office 会自动确定引用的页码、编号等内容,使读者在阅读文字文稿时,可以通过单击交叉引用直接查看所引用的项目。但这些页码和编号等必须是用 WPS Office 提供的功能自动生成的。其实现方法如下:

① 将插入点置于正文中要交叉引用的位置,即要标注题注、脚注、参考文献等的位置。

② 单击"引用"选项卡"交叉引用"按钮,即可打开"交叉引用"对话框,如图 3.58 所示。

③ 引用类型:在"引用类型"下拉列表框中,选择需要的引用对象类型,例如,图表、脚注、编号项、书签等。如果文字文稿中存在该引用类型的项目,那么它会出现在"引用哪一个题注(脚注、编号项、标题等)"列表框中,供用户选择。

④ 引用内容:根据引用对象类型的不同,该项下拉列表框的内容也不相同,当"引用类型"选择不同的选项,"引用内容"会提供不同选择,例如,如果引用类型为

"图表",则引用内容有"完整题注""只有标
签和编号"等选项。如果引用类型为"编号
项",则引用内容有"页码""段落编号"等
选项。

图 3.58 "交叉引用"对话框

⑤ 引用哪一个题注(脚注、编号项、标
题等):在这里列出了本文字文稿中所有题注
(脚注、编号段落、标题等),从中选择要引用
的项。注意:该列表框的名称随"引用类型"
的选项不同而不同。若"引用类型"下拉列
表框中选择的是"编号项"选项,则该列表框
的名称为"引用哪一个编号项";若"引用类
型"下拉列表框中选择的是"标题"选项,则
该列表框的名称为"引用哪一个标题"。

⑥ 插入为超链接:要想直接跳转到引用的项目,勾选"插入为超链接"复选
框,否则,将直接插入选中项目的内容。如果勾选了"插入为超链接"复选框,则
系统建立交叉引用和引用对象之间的超链接。超链接建立后,当鼠标指针移动
到引用编号上时,按住 Ctrl 键,当鼠标指针变成手的形状时,单击会跳转到引用对
象上。

⑦ 单击"插入"按钮,即可插入一个交叉引用。如果还要插入别的交叉引用,则
不必关闭该对话框,只要把插入点定位在新的位置,重复以上过程,直到完成文字文
稿中所有的交叉引用,再单击"关闭"按钮,退出"交叉引用"对话框。

如前所述,由于交叉引用是一种域,所以对已发生变化的交叉引用可以采用更新
域的方法更新它。先单击正文中的交叉引用,使之加上浅灰色光带,再按 F9 键即完
成更新。或右击交叉引用,选择"更新域"命令。

3.6.12 标记并创建索引

在 WPS Office 文字文稿中,索引用于列出文字文稿中讨论的术语和主题以及它
们出现的页码。若要创建索引项,则可以通过文字文稿中的名称和交叉引用来标记
索引项,然后生成索引。

1. 标记索引项

标记索引项的方法如下:

① 选中文字文稿中需要作为索引的文本。

② 单击"引用"选项卡"标记索引项"按钮,打开"标记索引项"对话框,如
图 3.59 所示。在该对话框的"索引"选项区域的"主索引项"文本框中会显示选定的
文本。

③ 单击该对话框的"标记"按钮,即可标记索引项。单击"标记全部"按钮,即
可标记文字文稿中与此文本相同的所有文本。此时"标记索引项"对话框中的"取
消"按钮变为"关闭"按钮,单击"关闭"按钮,即可完成标记索引。

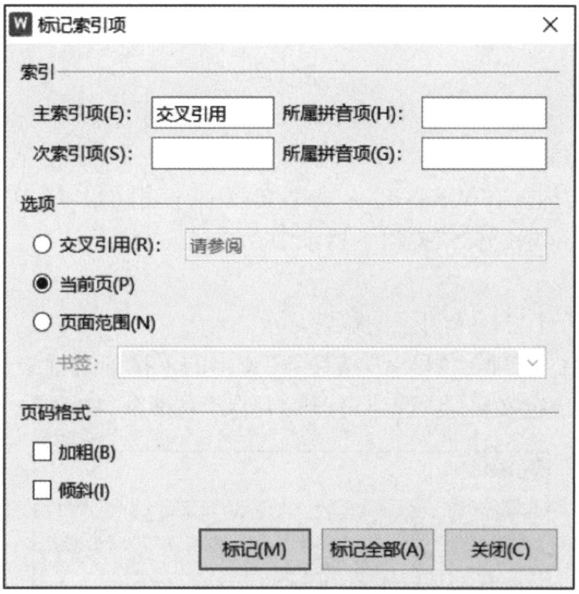

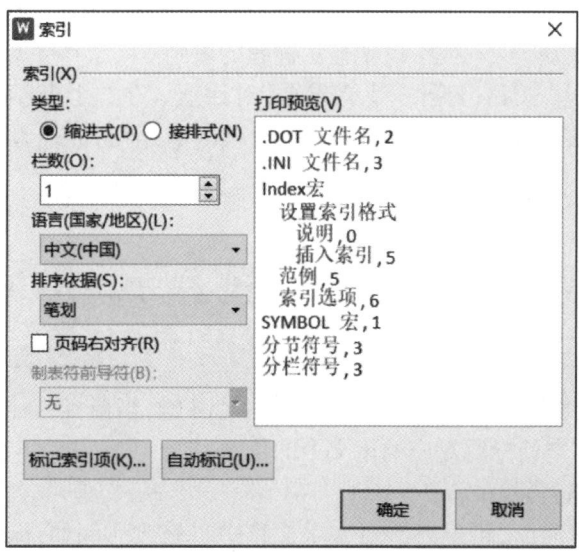

图 3.59　"标记索引项"对话框

在标记了一个索引项之后,可以在不关闭"标记索引项"对话框的情况下,继续标记其他多个索引项。

2. 创建索引

完成了标记索引项的操作后,就可以选择一种索引设计并生成最终的索引了。为文字文稿中的索引项创建索引的方法如下:

① 将插入点移动到需要建立索引的位置,通常是文字文稿的最后。

② 单击"引用"选项卡"插入索引"按钮,打开"索引"对话框,如图 3.60 所示。

③ 设置完成后,单击"确定"按钮,创建的索引就会出现在文字文稿中。

图 3.60　"索引"对话框

3.6.13　目录

对于一个长文字文稿来说,目录是必不可少的。学生在进行毕业论文的撰写中一定会用到目录功能。目录不但便于查阅所找内容在书中的位置,同时也可显示本书内容的分布和结构。在 WPS Office 文字文稿中,使用"目录"功能,可以自动将文字文稿中使用的内部标题样式提取到目录中。

1. 插入目录

① 将插入点置于要插入目录的位置。

② 单击"引用"选项卡"目录"按钮,在弹出的下拉列表框中选择所需的插入目录的方式。单击"自定义目录"选项,打开"目录"对话框,如图 3.61 所示。

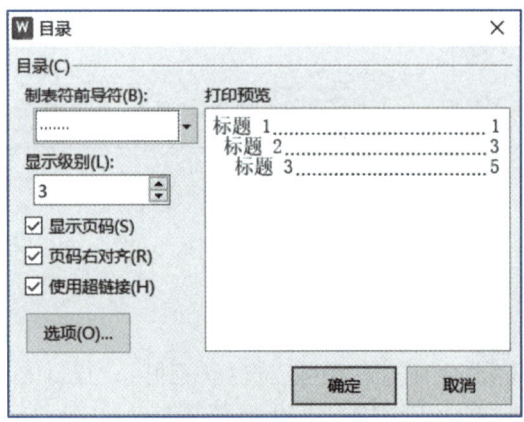

图 3.61　"目录"对话框

③ 在"目录"对话框中勾选"显示页码"和"页码右对齐"复选框,则在生成的目录中自动显示各级标题所在的页码,并且使页码右对齐。

④ 在"制表符前导符"下拉列表框中选择一种制表符前导字符。

⑤ 在"显示级别"文本框中设置显示标题的级别。

⑥ 单击"选项"按钮,打开"目录选项"对话框。在"目录选项"对话框中可设置目录的样式。在该对话框的"有效样式"选项区域,前面带有 ✔ 的标题样式表示文字文稿中排版的标题将以目录形式抽取出来。

⑦ 单击"确定"按钮,即可自动生成目录。

注意:在生成目录前,一定要对文字文稿的各级标题进行格式化,通常利用内置的标题样式统一格式化,也可以根据需要修改内置的样式。

目录生成后,将鼠标指针移到目录上,按住 Ctrl 键,当鼠标指针变成手形时,单击左键便可跳转到单击处标题对应的正文中的位置。

2. 更新和删除目录

目录创建完成后,很可能还会对文字文稿进行修改。例如,标题级别做了调整,文字内容做了改动,所在页码有所变动等,及时更新目录就显得很有必要。更新目录的操作比较简单,右击已生成的目录,在弹出的快捷菜单中选择"重新识别目录"命令,即可自动生成新的目录。这样,目录项内容及页码都进行了更新。

删除目录,只需用鼠标选定目录,按 Delete 键即可。

3.6.14　文字文稿的审阅和修订

WPS Office 提供了多种方式完成文字文稿审阅的相关操作,同时还可以通过全新的审阅窗格来快速对比、查看、合并同一文字文稿的多个修订版本。

1. 修订文字文稿

当在修订状态下修改文字文稿时,WPS Office 后台应用程序会自动跟踪文字文稿内容所有的变化情况,并且会把在编辑文字文稿时所做的插入、删除、移动、格式更改等每一项操作内容详细记录下来。

单击"审阅"选项卡"修订"按钮,文字文稿即进入修订状态。在修订状态下输入的文字文稿内容会通过颜色和下划线标记下来,删除的内容也会被显示出来。当多个用户同时参与同一文字文稿的修订时,文字文稿将通过不同的颜色来区分不同用户的修订内容。

单击"审阅"选项卡"修订"按钮,选择"修订选项"选项,打开"选项"对话框,如图 3.62 所示。通过该对话框可以进一步修改修订标记的格式。

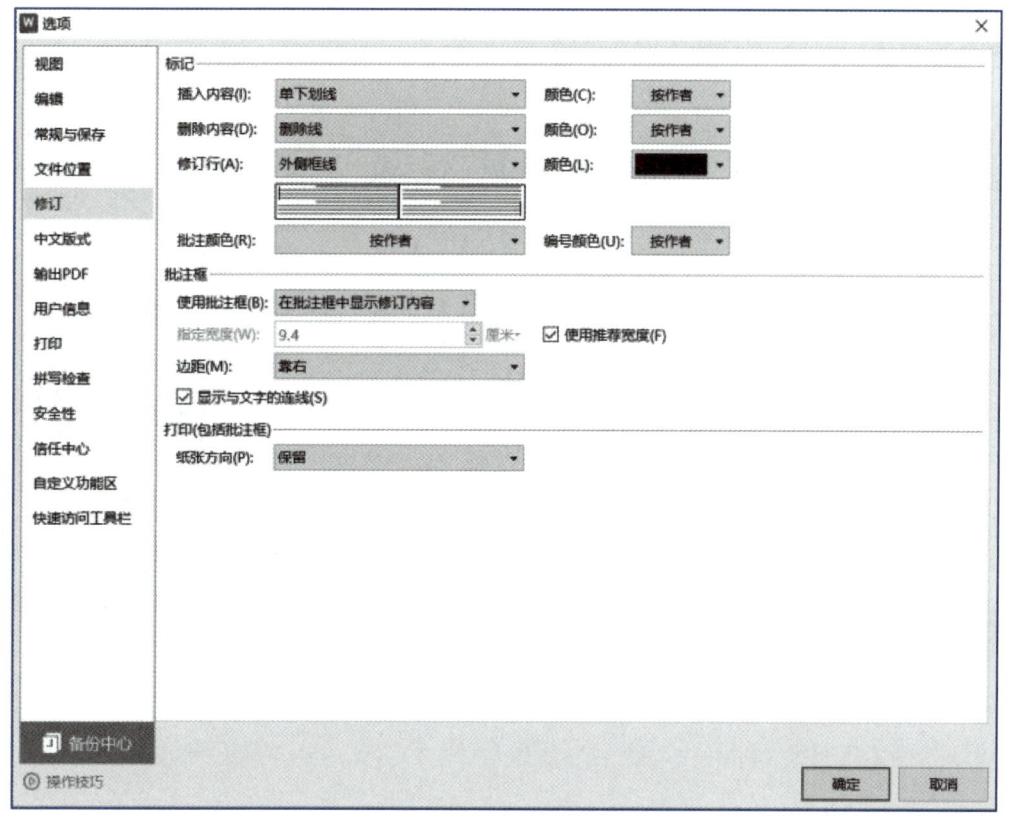

图 3.62　"选项"对话框

2. 为文字文稿添加批注

在 WPS Office 中,若要对文字文稿进行特殊说明,可添加批注对象(如文本、图片等)对文字文稿进行审阅。批注不同于修订,它在文字文稿页面的空白处添加相关的注释信息,并用带颜色的方框括起来。

为文字文稿添加批注的方法很简单,单击"审阅"选项卡"插入批注"按钮,然后输入批注信息即可。

若要删除批注,只需在批注的地方右击,在弹出的快捷菜单中选择"删除批注"命令即可。若要删除文字文稿中的所有批注,可直接单击"审阅"选项卡"删除批注"下拉按钮,在弹出的列表中选择"删除文档中的所有批注"命令。

3. 审阅修订和批注

当文字文稿修订完成后,用户还需要对文字文稿的修订和批注进行审阅,并确定最终的文字文稿版本,这个过程称为审阅。当审阅修订和批注时,可按以下方法接受或拒绝文字文稿中每一项更改。

① 单击"审阅"选项卡 ⬛ 或 ⬛ 按钮,即可定位到文字文稿中对应的修订或批注上。

② 对于修订信息可单击"审阅"选项卡"接受"或"拒绝"按钮,来选择是否保留对文字文稿的更改。对于批注信息可以单击"审阅"选项卡"删除批注"按钮将其删除。

若要拒绝所有的修订,可以单击"审阅"选项卡"拒绝"下拉按钮,在弹出的下拉列表中选择"拒绝对文档所做的所有修订"选项。

3.7 扩 展 阅 读

扩展阅读
3-1:
求伯君

求伯君,被称为"中国第一程序员",25 岁就凭一己之力击溃"英美联军",为何却在最巅峰的时候急流勇退? 20 年前,在中关村随便招呼一声,立马会围过来 1 000 个粉丝,比盖茨火多了。他曾果断拒绝微软公司开出的 75 万美元年薪,只为打造独一无二的民族品牌,他就是"WPS 之父"求伯君。

思 考 题

1. 如何自定义快速访问工具栏？

2. 复制、剪切和粘贴所对应的快捷键分别是什么？

3. 字符边框、段落边框和页面边框三者有什么区别？如何设置？

4. 字符间距和行距有什么区别？如何设置？

5. 浮动式对象和嵌入式对象有什么区别？如何将嵌入式对象转换成浮动式对象？

6. 如何修改表格的线条和颜色？

7. 如何删除整个表格？如何使整个表格相对页面居中排列？

8. 在什么情况下插入分页符？在什么情况下插入分节符？如何使用4种分节符类型？

9. 如何创建目录？如何更新目录？

10. 如何标注参考文献？

11. 录取通知书、准考证、学生成绩单、获奖证书、会议通知、信封、请柬、工资条等文档有什么特点？如何制作？

12. 审阅文档包含哪些内容？在工作中你都用到哪些？如何应用？

13. 字处理软件在我国的发展历史是怎样的？你从"中国第一程序员"求伯君的传奇经历中学到了什么？

第4章　WPS 数据处理高级应用

在 WPS Office 文字处理软件中,可以通过表格将数据直观地显示出来、对少量数据进行简单的计算以及排序等。但是对于大量数据的计算、数据的统计与分析等,就要用到 WPS Office 电子表格处理软件了。在日常生活和工作中,经常要统计与分析一些数据,譬如学生的考试情况、教师的科研情况、商场的销售情况、仓库的库存情况、车间的生产情况、产品质量检验情况等。WPS Office 电子表格处理软件作为专业的数据处理软件,可以轻松、方便地解决这些问题。本章重在讲解 WPS Office 电子表格在日常办公和实际工作中的高级应用。

4.1　案例与案例解析

1. 本章案例

统计与分析期末考试情况。

2. 案例说明与分析

在日常生活和工作中,经常要统计与分析一些数据,譬如学生的考试情况、教师的科研情况、商场的销售情况、仓库的库存情况、车间的生产情况、产品质量检验情况等。WPS Office 电子表格作为专业的电子表格处理软件,可以轻松、方便地解决这些问题。它是日常办公首选的、应用范围最广的软件。在当今的信息社会,作为一名大学生,要在竞争日益激烈的工作岗位中胜任工作,必须掌握 WPS Office 电子表格的基本功能与操作方法。统计与分析期末考试情况,包含了 WPS Office 电子表格的主要功能和基本操作方法,首先要把学生的期末考试的基本数据输入到工作表中,然后进行数据计算、工作表的美化、排序、筛选、分类汇总、制作图表等。本章将以统计与分析期末考试情况为案例介绍 WPS Office 电子表格的基本操作方法与高级应用。

本章主要知识点

① 工作表的编辑与格式化。

② 不同类型数据的输入和编辑。

③ 数据有效性。

④ 公式和函数。

⑤ 编辑和格式化工作表。
⑥ 数据的筛选、排序、分类汇总。
⑦ 图表的制作与编辑。

4.2 工作簿的创建与保存

WPS Office 电子表格是金山公司推出的一个功能强大的专业电子表格处理软件，具有强大的数据计算与分析处理功能，可以把数据通过表格、各种统计图表、透视图的形式表现出来，使得制作出来的报表图文并茂、信息表达更清晰。因此，它不但用于个人、办公室等有关的日常事务处理，而且被广泛应用于金融、经济、财会、审计和统计等领域。

WPS Office 电子表格与 WPS Office 文字文稿均为 WPS Office 办公套件中的组件，在界面、操作上有很多相似之处，许多操作甚至完全相同。所以，学习了 WPS Office 文字文稿以后，再来学习 WPS Office 电子表格就容易多了。

4.2.1 WPS Office 电子表格工作环境

【例 4.1】创建工作簿"期末考试情况.xlsx"，录入学生的基本信息和成绩，其中英语和数学为数值型数据，出生日期为日期型数据，其他均为字符型数据，如图 4.1 所示。

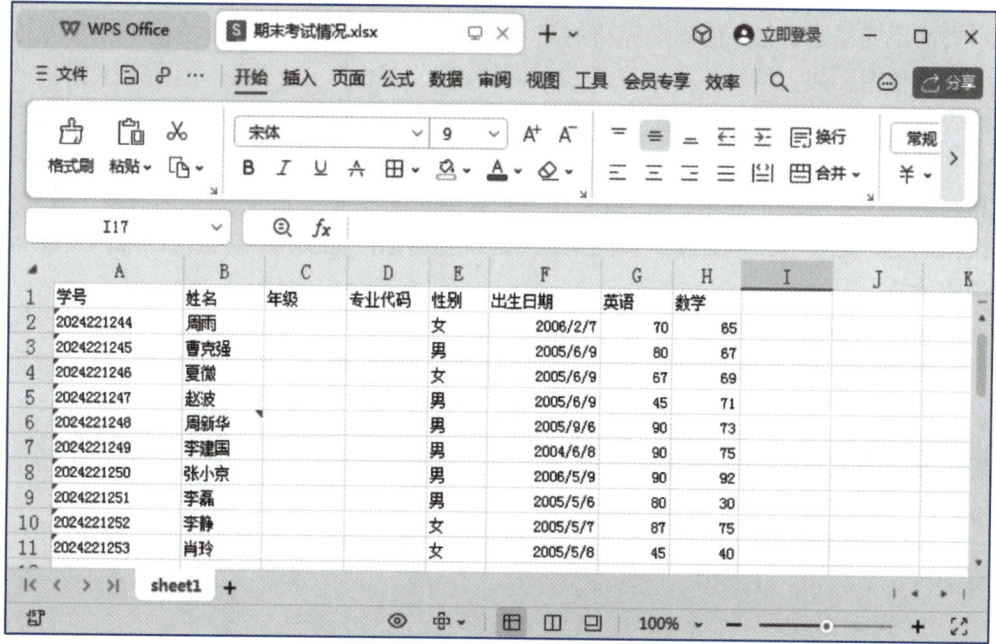

图 4.1 工作表 sheet1

WPS Office 电子表格启动后,出现如图4.2所示的窗口,主要包括与 WPS Office 文字文稿类似的标题栏、快速访问工具栏、选项卡标签、功能区、状态栏和显示比例调节工具等,还有独特的编辑栏、名称框、全选按钮、列标、行标、填充柄、工作表编辑区、工作表控制按钮、工作表标签、视图按钮等。

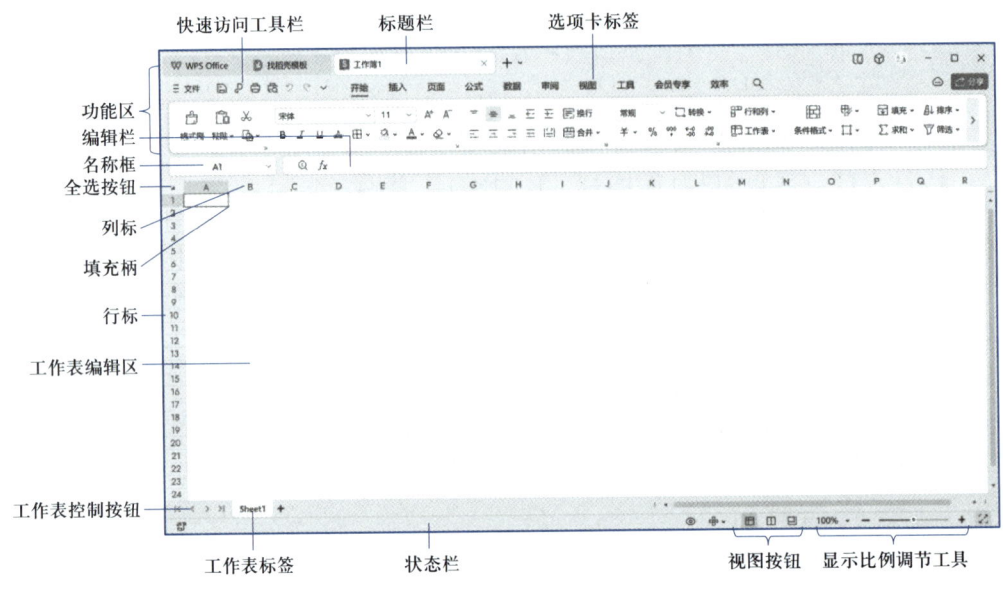

图4.2 WPS Office 电子表格的窗口组成

1. 编辑栏

编辑栏是位于功能区和工作表编辑区之间的区域,用于显示或编辑单元格的内容。编辑栏由名称框、工具按钮和编辑区构成。编辑栏左端的组合框称为名称框,显示当前单元格的地址(也称单元格的名称),或者在输入公式时用于从其下拉列表框中选择常用函数。编辑栏的右端是编辑区,或称公式栏区,用于显示当前单元格中的内容,也可以直接在此对当前单元格进行输入和编辑操作。当在单元格中编辑数据或者公式时,编辑区左侧就会出现"取消"按钮 ✕ 和"输入"按钮 ✓,分别用于取消和确认刚才在当前单元格中的操作,即分别相当于 Esc 键和 Enter 键。紧挨着"输入"按钮的是"插入函数"按钮 fx,单击此按钮,将会打开"插入函数"对话框,用于插入函数计算。

2. 名称框

名称框显示当前活动单元格的名称(也称单元格地址),是由列标和行号来标识的,列标在前,行号在后。例如,第3行第2列的单元格的名称是"B3",第5行第3列的单元格的名称是"C5",依此类推。

3. 全选按钮

全选按钮是位于"A"列左侧、"1"行上方的空白按钮,单击它,可以选定整个工作表。

4. 列标

对表格的列命名,以英文字母(A,B,…,Z,AA,AB,…,BA,BB,…,AAA,AAB,…,

ABA, ABB, …, ACA, ACB, …, XFD)的有规律序列表示,称作列标,一个 WPS Office 电子表格工作表默认有 16 384 列。

5. 行号

对表格的行命名,以阿拉伯数字(范围是 1 ~ 1 048 576)顺序排列表示,称作行号。一个 WPS Office 电子表格工作表默认有 1 048 576 行。

6. 填充柄

选定一个单元格或一片连续单元格区域后,在黑色方框右下角有一个黑色的小方块,即填充柄。使用填充柄可实现自动填充功能。

7. 工作表编辑区

工作表编辑区就是 WPS Office 电子表格窗口中由暗灰线组成的表格区域,制作表格和编辑数据都在这里进行,该区是基本的工作区。

8. 工作表控制按钮

由于工作表名栏区域有限,只能显示部分工作表名,可以利用工作表名栏左边的工作表控制按钮来显示其他的工作表。

9. 工作表标签

Sheet1、Sheet2、Sheet3 是工作表的标签,位于工作表标签区,也是工作表的名称。单击工作表标签,将激活相应工作表。

10. 视图按钮

WPS Office 电子表格工作表包含普通、分页预览和页面布局 3 种视图模式,用户可以通过单击状态栏中右侧的视图按钮在 3 种视图模式之间进行切换。

4.2.2 基本概念

1. 工作簿

WPS Office 电子表格是以工作簿为单位来处理和存储数据的,工作簿文件是 WPS Office 电子表格存储在磁盘上的最小独立单位,每个工作簿由多个(可多达 255 个)独立的工作表组成,每个工作表由多个单元格组成,单元格数目多达 1 048 576(2^{20})(行)× 16 384(2^{14})(列)个。WPS Office 电子表格工作簿的默认扩展名为 .xlsx,模板文件的扩展名为 .xltx。

当 WPS Office 电子表格启动成功后,系统会自动创建一个名为"工作簿 1.xlsx"的空白工作簿,这是系统默认的工作簿名,用户可以在存盘时重新命名。

每个工作表都是存入某类数据的表格或者数据图形。工作表是不能单独存盘的,只有工作簿才能以文件的形式存盘。

2. 工作表

工作表(sheet)是一个由行和列交叉排列的二维表格,也称电子表格,用于组织和分析数据。

要对工作表进行操作,必须先打开该工作表所在的工作簿。工作簿一旦打开,它所包含的工作表就一同打开,用户可以增减工作表。系统给每个打开的工作表提供了一个默认名称:Sheet1、Sheet2……。工作表名出现在工作表的最下面一行,单击某个工作表名,它就呈高亮度显示,成为当前(活动)工作表。在 WPS Office 电子表格中,允许同时在一个工作簿中的多个工作表上输入并编辑数据。

WPS Office 电子表格启动后,系统默认打开的工作表数目是 1 个,用户也可以改变这个数目,方法是,单击“文件”菜单,选择“选项”命令,打开“选项”对话框,在左边窗格中选择“常规与保存”选项,在其对应的右边窗格中,在“新工作簿内的工作表数”后的文本框中输入需要的数值(数字介于 1 ~ 255 之间),单击“确定”按钮,即设置了以后每次新建工作簿同时打开的工作表数目。

WPS Office 电子表格的工作表最大由 16 384 列和 1 048 576 行构成。因此,每个工作表最多可有 1 048 576 × 16 384 个单元格。

3. 单元格

单元格(cell)就是工作表中行和列交叉的部分,是工作表最基本的数据单元,也是电子表格软件处理数据的最小单位。

在一个工作表中,尽管单元格很多,但当前(活动)单元格只有一个。当前单元格带有一个粗黑框,其名称显示在编辑栏的名称框中。当鼠标指针指到某单元格并单击鼠标左键,该单元格便成为当前单元格,此时就可以直接输入数据了。每个单元格内容长度的最大限制是 32 767 个字符,但单元格中只能显示 1 024 个字符,编辑栏中才可以显示全部 32 767 个字符。

4. 单元格区域

单元格区域指的是由多个相邻单元格形成的矩形区域,其表示方法由该区域的左上角单元格地址、冒号和右下角单元格地址组成。例如,单元格区域 A1:E5 表示的是左上角从 A1 开始到右下角 E5 结束的一片矩形区域。

4.3　数据的输入和编辑

WPS Office 电子表格的启动与退出、工作簿的创建、保存、打开和关闭等,均与 WPS Office 文字文稿操作类似,这里不再赘述。

4.3.1　工作表中输入数据

1. 数据类型

处理数据时,会遇到各种不同类型的数据。例如,文本(如姓名)、数值(如成绩、年龄)、日期 / 时间数据(如出生日期)、逻辑值(如是否党员)等。

(1)文本(字符或文字)型数据

在 WPS Office 电子表格中,文本可以是字母、汉字、数字、空格或其他字符,也可以是它们的组合,文本型数据是不参与算术运算的。

(2)数字(值)型数据

在 WPS Office 电子表格中,数字只能为下列字符:0 ~ 9、+(正号)、−(负号)、,(千分位号）、/、$、%、.（小数点）、E、e。WPS Office 电子表格将忽略数字前面的 +（正号），并将单个英文句号（.）视作小数点，所有其他数字与非数字的组合均作为文本型数据处理。

（3）日期和时间型数据

WPS Office 电子表格将日期和时间视为数字处理。工作表中的日期和时间的显示方式取决于所在单元格中的数字格式，单元格中的数字格式可以通过"单元格格式"对话框中的"数字"选项卡进行日期格式的设置。

（4）逻辑型数据

逻辑型数据用于表示条件成立与否，只有两个值：TRUE 和 FALSE。

2. 数据输入

向单元格输入数据或编辑数据可采用以下几种方法。

（1）直接输入数据

单击单元格，直接输入或在编辑栏中输入；双击单元格，单元格内出现光标，定位光标位置进行输入。对于不同的数据类型，WPS Office 电子表格有不同的处理规则。

① 在默认状态下，文本型数据在单元格中均左对齐。如果输入的数据是由数字组成的类似于邮政编码、电话号码之类的文本型数据，则应先输入单引号"'"，再输入数字。例如，邮政编码 250001 是文本型数据，在输入时应输入"'250001"，最终会以文本型数据显示和存储。

② 在默认状态下，数字型数据在单元格中均右对齐。输入分数时，应在分数前输入 0（零）及一个空格，如分数 4/9，应输入"0 4/9"，否则按 Enter 键后会显示 4 月 9 日。输入负数时，应在数字前输入负号，或将其置于括号（中英文的括号均可）中。如 –6 应输入"–6"或"（6）"。当输入的数字型数据长度超过 11 位或单元格的列宽时，数据自动以科学记数法的形式显示。

（2）快速的数据输入技巧

在 WPS Office 电子表格中，为了加快输入的速度，可使用系统提供的"自动填充"功能，填充相同数据、等比数列、等差数列和日期时间序列等，还可以输入自定义的序列。

单击填充内容初值所在的单元格，将鼠标指针移到填充柄上，当鼠标指针变成黑色的实心十字形状时，按住鼠标左键拖动填充柄，到所需的位置时松开鼠标，即可完成自动填充，得到所需的数据。拖动时，往上、下、左、右拖动均可。

① 填充相同的数据。初值是纯数字型或文本型数据，拖动填充柄实现复制填充（填充相同的数据）。

② 填充等差、等比序列。

a. 先在前两个单元格中输入序列前两个数据，然后鼠标右键拖动填充柄，在弹出的快捷菜单中选择"等差序列"或"等比序列"命令。

b. 选中初值单元格，单击"开始"选项卡右侧第一组的"填充"下拉按钮，选择"序列"选项，打开"序列"对话框，如图 4.3 所示。

③ 创建自定义序列。在日常工作中,经常需要在工作表中输入相同的一批数据,如学生名单,为了避免重复输入数据的麻烦,提高工作效率,可以利用 WPS Office 电子表格提供的自定义序列功能,将这些数据填充到"自定义序列"列表框中,然后采用自动填充的方法来填充数据。

自定义序列的方法是,先将插入点置于"选项"对话框"自定义序列"窗格"输入序列"列表框中,然后从第 1 个序列元素开始输入新的序列,在输入每个元素后,按 Enter 键。整个序列输入完毕,单击"添加"按钮,即可将输入到"输入序列"列表框中的数据清单添加到"自定义序列"列表框中,如图 4.4 所示。

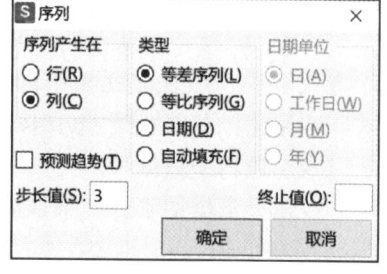

图 4.3 "序列"对话框

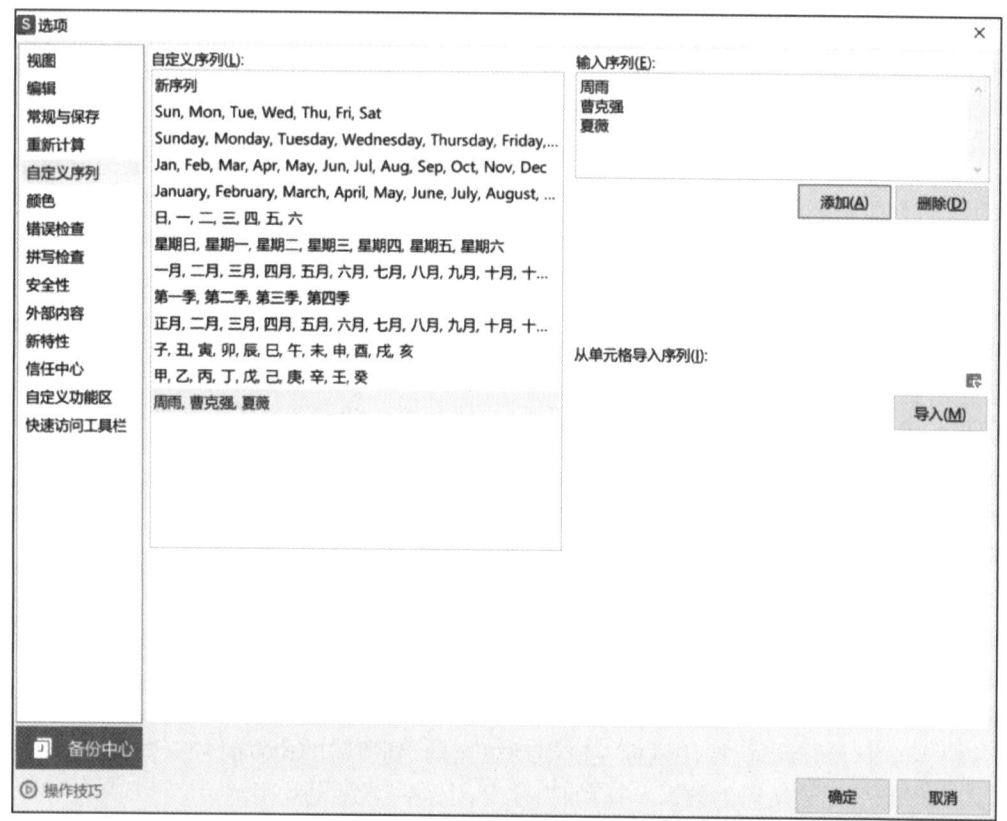

图 4.4 "自定义序列"窗格

3. 验证输入

原始数据输入的正确性是保证数据处理结果正确的前提,输入时为了防止一些明显不合逻辑的错误数据,缩小错误范围,提高正确率,可以利用 WPS Office 电子表格提供的数据有效性功能。

数据有效性是对单元格或单元格区域输入的数据从内容到数量上的限制。对于符合条件的数据,允许输入;对于不符合条件的数据,则禁止输入。这样就可以依靠系统检查数据的正确有效性,避免错误的数据录入。

要预先设置某一单元格或单元格区域允许输入的数据类型、范围,并设置数据输入提示信息和输入错误提示信息。

【例4.2】学生性别用数据有效性完成输入。

实现方法如下:

① 选定要定义有效数据的单元格或单元格区域。

② 单击"数据"选项卡左侧第三组的"有效性"下拉按钮,选择"有效性"选项,打开"数据有效性"对话框,选择"设置"选项卡,如图4.5所示。在"允许"下拉列表框中选择"序列"选项,在其下面的"来源"文本框中输入有效的数据序列"男,女"(注意:之间的逗号必须是半角字符)。

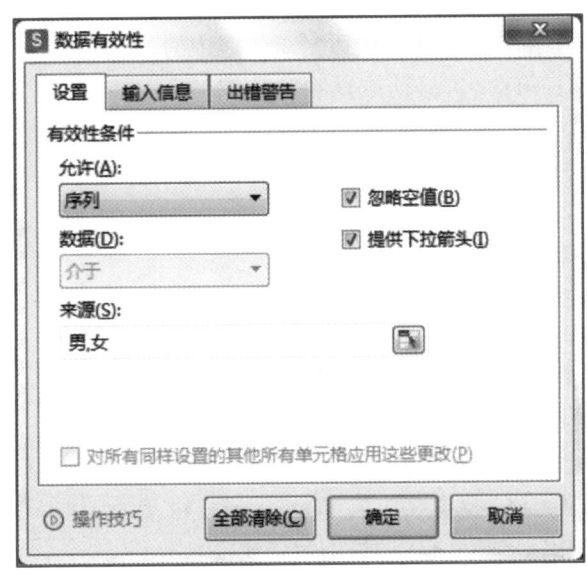

图 4.5 "数据有效性"对话框

③ 如果要使数据输入提示信息在选定该单元格时出现在其旁边,则选择"输入信息"选项卡,在其中输入有关提示信息。

④ 如果要显示错误提示信息,则选择"出错警告"选项卡后输入。

4. 批注

在 WPS Office 电子表格中,批注是附加在单元格中,根据实际需要对单元格中的数据添加相应的注释,以便用户在以后通过查看这些注释可以快速清楚地了解相应单元格数据。

【例4.3】为"姓名"是"周新华"的单元格添加批注,内容是"班长:2024—2025学年二等奖学金获得者"。

实现方法如下:

单击需要添加批注的单元格,再单击"审阅"选项卡左侧第二组的"新建批注"按钮,在弹出的批注编辑框中输入批注文本"班长:2024—2025 学年二等奖学金获得者"。完成文本输入后,单击批注编辑框外部的工作表区域,这时,可以发现刚才添加了批注的单元格的右上角出现了一个小红三角,同时,不再显示批注框和批注内容。

选定有批注的单元格,单击"审阅"选项卡左侧第二组,可对批注进行编辑、删除、查看、显示 / 隐藏等操作。

4.3.2 工作表的编辑

WPS Office 电子表格提供了强大的编辑功能。编辑工作表包括编辑单元格内容,单元格、行和列的插入和删除,工作表的管理。

1. 工作表的编辑

在默认情况下,WPS Office 电子表格新建的空白工作簿包括 Sheet1 一个工作表。用户可以对工作簿中的工作表进行插入、删除、重命名、移动或复制等操作。可通过单击"开始"选项卡右侧第三组的"工作表"下拉按钮∨,或者右击工作表标签处,利用快捷菜单进行相应的操作,如图 4.6 所示。

2. 单元格的编辑

单元格的编辑主要包括对单元格内容的修改、删除、清除、插入、复制、移动、粘贴与选择性粘贴等。

(1)单元格、单元格区域、行和列的选择

在进行编辑和格式化等操作之前,都要进行相应的单元格、单元格区域、行和列的选择操作。

① 选择单个单元格:单击相应的单元格,或按键盘上的方向键移动到相应的单元格,即可选定单元格。

② 选择连续单元格区域:单击选定该区域的第 1 个单元格,然后按住鼠标左键拖动,直至选定最后一个单元格。

③ 选择工作表中的所有单元格:单击工作表左上角处行号和列标交叉的"全选"按钮。

④ 选择不连续单元格区域:先选定第 1 个单元格或单元格区域,然后按住 Ctrl 键,再选定其他的单元格或单元格区域。

⑤ 选择整行或整列:单击行号或列号,即可选择整行或整列。

(2)单元格、行、列的插入和删除

对选定单元格或区域的编辑,常用的是删除、插入等操作,这可以通过快捷菜单实现,或者通过单击"开始"选项卡右侧第三组的"行和列"下拉按钮 ∨ 实现,如图 4.7 所示。

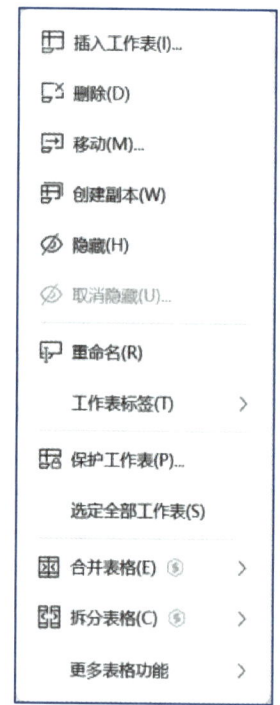

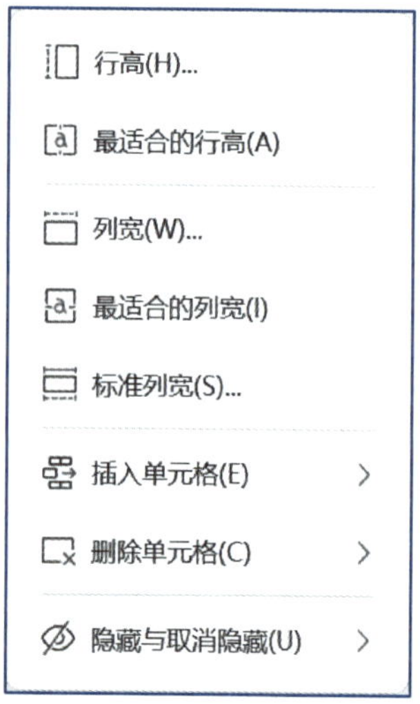

图 4.6 编辑工作表快捷菜单

图 4.7 "行和列"操作菜单

① 插入。从图 4.7 所示菜单中选择"插入单元格"命令，可以插入行、列、单元格，如图 4.8 所示。

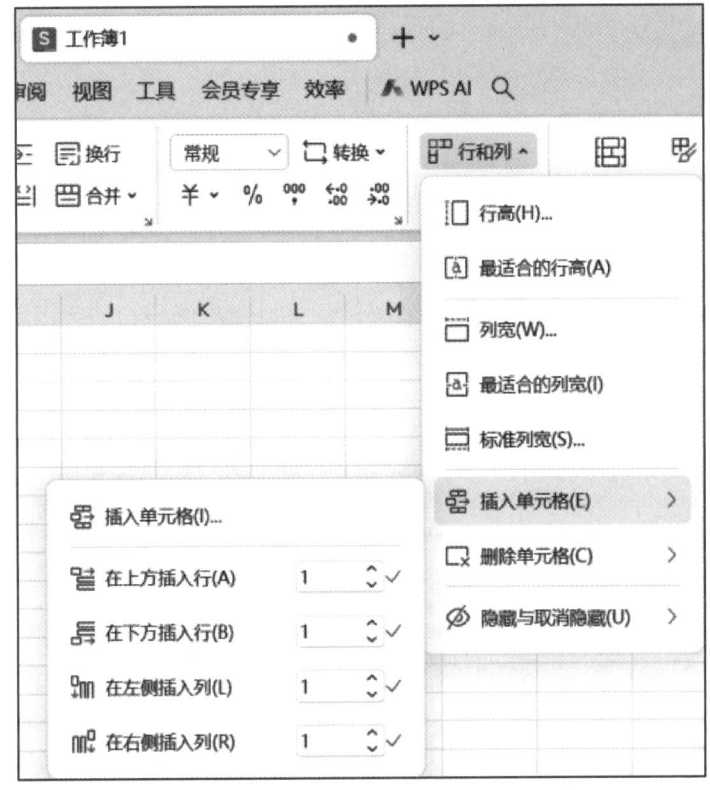

图 4.8　插入单元格

选择"插入单元格"命令，打开"插入"对话框，在该对话框中，根据需要进行相应的插入选择，如图 4.9 所示。

② 删除。选定要删除的单元格、行、列，从图 4.7 所示菜单中选择"删除单元格"命令，可以删除行、列、单元格，如图 4.10 所示。

选择"删除单元格"命令，打开"删除"对话框，在该对话框中，根据需要进行相应的删除选择，如图 4.11 所示。

（3）单元格内容的编辑

单元格中的数据输入后可以修改、清除、复制和移动。

① 修改单元格中的数据。

a. 双击要修改数据的单元格，将插入点（光标）移到要插入或删除字符的位置，输入或删除字符后，按 Enter 键即可。

b. 先选定单元格，然后在编辑栏中单击要插入或删除字符的位置，再输入新的内容或删除字符即可。

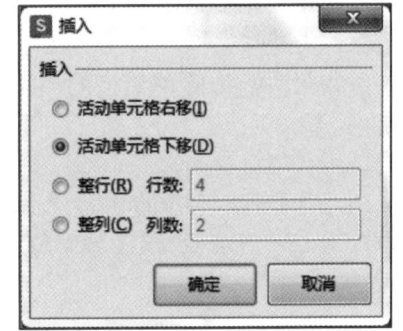

图 4.9　"插入"对话框

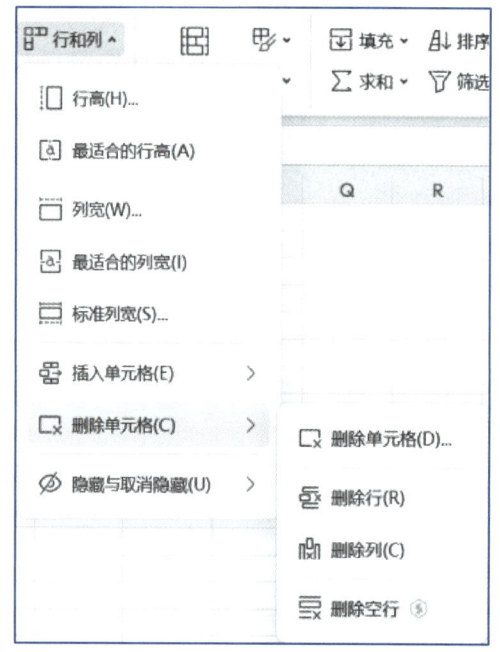

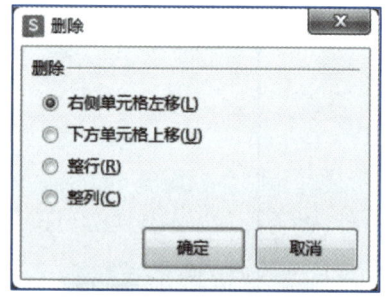

图 4.10　"删除单元格"命令　　　　　图 4.11　"删除"对话框

② 清除单元格(区域)中的数据。单元格中的信息可分为内容、格式和批注 3 部分。进行清除时,可以全部清除,也可以只清除某一项。

要清除单元格(区域)的数据,可以先选定要清除的单元格(区域),然后单击 "开始"选项卡左侧第二组的"清除"按钮 ,根据实际需要,在其下拉列表框中选择 "全部""格式""内容""批注""特殊字符"中的任意一项。若选择"全部"选项,则 清除单元格中的所有信息,包括内容、格式、批注和特殊字符;若选择"内容"选项,则 只清除内容;若选择"格式"选项,则只清除单元格中自定义的格式化信息,而且采用 默认的格式化信息;若选择"批注"选项,则只清除批注;若选择"特殊字符"选项,则 清除各类特殊字符。

如果只需清除单元格的"内容",除了上面的方法外,也可以在选定单元格后按 Delete 键。

> 注意:WPS Office 电子表格中的清除和删除不同,清除是对单元格数据的操 作,数据被清除后,单元格保留;而删除是对单元格的操作,执行删除后,单元格不 保留。

③ 复制或移动单元格(区域)中的数据。在 WPS Office 电子表格中,数据的复 制可以利用剪贴板,也可以用鼠标拖动操作。

用剪贴板复制数据与 WPS Office 文字文稿中的操作相似,不同的是在源区域执 行复制命令后,区域周围会出现闪烁的虚线。只要闪烁的虚线不消失,粘贴可以进行 多次,一旦虚线消失,粘贴则无法进行。如果只需粘贴一次,在目标区域直接按 Enter 键即可。

选择目标区域时,可选择目标区域的第 1 个单元格或起始的部分单元格,或选择与源区域一样大小的区域,当然,选择区域也可以与源区域不一样大。

鼠标拖动复制数据的操作方法与 WPS Office 文字文稿有所不同:选择源区域和按 Ctrl 键后,鼠标指针应指向源区域的四周边界而不是源区域内部,此时鼠标指针变成右上角带有一个小移动光标的空心箭头,到目标区域释放即可。

此外,当数据为纯字符或纯数值且不是自动填充序列的一员时,使用鼠标自动填充的方法也可以实现数据复制。

数据移动与复制类似,可以利用剪贴板的先"剪切"再"粘贴"方式,也可以用鼠标拖动,但不按 Ctrl 键。

4.4 数 据 计 算

WPS Office 电子表格的数据计算是通过公式实现的,它既可以对工作表中的数据进行加、减、乘、除等算术运算,也可以对字符、日期型数据进行字符的处理和日期的运算。对一些复杂而常用的计算,WPS Office 电子表格还提供了函数供用户使用,从而减少了用户创建计算公式的麻烦。

4.4.1 公式

公式必须以"="开头,由常量、单元格引用、函数和运算符组成。

① 等号(=):表示用户输入的内容是公式而不是数据,输入公式必须以"="开头。

② 运算符:用以指明公式中计算的类型。

③ 参与计算的元素(运算数):每个运算数可以是不改变的数据(常量数据)、单元格或单元格区域引用、标志、名称或函数。

每当用户输入或者修改数据之后,公式的计算结果便会自动更新。

1. 运算符

WPS Office 电子表格包含 4 类运算符:算术运算符、比较运算符、文本运算符和引用运算符。

(1)算术运算符

公式中使用最多的是算术运算符,运算的对象是数值型的,结果也是数值型的。运算符有 +(加号)、-(减号或负号)、*(星号或乘号)、/(除号)、%(百分号)、^(乘方)。

(2)比较运算符

比较运算符有 =(等号)、>(大于)、<(小于)、>=(大于或等于)、<=(小于或等于)、<>(不等于),用于比较两个值,结果是一个逻辑值,即 True 或 False。

(3)文本运算符

文本运算符"&"可以将两个文本连接起来,其操作的对象可以是带引号的文字,也可以是单元格地址。例如,在某个单元格中输入"=" 清华 " & " 大学 ""(注意文本输入时须加英文引号)后按 Enter 键,将产生 "清华大学" 的结果。

（4）单元格引用运算符

引用运算符有区域、联合、交叉运算符。

① "："（冒号）区域运算符,表示一个单元格区域,是对两个引用以及两个引用之间的所有单元格进行引用。例如,A1：A10 表示对从 A1 到 A10 这 10 个单元格的引用。

② "，"（逗号）联合运算符,将多个引用合并为一个引用。例如,B2：C6,C2：E6 表示 B2 到 C6 和 C2 到 E6 共计 25 个单元格的引用。注意：WPS Office 电子表格中的并集和数学中的并集概念不一样,相同的部分会计算两次。

③ " "（空格）交叉运算符,产生同属于两个引用单元格区域的引用。例如,B2：C6 C2：E6 表示只有 C2 到 C6 共计 5 个单元格同属于两个引用。

2. 公式中的运算次序

表 4.1 列出了所有运算符的运算优先顺序。按表 4.1 从上到下的顺序优先级依次降低。同一公式中包含同一优先级的运算符时,按从左到右的优先顺序计算。如果要修改计算的顺序,则应把公式中需要首先计算的部分括在圆括号 "()" 里。

表 4.1　运算符优先顺序

运算符	运算符名称	运算符	运算符名称
:（冒号）		^	乘方
,（逗号）	引用运算符	*、/	乘、除
（空格）		+、-	加、减
-	负号	&	文本连接符
%	百分比	=、<、>、<=、>=、<>	比较运算符

3. 输入公式计算

【例 4.4】使用公式（总成绩 = 英语 ×0.4+ 数学 ×0.6）计算并填入每个人的总成绩。

实现方法如下：

单击欲建立公式的单元格 I2,在单元格中输入公式 "=G2*0.4+H2*0.6",如图 4.12 所示,按 Enter 键或单击编辑栏中的 "√" 按钮即可计算出结果。若要继续计算其他学生的总成绩,可使用拖动 I2 单元格的填充柄复制公式的方法得到。

> 注意：运算符必须是在英文半角状态下输入,公式的运算量要用单元格地址,以便于复制引用公式。公式中单元格地址的输入,既可以直接通过键盘输入,也可以用单击相应单元格的方法得到相应公式的单元格地址。

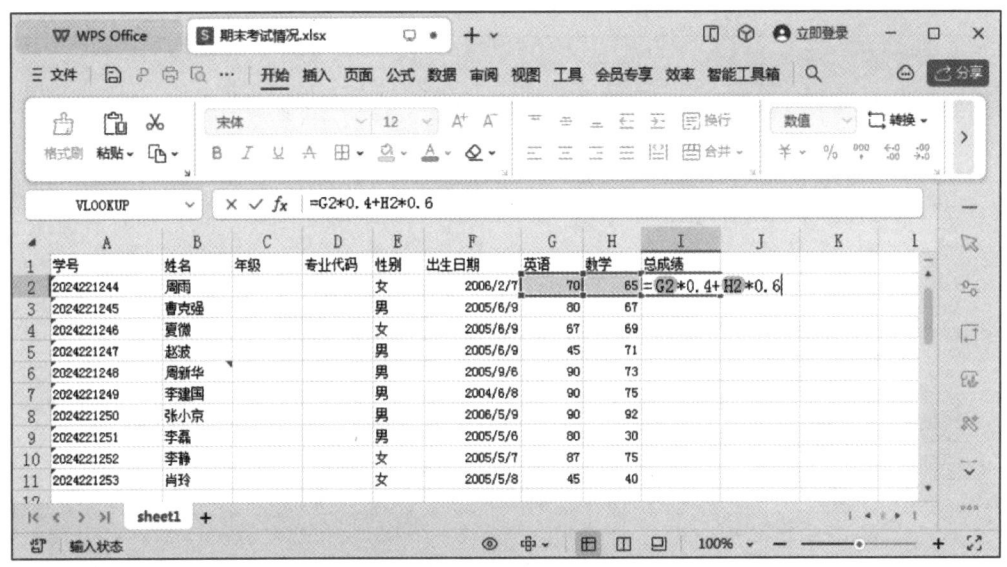

图 4.12 输入公式计算

4. 单元格引用

在 WPS Office 电子表格公式中,单元格是作为变量参与计算的。即公式中指定的单元格地址称作单元格引用,公式运算的结果总是采用单元格中当前的数据,如果改变单元格中的数据内容,则计算结果也会发生变化。单元格引用分为相对引用、绝对引用和混合引用 3 类。

引用单元格的公式在行、列中复制,可避免重复的公式输入工作,这类公式在复制过程中,可根据不同的位置或情况自动变换单元格地址。

（1）相对引用

相对引用的形式为不带任何附加符号的单元格地址,例如,A6、C7、A3：B5。

当复制、移动含有相对引用的公式到目标位置时,公式中的单元格地址将自动依据目标位置的地址的变化而变化。例 4.4 中 I2 单元格存放的数据是通过输入公式"=G2*0.4+H2*0.6"计算出来的,复制 I2 单元格到 I3 单元格后,I3 单元格中的公式将自动变为"=G3*0.4+H3*0.6"。

（2）绝对引用

绝对引用的形式为行号和列标前均加符号"$"的单元格地址,例如,$A$6、$A$3：$B$5。绝对引用是指在拖动某单元格的填充柄复制公式时,复制的公式中的单元格地址不随公式所在的具体位置变化而变化。

绝对引用常用于引用某恒定单元格数据。绝对引用与相对引用不同,含绝对引用单元格的公式不论被复制、移动到什么位置,公式中的引用地址均不改变。例如,将单元格 I2 中的公式"=$G$2*0.4+$H$2*0.6"复制到单元格 I3 后,单元格 I3 中的公式形式仍然为"=$G$2*0.4+$H$2*0.6",如图 4.13 所示。

（3）混合引用

混合引用的形式为行号或列标前加符号"$"的单元格地址,例如,$A6、A$3：B$5。

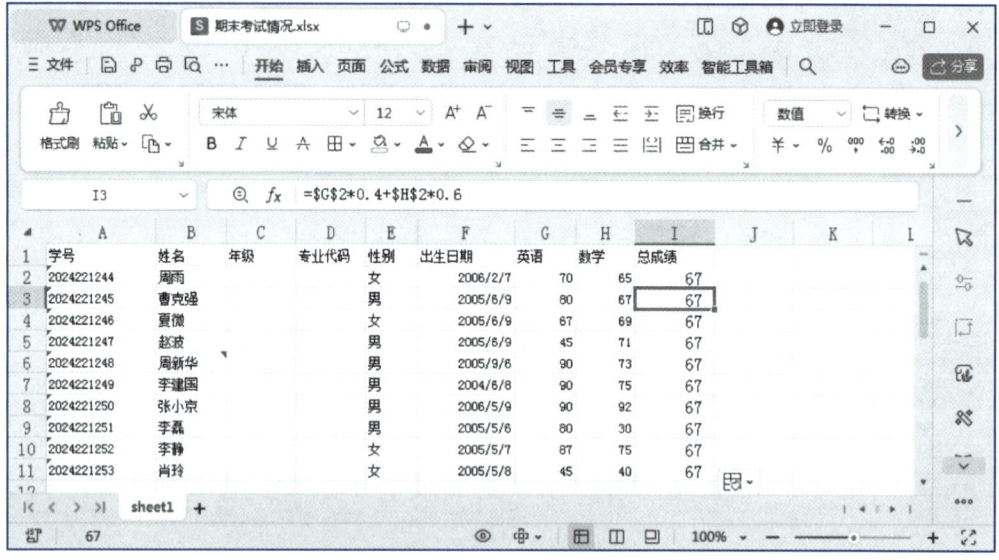

图 4.13　绝对引用

混合引用是指在拖动某单元格的填充柄复制公式时,复制的公式中的单元格地址,相对引用的自动改变,而绝对引用的不变。

4.4.2　函数

WPS Office 电子表格提供了许多内置函数,涵盖了财务、日期与时间、数学与三角函数、统计、查找与引用、数据库、文本、逻辑、信息、工程等,利用这些函数,可以提高数据处理的能力。

1. 函数调用

函数由函数名和参数构成,函数调用的语法形式如下:

函数名(参数 1,参数 2,…)

其中,参数可以是常量、单元格、单元格区域、区域名或其他函数。

2. 函数输入

【例 4.5】使用 AVERAGE 函数计算并填入每个人的平均成绩。

实现方法如下:

(1)直接输入函数

直接输入函数是在"="后直接输入函数名和参数,此方法使用比较快捷,要求输入函数名要准确。在 J2 单元格中输入"=AVERAGE(G2∶H2)",然后按 Enter 键,即得到结果 68。函数名不区分大小写,但 WPS Office 电子表格一律显示为大写。

(2)使用"插入函数"对话框

① 单击编辑栏中的"插入函数"按钮 f_x ,打开"插入函数"对话框,如图 4.14 所示。

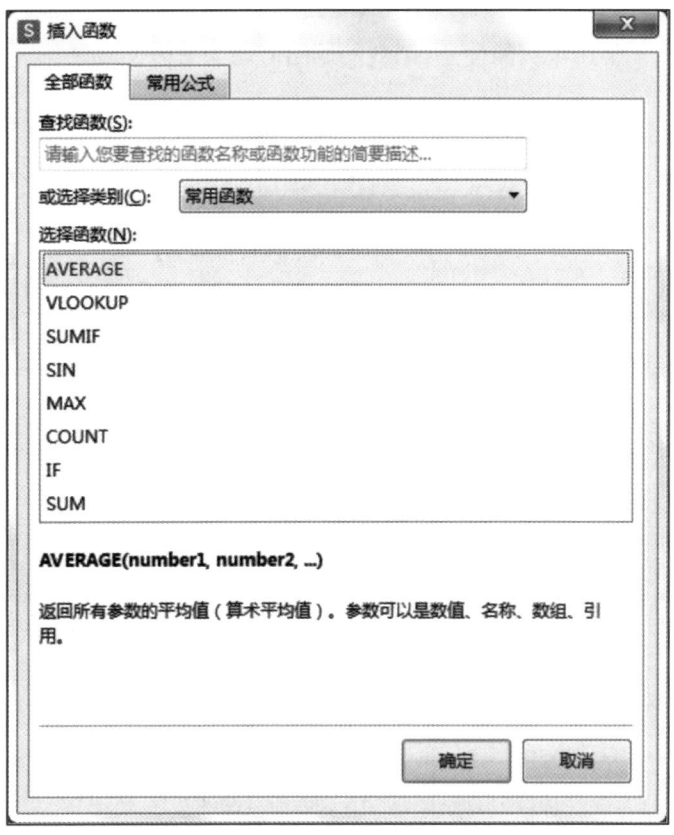

图 4.14 "插入函数"对话框

② 选择"常用函数"类别的 AVERAGE（求平均）函数，单击"确定"按钮，弹出 AVERAGE"函数参数"对话框，如图 4.15 所示。

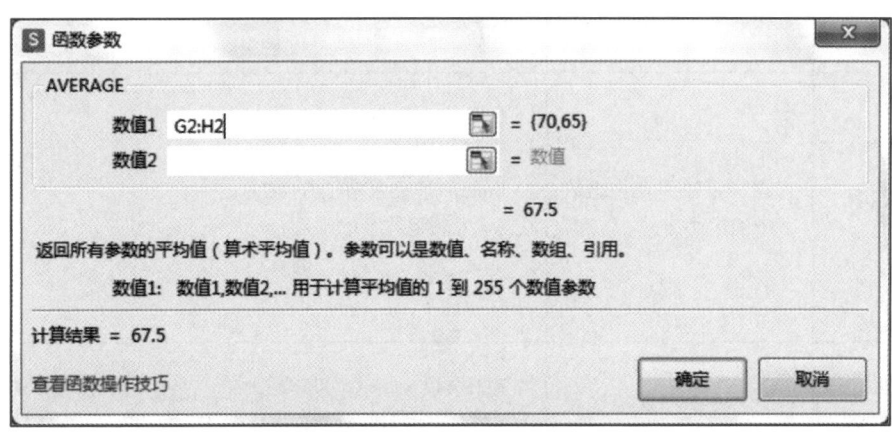

图 4.15 AVERAGE"函数参数"对话框

③ 在"数值 1"文本框中输入 G2∶H2（也可用鼠标拖动的方式，从单元格 G2 拖动到单元格 H2，"数值 1"文本框中也会出现 G2∶H2），再单击"确定"按钮，关闭"函数参数"对话框，在 J2 单元格中显示出结果为 68。

3. 常用函数的使用

表 4.2 列出了常用函数的使用,函数的返回值均为数值型。

表 4.2　常 用 函 数

函数名	函数功能	使用格式
SUM	计算单元格区域中所有数值的和	SUM(number1,number2,…) 参数说明:number1,number2,… 为 1 到 30 个待求和的数值
SUMIF	对满足条件的单元格求和	SUMIF(range,criteria,sum_range) 参数说明: range 为进行计算的单元格区域 criteria 为条件,其形式可为数字、表达式或文本 sum_range 为需要求和的实际单元格
AVERAGE	返回其参数的算术平均值	AVERAGE(number1,number2,…) 参数说明:number1,number2,… 为用于求平均值的 1 到 30 个数值
MAX	返回一组数值中的最大值	MAX(number1,number2,…) 参数说明:number1,number2,… 为从中求最大值的 1 到 30 个数值
MIN	返回一组数值中的最小值	MIN(number1,number2,…) 参数说明:number1,number2,… 为从中求最小值的 1 到 30 个数值
RANK	返回某数字在一组数字中的大小排位	RANK(number,ref,order) 参数说明: number 为需要排位的数字 ref 为一组数字的引用 order 为排位方式。为 0 或省略,表示降序;不为零,表示升序
COUNT	计算参数所对应区域中数字单元格的个数	COUNT(value1,value2,…) 参数说明:value1,value2,… 为 1 到 30 个可以包含各种不同类型数据的参数,但只对数字型数据进行计数
COUNTIF	计算某个区域中满足给定条件的单元格数目	COUNTIF(range,criteria) 参数说明:range 为单元格区域,criteria 为条件

续表

函数名	函数功能	使用格式
IF	如果指定条件的计算结果为 TRUE, IF 函数将返回某个值; 如果该条件的计算结果为 FALSE, 则返回另一个值	IF (logical_test, [value_if_true], [value_if_false]) 参数说明: logical_test 表示结果可能为 TRUE 或 FALSE 的表达式 value_if_true 表示参数 logical_test 的计算结果为 TRUE 时所要返回的值 value_if_false 表示参数 logical_test 的计算结果为 FALSE 时所要返回的值
VLOOKUP	在单元格区域的首列查找指定的数值, 并由此返回区域中该数值所在行中指定列处的数值	VLOOKUP (lookup_value, table_array, col_index_num, range_lookup) 参数说明: lookup_value 为需要在单元格区域首列中查找的数值 table_array 为单元格区域 col_index_num 为区域中待返回的匹配值的列序号 range_lookup 为指明函数返回时是精确匹配还是近似匹配。如果为 TRUE 或省略, 则返回近似匹配值; 如果为 FALSE, 将返回精确匹配值

> 注意: 如果公式或函数不能正确计算出结果, WPS Office 电子表格将显示一个错误值。表 4.3 列出了常见的出错信息。

表 4.3　出错信息表

错误值	可能的原因
#####	单元格所含的数字、日期或时间的长度大于单元格的宽度, 或者单元格的日期时间公式产生了一个负值
#VALUE!	使用了错误的参数或运算对象类型, 或者公式自动更正功能不能更正公式
#DIV/0!	公式被 0 (零) 除
#NAME?	公式中使用了 WPS Office 电子表格不能识别的文本
#N/A	函数或公式中没有可用数值
#REF!	单元格引用无效
#NUM!	公式或函数中某个数字有问题
#NULL!	试图为两个并不相交的区域指定交叉点

4.5　工作表的格式化

WPS Office 电子表格提供了丰富的格式化命令,利用这些命令,可以完成对工作表内的数据及外观的修饰,制作出各种符合日常习惯又美观的表格。如进行数字显示格式设置,文字的字体、字形、字号和对齐方式的设置,表格边框、底纹、图案颜色设置等多种操作。

4.5.1　设置单元格格式

1. 设置数字格式

① 选中要设置格式的单元格或单元格区域,单击"开始"选项卡左侧第二、三或四组右下角的对话框启动器按钮;或右击该单元格,从弹出的快捷菜单中选择"设置单元格格式"命令,皆可打开"单元格格式"对话框,如图 4.16 所示。

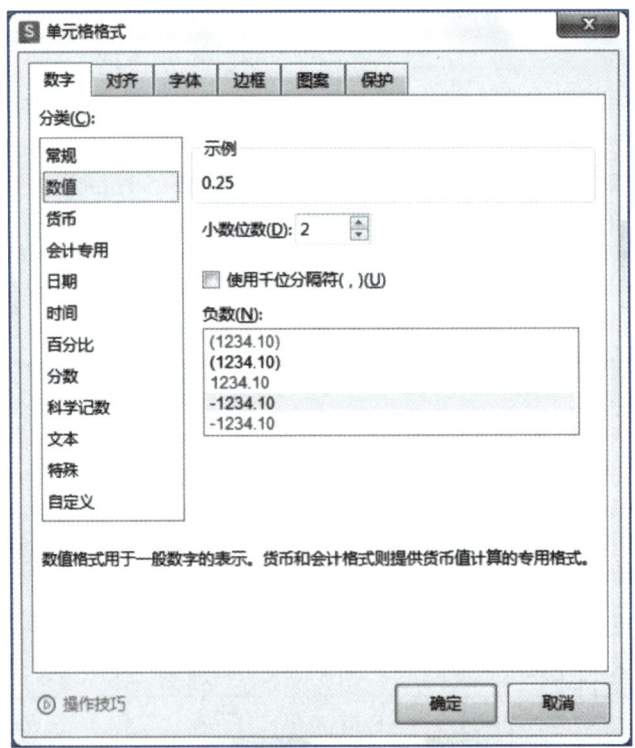

图 4.16　"单元格格式"对话框

② 选择"数字"选项卡,在"分类"列表框中选择"数值"格式类别,在右面选择具体的格式。对于不同的数值格式,显示内容有所不同。在示例区域可以看到所编排的效果。

③ 单击"确定"按钮,完成数值格式编排。

WPS Office 电子表格常用的数字格式有以下几种:

（1）数值格式

数值格式有整数、小数及负数格式。如在单元格内输入 73.456,其整数格式显示为 73,1 位小数格式显示为 73.5,两位小数格式显示为 73.46。如在单元格内输入 –73.456,可以将其显示为（73.46）或 –73.46,既可以用红色显示,也可以用黑色显示。

（2）货币格式

货币格式除具有数值的格式外,还可以在数字前面加货币符号,如 ￥、$ 等。

（3）日期格式

可以按照多种日期格式显示日期。如在单元格内输入 2024–6–22,可以显示为二〇二四年六月二十二日、2024 年 6 月 22 日、6 月 22 日、二〇二四年六月、2024 年 6 月、星期三、周三等。

（4）时间格式

可以按照多种时间格式显示时间。如在单元格内输入 18：28：12,可以显示为 18 时 28 分 12 秒、下午 6 时 28 分、6：28：12 PM 等。

（5）百分比格式

将数值的小数点向右移动两位,并加 %。如 0.2345,可以显示为 23.45%、23.5%。

（6）分数格式

如输入 0.25,可以显示为 1/4、25/100 等。

（7）科学记数格式

如输入 234567,可以显示为 2.35E+05 或 2.3E+05。

2. 设置对齐格式

一般情况下,WPS Office 电子表格会自动调整输入数据的对齐格式,在"单元格格式"对话框中选择"对齐"选项卡,如图 4.17 所示,可进行对齐格式的设置。

① "水平对齐"下拉列表框包括"常规""靠左""居中""靠右""填充""两端对齐""跨列居中""分散对齐"等选项。

② "垂直对齐"下拉列表框包括"靠上""居中""靠下""两端对齐""分散对齐"等选项。

③ "自动换行"复选框:依据单元格的列宽自动换行。

④ "缩小字体填充"复选框:减小单元格中字符的大小,使数据的宽度与单元格的列宽相同。

⑤ "合并单元格"复选框:将多个单元格合并为一个单元格。

⑥ "文字方向"下拉列表框:用来改变单元格字符的排版方向和旋转方向。

3. 设置字体

在"单元格格式"对话框中选择"字体"选项卡,可设置单元格数据的字体、字形、字号、下划线、颜色,其选项与 WPS Office 文字应用大致相同。

4. 设置边框线

默认情况下,单元格的边框是虚线,要想加上各种边框线,在"单元格格式"对话框中选择"边框"选项卡,如图 4.18 所示。边框线可设置在选定单元格或区域的上、

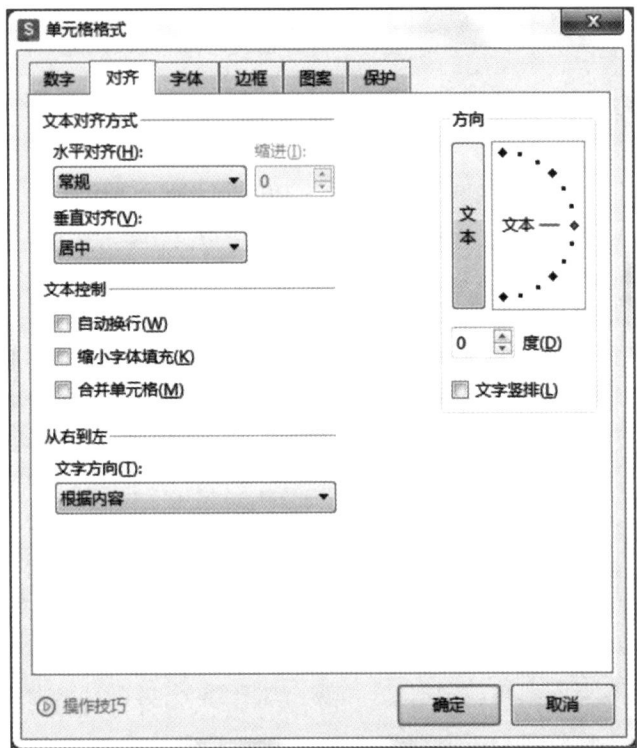

图 4.17 "对齐"选项卡

图 4.18 "边框"选项卡

下、左、右、四周等,还可以加斜线。线条样式有虚线、实线、细实线、粗实线、双线等。通过"颜色"下拉列表框还可设置边框线的颜色。

5. 设置图案

在"图案"选项卡中设置单元格或区域的底纹和图案。

4.5.2　设置条件格式

要突出显示工作表中所有满足指定条件的数据,可使用设置条件格式功能。

【例4.6】将英语和数学成绩中小于60分的成绩以粗体、红色显示。

实现方法如下:

① 选中要设置特殊显示格式的单元格区域,单击"开始"选项卡右侧第二组的"条件格式"下拉按钮,选择"新建规则"选项,打开"新建格式规则"对话框,如图4.19所示。

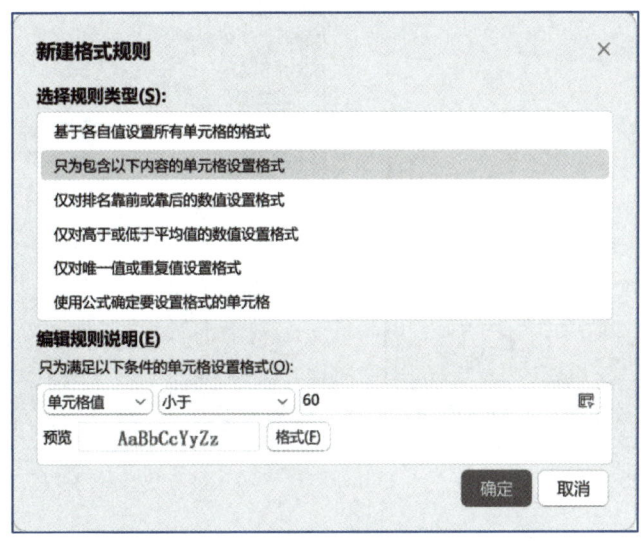

图4.19　"新建格式规则"对话框

② 在该对话框中,在"选择规则类型"区域,选择"只为包含以下内容的单元格设置格式"选项。在"编辑规则说明"区域,设置为"单元格值""小于""60"。单击"格式"按钮,打开"单元格格式"对话框,在"单元格格式"对话框中,设置字形为"加粗"、颜色为"红色",单击"确定"按钮返回到"新建格式规则"对话框。单击"确定"按钮,关闭"新建格式规则"对话框。

4.5.3　调整行高和列宽

工作表中所有单元格的行高和列宽在正常情况下都为默认值。若不能满足要求,则有必要对行高和列宽进行调整。

1. 调整列宽

调整列宽可用以下 4 种方法：

① 拖动列标右边界来调整所需的列宽。

② 双击列标右边界,使列宽适合单元格中的内容(即与单元格中的内容的宽度一致)。

③ 选定相应的列,然后单击"开始"选项卡右侧第三组的"行和列"下拉按钮,选择"列宽"选项,打开"列宽"对话框,如图 4.20 所示。在"列宽"文本框中,输入所需的列宽(用数字表示),然后单击"确定"按钮即可。

④ 复制列宽。如果要将某一列的列宽复制到其他列中,则选定该列中的单元格,并单击"开始"选项卡左侧第一组的"复制"按钮,然后选定目标列中的一个单元格,单击"开始"选项卡左侧第一组的"粘贴"下拉按钮,选择"选择性粘贴"选项,在打开的"选择性粘贴"对话框(如图 4.21 所示)中,选择"列宽"选项,单击"确定"按钮即可。

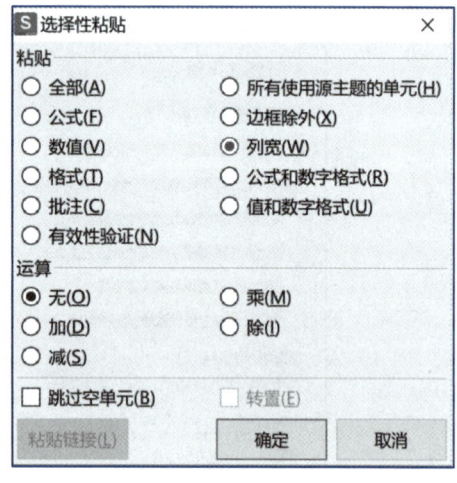

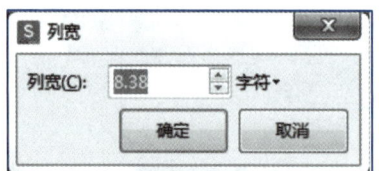

图 4.20 "列宽"对话框   图 4.21 "选择性粘贴"对话框

2. 调整行高

行高的调整也有以下 3 种方法：

① 拖动行标题的下边界来调整所需的行高。

② 双击行标题下方的边界,使行高适合单元格中的内容(行高的大小与该行字符的最大字号有关)。

③ 选定相应的行,单击"开始"选项卡右侧第三组的"行和列"下拉按钮,选择"行高"选项,打开"行高"对话框,如图 4.22 所示,在"行高"文本框中,输入所需的高度值(用数字表示),然后单击"确定"按钮即可。

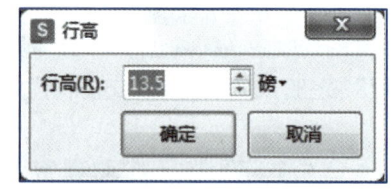

图 4.22 "行高"对话框

注意:不能用复制的方法来调整行高。

4.6 数据管理与分析

WPS Office 电子表格数据清单具有类似数据库的特点,可以实现数据的排序、筛选、分类汇总、统计和查询等操作,具有数据库的组织、管理和处理数据的功能。因此,WPS Office 电子表格数据清单也称为 WPS Office 电子表格数据库。

4.6.1 数据清单

1. 数据清单的概念

数据清单是包含相关数据的一系列工作表数据行。数据清单可以像数据库一样使用,其中行表示记录,列表示字段。数据清单的第 1 行必须为文本类型,为相应列的名称。在此行的下面是连续的数据区域,每一列包含相同类型的数据。在执行数据库操作(如查询、排序等)时,WPS Office 电子表格自动将数据清单视作数据库,并使用下列数据清单中的元素来组织数据:数据清单中的列是数据库中的字段,数据清单中的列名是数据库中的字段名称,数据清单中的每一行对应数据库中的一条记录。

2. 创建数据清单的规则

① 一个数据清单最好占用一个工作表。

② 数据清单是一片连续的数据区域,避免空行或空列。

③ 每一列包含相同类型的数据。

④ 将关键数据置于清单的顶部或底部,避免将关键数据放到数据清单的左右两侧,因为这些数据在筛选数据清单时可能会被隐藏。

⑤ 显示行和列。在修改数据清单之前,要确保隐藏的行或列已经被显示。如果清单中的行和列未被显示,那么数据有可能会被删除。

⑥ 使用带格式的列标。要在清单的第 1 行中创建列标,WPS Office 电子表格将使用列标创建报告并查找和组织数据。对于列标,要使用与清单中数据不同的字体、对齐方式、格式、图案、边框或大小写类型等,在输入列标之前,要将单元格设置为文本格式。

⑦ 使清单独立。在工作表的数据清单与其他数据间至少应留出一个空列和一个空行。在执行排序、筛选或自动汇总等操作时,这将有利于 WPS Office 电子表格检测和选定数据清单。

⑧ 不要在前面或后面输入空格。单元格开头和末尾的多余空格会影响排序与搜索。

3. 设计数据清单的结构

设计数据清单的结构,就是要分析数据清单的实际问题,决定哪些作为字段、字段的名称、字段的类型等。

4.6.2 数据的筛选

所谓数据筛选是指按给定的条件显示数据清单中满足条件的数据。在 WPS Office 电子表格中,可以使用自动筛选功能,显示满足筛选条件的记录,隐藏不满足筛选条件的记录。

【**例 4.7**】选出"总成绩"大于或等于 80 的记录。

实现方法如下:

① 将光标置于要进行筛选的数据区域内,单击"数据"选项卡左侧第二组的"筛选"切换按钮 ▽,或单击"开始"选项卡右侧第一组的"筛选"切换按钮 ▽,在每个字段名右侧均出现一个下拉按钮 ▾。

② 单击列名"总成绩"右侧的下拉按钮 ▾,将弹出下拉列表,如图 4.23 所示。

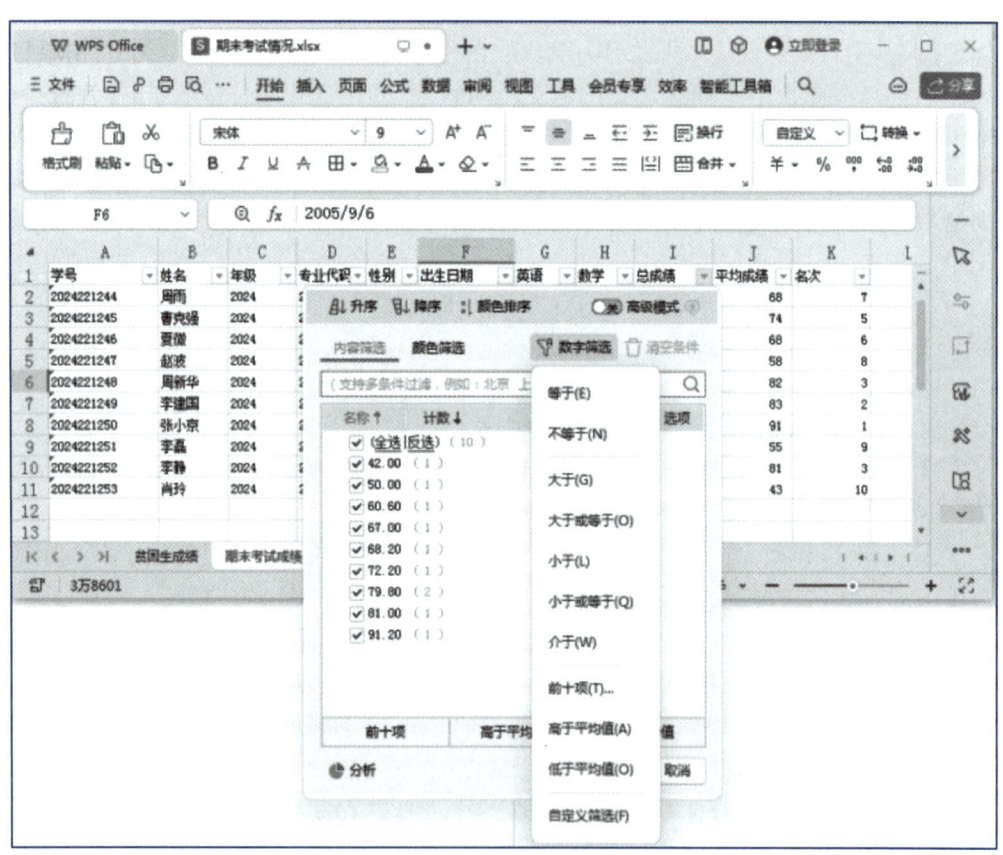

图 4.23　自动筛选

③ 从下拉列表中选择"数字筛选"→"自定义筛选"或"大于或等于"选项,打开"自定义自动筛选方式"对话框,如图 4.24 所示,在"总成绩"选项区域的左侧下拉列表框中,选择"大于或等于"选项,在右侧文本框中输入"80",单击"确定"按钮,关闭"自定义自动筛选方式"对话框,显示满足设置条件的记录。

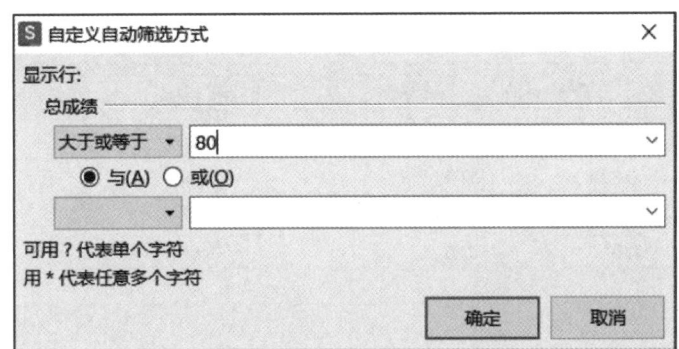

图 4.24 "自定义自动筛选方式"对话框

④ 取消筛选。再次单击"开始"选项卡右侧第一组的"筛选"切换按钮 ▽,取消"自动筛选"前字段名右侧的下拉按钮 ▼,即可显示所有数据。

4.6.3 数据的排序

在日常数据处理中,经常需要按某种规律排列数据,可以将工作表中的某一区域中的数据以行(记录)为单位,按照某一列或某几列的数据次序进行排序。

1. 按一个关键字段排序

在实际工作中,经常需要将一列数据排序。简单的方法是,单击数据清单中关键字段所在列的任意一个单元格,再单击"数据"选项卡左侧第二组的"排序"按钮,然后单击"升序"按钮 ▲↓ 或"降序"按钮 ▼↓,或单击"开始"选项卡右侧第一组的"排序"按钮,然后选择"升序"选项或"降序"选项,即可完成升序或降序的排列。

2. 按多个关键字段排序

如果在排序时,数据清单中关键字段的值相同(此字段称为主关键字段),需要再按另一个字段的值来排序(此字段称为次关键字段),依此类推,还有第3关键字段。

【例 4.8】按照"总成绩"从高到低排序,对于"总成绩"相同的记录,按照"英语"降序排列,对于"英语"成绩相同的记录,再按"数学"降序排列。

实现方法如下:

① 单击要进行排序的数据清单中的任意一个单元格。

② 单击"数据"选项卡左侧第二组的"排序"下拉按钮,选择"自定义排序"选项,或单击"开始"选项卡右侧第一组的"排序"下拉按钮,选择"自定义排序"选项,打开"排序"对话框,如图 4.25 所示。

③ 在"主要关键字"下拉列表框中选择"总成绩"选项。如果要添加次要关键字,单击"添加条件"按钮。在"次要关键字"下拉列表框中选择"英语"选项。再次单击"添加条件"按钮,在出现的"次要关键字"下拉列表框中选择"数学"选项,并且在它们的右侧"次序"下拉列表选择"降序"选项。

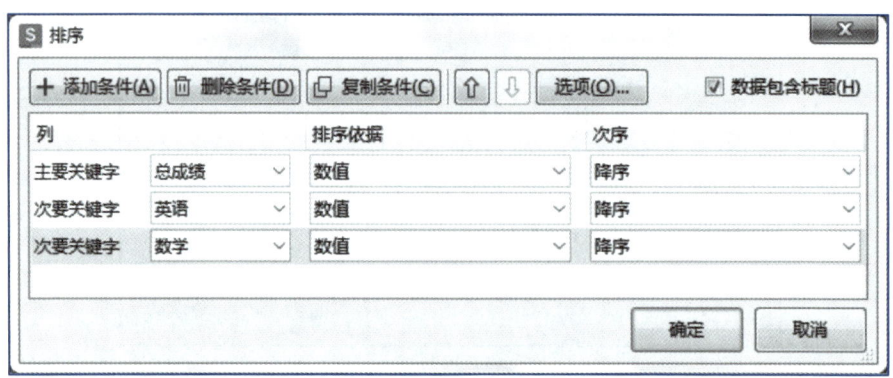

图 4.25　"排序"对话框

④ 如果数据清单中的第 1 行数据（一般是各列数据的标题）不参加排序，勾选"数据包含标题"复选框（默认）；如果第 1 行数据参加排序，则取消勾选"数据包含标题"复选框。单击"确定"按钮即可。

如果要自定义排序，在"排序"对话框中，单击"选项"按钮，将打开"排序选项"对话框，如图 4.26 所示。在该对话框中，可选择所需的自定义排序次序：是否区分大小写、排序方向、排序方式。

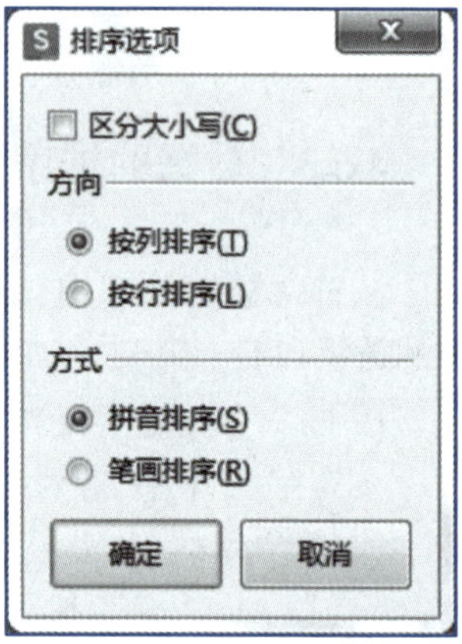

4.6.4　数据分类汇总

图 4.26　"排序选项"对话框

分类汇总是把数据清单中的数据分门别类地进行统计处理。不需要用户自己建立公式，WPS Office 电子表格将会自动对各类别的数据进行求和、求平均等多种计算，并且把汇总的结果以"分类汇总"和"总计"显示出来。在 WPS Office 电子表格中，分类汇总可进行的计算有求和、平均值、最大值、最小值等。

> 注意：数据清单中必须包含带有标题的列，并且数据清单必须先对要分类汇总的列排序。

【例 4.9】按学生的性别计算英语的平均分、数学的平均分、总成绩的平均分，将汇总结果显示在数据下方。

实现方法如下：

① 按照"性别"排序。注意：排序的目的是把相同的数据归拢到一块，所以升序或降序皆可。

② 单击"数据"选项卡左侧第四组的"分类汇总"按钮，打开"分类汇总"对话框，如图 4.27 所示。

图 4.27 "分类汇总"对话框

③ 在"分类字段"下拉列表框中选择"性别"选项,在"汇总方式"下拉列表框中选择"平均值"选项。在"选定汇总项"列表框中,选择参加汇总的列标题"英语""数学""总成绩"。如果要替换当前分类汇总,勾选"替换当前分类汇总"复选框。如果要将汇总结果显示在数据下方,则勾选"汇总结果显示在数据下方"复选框。

④ 设置完毕,单击"确定"按钮,即可得到如图 4.28 所示的结果。

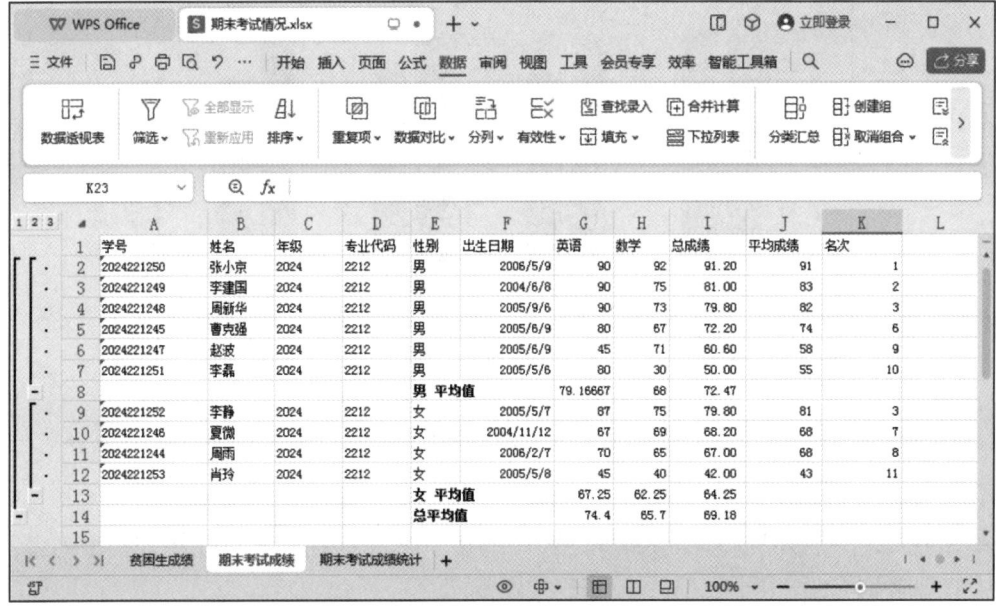

图 4.28 分类汇总结果

图 4.28 中左上方的"1""2""3"按钮,可以控制显示或隐藏某一级别的明细数据,通过左侧的"+""−"号也可以实现这一功能。

如果想清除分类汇总结果,回到数据清单的初始状态,可单击"分类汇总"对话框中的"全部删除"按钮。

4.7 图表的制作与编辑

数据图表就是将单元格中的数据以各种统计图表的形式显示,使得数据更直观。当工作表中的数据发生变化时,图表中对应项的数据也自动变化。

WPS Office 电子表格中的图表分两种,一种是嵌入式图表,它和创建图表的数据源放置在同一张工作表中,打印的时候也同时打印;另一种是独立图表,它是一个独立的图表工作表,打印时将与数据表分开打印。

4.7.1 创建图表

在 WPS Office 电子表格中创建图表比较便捷,方式灵活。在"插入"选项卡的左侧第三组中有很多图表类型可供选择。

【例 4.10】根据学生成绩,建立部分学生的英语和数学成绩的柱形图,如图 4.29所示。

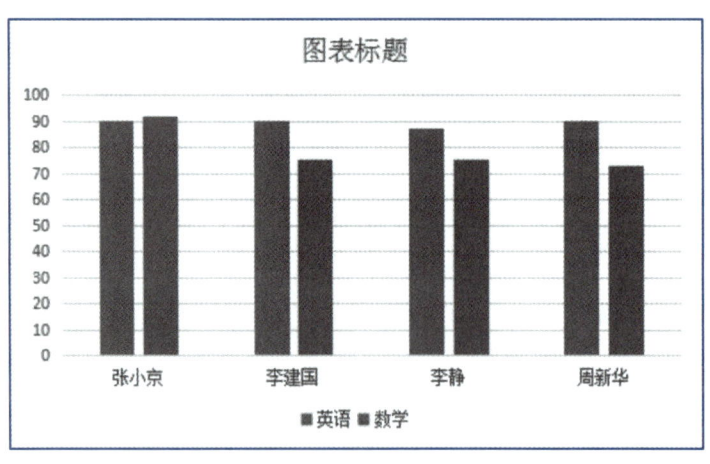

图 4.29 建立的图表示例

实现方法如下:

① 在打开的工作表中选定用于创建图表的数据区域,包括列标题。

② 单击"插入"选项卡左侧第三组中的多个图表类型按钮,弹出图表类型列表,从中选择不同的图表子类型,可以快速地创建图表。

若要查看所有图表类型,可单击"插入"选项卡左侧第三组的"全部图表"下拉按钮,打开"图表"列表框,如图 4.30 所示,从中选择所需的图表类型,即可生成所需的图表。

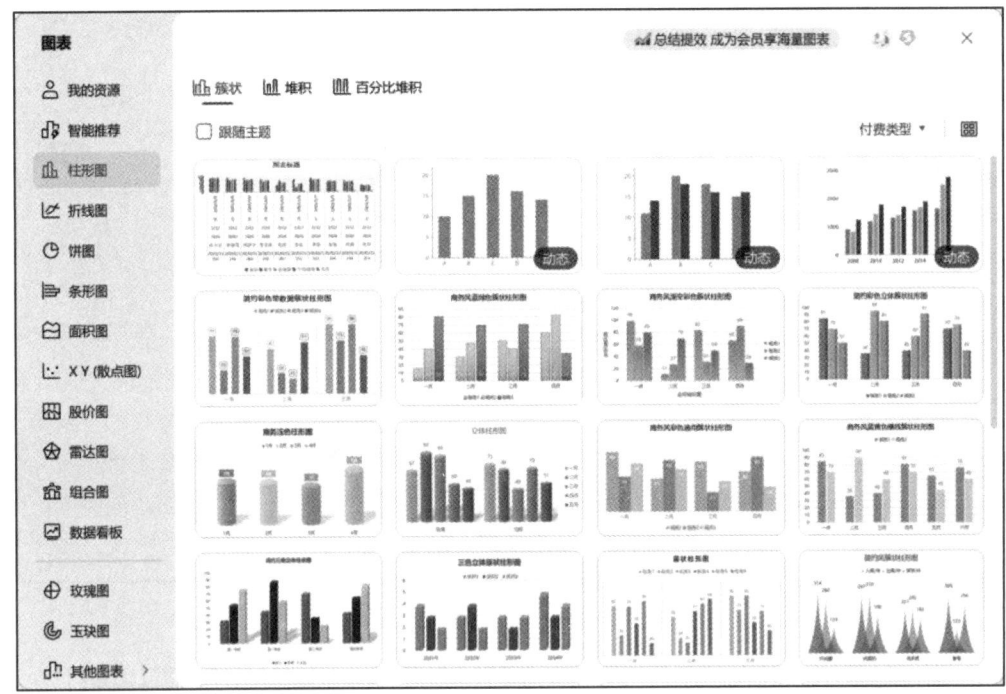

图 4.30 "图表"列表框

4.7.2 编辑图表

建立图表后,用户还可以对它进行修改,例如,修改图表的大小、类型或数据系列。值得注意的是,图表与建立它的工作表数据之间建立了动态链接关系,当改变工作表中的数据时,图表会随之更新;反之,当拖动图表上的结点而改变图表时,工作表中的数据也会动态地发生变化。

1. 更改图表类型

先选中图表,单击"图表工具"上下文选项卡左侧第二组的"更改类型"按钮(或右击图表的空白区域,从弹出的快捷菜单中选择"更改图表类型"命令),打开"更改图表类型"列表框,如图 4.31 所示,从中选择所需的图表类型即可。

2. 修改图表中的数据

在工作表中将数据修改并确认后,图表会随之发生相应变化。

3. 增加或删除数据系列

【例 4.11】为图 4.29 的图表增加数据系列"总成绩"。

实现方法如下:

若要增加数据系列,先选中图表,再单击"图表工具"上下文选项卡左侧第三组的"选择数据"按钮,打开"编辑数据源"对话框,如图 4.32 所示。单击"添加"按钮 ➕ ,

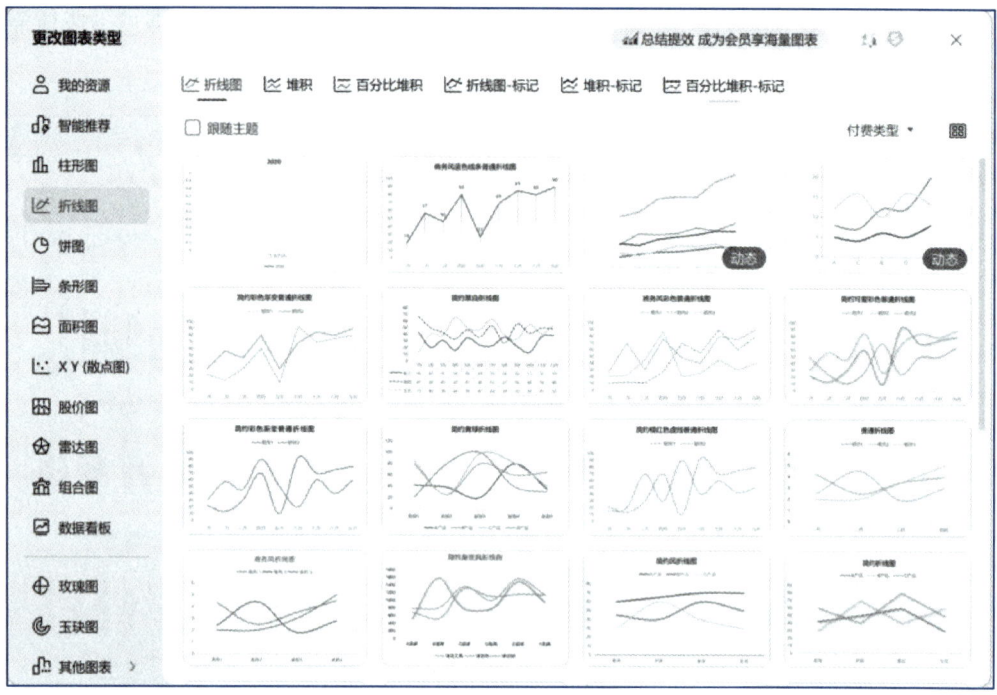

图 4.31　"更改图表类型"列表框

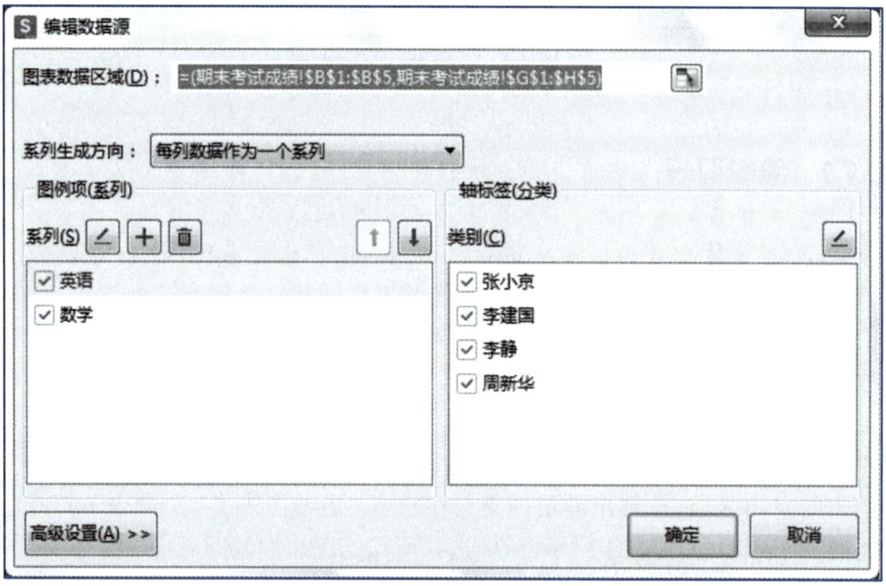

图 4.32　"编辑数据源"对话框

打开"编辑数据系列"对话框,如图 4.33 所示。将插入点置于"系列名称"文本框中,单击工作表中的某个要添加的列标题,例如,I1 单元格;将插入点置于"系列值"文本框中,并清空文本框,用鼠标拖动的方法,在工作表中选定要添加数据系列的单元格区域,例如,I2:I5 单元格区域,此时,该对话框的文本框就输入了数据,如图 4.34 所示。单击该对话框中的"确定"按钮,返回到"编辑数据源"对话框,将会发现"编辑数据源"对话框中的"图例项（系列）"区域"系列"列表中添加了要添加的列标题，例如，"总成绩"，如图 4.35 所示，单击该对话框的"确定"按钮，即可在图表中增加新的数据系列，例如，"总成绩"，如图 4.36 所示。

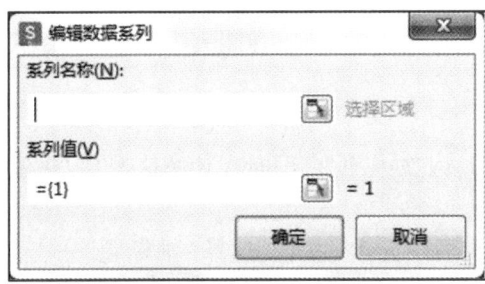

图 4.33 "编辑数据系列"对话框

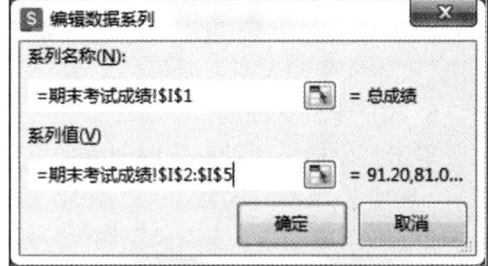

图 4.34 输入系列名称和系列值

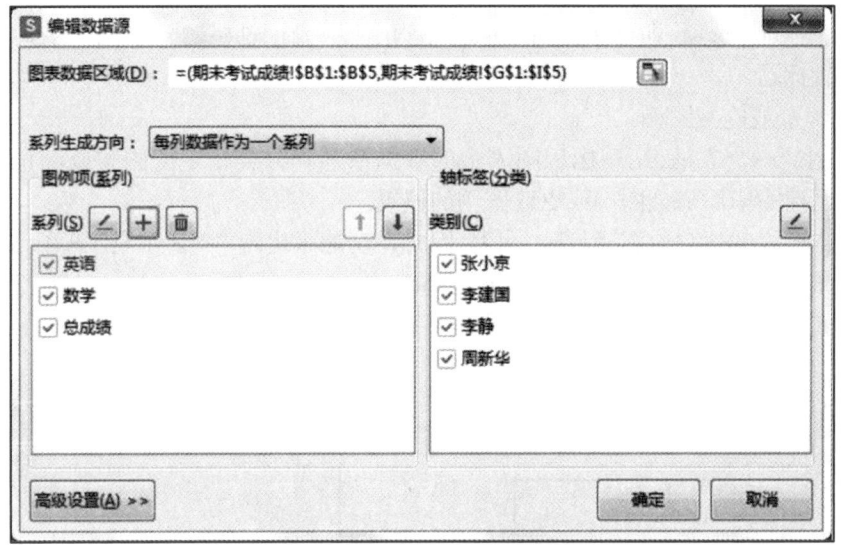

图 4.35 添加数据系列"总成绩"

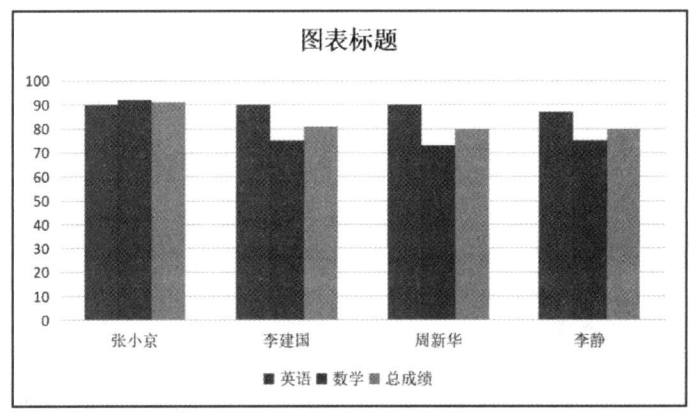

图 4.36 增加"总成绩"数据系列后的图表示例

若要删除数据系列,可在图表上单击要删除的数据系列,然后按 Delete 键。

4. 添加图表标题

单击要添加图表标题的图表的任意位置,以选中图表,同时在功能区出现"图表工具"选项卡,单击"图表工具"选项卡左侧第一组的"添加元素"按钮,选择"图表标题"选项,在弹出的如图 4.37 所示列表中选择所需的选项,在图表中显示的"图表标题"文本框中输入图表标题。

5. 添加坐标轴标题

单击要添加坐标轴标题的图表任意位置,以选中图表,同时在功能区出现"图表工具"选项卡。

单击"图表工具"选项卡左侧第一组的"添加元素"按钮,选择"轴标题"→"主要横向坐标轴"选项,即可在横向坐标轴下方出现"坐标轴标题"文本框,在此输入横向坐标轴标题。

单击"图表工具"选项卡左侧第一组的"添加元素"按钮,选择"轴标题"→"主要纵向坐标轴"选项,即可在纵向坐标轴左侧出现"坐标轴标题"文本框,在此输入纵向坐标轴标题。

6. 显示或隐藏图例

图例是一个方框,用于标识图表中的数据系列和分类指定的图案或颜色。可以在图表创建完毕后隐藏图例或更改图例的位置。

单击图表的任意位置,以选中图表,同时在功能区出现"图表工具"选项卡。

单击"图表工具"选项卡左侧第一组的"添加元素"按钮,选择"图例"选项,在弹出的如图 4.38 所示的级联菜单中按需要进行选择。

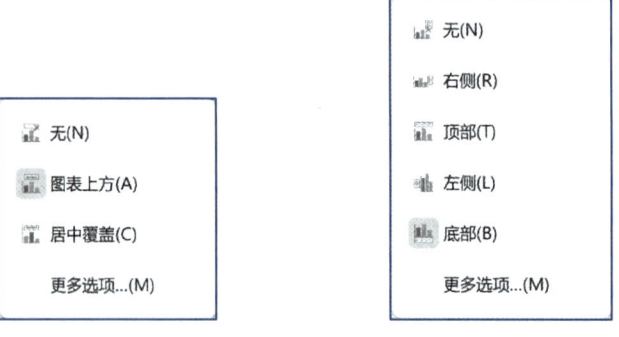

图 4.37　图表标题列表　　　图 4.38　"图例"级联菜单

若要隐藏图例,则在"图例"级联菜单中选择"无"选项;若要显示图例,则选择所需的显示选项;若要设置图例格式,则选择"更多选项"选项,弹出"图例"窗格,然后根据需要进行相关操作。

4.7.3　格式化图表

图表格式的设置,主要包括对标题、图例等项重新进行字体、字形、字号、图案、对齐方式等的设置以及对坐标轴格式的重新设置。

双击图表中的标题、图例、分类轴、网格线或数据系列等部分,弹出相应的窗格,就可以在窗格中进行图表格式设置。

4.8　扩展阅读

朱崇君,男,汉族,1964 年 2 月 26 日生于陕西商洛山区,1981 年从陕西富平迤山中学考入清华大学自动化系,1986 年本科毕业继续在清华大学攻读硕士学位,1989 年获系统分析专业硕士学位,毕业分配到国家科委信息中心工作,1993 年出任原国家科委北京太乙机电高技术公司总工程师。1996 年 8 月北京乾为天电子技术研究所成立后,任董事长兼总工。朱崇君先生是我国自 20 世纪 80 年代就开始从事计算机应用软件研究与开发的青年软件专家之一,是公认的"中关村三君"和"中国程序员五杰"之一,其最著名的代表作就是中文字表编辑软件 CCED。

扩展阅读
4-1:
朱崇君

思　考　题

1. 工作簿、工作表、单元格之间的关系是什么?
2. "清除"和"删除"命令有什么不同?
3. "粘贴"和"选择性粘贴"的区别是什么?
4. 函数中如何选择使用相对应用、绝对引用和混合引用?
5. 条件格式和条件函数 IF 的区别和联系是什么?
6. 执行分类汇总命令前对数据清单要做什么操作?
7. 如何更新图表的数据和格式化图表的外观?
8. 如何使用迷你图?
9. 你从朱崇君的创业经历中学到了什么?

第 5 章　WPS 演示文稿高级应用

　　演示文稿是 WPS Office 的一个组件,是一个专门用于编制电子文稿和幻灯片的软件,是进行学术交流、产品展示、工作汇报的重要工具。它能帮助创建包含文本、图表、表格、图片、音频和视频等的演示文稿,还可以加上动画、特技、声音及其他多媒体效果。

　　通过本章的学习,可以基本掌握演示文稿的制作步骤、方法和技巧,提高演示文稿处理方面的实际应用能力。其中与 WPS Office 文字处理类似的操作,在此就不再详细介绍。

5.1　案例与案例解析

1. 本章案例
　　制作以"企业介绍"为主题的演示文稿,制作效果如图 5.1 所示。

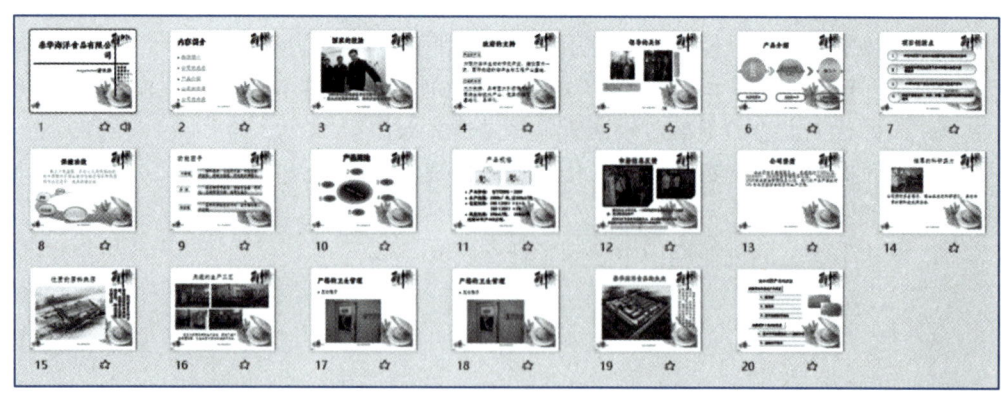

图 5.1　"企业介绍"演示文稿

2. 案例说明与分析
　　在日常工作中,许多场合都需要制作演示文稿,以增强表现力和演讲效果,譬如,教师上课、学生论文答辩、讲座和报告活动、个人或公司介绍、产品推介与展销活动、工作汇报、个人述职……。因此,演示文稿的制作是大学生必须掌握的基本技能之一。制作以"企业介绍"为主题的演示文稿,包含 WPS Office 演示文稿的主要功能以及制作步骤、方法和技巧。首先要围绕着主题,搜集资料,选择设计方案,制作具有不同特色和效果的幻灯片,为了增强感染力,可以对幻灯片加以修饰、制作动画、超链接等。本章将介绍 WPS Office 演示文稿的基本内容以及制作、播放、打印和打包演示文稿的方法与技巧。

本章主要知识点

① WPS Office 演示文稿的基础知识。

② 演示文稿的基本操作。

③ 制作与编辑幻灯片。

④ 格式化与美化幻灯片。

⑤ 动画效果和幻灯片切换效果。

⑥ 放映和打包演示文稿。

5.2　演示文稿的创建与保存

5.2.1　基本概念

1. 演示文稿

演示文稿就是介绍、阐述观点时演示给观众看的电子化材料,可存放在计算机上,随时修改,可借助计算机或大屏幕投影和音频设备方便地演示。一个演示文稿是由若干张"幻灯片"组成的。WPS Office 演示文稿的默认扩展名为 .pptx。

2. 幻灯片

在演示文稿中,将各种文字、图形、图表、声音等多媒体信息以图片的形式展示出来,这种制作出的图片叫作幻灯片。幻灯片的编号即它的顺序号,决定各片的排列次序,如果放映时不进行跳转操作,编号顺序也是幻灯片的放映顺序。插入新幻灯片或增删幻灯片时,编号会自动改变。

3. 占位符

在新建幻灯片上的虚线框即为占位符,它是标题、文本、图片、图表等在幻灯片上所占的位置。占位符的大小位置一般由幻灯片所用的版式确定。

占位符与文本框的区别如下:

① 占位符中的文本可以在大纲视图中显示出来,而文本框中的文本却不能在大纲视图中显示。

② 当其中的文本太多或太少时,占位符可以自动调整文本的字号,使之与占位符的大小相适应,而同样的情况下,文本框却不能自行调节字号的大小。

③ 文本框可以和其他自选图形、自绘图形、图片等对象组合成一个更为复杂的

对象,占位符却不能进行这样的组合。

4. 幻灯片版式

幻灯片版式包含要在幻灯片上显示的全部内容的格式设置、位置和占位符。占位符是版式中的容器,可容纳如文本(包括正文文本、项目符号列表和标题)、表格、图表、SmartArt 图形、影片、声音、图片及剪贴画等内容。而版式也包含幻灯片的主题(颜色、字体、效果和背景)。用户可以使用版式排列幻灯片上的对象和文字。

WPS Office 演示文稿中包含 11 种内置幻灯片版式,也可以利用幻灯片母版创建满足特定需求的自定义版式。

5. 节

节是 WPS Office 演示文稿新增的功能,它类似于文件夹,根据演示文稿的内容,可以对幻灯片进行标记并将其分为多个节,用节将演示文稿中的幻灯片分成几部分,分类管理幻灯片,以简化其管理和导航。可以命名和打印整个节,也可将效果应用于整个节。节不仅有助于规划演示文稿的结构,而且编辑和维护幻灯片也能大大节省时间,另外还能呈现出演讲者清晰的思想脉络。

5.2.2　创建演示文稿

WPS Office 演示文稿的启动与退出、演示文稿的保存、打开、关闭等,与 WPS Office 其他应用程序的操作方法相似,在此不再赘述。

1. 创建演示文稿

启动 WPS Office 演示文稿时,系统将自动提供一些模板和主题供用户选择,如图 5.2 所示,用户可以根据需要,选择模板和主题创建演示文稿。用户也可以自己创建一个演示文稿。

(1)通过空白演示文稿创建演示文稿

在"新建演示文稿"窗格中,单击"空白演示文稿"按钮,WPS Office 演示文稿会打开一个没有任何设计方案和示例文本的空白幻灯片。单击"开始"选项卡左侧第三组的"版式"按钮,弹出"版式"下拉列表框,如图 5.3 所示。单击选择所需的幻灯片版式,该版式就会出现在幻灯片编辑区中,确定幻灯片版式后,就可开始制作幻灯片。例如,在占位符中输入文本、插入图片,还可以在幻灯片中绘制图形等。

空白演示文稿的创建最为简单,同时也给用户留下了足够的设计空间。

(2)根据模板创建演示文稿

模板是指一个或多个文件,其中所包含的结构和工具构成了已完成文件的样式和页面布局等元素,只需要替换其中的预置文字和图片即可生成自己的演示文稿。

WPS Office 演示文稿为用户提供了许多模板,用户也可以创建模板,模板的扩展名为 .potx。在"新建演示文稿"窗格中,选择不同的模板。如果选择 WPS Office 系统提供的模板,则要求当前计算机处于联网状态。选中合适的模板后,单击"创建"按钮,系统将按选中的模板创建演示文稿。

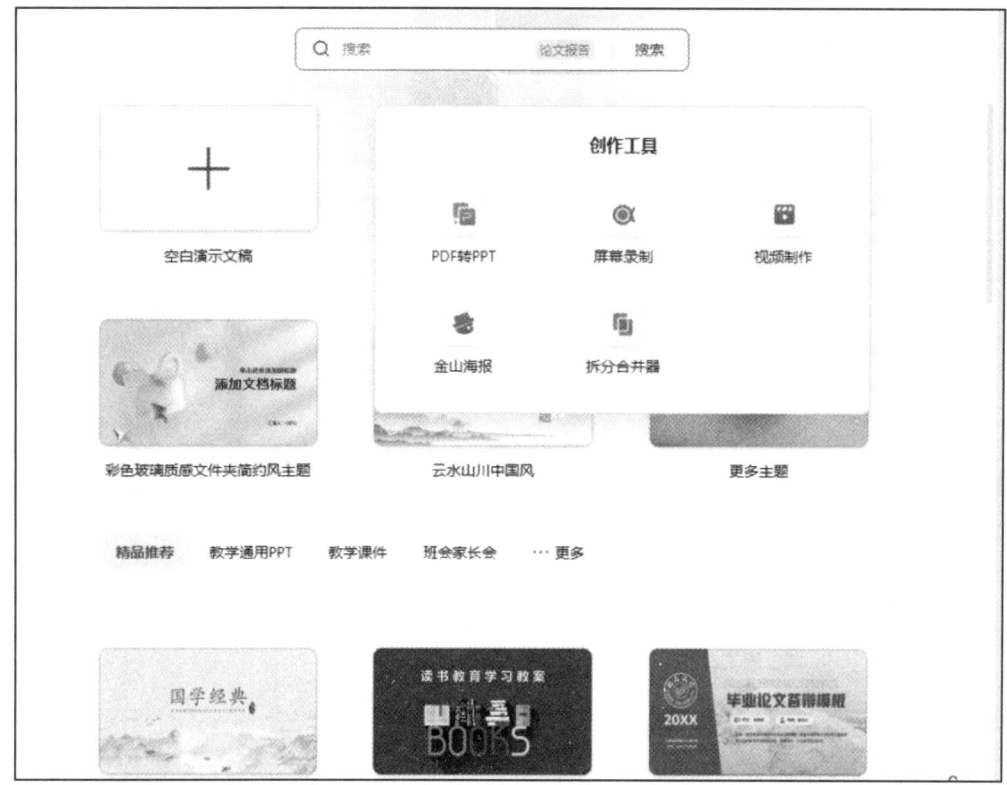

图 5.2　"新建演示文稿"窗格

（3）根据主题创建演示文稿

主题是预先定义好的演示文稿的样式、风格，包括幻灯片的背景、装饰图案、文字布局及颜色、大小等，WPS Office 演示文稿为用户提供了许多美观的主题。用户自己的文稿也可以保存为主题，主题的扩展名为 .Thmx。用户在设计演示文稿时，可以先选择演示文稿的整体风格，然后再进行进一步的编辑修改。

要根据主题创建演示文稿，可从"设计"选项卡左侧第一组系统提供的主题中选择所需主题。

2. 演示文稿视图

WPS Office 演示的视图模式有四种：普通、幻灯片浏览、备注页、阅读视图，通过选择"视图"选项卡左侧第一组的不同命令可进行视图切换，如图 5.4 所示。

（1）普通视图

普通视图是系统默认的视图方式，用户可以在普通视图模式新建、编辑幻灯片。普通视图将工作窗口分为两个窗格：左边窗格显示幻灯片的缩略图，可以方便快速定位、编辑幻灯片；右边窗格为幻灯片编辑视图，用于编辑每张幻灯片的内容和格式。

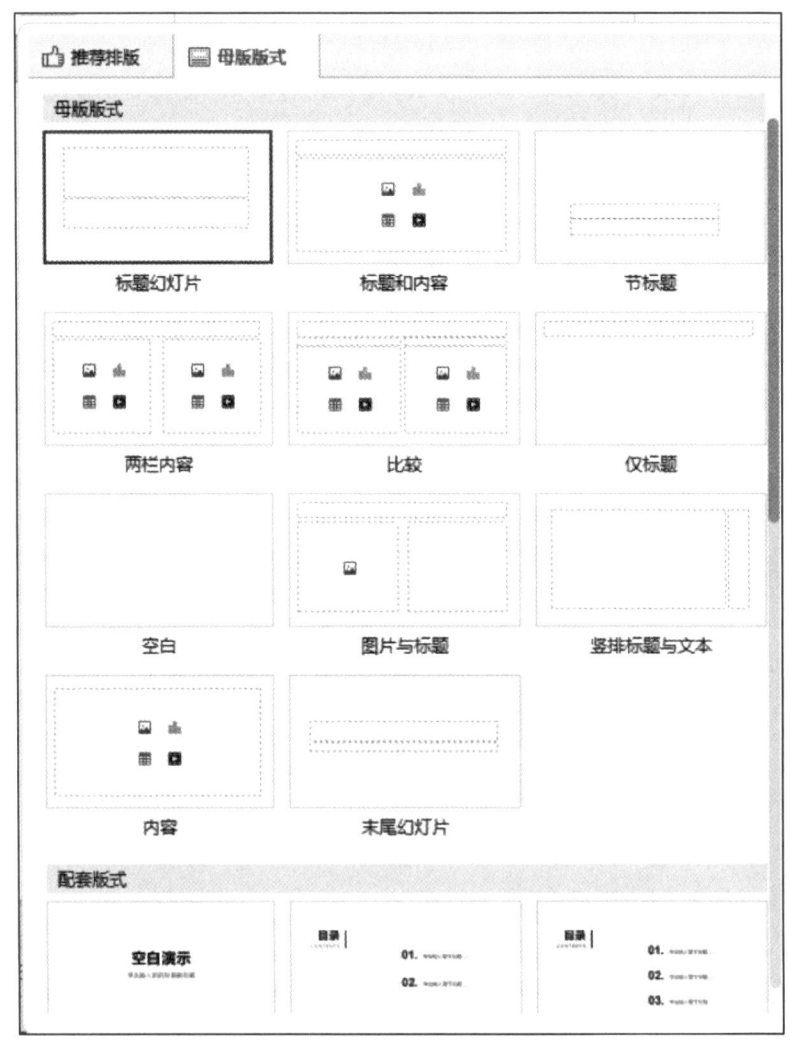

图 5.3　"版式"下拉列表框

（2）幻灯片浏览视图

幻灯片浏览视图可同时浏览多张幻灯片，可以很容易地在大量幻灯片之间进行添加、复制、删除和移动等编辑操作。

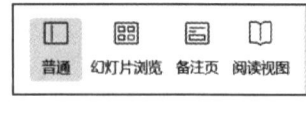

图 5.4　演示文稿视图

（3）备注页视图

备注页视图只是为了给演示文稿中的幻灯片添加备注信息。

（4）阅读视图

阅读视图可用于查看适应窗口大小的幻灯片放映，同时也可看到动画、超链接等效果。

3. 在幻灯片中插入媒体

在制作的幻灯片中添加各种多媒体对象，打造声影并茂的 PPT，会使幻灯片的内容更加富有感染力。WPS Office 演示文稿中,明确区分了媒体插入的形式,分别为链接形式和嵌入形式。

链接形式:媒体文件将以链接的形式插入,不插入原文件,移动演示文稿到其他设备或媒体所在位置发生变化时,媒体文件将无法正常播放。

嵌入形式:媒体文件将直接嵌入演示文稿,成为演示文稿的一部分,发送到其他设备也可正常播放。

（1）插入音频

在幻灯片中插入音频的具体步骤如下:

① 选中要添加音频的幻灯片。

② 单击"插入"选项卡左侧第五组的"音频"下拉按钮,弹出"音频"下拉列表,如图 5.5 所示,单击"嵌入音频"选项,打开"插入音频"对话框,如图 5.6 所示,找到可以插入的音频文件,双击选中的音频文件,即可在幻灯片中插入音频文件。

图 5.5　"音频"下拉列表

图 5.6 "插入音频"对话框

③ 在幻灯片中插入音频后,会在幻灯片中出现一个代表音频的小喇叭图标 ◀ 和音频播放工具(用于在幻灯片编辑区试听音频),同时在功能区出现"音频工具"选项卡,对选中的音频进行格式和播放设置。单击"音频工具"选项卡左侧第三组的"开始"下拉按钮,若选择"自动"选项,则在幻灯片放映时自动播放声音;若选择"单击"选项,则在幻灯片放映过程中只有在单击小喇叭图标 ◀ 时才播放所选择的声音。

④ 若勾选"音频工具"选项卡左侧第三组的"放映时隐藏"复选框,则在放映幻灯片时看不到插入的音频图标 ◀;若勾选"循环播放,直到停止"复选框,则在放映幻灯片时,音频循环播放,直到幻灯片放映结束为止。

(2)插入视频

插入视频文件后,将会出现相应的图标,也可根据需要选择是自动播放还是单击时播放。具体操作步骤如下:

① 选中要插入视频的幻灯片。

② 单击"插入"选项卡左侧第五组的"视频"按钮,弹出如图 5.7 所示的下拉列表。选择"嵌入视频"选项,在打开的"插入视频"对话框中找到可以插入的视频文件,双击选中的视频文件,即可在幻灯片中插入视频。

③ 在幻灯片中插入视频后,同时在功能区出现"视频工具"选项卡,对选中的视频进行格式和播放设置。其设置与音频的设置相同,在此不再赘述。

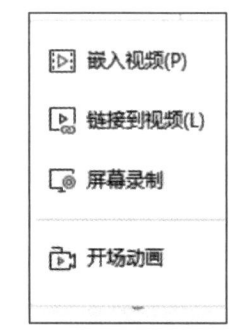

图 5.7 "视频"下拉列表

5.3 幻灯片的编辑、格式与美化

5.3.1 编辑幻灯片

对幻灯片的编辑包括幻灯片的插入、复制、移动、删除、隐藏等操作,可在幻灯片浏览视图或普通视图的幻灯片模式下进行。

1. 插入新幻灯片

若要在演示文稿中插入新幻灯片,并不是只能在最后一张幻灯片后插入,而是可以在任意一张幻灯片的后面插入。可以按照如下步骤进行具体操作:

① 打开演示文稿,若希望在某张幻灯片的后面插入新幻灯片,则先将其选中。

② 单击"开始"选项卡左侧第三组的"新建幻灯片"按钮 📑;或者单击"开始"选项卡左侧第三组的"新建幻灯片"下拉按钮 ▾,在弹出的下拉列表中选择"新建单页幻灯片"区域的"版式"选项,在"版式"列表中选择一种所需的版式,即可在选中的幻灯片后面插入一张新幻灯片。

③ 单击"开始"选项卡左侧第三组的"版式"按钮,在弹出的"母版版式"下拉列表框中选择一种合适的版式,即可将所选版式应用到新建的幻灯片中。

> 注意:若要在某张幻灯片的后面插入新的幻灯片,也可以直接在幻灯片浏览视图或普通视图的幻灯片模式下,右击要在其后插入新幻灯片的幻灯片,在弹出的快捷菜单中选择"新建幻灯片"命令。

2. 复制幻灯片

若一张幻灯片已经完成,而另一张与其大同小异,可以先将其复制,再对其进行适当的修改。因此复制幻灯片也是幻灯片制作中经常遇到的一种操作。复制幻灯片既可以从当前演示文稿中复制,也可以从已打开的其他演示文稿中复制。复制幻灯片的方法也很灵活,主要有以下两种:

(1)使用"复制"命令

在幻灯片缩略图区,选择需要复制的幻灯片,单击"开始"选项卡左侧第一组的"复制"按钮 🗐,再将插入点定位到目标位置,然后单击"开始"选项卡左侧第一组的"粘贴"按钮 📋,或选择快捷菜单中的"粘贴"命令,完成复制操作。或右击要复制的幻灯片,在弹出的快捷菜单中选择"复制幻灯片"命令。

此方法既适用于从已打开的其他演示文稿中复制幻灯片,也适用于在当前演示文稿中复制幻灯片,并且可以灵活选择要复制到的目标位置。

(2)使用拖动的方法

① 在普通视图下,在幻灯片缩略图区,选定需要复制的幻灯片,拖动要复制的幻灯片到目标位置,并且在拖动的过程中按住 Ctrl 键。注意拖动的方法是先拖动,再按

住 Ctrl 键；不能先按住 Ctrl 键，再拖动。

　　② 在幻灯片浏览视图下，选定需要复制的幻灯片，先拖动选定的幻灯片，再按住 Ctrl 键，可将选定的幻灯片复制到目标位置。

　　3. 移动幻灯片

　　制作幻灯片过程中，经常需要对幻灯片的顺序进行重新调整，移动幻灯片的方法如下：

　　（1）使用拖动的方法

　　单击要移动的幻灯片，拖动幻灯片到目标位置后，释放鼠标即可。

　　此方法只适用于在当前演示文稿中快速移动幻灯片。

　　（2）使用"剪切"命令移动幻灯片

　　先选中要移动的幻灯片，单击"开始"选项卡左侧第一组的"剪切"按钮 ✂，或选择快捷菜单中的"剪切"命令，将其移动到剪贴板上；然后选中要移动到其后面的那张幻灯片，单击"开始"选项卡左侧第一组的"粘贴"按钮 📋，或选择快捷菜单中的"粘贴"命令，即可将其从剪贴板移动到选中的那张幻灯片之后。

　　此方法既适用于在当前演示文稿中移动幻灯片，也适用于在打开的不同演示文稿之间移动幻灯片。

　　4. 隐藏和取消隐藏幻灯片

　　若希望某张幻灯片在放映时跳过，直接放映下一张，即隐藏幻灯片，可以进行如下操作：

　　选择要隐藏的幻灯片，单击"放映"选项卡左侧第二组的"隐藏幻灯片"按钮；或者右击要隐藏的幻灯片，在快捷菜单中选择"隐藏幻灯片"命令，皆可将其隐藏。

　　若要取消幻灯片的隐藏，只需再次单击"放映"选项卡左侧第二组的"隐藏幻灯片"按钮；或者右击该幻灯片，在弹出的快捷菜单中选择"隐藏幻灯片"命令皆可。

　　5. 删除幻灯片

　　右击要删除的幻灯片，在弹出的快捷菜单中选择"删除幻灯片"命令；或者直接按 Delete 键皆可。

　　6. 将幻灯片组织为逻辑节

　　打开一个演示文稿，在幻灯片浏览视图或普通视图中，选择需要添加节的第一张幻灯片，单击"开始"选项卡左侧第三组的"节"下拉按钮，选择"新增节"选项，即可在选定的幻灯片上方添加一个名称为"无标题节"的节，同时"节"下拉列表中的"重命名节"选项由灰色变为深色。若需重命名节，单击"节"下拉列表中的"重命名节"选项（或右击节，在弹出的快捷菜单中选择"重命名节"命令），弹出"重命名"对话框，在"名称"文本框中输入节的名称，单击"重命名"按钮即可。

　　用同样的方法，可以添加多个节，将演示文稿分成几部分。其中，每个节名称后面的括号中的数字表示这个节内有多少幻灯片。

　　全部完成后，单击"开始"选项卡左侧第三组的"节"下拉按钮，选择"全部折叠"选项，将所有幻灯片如同文件放到文件夹中一样，全部折叠到每个节中。单击任意节名称前的三角，则展开当前节的内容。再次单击三角，则节中的内容折叠。

如果觉得节的分类有问题,可以删掉它,那么节内的幻灯片将归到上一个节中。当然,也可以"删除节和幻灯片"或"删除所有节"。还可以向上移动节或向下移动节。利用好节,可以更轻松、省力地进行幻灯片编辑。

5.3.2 格式化幻灯片

1. 设置字符格式

通过设置字符格式,可使文字的效果更加突出。

在普通视图下幻灯片编辑区,若要对文字进行编辑操作,可以按照以下步骤进行操作:

① 将要格式化的文本选中。

② 单击"开始"选项卡左侧第四组右下角的对话框启动器按钮,打开"字体"对话框,如图 5.8 所示。

③ 在该对话框中,有"字体"和"字符间距"两个选项卡。在"字体"选项卡中,可对中文字体、西文字体、字形、字号、颜色及效果等格式进行设置。在"字符间距"选项卡中,可以设置字符间的距离。

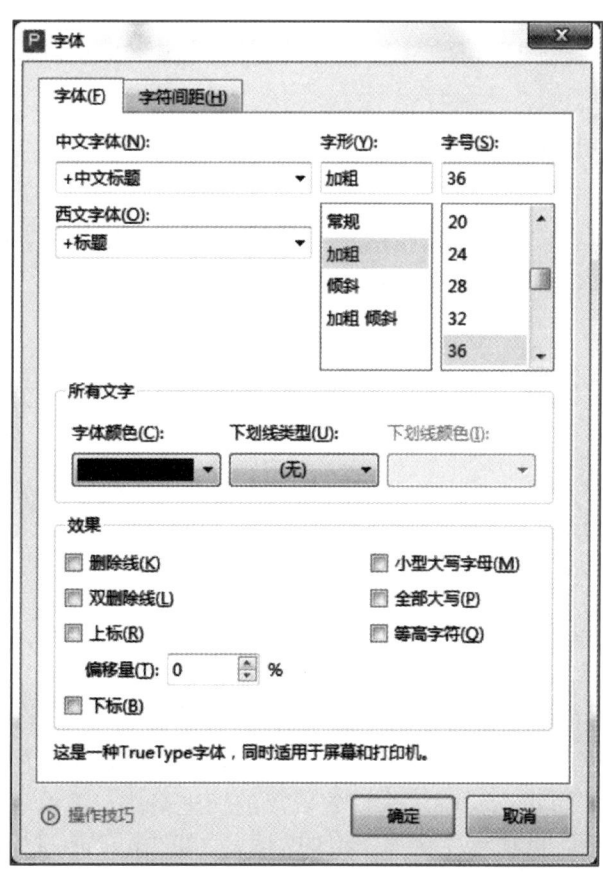

图 5.8 "字体"对话框

当然,也可以用"开始"选项卡左侧第四组中的工具按钮对选中的文本进行格式设置。

2. 设置段落格式

一张幻灯片是否美观,除了与字符格式有关之外,还取决于设置的段落格式。设置段落格式可以在"开始"选项卡左侧第五组中进行,也可以在"段落"对话框中进行。可以设置行间距和段落间距、段落的缩进方式、段落的对齐方式、项目符号与编号、分栏等。

(1)设置行间距和段落间距

行间距和段落间距统称为间距。行间距是段落内两行之间的距离,而段落间距指的是上一段落的最后一行和下一段落的第一行之间的距离。行间距可以以"行"为单位设置,也可以以"磅"为单位设置,通常 WPS Office 演示文稿默认以"行"为单位设置间距。设置的步骤如下:

① 选中要设置格式的段落。

② 单击"开始"选项卡左侧第五组右下角的对话框启动器按钮,打开"段落"对话框,如图 5.9 所示。

图 5.9　"段落"对话框

③ 在"缩进和间距"选项卡的"间距"选项区域,将"段前""段后""行距"的值和单位设置好之后,单击"确定"按钮即可。

(2)设置段落的缩进格式

适当地进行缩进,可以强调某些段落,大大改善整体效果,更便于阅读。在 WPS Office 演示文稿中,可以通过标尺来设置段落的缩进格式。若编辑区中没有显示标尺,可以勾选"视图"选项卡左侧第三组的"标尺"复选框。通过标尺设置段落的操作步骤如下:

① 在幻灯片编辑区中选中要设置缩进格式的段落,此时会在水平标尺上出现缩

进符号。

② 可以通过拖动缩进符号来设置首行缩进、左缩进、右缩进以及悬挂缩进。

也可在"段落"对话框中设置段落的缩进格式。

（3）设置段落的对齐方式

在 WPS Office 演示文稿中,段落对齐方式有 5 种,可以通过"开始"选项卡左侧第五组的 5 个按钮 ≣ ≡ ≡ ≡ ≣ 来设置,从左到右依次为"左对齐""居中""右对齐""两端对齐""分散对齐"。其操作步骤如下:

① 选中要设置对齐方式的段落。

② 单击"开始"选项卡左侧第五组的设置对齐方式按钮即可。

也可在"段落"对话框中设置段落对齐方式。

（4）使用项目符号和编号

项目符号和编号出现在项目小标题的开头位置,用于突出小标题,增强可读性。只有当幻灯片包含一系列项目小标题时,才有必要添加项目符号和编号。默认情况下,系统会自动选择一种项目符号置于文本前,若不满意,可以进行修改。

添加项目符号和编号的操作步骤如下:

① 选择要添加项目符号和编号的文本或文本占位符。

② 单击"开始"选项卡左侧第五组的"项目符号"或"编号"下拉按钮 ▼,选择"其他项目符号"或"其他编号"选项,打开"项目符号与编号"对话框,如图 5.10 所示。

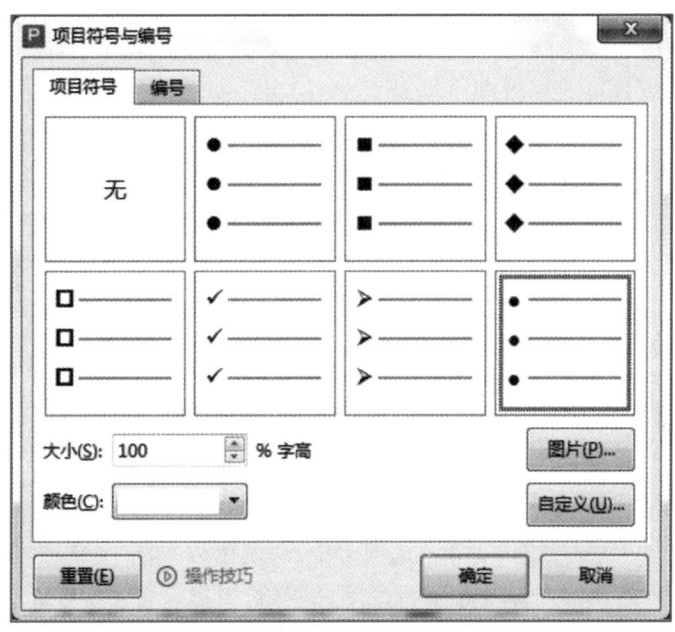

图 5.10 "项目符号与编号"对话框

③ 在该对话框中,选择"项目符号"选项卡,从中选择一种项目符号。选择"编号"选项卡,从中选择一种编号,并可以通过"大小"数值框和"颜色"下拉列表框分别设置项目符号或编号的大小和颜色,单击"确定"按钮即可。如果要从段落中删除项目符号或者编号,选中要删除项目符号或者编号的段落,在"项目符号与编

号"对话框中选择"无"选项,单击"确定"按钮,即可取消所选段落的项目符号或者编号。

另外,选中文本或文本占位符后,直接单击"开始"选项卡左侧第五组的"项目符号"切换按钮 ⫶☰ 或"编号"切换按钮 ⫶☰,可按默认项目符号或编号格式格式化选定文本,再次单击切换按钮,则取消所选文本的项目符号或编号。

5.3.3　美化演示文稿

如果使用演示文稿既能清楚明了地表达自己的观点,又能给观众留下深刻的印象,就更加完美了。使用美化演示文稿外观的方法,可以为演示文稿增色不少。

1. 改变背景

白底黑字是 WPS Office 演示文稿中默认的文本搭配颜色,呈现出清晰的视觉效果。但若感觉这种搭配方式单调,可以用改变背景的方法将外观美化。背景的选择反映了演示文稿的风格,带有鲜艳背景的演示文稿在很多场合下会带来非凡的演示效果。

打开要设置背景的演示文稿,单击"设计"选项卡左侧第二组的"背景"按钮,弹出"对象属性"窗格,如图 5.11 所示。在"填充"窗格中可以设置背景的不同格式。设置完毕,则只在当前幻灯片上使用新背景。若单击"全部应用"按钮,则整个演示文稿使用新的背景颜色。若单击"重置背景"按钮,则取消新背景。

"填充"窗格的背景样式填充方式包括纯色填充、渐变填充、图片或纹理填充以及图案填充。

（1）纯色填充

简单的背景色并不一定不好,因为演示文稿的背景一定要根据内容和主题来进行设计。若要使文稿显得整洁清新,可以使用一种基本的单色背景,操作步骤如下:

① 在"对象属性"窗格的"填充"窗格中,选中"纯色填充"单选按钮,单击"颜色"下拉按钮,弹出"颜色"下拉列表,如图 5.12 所示,从基于演示文稿的默认配色方案的少数颜色中做出选择。若没有看到满意的颜色,可以选择"更多颜色"选项,打开"颜色"对话框。

② 在"颜色"对话框的"标准"选项卡中,从调色板中选择所需的颜色样块。如果希望自己定义颜色,可选择"自定义"选项卡,拖动三角箭头 ◀ 进行颜色的调整设置,直到"新增"窗口内看到满意的颜色为止。单击"确定"按钮,返回"对象属性"窗格。

③ 若要更改背景透明度,可移动"透明度"滑块。透明度百分比可以从 0%（完全不透明,默认设置）变化到 100%（完全透明）。

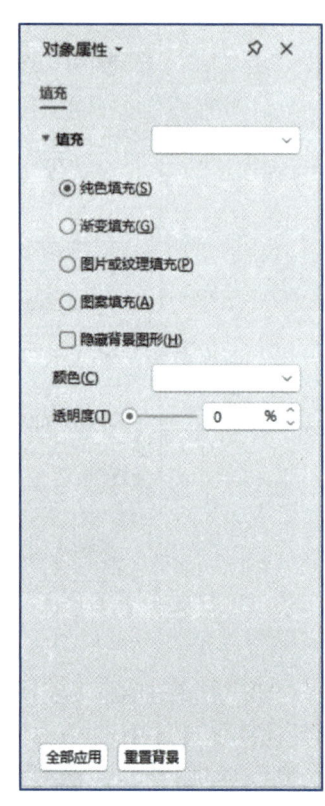

图 5.11　"对象属性"窗格

（2）渐变填充

渐变填充是应用两种颜色，并应用不同渐变类型和渐变方向来控制颜色的改变。

在"对象属性"窗格的"填充"窗格中，选中"渐变填充"单选按钮，如图5.13所示。"渐变样式"中包含了某些色彩缤纷的颜色混合，通过调整角度、色标颜色、位置、透明度、亮度等获得希望的效果。

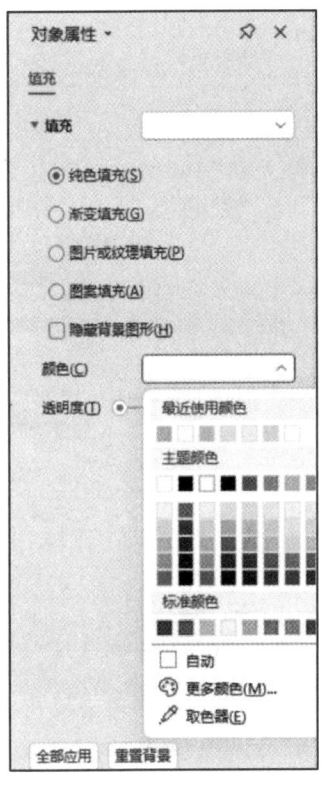

图5.12　纯色填充

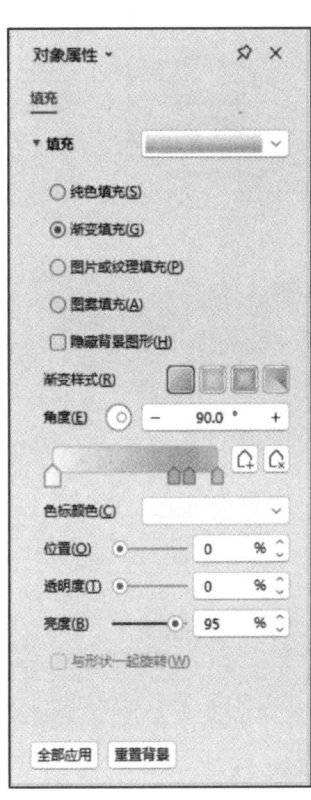

图5.13　渐变填充

（3）图片或纹理填充

WPS Office 演示文稿内置了24种纹理供用户调用，同时也允许用户自行添加外部图片作为背景。

在"对象属性"窗格的"填充"窗格中，选中"图片或纹理填充"单选按钮，如图5.14所示。单击"纹理填充"下拉列表，可以从中选择所需的纹理。在"图片填充"下拉列表中，若选择"本地文件"选项，则使用来自本地文件的图片作为幻灯片的背景；若选择"剪贴板"选项，则粘贴复制到剪贴板的图片作为幻灯片的背景。若要将图片平铺为纹理作为幻灯片背景，则选中"放置方式"下拉列表中的"平铺"选项，然后在其下区域进行进一步的设置。

（4）图案填充

图案填充是由一些已定的基本图形与背景色和前景色组合而成的背景填充方式。

在"对象属性"窗格的"填充"窗格中，选中"图案填充"单选按钮，如图5.15

所示。可以看到许多线条、点和以所选前景色和背景色为基础的图案组合。从中选择一种图案,然后再从"前景""背景"下拉列表中设置不同的前景色和背景色。

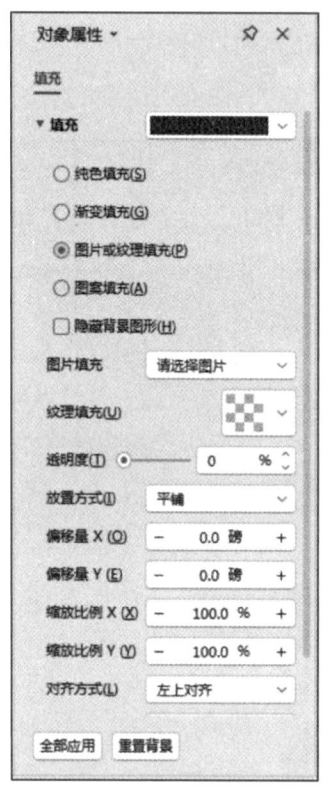
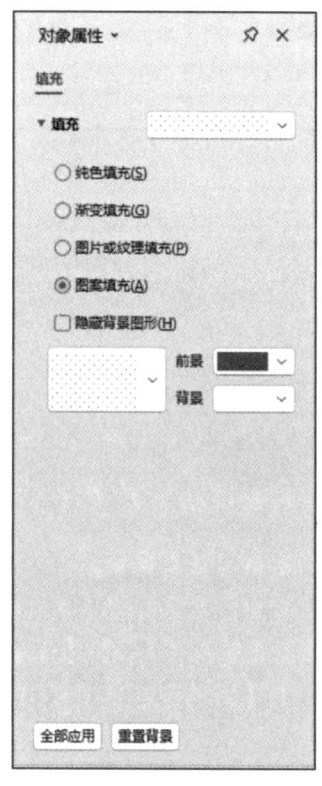

图 5.14　图片或纹理填充　　　　　图 5.15　图案填充

2. 使用主题

设计主题是控制演示文稿具有统一外观的最有力、最快捷的一种方法。WPS Office 演示文稿自带的设计主题都是由专业人员精心设计的,其中文本位置安排比较适当,配色方案比较醒目,可以适应大多数用户的需要。

可以将设计主题应用于所有幻灯片,也可以应用于所选幻灯片。

① 应用于所有幻灯片。单击"设计"选项卡左侧第一组的主题样式列表中的按钮或"更多设计"按钮,弹出所有主题列表框,如图 5.16 所示。当把鼠标指针指向其中的主题项时,可显示"预览换肤效果",单击,则在右侧"美化预览"窗格显示预览效果,并且默认勾选了"全选"复选框,单击"应用美化"按钮,即可将指定的主题应用到演示文稿中的所有幻灯片。

② 应用于所选幻灯片。在"美化预览"窗格,取消勾选不需要应用主题的幻灯片右下角的复选框,再单击"应用美化"按钮,则将所选主题应用于所选幻灯片。

3. 使用母版

所谓"母版"是一种特殊的幻灯片,用于设置演示文稿中每张幻灯片的预设格式,包含了幻灯片文本和页脚等占位符,这些占位符控制了幻灯片的字体、字号、

图 5.16 所有主题列表框

颜色、阴影和项目符号样式等版式要素。在 WPS Office 演示文稿中,母版有幻灯片母版、讲义母版和备注母版 3 种类型。母版实际上是某一类幻灯片的样式,如果更改了演示文稿中的母版,则会影响所有基于该母版的演示文稿中的幻灯片的格式。

（1）幻灯片母版

最常用的母版是幻灯片母版,每个演示文稿至少包含一个幻灯片母版,通常用来统一演示文稿中所有普通幻灯片的格式,创建幻灯片母版的步骤如下:

① 启动 WPS Office 演示文稿,新建或打开一个演示文稿。

② 单击"视图"选项卡左侧第二组的"幻灯片母版"按钮,从而进入幻灯片母版视图,同时,在功能区出现"幻灯片母版"选项卡,如图 5.17 所示。在幻灯片母版视图,会显示一个具有默认相关版式的空幻灯片母版。在幻灯片缩略图区,幻灯片母版是那张较大的幻灯片图像,并且相关版式位于幻灯片母版下方。

③ 分别选中"单击此处编辑母版标题样式""单击此处编辑母版文本样式"及"第二级""第三级"……字符,在"字体"对话框或"开始"选项卡中,对字体进行设置。

④ 分别选中"单击此处编辑母版文本样式""第二级""第三级"等字符,在"项目符号与编号"对话框中,选择一种项目符号样式后,单击"确定"按钮退出,即可为相应的内容设置不同的项目符号样式。

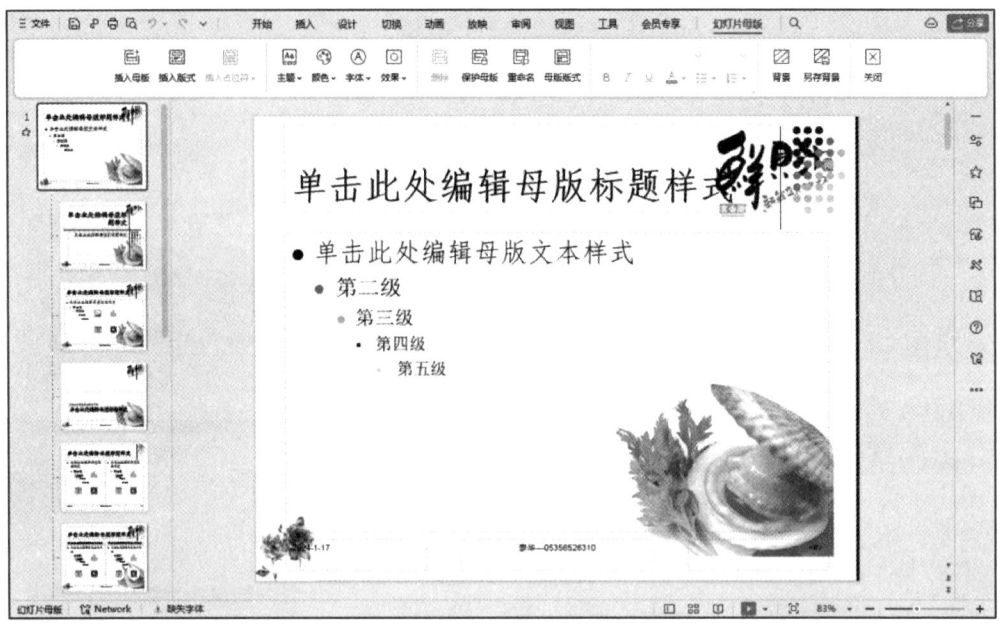

图 5.17　"幻灯片母版"选项卡

⑤ 单击"插入"选项卡右侧第三组的"页眉和页脚"按钮,打开"页眉和页脚"
对话框,如图 5.18 所示。选择"幻灯片"选项卡,即可设置日期、幻灯片编号、页脚,完
成母版中"日期区""页脚区""数字区"的设计。

图 5.18　"页眉和页脚"对话框

⑥ 单击"插入"选项卡左侧第三组的"图片"按钮,选择"本地图片"选项,打
开"插入图片"对话框,找到要插入的图片,将其插入到母版中,并拖动到合适的位
置上。

⑦ 在幻灯片母版视图,还能设置幻灯片的配色方案、背景等。全部修改完成后,单击"幻灯片母版"选项卡左侧第三组的"重命名"按钮,打开"重命名"对话框,为刚刚所创建的母版输入一个名称后,单击"重命名"按钮返回。

⑧ 幻灯片母版制作完成,单击"幻灯片母版"选项卡右侧第一组的"关闭"按钮,退出幻灯片母版编辑状态,返回到当前的普通视图中,此时插入的每一张新幻灯片都会带有母版上插入的标记。

（2）讲义母版

单击"视图"选项卡左侧第二组的"讲义母版"按钮,从而进入讲义母版视图,同时,在功能区出现"讲义母版"选项卡。讲义母版主要用于控制幻灯片以讲义形式打印的格式。

（3）备注母版

单击"视图"选项卡左侧第二组的"备注母版"按钮,从而进入备注母版视图,同时,在功能区出现"备注母版"选项卡。备注母版用于控制注释的内容和格式,使多种注释具有统一的外观。

4. 使用配色方案

配色方案是一组可以用于演示文稿的预设颜色。在 WPS Office 演示文稿中,可以使用配色方案对幻灯片的文本、背景、填充及强调文字等进行重新配色。配色方案由 8 种颜色组成,可以挑选一种配色方案,用于对图表和表格或对添加至幻灯片中的图片重新着色,也可以用于个别幻灯片或整个演示文稿的所有幻灯片。通过配色方案,可以将色彩单调的幻灯片重新修饰一番。

（1）选择配色方案

选择配色方案,可以按如下方法操作:

① 打开要选择配色方案的演示文稿。

② 单击"设计"选项卡左侧第二组的"配色方案"按钮,在弹出的"配色方案"下拉列表框"推荐方案"区域"预设配色"方案中,"按颜色""按色系""按风格"来查看当前的配色方案和可供选择的配色方案。

③ 选择需要的配色方案,单击该配色方案,即可将该配色方案应用于此组幻灯片。

（2）新建配色方案

单击"设计"选项卡左侧第二组的"配色方案"按钮,在弹出的"配色方案"下拉列表框"自定义"区域选择"创建自定义配色"选项,打开"自定义颜色"对话框,选择自己想要的主题颜色后,在"名称"文本框中给该方案命名,如果不重新命名,系统会自动为该主题生成一个名字,按照"自定义 1""自定义 2"的顺序依次命名。单击"保存"按钮完成操作。

（3）复制配色方案

若要将一张幻灯片的配色方案应用到其他幻灯片上,可以按照如下步骤进行操作:

① 在幻灯片浏览视图中,选择一张使用了所需配色方案的幻灯片。

② 单击"开始"选项卡左侧第一组的"格式刷"按钮,鼠标指针变成刷子形状后,单击要应用该配色方案的幻灯片即可。

5.4 动画效果和超链接

5.4.1 设置幻灯片的动画效果

幻灯片动画也叫片内动画,用于给幻灯片内的文本或对象添加特殊视觉或声音效果。在使用动画时,要遵循动画的醒目、自然、适当、简化及创意原则。

1. 动画窗格的显示和隐藏

设置动画效果,一般都要在窗口显示动画窗格,以便对设置的动画进行管理和查看。单击"动画"选项卡右侧第一组的"动画窗格"按钮,在幻灯片编辑区的右侧显示"动画窗格"。

2. 设置动画效果

要对幻灯片中的文本或占位符、图片、媒体、表格、图表、图形、艺术字等对象设置动画效果,可按以下步骤进行:

① 选择对象。在普通视图下,选中幻灯片中要设置动画的对象。如果要为多个对象设置相同的动画效果,可同时选择多个对象。

② 设置动画。单击"动画"选项卡左侧第三组的动画样式列表框中需要的动画样式,选择一种动画样式,应用到当前选中的对象。幻灯片中也出现了一个序列数字小图标,表示添加动画的顺序。同时,在"动画窗格"中,所选对象的文本和对动画效果的描述出现在动画顺序列表中。可通过"动画"选项卡左侧第三组的动画样式列表框右边的上箭头按钮和下箭头按钮翻页浏览动画样式;也可单击动画样式列表框的其他按钮 ,在弹出的如图 5.19 所示的动画样式列表框中,选择动画样式。在"动画"选项卡左侧第三组的动画样式列表框中选择"无"选项,将删除动画。

在动画样式列表框中列出了 WPS Office 演示文稿提供的进入、强调、退出和动作路径 4 类动画样式。

进入:表示对象进入幻灯片的方式。

强调:表示对象在幻灯片中突出显示的效果,这些效果的示例包括使对象缩小或放大、更改颜色或沿着其中心旋转。

退出:表示对象退出幻灯片的动画效果,这些效果包括使对象飞出幻灯片、从视图中消失或者从幻灯片旋出。

动作路径:表示对象可以在幻灯片上按照某种路径舞动的动画效果。使用这些效果可以使对象上下移动、左右移动或者沿着星形或圆形图案移动。如果选择"绘制自定义路径"选项,光标在幻灯片编辑区变成十字形,将十字形光标移到编辑区中的动画起点,按住鼠标左键不放画出动画的移动路线,画完动画移动路线后,只需要在终点处双击,即可完成"自定义路径"设置。

③ 设置动画效果和计时。单击"动画"选项卡左侧第三组的"动画属性"或"文本属性"下拉按钮,在弹出的列表中选择所需的效果选项。单击"动画"选项卡右侧

图 5.19 动画样式列表框

第二组的"开始"下拉按钮,从弹出的下拉列表中选择所需的动画开始方式,有"单击时"(动画效果在单击鼠标时开始)"与上一动画同时"(动画效果开始播放的时间与列表中上一个效果的时间相同,此设置在同一时间组合多个效果)"上一动画之后"(动画效果在列表中上一个效果完成播放后立即开始)3 项可供选择;在"持续"数值框中设置动画将要运行所持续的时间,单位是秒;在"延迟"数值框中设置动画开始前的延时时间,单位是秒。

也可以单击"动画"选项卡左侧第三组右下角的对话框启动器按钮,弹出动画效果和计时对话框,如图 5.20 所示。在"效果"选项卡可设置动画播放时的方向、声音、播放后的颜色变化和动画文本等效果;在"计时"选项卡可设置动画播放的开始时间、速度、动画开始前的延时秒数、重复次数等。

3. 添加动画

如果要对同一对象进行多次动画设置,例如,本节案例引入的演示文稿中,钟表指针的进入方式设置为"圆形扩展""与上一动画同时"开始、方向为"外""中速

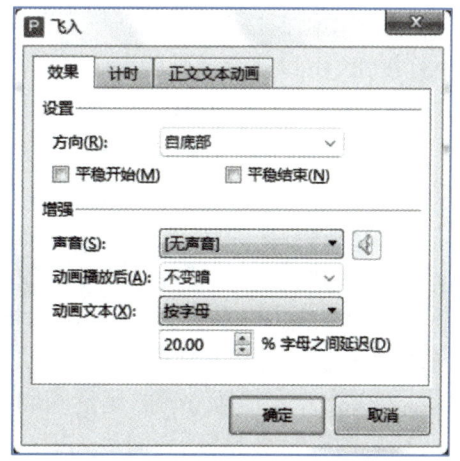

图 5.20 动画效果和计时对话框

（2秒）"；钟表指针强调方式设置为"陀螺旋""上一动画之后"开始、"顺时针、完全旋转""非常慢（5秒）"。对同一对象钟表指针要进行2次动画设置。在设置第2次或者更多次动画时，需要使用WPS Office演示文稿的"添加效果"按钮来设置。

对已经设置了动画的对象再次设置动画效果的操作方法如下：

① 选中已经设置了动画效果的对象。

② 单击"动画"选项卡右侧第一组的"动画窗格"中的"添加效果"下拉按钮，在弹出的下拉动画样式列表框中选择要设置的动画样式。

③ 设置动画效果和计时，方法同上，在此不再赘述。

4. 编辑与管理动画

在设置幻灯片动画时，动画窗格将按照动画的添加顺序列出所有对象的动画信息，如效果的类型、多个动画效果之间的相对顺序、对象的名称、动画样式的名称、动画开始前的延时、动画速度、开始计时等，如图5.21所示。

图5.21 动画窗格

在动画窗格中，单击选中动画顺序列表中的一个动画，单击该动画下拉按钮 ▼，弹出下拉列表。在下拉列表中，选择"效果选项"选项，打开动画效果和计时对话框（双击动画顺序列表中的一个动画下拉列表框，也可打开动画效果和计时对话框），可对动画进行效果和计时的设置或修改；选择"删除"选项，将删除对象的动画效果；选择"显示高级日程表"选项，可以查看所有动画的开始计时图标。指示动画效果开始计时的图标有3种类型：鼠标图标 （单击时）、无图标（与上一动画同时）、时钟图标 （在上一动画之后）。

在动画窗格中，可以选中要删除的一个或多个动画，直接按Delete键，删除选中的动画。

在动画窗格中，可以对动画顺序列表中的动画重新排序。在动画顺序列表中选择要重新排序的动画，然后单击动画窗格下端"重新排序"的上移按钮 或下移按钮 ，以改变动画的播放顺序。

5. "动画刷"的使用

WPS Office演示文稿提供了一个很有用的工具——"动画刷"。可以使用它复制一个对象的动画，并将其应用到另一个对象，快速设置动画效果。

选中幻灯片中创建过动画的对象，单击或双击"动画"选项卡左侧第一组的"动画刷"按钮 ，此时幻灯片中的鼠标指针变成动画刷的形状。用动画刷单击其他对象，则动画效果应用到其他对象上。

若单击"动画刷"按钮，则动画刷记录的动画格式只能被复制一次；若要多次格式复制，则需要双击"动画刷"按钮。

完成格式的复制后，再次单击"动画刷"按钮或按Esc键，停止使用"动画刷"。

6. 测试动画效果

若要在添加一个或多个动画效果后验证它们是否起作用或是否满意,则单击"动画"选项卡左侧第二组的"预览效果"按钮 ☆。或在"动画窗格"中,单击"播放"按钮,可以预览所设置的自定义动画效果。

5.4.2 设置幻灯片的切换效果

幻灯片的切换效果就是在幻灯片的放映过程中,由一张幻灯片过渡到下一张幻灯片时所呈现的效果,也叫片间动画。设置切换效果,可以使幻灯片放映时展示出更加生动活泼的视觉效果。

1. 设置切换效果

设置切换效果的具体操作步骤如下:

① 选择幻灯片。在幻灯片浏览视图或普通视图下,选择一张或多张幻灯片。

② 设置切换方式。单击"切换"选项卡左侧第二组切换方式列表框中需要的切换方式按钮,选择一种切换方式,应用到当前选中的幻灯片。可通过切换方式列表框右边的上箭头按钮和下箭头按钮翻页浏览切换方式;也可单击切换方式列表框的其他按钮 ☑,在弹出的如图 5.22 所示的切换方式列表框中,选择切换方式。选择"无切换"选项,将删除切换方式。

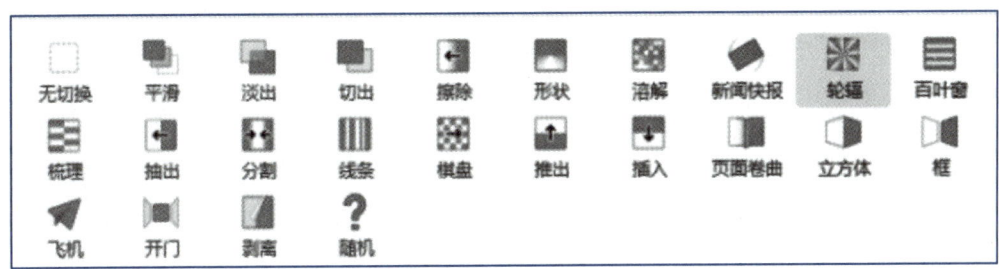

图 5.22　切换方式列表框

③ 设置切换效果和计时。单击"切换"选项卡左侧第二组的"效果选项"下拉按钮,在弹出的列表中选择所需的效果选项。单击"切换"选项卡左侧第三组的"声音"下拉按钮,在弹出的下拉列表框中选择所需的声音。在浏览各种声音时,单击某种声音,会立刻播放该声音让用户试听。在"速度"数值框中设置切换幻灯片所持续的时间,单位是秒。单击右侧第一组的"应用到全部"按钮,将此切换效果应用于整个演示文稿。

④ 设置切换方式。在"切换"选项卡右侧第二组,若勾选"单击鼠标时换片"复选框,则单击鼠标时切换到下一张幻灯片;若勾选"自动换片"复选框,并单击微调按钮选择时间,时间以秒为最小单位,则被选中的幻灯片以该时间为间隔进行自动切换;若两个复选框都被勾选,则会以最短的时间间隔为准。

2. 测试切换效果

设置完成后,单击"预览"按钮 ⏭,则可以对所设幻灯片的切换效果进行预览。

5.4.3　超链接和动作设置

利用超链接技术和动作设置可以制作具有交互功能的演示文稿。

1. 超链接

在放映幻灯片的过程中,可以使用超链接来实现从一个演示文稿或文件快速跳转到其他演示文稿或文件的捷径,通过它可以在自己的计算机上,甚至网络上进行快速切换。

演示文稿能够链接的文件很多,可以是幻灯片中的文字或图形,也可以是互联网中的网页,还可以是文字文稿、工作簿、数据库、HTML 文件等。创建超链接的具体步骤如下:

① 在幻灯片中,选中要设置超链接的图片或文字。

② 单击"插入"选项卡右侧第二组的"超链接"下拉按钮,选择"文件或网页"选项(也可以右击图片或文字,在弹出的快捷菜单中,选择"超链接"命令),即可打开"插入超链接"对话框,如图 5.23 所示。

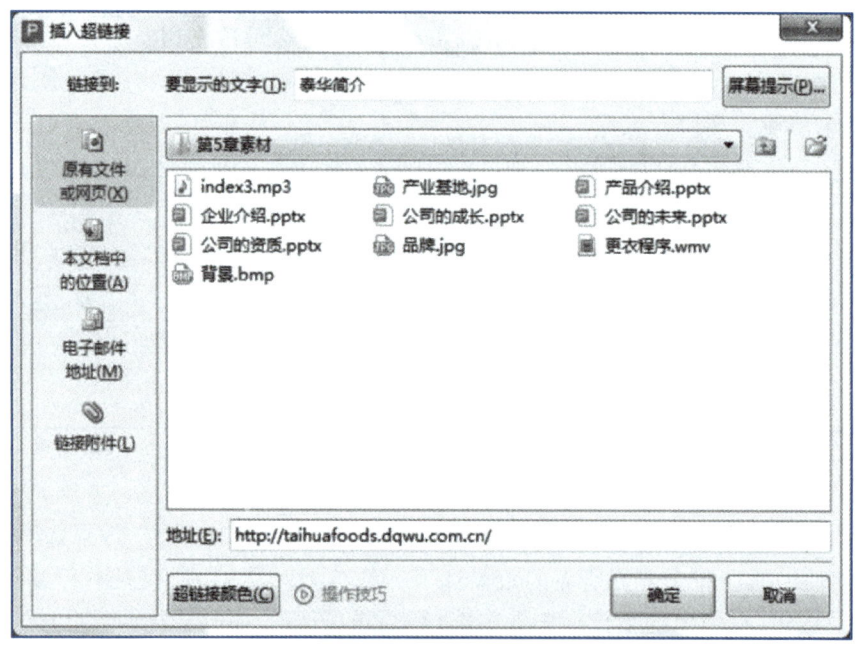

图 5.23　"插入超链接"对话框

③ 在该对话框中的"链接到"选项区域,可以选择链接指向的类型:"原有文件或网页""本文档中的位置""电子邮件地址""链接附件"。对话框中间显示的是链接指向的文档或者演示文稿中的具体幻灯片等。

④ 若要删除已建立的超链接,可以右击用作超链接的文本或对象,在弹出的快捷菜单中,选择"取消超链接"命令即可。

⑤ 若要编辑超链接,也需右击设置了超链接的对象,从快捷菜单中选择"编辑超链接"命令,即可打开"编辑超链接"对话框,在该对话框中进行编辑修改即可。

2. 动作设置

演示文稿放映时,由演讲者操作幻灯片中的对象去完成下一步的既定工作,称这项既定的工作为该对象的动作。为对象设置动作的步骤如下:

① 选定要设置动作的对象。

② 单击"插入"选项卡右侧第二组的"动作"按钮,打开"动作设置"对话框,如图 5.24 所示。

图 5.24 "动作设置"对话框

WPS Office 演示文稿提供了两种激活超链接功能的交互动作:鼠标单击和鼠标移过。大多数情况下,建议采用鼠标单击的方式,如果采用鼠标移过的方式,容易误操作,导致意外的跳转。

③ 在"鼠标单击"选项卡中,选中"超链接到"单选按钮,再单击其下拉按钮,在弹出的下拉列表框中,选择超链接的对象;若选中"运行程序"单选按钮,再在文本框中输入应用程序及其路径,或单击"浏览"按钮,选择要运行的应用程序,则表示运行时单击对象,会自动运行所选的应用程序;若勾选"播放声音"复选框,并从其下拉列表框中选择一种声音,能够设置单击动作对象时播放指定的声音。单击"确定"按钮,即可完成动作的设置。

④ 若选中"鼠标移过"选项卡,则表示放映幻灯片过程中,发生动作的条件是鼠标悬停,此动作设置的方法与在"鼠标单击"选项卡中设置的方法是一样的。

3. 插入动作按钮

使用幻灯片内的动作按钮,可以在幻灯片放映时加入许多比较方便的链接与效果,使放映过程能够更顺畅地进行。在幻灯片上加入动作按钮,则在演示过程中可方便地跳转到其他幻灯片,也可以播放影像、声音等,还可以启动应用程序。在一张幻

灯片中插入动作按钮,可以按以下操作步骤进行:

① 选择要放置按钮的幻灯片。

② 单击"开始"选项卡右侧第二组的"形状"下拉按钮(或单击"插入"选项卡左侧第三组的"形状"下拉按钮),在"动作按钮"区域,选择所需要的动作按钮,鼠标出现十字形状,在幻灯片合适的位置上拖动鼠标,即可得到一个动作按钮,并同时打开如图 5.24 所示的"动作设置"对话框,设置好按钮要执行的动作,然后单击"确定"按钮即可。若要编辑设置该按钮,可右击按钮,在弹出的快捷菜单中进行选择。

5.5　扩 展 阅 读

扩展阅读
5-1:
刘杉

刘杉,腾讯多媒体实验室杰出科学家,她正领导腾讯多媒体实验室,探索全景式、可交互的多媒体形态在未来生活中的落地,在科技与艺术的交叉地带创造更多具有想象力的场景。

思 考 题

1. 创建演示文稿的方法有哪些?

2. WPS Office 演示文稿中的视图种类主要有哪些?

3. 如何隐藏和取消隐藏幻灯片?

4. 如何为幻灯片添加项目符号和编号?

5. 如何在幻灯片中插入影片?

6. 如何设置使得插入的音频在演示文稿中的所有幻灯片放映完毕时停止播放?

7. 什么是幻灯片母版?如何更改幻灯片母版?更改幻灯片母版对幻灯片有什么影响?

8. 如何对已经设置了动画的对象再次设置动画?

9. 什么情况下使用"动画刷"?怎么使用"动画刷"?

10. 如何设置幻灯片的切换方式?

11. 你认为应该学习科学家刘杉的哪些优秀品质?

下篇 高 级 篇

第6章 算法与程序设计

计算机之所以能处理复杂的问题，主要依靠的是程序，而程序的"灵魂"来自算法。算法是解决一个具体问题而采取的一系列步骤，程序是用计算机语言对算法的实现。

本章主要介绍算法的基础知识、Python 语言的基本语法、3 种控制结构以及函数和文件等。

6.1 案例与案例解析

1. 本章案例

下面的 Python 代码实现了图像轮廓的效果，如图 6.1 所示。

```
from PIL import Image,ImageFilter
img = Image.open("greatwall.jpg")
om = img.filter(ImageFilter.CONTOUR)# 图像的轮廓获取
om.save('aContour.jpg')
```

(a) 原图　　　　　　　　　　　　　　(b) 轮廓效果

图 6.1　图像轮廓

2. 案例说明与分析

案例通过引用第三方库 PIL，利用 ImageFilter 类过滤图像的方法，对图像进行处理,实现了获取图像轮廓的效果。

Python 更接近自然语言,结构简单,代码更加清晰和易于阅读。学习者可以在更短的时间内掌握编程方法,借助于丰富的第三方库,能够快速开发出相关应用。

本章主要知识点

① 算法的概念及描述。

② 典型算法。

③ Python 语言开发和运行环境。

④ Python 程序控制结构。

⑤ Python 函数。

⑥ Python 文件操作。

⑦ Python 数据可视化等方面的应用。

6.2　算　法

6.2.1　算法的概念

1. 算法的概念

【例 6.1】下面是一个虾仁炒鸡蛋的菜谱。

实现步骤如下:

步骤1:洗虾仁,吸干水分。

步骤2:上料腌制。

步骤3:打鸡蛋,烫虾仁。

步骤4:虾仁、鸡蛋、小葱混合。

步骤5:起油锅,炒第 4 步混合好的原料。

步骤6:出锅。

广义上的算法是为解决一个具体问题而采取的一系列步骤。菜谱就是一个算法,它描述了如何将原材料加工成美味佳肴的过程。计算机算法是以一步接一步的方式来详细描述计算机如何将输入转化为所要求的输出的过程。它是解决问题的基本方法,是一系列清晰准确的指令。这些指令可以用一种编程语言或自然语言来表示。对于同一个问题,可以有多种不同的算法。

【例 6.2】求任意两个正整数 m 和 n 的最大公约数。

对于该问题,当 m 和 n 的值比较小时,人们可以立即观察得出,如 6 和 8 的最大公约数是 2。但是当 m 和 n 的值比较大时,如 567 891 和 321 956 的最大公约数就不是一般人一眼能看出来的。古希腊数学家欧几里得提出了一个求任意两个正整数最大公约数的通用方法,步骤如下:

步骤1:保证 $m \geq n$。比较 m 和 n 的大小,如果 $m<n$,则 m、n 的值互换。

步骤2:求余数。用 m 除以 n,得到余数 $r(0 \leq r<n)$。

步骤 3：判断余数 r 是否为 0。如果 r 是 0，则 n 为最大公约数，否则转向步骤 4。

步骤 4：置换。n 赋给 m，r 赋给 n，转向步骤 2。

以上 4 步就构成了求最大公约数的算法，被称为"辗转相除法"或"欧几里得算法"。

2. 算法的特征

著名计算机科学家 Donald E.Kunth 曾把算法的性质归纳为以下 5 点，现以例 6.2 为例进行解释。

① 有穷性：一个算法在执行有穷个计算步骤后必须终止。例如，在余数 r 是 0 时，n 为最大公约数，算法终止。

② 确定性：算法的每一步都必须有确切的定义，对于每种情况，等待执行的动作都必须严格地定义，即不能有二义性，例如，求余数、置换都是确定的。并且在任何条件下算法只能有唯一的执行路径，即对相同的输入只能得出相同的结果。

③ 可行性：有限个步骤应该在一个合理的范围内进行。例如，求得余数后，需要对 m、n、r 进行置换，逐步缩小了 m、n 的值，r 也在向着终止的方向发展。

④ 输入：一个算法有 0 个或多个输入，以刻画运算对象的初始情况，所谓 0 个输入是指算法本身定出了初始条件。例如，m、n 的值必须输入或给定初始值才能计算最大公约数。

⑤ 输出：一个算法有一个或多个输出，以反映对输入数据加工后的结果。没有输出的算法是毫无意义的。例如，例 6.2 只有一个输出，就是最大公约数。

3. 算法的分类

算法的种类很多，分类标准也很多。根据待处理的数据，算法可以分为如下两类：

（1）数值计算算法

数值计算算法是用于科学计算的，其特点是少量的输入、输出，复杂的运算。例如，求最大公约数、鸡兔同笼问题、兔子繁殖问题等。计算机刚出现时主要是为了进行数值计算的，仅是一种计算工具。

（2）非数值计算算法

非数值计算算法主要用于解决需要用逻辑推理才能解决的问题，如人机围棋大战、购物推荐、个性化服务等问题属于这类算法。随着计算机技术的发展和应用的普及，非数值计算算法涉及面更广，研究的任务更重。

6.2.2 算法的描述

算法是解决问题的步骤，为了方便表达和交流，要用合适的载体表达出来。通常可以用自然语言、伪代码、流程图等方法表达。

1. 自然语言

自然语言描述算法是用人们日常使用的语言来表达算法。例 6.2 中的辗转相除法就是用自然语言中文来表达的。自然语言描述方式是指使用人类语言直接描述步骤，优点是灵活自然，缺点是容易出现二义性，即一个描述可以产生多种不同的程序代码。

2. 流程图

流程图是最早出现的用图形表示算法的工具,它由一些图形框和带箭头的线条组成,可以表达算法中需要描述的各种操作,具有准确、直观、可读性好的特点,被广泛采用。其中,图形框用来表示指令动作或指令序列或条件判断,箭头说明算法的走向。

美国国家标准化协会 ANSI 规定了一些常用的标准流程图符号,如表 6.1 所示。

表 6.1　标准流程图符号及含义

符号名称	图形	功能
起止框		表示算法的开始和结束
输入输出框		表示算法的输入输出操作
处理框		表示算法中的各种处理操作
判断框		表示算法中的条件判断操作
流程线	→	表示算法的执行方向
连接点	○	表示流程图的延续

例 6.2 的算法流程图如图 6.2 所示。

3. 伪代码

伪代码介于自然语言和编程语言之间,用于描述算法或程序逻辑。伪代码的特点是结构清晰、代码简单、可读性好,它使用类似于编程语言的结构和语法,但更加简洁和易于理解。

例如,输入 3 个数,打印输出其中的最大数。可用如下的伪代码表示:

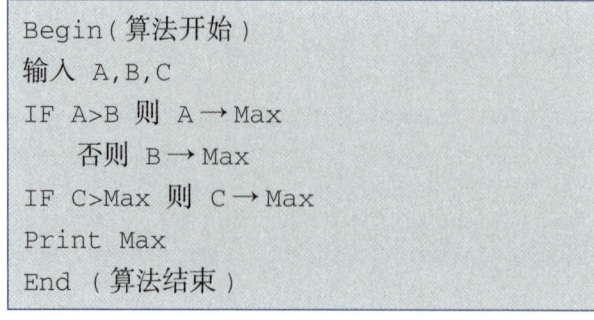

```
Begin(算法开始)
输入 A,B,C
IF A>B 则 A→Max
    否则 B→Max
IF C>Max 则 C→Max
Print Max
End （算法结束）
```

与自然语言描述不同,伪代码在保持程序结构的情况下描述算法,便于转换成某种语言编写的计算机程序,但是伪代码写的算法不能被计算机所理

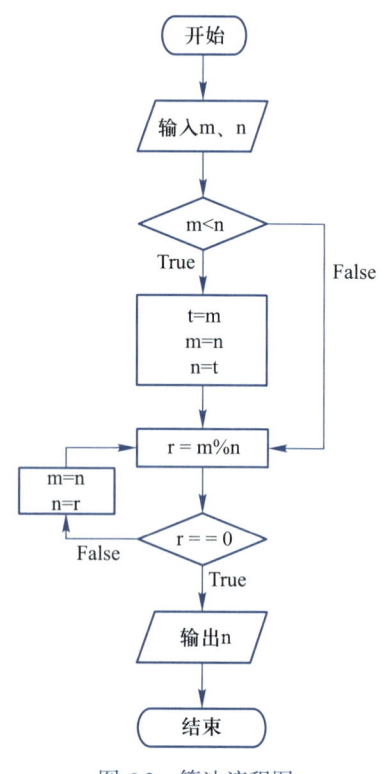

图 6.2　算法流程图

解,只有用计算机语言编写的程序才能被计算机识别并执行。

6.2.3 典型算法

在长期的实践中,前人总结出了许多经典的算法。学习掌握这些经典的算法思想,有助于我们深入了解计算机处理问题的方法,提高自己的计算思维能力,为今后使用计算机解决本专业实际问题打下良好的基础。下面介绍几个基本的、典型的算法。

1. 枚举法

枚举法,亦称穷举法或试凑法。枚举法的基本思想是,根据题目的部分条件确定答案的大致范围,并在此范围内对所有可能的情况逐一验证,直到全部情况验证完毕。若某个情况验证符合题目的全部条件,则为本问题的一个解;若全部情况验证后都不符合题目的全部条件,则本题无解。

【问题描述】鸡翁一值钱五,鸡母一值钱三,鸡雏三值钱一。百钱买百鸡,问鸡翁、鸡母、鸡雏各几何?

【分析】百钱买百鸡是一个数学问题,出自我国古代约 5~6 世纪成书的《张邱建算经》,是原书卷下第 38 题,该问题导致三元不定方程组,其重要之处在于开创"一问多答"的先例。

设公鸡、母鸡、小鸡分别为 x、y、z 只,由题意得:

$$\begin{cases} x+y+z=100 \\ 5x+3y+(1/3)z=100 \end{cases}$$

有两个方程,三个未知量,称为不定方程组,有多种解,可采用枚举法。

百钱买百鸡的问题,就是在 0~100 范围内确定 x、y、z 的值,当三者同时满足上述两个方程时,所求得的 x、y、z 值即为其中的一个解,据此可得出以下算法:

① 设 $x=0$, $y=0$

② $z=100-x-y$

③ 如果 $5x+3y+(1/3)z=100$,则输出 x、y、z 的值

④ $y=y+1$,如果 $y \leqslant 100$,则转②

⑤ $x=x+1$,如果 $x \leqslant 100$,则转②

穷举法很像数学上的"完全归纳法"并在密码破译方面得到了广泛的应用。简单来说就是将密码进行逐个推算直到找出真正的密码为止。破解任何一个密码都只是一个时间问题。在一些领域,为了提高密码的破译效率而专门为其制造的超级计算机也不在少数,例如,IBM 为美国军方制造的"飓风"就是很有代表性的一个。

计算机程序实现枚举法的基本方法是,用循环结构实现——枚举的过程,用选择结构实现验证的过程。

2. 迭代法

迭代法又称递推法,是利用问题本身所具有的某种递推关系求解问题的方法。其基本思想是从初值出发,归纳出新值与旧值间的关系,直到最后值为止,从而把一个复杂的计算过程转化为简单过程的多次重复,每次重复都是在旧值的基础上递推

出新值,并由新值代替旧值。

　　【问题描述】猴子吃桃子。猴子第一天摘下若干桃子,当即吃了一半,还不过瘾,又多吃了一个;第二天早上又将剩下的桃子吃掉一半,又多吃了一个。以后每天早上都吃了前一天剩下的一半多一个。到第七天早上想再吃时,见只剩下一个桃子了。试编写程序计算猴子第一天共摘了多少个桃子。

　　【分析】这是一个“递推”问题,先从最后一天推出倒数第二天的桃子,再从倒数第二天的桃子推出倒数第三天的桃子……,直到推出第一天未吃之前的挑战。

　　设第 n 天的桃子为 x_n,它是前一天的桃子数的一半少一个,即:

$$x_n = \frac{1}{2}x_{n-1} - 1$$

　　那么第 $n-1$ 天的桃子数为:

$$x_{n-1} = (x_n + 1) \times 2$$

算法的流程图如图 6.3 所示。

3. 排序算法

　　把无序的数据整理成有序数据的过程就是排序。排序就是把若干数据按照其中的某个或某些关键字的大小,按递增或递减的顺序排列起来的操作,排序问题是在程序设计中经常出现的问题。在日常生活和工作中许多问题的处理都依赖于数据的有序性,如在购物网站上比较物品的价格,寻求价值最大化和成本最小化;又如考试成绩的排序,图书馆的馆藏编号,各种字词典籍中的条目排序等。

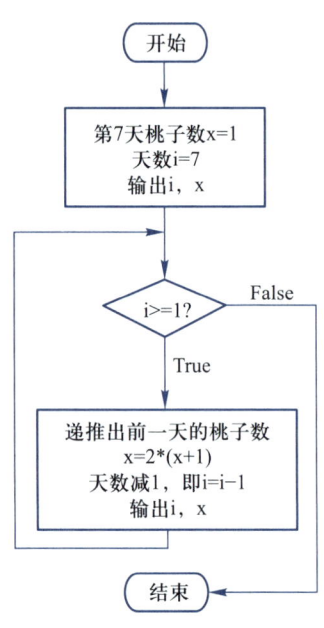

图 6.3　猴子吃桃算法的流程图

　　排序算法有许多,常用的排序算法有插入排序法、冒泡排序法、选择排序法等。

　　(1)插入排序包括直接插入排序和二分插入排序。直接插入排序的基本操作是将一个记录插入到已经排好序的有序表中,从而得到一个新的、记录数增 1 的有序表。

　　直接插入排序用自然语言描述如下:

　　① 从第一个元素开始,该元素可以认为已经被排序。

　　② 取出下一个元素,在已经排序的元素序列中从后向前扫描。

　　③ 如果该元素(已排序)大于新元素,将该元素移到下一位置。

　　④ 重复步骤③,直到找到已排序的元素小于或者等于新元素的位置。

　　⑤ 将新元素插入到下一位置中。

　　⑥ 重复步骤②。

　　(2)冒泡法排序的思路是将相邻的两个数进行比较,在每一轮排序时将最大的数调到后面(或前面,视升序或降序而定),当本轮循环结束时,在参与比较的数字中最大的数就冒出。

　　冒泡法排序的基本算法描述如下:

假设要排序的数有 n 个,则需要 $n-1$ 轮排序。

① 从第一个数开始,相邻两数比较,即 a(1)与 a(2)比较,若 a(1)>a(2)则交换两者的位置,依次比较 a(2)与 a(3)、a(3)与 a(4)……,直到完成第 $n-1$ 个数 a($n-1$)与第 n 个数 a(n)比较及交换。这样第 n 个位置上的数确定。

② 重复步骤①,依次对第一个数到第 $n-2$ 个数,与其相邻的数据进行比较及交换,选出第 $n-1$ 位置上的数。

③ 重复步骤① $n-1$ 遍,每次总是从第一个数开始,到第 $n-i$ 个数结束,依次对它们的相邻数据进行比较及交换操作,最终构成递增序列。

（3）选择排序法的基本思想是对整个序列扫描,每次在若干无序数中找最小（大）数,将它与序列的第一个元素交换位置;再在剩下的元素中找出最小（大）数,与序列的第二个元素交换位置,以此类推,直到序列为空。

已知 n 个数的序列,用选择排序法按递增次序排序的自然语言描述如下:

① 从 n 个数中找出最小的数,经过一轮的比较,将最小数与第一个数交换位置,通过这一轮排序,第一个数已确定好。

② 除已经排好序的数外,将其余数再按步骤 a 的方法选出最小的数,与未排序数中的第一个数交换位置。

③ 重复步骤②直到构成递增序列。

4. 查找算法

查找在日常生活中经常遇到,利用计算机快速运算的特点,可方便地实现查找。查找的方法很多,对无序数据用顺序查找;对有序数据采用二分法查找;对某些复杂结构的数据,可用树状方法查找。

顺序查找是在一个已知无序（或有序）队列中找出与给定关键字 x 相同的数的具体位置。原理是让关键字与队列中的数从第一个开始逐个比较,直到找出与给定关键字相同的数为止,它的缺点是效率低下。

二分查找,也叫折半查找,它充分利用了元素间的次序关系,采用分治策略完成搜索任务。其基本思想是,首先,将序列中间位置记录的关键字与查找关键字比较,如果两者相等,则查找成功;否则利用中间位置记录将序列分成前、后两个子序列,如果中间位置记录的关键字大于查找关键字,则进一步查找前一子序列,否则进一步查找后一子序列。重复以上过程,直到找到满足条件的记录,此时查找成功,或直到子序列不存在为止,此时查找不成功。

6.3　Python 简介

1. 计算机语言

自然语言、流程图、伪代码仅为了帮助人们描述、理解算法,但是计算机无法识别。要用计算机解题,就要用计算机语言描述算法。用计算机语言编写的代码称为程序。

最初,计算机中使用的是以二进制代码表达的语言——机器语言,后来又采用了"符号化"的机器语言——汇编语言。机器语言和汇编语言都称为低级语言。由于用低级语言编写的程序可读性差,不易记忆,编码和调试困难,又依赖于具体的计算机,通用性差,所以人们开始使用更接近人类自然语言的表达语言——高级语言。用高级语言编写的程序,基本不依赖机器的硬件系统,其功能强大,可读性强,编程效率高。

使用高级语言编写的程序被称为源程序,不能被计算机直接识别,必须经过编译或解释成机器语言才能执行。编译是指源程序执行前,将程序源代码编译成机器语言,可以脱离其语言环境独立执行,效率较高。需要修改时,要先修改源代码,再重新编译后执行。解释则是应用程序源代码一边由解释器翻译成机器语言,一边执行,效率比较低,不生成独立的可执行文件,应用程序不能脱离其解释器。但该方式比较灵活,可以动态调整和修改应用程序。当前流行的高级语言包括 C、Java、Python、C++、C# 等,其中 C、C++、Java 属于编译执行的语言。

2. Python 语言

Python 是由荷兰人 Guido van Rossum 设计的一门跨平台、开源、免费的解释型高级动态编程语言。从 1989 年诞生至今,由于其简单易学、优雅简洁、拥有丰富强大的库等特点,已成为最受欢迎的程序设计语言之一。许多国内外的互联网公司将 Python 作为主要开发语言,例如豆瓣、知乎、Google、NASA、YouTube、Facebook 等。

Python 具有优秀的扩展性,在如科学计算、数据分析、人工智能、大数据、云计算、网络爬虫等众多领域有着良好的应用。

（1）安装 Python 解释器

Python 解释器是一种特殊的程序,用于将 Python 代码转换成机器码,使计算机能够理解和执行 Python 程序。

Python 解释器是一个轻量级的小尺寸软件（大约 25 MB ~ 30 MB）,用户可以直接从 Python 官网根据操作系统版本下载合适的 Python 安装包。安装成功后,就可以正式开始 Python 之旅了。

Python 安装包在系统中安装一批与 Python 开发和运行相关的程序,其中最重要的两个是 Python 命令行和 Python 集成开发环境（integrated development environment,IDLE）。在"开始"菜单中找到 Python 程序组,如图 6.4 所示,选择程序组中的 IDLE 命令即可打开开发环境界面,如图 6.5 所示。

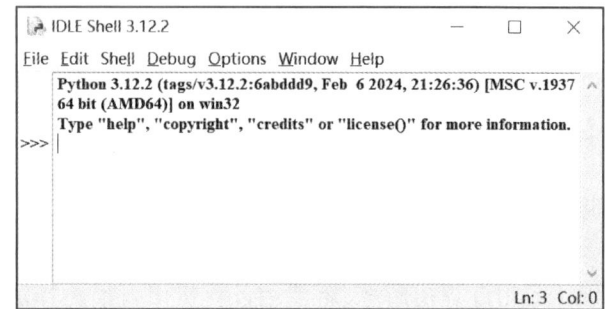

图 6.4　"开始"菜单中的 Python 程序组　　　　图 6.5　IDLE 开发环境

（2）编写第一个程序

【例 6.3】分两行分别输出"你好，世界！"和"Hello World!"。

【分析】要完成该程序的输出，需要启动 IDLE 环境。IDLE 具有两种类型的主窗口：Python Shell 窗口和文件编辑窗口，分别用于交互式编程和文件式编程。

① 交互式编程　交互式编程是指解释器及时响应用户输入的代码并输出运行结果。在图 6.5 所示的 Python 提示符"＞＞＞"后，用户每输入一个语句，按 Enter 键，系统就执行该语句，显示结果。本例程序代码及运行结果如下：

```
>>> print("你好，世界!")
你好，世界!
>>> print("Hello World!")
Hello World!
```

程序说明：此方式常用于 Python 简短代码的测试，由于该方式无法保存，不方便后续修改。

② 文件式编程　在 IDLE 的交互环境下，单击 File 菜单，选择 New File 命令，会打开一个新的编辑窗口，在此窗口中可以编写代码。本例代码输入后界面如图 6.6 所示。

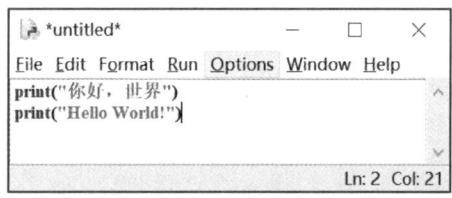

图 6.6　文件式编程界面

编写好代码后，选择 Run 菜单下的 Run Module 命令或者按 F5 键运行，如果文件没有保存，会提示先保存程序，保存并运行后可以看到程序的输出结果如图 6.7 所示。

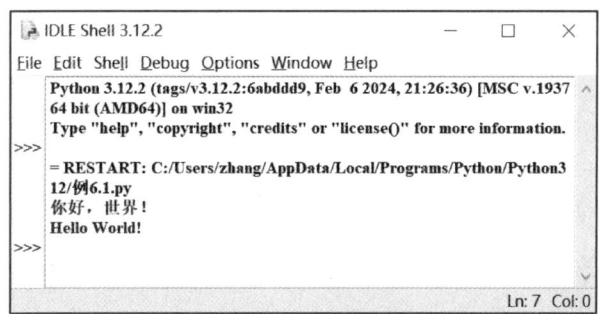

图 6.7　输出结果

　　注意：文件式编程环境下，文件可以很方便地修改、保存并重新运行，适合编程实践和开发。

6.4 Python 语言基础

6.4.1 数据类型

计算机程序是通过计算来解决实际问题的。计算中涉及的数据在程序中以常量或变量的形式出现,常量或变量必须有明确的数据类型,程序才能分配给它们精确的存储大小,才能进行精确或高效率的运算。

在 Python 语言中,数据类型分为内置数据类型(标准数据类型)和自定义数据类型。其中,内置数据类型按照数据类型的复杂程度,又分为基本数据类型和组合数据类型两大类。Python 的基本数据类型包括数值类型、字符串类型和布尔类型。

1. 数值类型

数值类型用于存储数值,Python 语言提供 3 种数值类型:整数类型、浮点数类型和复数类型。

(1)整数类型

整数类型(int)用于表示数学中的整数,有 4 种表示方式:二进制、八进制、十进制和十六进制。默认方式是十进制,二进制数以 0b(或 0B)开头,八进制数以 0o(或 0O)开头,十六进制数以 0x(或 0X)开头。

例如,123、0b1101、0o132、0X8a 都是合法的整数。

(2)浮点数类型

浮点数类型(float)由整数部分与小数部分组成。浮点数既可以用小数标识,也可以用科学记数法标识。科学记数法的形式为

<a>E<b>　或　<a>e<b>

其中,a 为整数或浮点数,b 为整数,字母 E 或 e 表示以 10 为底的幂,即 $a \times 10^b$。

例如,−6.7、98.0、1.5e7、1.3E−12 都是合法的浮点数,其中,1.5e7 相当于数学表达式 1.5×10^7。

(3)复数类型

复数类型表示数学中的复数。复数(complex)由实数部分和虚数部分构成,可以用 a+bj 或者 a+bJ 表示。其中,a、b 均为实数,a 称为实部,b 称为虚部。例如,1.2+3j 和 −6+5.2J 都是合法的复数。

2. 字符串类型

字符串(string)是以两个单引号、双引号或三引号包裹起来的字符序列。单引号、双引号、三单引号、三双引号可以互相嵌套,用来表示复杂字符串。

例如,'abc'、'123'、' 中国 '、"Python"、'''Tom said, "Let's go"''' 都是合法的字符串。

3. 布尔类型

布尔类型(bool)数据用于表示逻辑判断的结果,它只有两个可能的值:True(真)

和 False（假）。

4. 组合数据类型

计算机不仅对单个变量表示的数据进行处理，更通常的情况是，计算机需要对一组数据进行批量处理。例如：

① 给定某门课程的学生成绩，统计不及格人数、优秀人数，按照分数排序。

② 给定一组单词，计算并输出每个单词的长度。

上述问题就需要通过组合数据类型来处理。组合数据类型能够将多个同类型或不同类型的数据组织起来，通过单一的表示使数据操作更有序、更容易。

Python 中的组合数据类型主要有序列类型、映射类型和集合类型。序列类型是一个元素向量，元素之间存在先后关系，通过序号进行访问。序列类型主要有列表、元组和字符串等；映射数据类型是一种键值对，一个键只能对应一个值，但是多个键可以对应相同的值，而且通过键可以访问值。字典是 Python 中唯一的映射数据类型；集合类型是由数学中的集合概念引入的，集合是一个无序的不重复元素的序列。

（1）列表

列表是 Python 中内置有序、可变数据类型，列表的所有元素放在一对中括号"[ ]"中，并使用逗号分隔开。

在 Python 中，一个列表中的数据类型可以各不相同，可以同时分别为整数、实数、字符串等基本类型，甚至是列表、元组、字典、集合以及其他自定义类型的对象。

① 创建列表。创建一个列表，只要把不同的数据项用逗号分隔，用方括号括起来即可。例如：

```
list1 = [80,95,78,66]          # 创建了一个由 4 个整数组成的列表
list2 = ["Hello World",2024,['Tom',20]] # 列表元素可以是任意类型
# 使用 list() 函数将 range 生成的序列转换为列表 [1,2,3,4,5]
list3 = list(range(1,6))
```

② 访问列表中的值。列表中的每个元素被关联一个序号，即元素的位置，也称为索引。索引值从 0 开始，第二个元素的序号则是 1，以此类推，从左向右逐渐变大。列表序号也可以从后往前，索引值从 −1 开始，从右向左逐渐变小。列表 list1 = [80, 95, 78, 66] 各元素索引值如图 6.8 所示。

使用下标索引来访问列表中的值，也可以使用方括号截取部分元素（称为切片操作）。

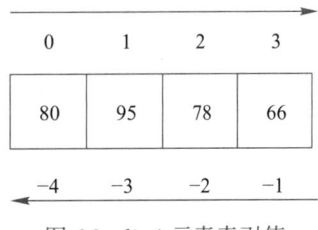

图 6.8　list1 元素索引值

```
>>> list1 = [80,95,78,66]
>>> list1[1]
95
>>> list1[-2]
```

```
78
>>> list1[1:3]# 截取索引从 1 开始到索引为 2 的两个元素，返回这两个元
素组成的列表
[95,78]
```

③ 修改列表元素值。赋值语句是最简单的修改列表元素值的方式。list1[2]=6，表示对索引为 2 的元素重新赋值为 6。

（2）元组

元组（tuple）与列表类似，不同之处在于元组属于不可变类型，一旦创建，其元素不可修改。元组类型在表达固定数据项、函数多返回值、多变量同步赋值、循环遍历等情况下十分有用。

创建元组需要将元素放在一对圆括号"（ ）"中，元素之间用逗号隔开，例如，tuple1 =（1, 2.5, 6, 10）。

元组访问和列表一样，可以通过索引来访问元组的成员。

（3）字典

列表是存储和检索数据的有序序列。很多应用程序需要更灵活的信息查找方式，例如，在检索学生信息时，需要基于学号进行查找，而不是信息存储的序号。在 Python 中，字典可用来实现通过数据（键）查找关联数据（值）的功能。字典每一个值都有一个对应的键，通过键 key 来访问相应的值 value。例如，通过学号（键）来访问学生信息（值）。

① 创建字典。字典的键 key 和值 value 以冒号隔开，若干 key：value 对放在一对大括号中，不同的 key：value 对之间用逗号分开。形如 {key1：value1，key2：value2，…}。字典创建的代码如下：

```
>>> dict1 = {'202301':18,'202302':19,'202303':17}# 字典 dict1
由"学号：年龄"键值对组成
>>> dict2 = { }                    # 空字典
```

在字典中，键可以是任何不可修改的数据类型，如数值、字符串和元组等；而键对应的值则可以是任何类型的数据。字典是无序集合，字典的显示次序由字典在内部的存储结构决定。

② 访问字典。字典的元素访问方式与列表和元组一样。不同的是，列表和元组的索引号是按照顺序自动生成，而字典的索引号是键。

```
>>> dict1['202302']
19
```

（4）集合

集合（set）是一个无序的不重复元素的序列。集合的元素类型只能是固定数据类型，如整型、字符串、元组等，集合的基本功能是完成成员关系测试（计算两组数据的交、并、差、补集等）和删除重复元素。集合的表示形式如下：

```
{value₁, value₂, …, valueₙ}
```

其中,使用大括号括起来的 value 为集合元素,各个元素之间使用逗号隔开。例如:

animal={"tiger", "dog", "cat", "pig", "sheep"}

6.4.2　常量和变量

1. 常量

常量是指在程序运行的过程中,其值不变的量。例如, 123、"Python"、True 等。

2. 变量

在程序运行中其值可以改变的量就是变量。变量具有名字,不同的变量是通过名字相互区分的。变量名必须是合法的标识符。

变量名通过赋值运算符 "=" 和想要赋予变量的值连接起来,变量的赋值操作完成了声明和定义的过程,变量的数据类型与所赋的值一致。

```
变量名 = value
```

例如:

```
x = 3              # 将整数 3 赋值给变量 x
x = "Hello World"  # 将字符串 "Hello World" 赋值给变量 x
```

同一变量可以反复赋值,而且可以赋值为不同类型,因此 Python 语言被称为动态语言。通过 "type(变量名)" 可以获得变量的数据类型。

3. 标识符

标识符是指 Python 语言中允许作为变量名或其他对象名称(包括函数名、类名、对象名等)的有效符号。标识符构成元素可以是字母、汉字、数字、下划线,首字符是字母、汉字或下划线。例如, name_list、age123、length、学号等都是合法的标识符;而 3m、m−n、m·n 等是非法的标识符。

> 注意:Python 大小写敏感,即 name 和 NAME 是不同的标识符。

4. 关键字

关键字也叫作保留字,是 Python 语言的关键组成部分,在 Python 中有特殊用途,不可随便作为其他对象的标识符。可以通过以下代码查看 Python 关键字:

```
import keyword
print(keyword.kwlist)
```

6.4.3 运算符和表达式

1. 运算符

运算符（operator）是一种特殊的符号，表示应该执行某种计算。运算符作用的对象称为操作数（operand），比如，"a+b" 中，"+" 叫作运算符，变量 a 和 b 叫作操作数。表 6.2 列出了 Python 常用的运算符及含义。

表 6.2　常用的运算符

运算符类别	运算符	含义	示例
算术运算符	–	负号，单目运算	若 a=3，则 –a 结果为 –3
	+、–、*、/	加、减、乘、除	6/3 的结果是 2.0 10/3 的结果是 3.33333333333335
	**	幂运算。x**y 返回 x 的 y 次幂	2**3 的结果为 8
	//	整除运算。返回商的整数部分	9//2 的结果为 4
	%	求模运算（求余）	10%3 的结果是 1
赋值运算符	=	赋值	a = 3 表示变量 a 获得 3 的值
	+= 、–= 、*= 、/=	复合赋值	x +=3 等同于 x = x+3
关系运算符	==、!=、>、>=、<、<=	对两个操作数进行大小比较，结果为 True 或 False	5<=3 的结果为 False，数值按照大小进行比较 "Hello"<"Hero" 的结果为 True，字符串按照字符的 ASCII 码值从左到右依次比较，若某字符大，则该字符串较大，比较结束
逻辑运算符	not	取反。当操作数为假时，结果为真；当操作数为真时，结果为假	not("a">"b") 结果为 True
	and	与。两个操作数都为真时，结果才为真	(5>=3) and (9>5) 结果为 True
	or	或。两个操作数中至少有一个为真时，结果为真。两个操作数都为假时，结果才为假	(4==5) or (4<3) 结果为 False
字符串运算符	+	字符串拼接。x+y 将字符串 x 和 y 拼接在一起	'Hi,'+'Tom' 结果为 'Hi,Tom'
	*	字符串复制。x*n 或 n*x 将字符串 x 复制 n 次	'fun'*2 结果为 'funfun'
	in	x in s 如果 x 是 s 的子串，则返回 True，否则返回 False	'ello' in 'Hello,World' 结果为 True

2. 表达式

用运算符和括号将操作数连接起来的、符合 Python 语法规则的式子,称为表达式(expression),如 a+b-7。表达式通过运算后返回一个结果,运算结果的类型由操作数和运算符共同决定。

在求解表达式的值时,必须按照运算符的优先级由高到低的顺序执行(括号除外)。运算符的优先级如下:

算术运算符或字符串运算符 > 关系运算符 > 逻辑运算符

其中,算术运算符、逻辑运算符内各自都有不同的优先级,字符运算符、关系运算符内的优先级相同。

书写表达式可以使用小括号改变运算符的执行顺序,提高代码的可读性。例如:

```
>>> a=b=15
>>> (a<10)and(b>20)    #推荐写法,尽管小括号是多余的
False
```

6.4.4 输入和输出函数

1. input( )输入函数

输入函数 input( )的功能是从控制台接收用户输入的数据,作为字符串类型进行处理。使用方法如下:

```
<变量> = input(<提示文字>)
```

获得用户输入时,可以包含提示性文字,使人机交互更友好,如果不需要提示性文字,则可以省略参数。

例如,接收用户输入姓名的程序运行如下:

```
>>> name= input('请输入姓名:')
请输入姓名:李明
>>> name
'李明'
```

程序运行时会首先提示信息"请输入姓名:",用户输入"李明",可以看到变量name 接收到了用户的输入。

使用 input( )函数时需要注意,无论用户输入的是字符还是数字,input( )函数统一按照字符串类型处理,可以通过 int( )、float( )类型转换函数进行整数、浮点数类型转换;也可通过 eval( )函数将字符串转化为有效的表达式。例如:

```
>>> age = int(input('请输入年龄:'))
请输入年龄:20
>>> age
20
```

2. print( )输出函数

输出函数 print( )的功能是向控制台输出信息。一般的使用方法如下:

```
print([输出项,…] [,sep=分隔符] [,end=结束符])
```

其中,输出项是以逗号分隔的表达式;sep 表示输出项之间的分隔符,默认为空格;end 表示结束符,默认 print 执行结束后会换行。

```
>>> print(name,age)
李明 20
>>> print(name,age,sep=',')
李明,20
```

为了控制格式输出,最简单的是使用转义字符。最常用的转义字符包括横向制表符 "\t",换行符 "\n"。对于更加格式化的格式输出要求,可与 format( )函数配合使用,按照字符模板输出运算结果。

【例 6.4】编写程序,从键盘输入一个 3 位数,计算并输出该数中各位数字之和。

【分析】本例涉及算术运算符 "//" 和 "%" 的使用。首先从键盘输入一个数字字符串,利用 int( )函数将其转换成整数类型,然后借助 "//" 和 "%" 运算符分别获取个位、十位和百位数字,最后通过 print( )函数输出。

程序代码如下:

```
n = int(input('请输入一个三位数:'))
a = n%10          # 获取个位数字
b = n%100//10     # 获取十位数字
c = n//100        # 获取百位数字
print('{0}的个位、十位和百位数字之和:{1}'.format(n,a+b+c))
```

程序运行结果如下:

```
请输入一个三位数:123
123 的个位、十位和百位数字之和:6
```

程序说明:在上述代码中 "print('{0}的个位、十位和百位数字之和:{1}'.format(n,a+b+c))" 使用了字符串的 format 函数将待输出字符串进行格式处理。其中,'{0}的个位、十位和百位数字之和:{1}' 是输出字符串模板,"{}" 叫槽(slot),"{0}" 和 "{1}"

将分别被变量 n 和 a+b+c 的值所代替。槽的编号从 0 开始,如果省略编号,则根据输出参数的先后顺序自动分配。槽的内部样式如下:

{< 参数序号 >:< 格式控制标记 >}

其中,格式控制标记用来控制参数显示时的格式,格式内容如表 6.3 所示。

表 6.3　格式控制标记

:	< 填充 >	< 对齐 >	< 宽度 >	<, >	<. 精度 >	< 类型 >
引导符号	用于填充的单个字符	< 左对齐 > 右对齐 ^ 居中对齐	槽设定的输出宽度	数字的千位分隔符	浮点数小数精度或字符串最大输出长度	整数类型: b、c、d、o、x、X 浮点数类型: e、E、f、%

format( )函数格式控制示例如下:

```
print("{0:=^20}".format("PYTHON"))
print("{0:,.2f}".format(3.1415))
```

输出结果如下:

```
=======PYTHON=======
3.14
```

6.5　控 制 结 构

计算机能解决问题是依靠程序的运行,而程序的核心是算法。通俗地讲,算法就是解决问题的方法和步骤,解决问题的过程就是算法的实现过程,程序设计则是给出解决特定问题程序的过程。

程序设计的一般过程如下:

① 问题分析:将要解决的问题进行分析、描述程序功能。

② 设计算法:根据所需的功能,理清思路,设计出解决问题的方法和完成功能的具体步骤,其中每一步都应当是简单的、确定的。这一步也被称为"逻辑编程"。

③ 编写程序:根据前一步设计的算法编写程序。

④ 运行与调试程序:通过编译调试和运行程序,尽可能地排除错误,获得正确的编码和正确的结果。

计算机的一个程序由若干语句组成,这些语句用来完成特定的任务。程序中的语句可以由顺序结构、分支结构和循环结构三种基本结构组成。

6.5.1 顺序结构

顺序结构是一种线性结构,也是程序设计中最简单、最常用的基本结构。其执行特征为按照语句出现的先后顺序,依次执行,顺序结构的流程图如图6.9所示。在Python中,顺序结构最常见的语句为赋值语句和输入输出语句。例6.4的程序结构为顺序结构。

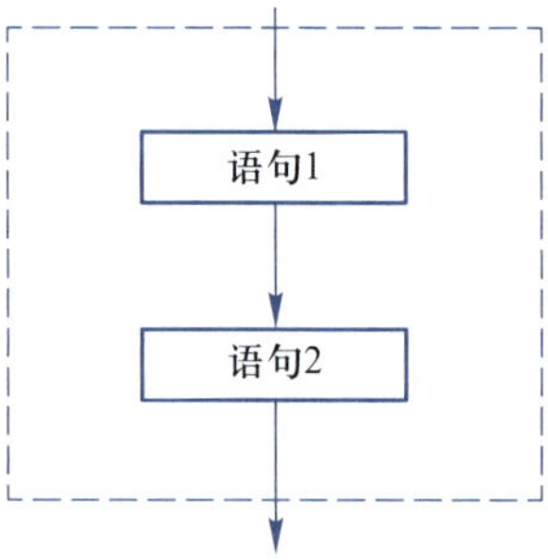

6.5.2 选择结构

选择结构又称为分支结构,程序对约定的条件进行判断,根据判断的结果来控制程序的执行流程。常见的选择结构有单分支结构、双分支结构和多分支结构。

1. 单分支结构:if语句

if语句属于单分支结构,其语句格式如下:

```
if 表达式:
    语句块
```

单分支结构程序功能:程序运行到if语句时,判断表达式是否为True,如果表达式的值为True,则执行内嵌的语句块;若为False,则跳过语句块,继续执行if语句的下一条语句。单分支结构的流程图如图6.10所示。

注意:
① if是Python关键字,if和表达式之间至少有一个空格。
② 表达式可以是算术表达式、关系表达式、逻辑表达式等任意合法的表达式,表达式的返回结果为逻辑值:真(True)或者假(False)。
③ 在Python中,语句块是使用冒号(:)开头的,之后同一语句块内有相同的缩进(通常是4个空格或一个Tab),不能混用空格、Tab键。

图6.9　顺序结构流程图

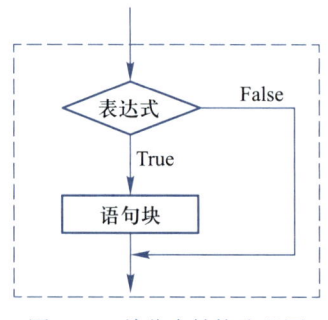

图6.10　单分支结构流程图

【例6.5】从键盘上输入3个数,输出最大的数。

【分析】本例使用单分支结构。定义变量m用于存放最大数,假设第1个数是最大数,将其放到m中;把第2个数与m进行比较,如果第2个数比m大,则将第2个数作为最大数放到m中,用同样的方法比较第3个数和m的大小。

程序代码如下:

```
a,b,c = eval(input('请输入 3 个数，并用逗号隔开：'))
m = a          #将 a 赋给变量 m
if b > m:      #判断 b 是否大于 m
     m = b     #将 b 赋给变量 m
if c > m:      #判断 c 是否大于 m
     m = c     #将 c 赋给变量 m
print('最大数是 {}'.format(m))
```

程序运行结果如下：

```
请输入 3 个数，并用逗号隔开：8,10,2
最大数是 10
```

程序说明：

① 使用 input（ ）函数默认输入的是字符串。

② eval（ ）函数可以将一个字符串作为参数，并将其解析为一个表达式，然后计算该表达式的值。例如，eval（"3+2"）将返回结果 5。

a、b、c 三个变量在同一行输入，变量之间用英文半角逗号分隔，eval（ ）函数将输入的字符串"8，10，2"转换成 8、10、2，分别赋值给 a、b、c。

③ 语句"print（'最大数是 {}'.format（m））"中的 format 方法用来定义输出格式。

④ 本例中使用了两个 if 单分支语句。

2. 双分支结构：if-else 语句

Python 中 if-else 语句用来形成双分支结构，其语句格式如下：

```
if 表达式：
     语句块 1
else:
     语句块 2
```

双分支结构程序功能：程序运行到 if 语句时，判断表达式的值是否为 True，如果条件表达式的值为 True，则执行内嵌的语句块 1；若为 False，则执行 else 后面的语句块 2。双分支结构的流程图如图 6.11 所示。

> 注意：
> ① if 与 else 都是关键字，书写时必须对齐。
> ② if 和 else 后必须加冒号（ : ）。
> ③ 语句块 1 和语句块 2 具有相同的缩进量。

【例 6.6】输入一个整数，判断该数是奇数还是偶数。

【分析】本例使用 if-else 语句。判断输入数能否被 2 整除，如果能被 2 整除则为偶数，否则为奇数。

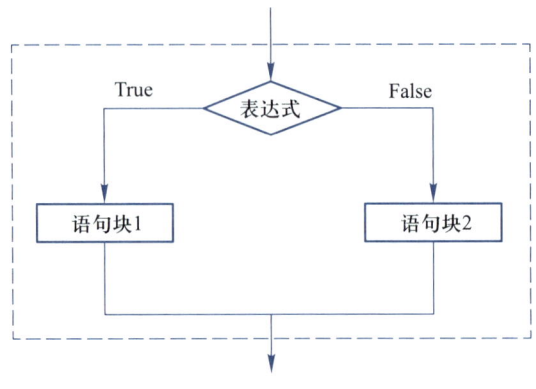

图 6.11 双分支结构流程图

程序代码如下:

```
a = int(input('请输入一个整数:'))
if a%2 == 0:
    print(a,'是偶数。')
else:
    print(a,'是奇数。')
```

程序运行结果如下:

```
请输入一个整数:8
8 是偶数。
```

程序说明:通过求余运算 % 的结果为 0 判断整除。

3. 多分支结构:if-elif-else 语句

Python 中 if-elif-else 语句用来形成多分支结构,其语句格式如下:

```
if 表达式1:
    语句块 1
elif 表达式2:
    语句块 2
    …
else:
    语句块 n+1
```

多分支结构程序功能:根据不同表达式的值确定执行哪个语句块,测试条件的顺序为表达式 1、表达式 2……一旦遇到表达式的值为 True,则执行该表达式下的语句块,然后执行多分支结构的下一条语句。多分支结构的流程图如图 6.12 所示。

> 注意:
> ① if、elif 与 else 都是关键字,书写时必须对齐。

② if、elif、else 表达式后必须加冒号（ : ）。

③ else 书写在最后，也可以省略不写，当省略 else 语句时，说明所有条件不成立时不执行任何语句。

④ 语句块1、语句块2……语句块 n 和语句块 $n+1$ 具有相同的缩进量。

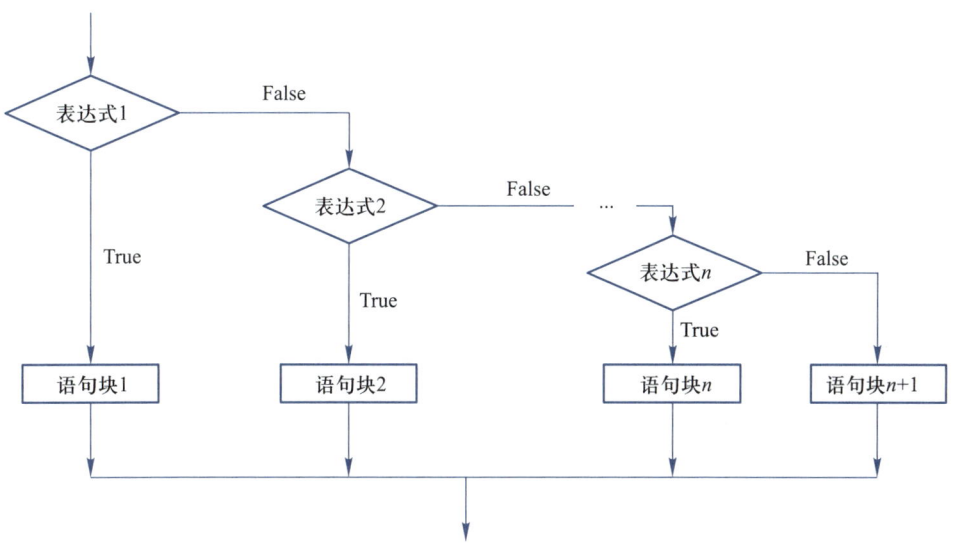

图 6.12　多分支结构流程图

【例 6.7】BMI（body mass index）指数，即体质指数，是目前国际上常用的衡量成年人体胖瘦以及是否健康的一个标准，计算公式为 BMI = 体重（kg）/ 身高 ^{2}（m^2）。BMI<18.5，体重过轻；18.5 ≤ BMI<24，体重正常；24 ≤ BMI<28，体重过重；BMI ≥ 28，肥胖。编写程序，输入身高和体重，根据 BMI 指数判断体质情况。

【分析】本例使用 if-elif-else 语句。计算 BMI 的值，判断并输出体重情况。

程序代码如下：

```
height,weight = eval(input('请输入您的身高 (m) 和体重 (kg):'))
bmi = weight/(height**2)
if bmi<18.5:
    print('您的体重等级是过轻。')
elif bmi<24:
    print('您的体重等级是正常。')
elif bmi<28:
    print('您的体重等级是过重。')
else:
    print('您的体重等级是肥胖。')
```

程序运行结果如下：

请输入您的身高 (m) 和体重 (kg):1.8,75
您的体重等级是正常。

程序说明:

① 程序中 "elif bmi<24" 语句省略了 18.5<=bmi,因为 elif 中包含 18.5<=bmi 的情况。当然,如果写完整条件 18.5<=bmi<24 也是可以的。

② 上面的程序也可以通过分支结构嵌套实现。分支嵌套是指一个分支结构的内部包含另一个分支结构。

6.5.3　循环结构

计算机最擅长的是重复执行某个工作,这通过循环结构来实现。循环结构是指程序执行时,在指定的条件下多次重复执行一行或多行语句。在 Python 语言中,常用 for 语句和 while 语句来实现循环功能。

1. for 语句

for 循环又称遍历循环,由保留字 for 和 in 组成。语法形式如下:

```
for <循环变量> in <序列>:
    <语句块>
```

遍历循环语句从序列中逐一提取元素赋给循环变量。每提取一次元素,就执行一次语句块,直至变量遍历完序列所有元素后循环结束,接着执行 for 语句的下一条语句。

注意:

① for 语句中的序列可以是字符串、列表、元组、集合等,也可以是 range( ) 函数。

② 序列后要有冒号,循环体可以是一条或多条语句。

③ 循环的次数由序列中的成员个数决定。

【例 6.8】使用 for 循环,编程计算 $1+2+\cdots+n$ 的值,n 从键盘输入。

【分析】利用 range( ) 函数生成 $1\sim n$ 的数字序列(初值为 1,终值为 $n+1$,步长为 1),再利用累加求和的算法计算和。

程序代码如下:

```
n = int(input("请输入一个整数:"))
s = 0
for i in range(1,n+1,1):
    s = s+i
print("1~{}的和是{}".format(n,s))
```

程序运行结果如下：

```
请输入一个整数:10
1~10 的和是 55
```

程序说明：

① range( )函数是 Python 的内置函数，用于创建一个整数序列，主要用于 for 循环。range( )函数的形式如下：

```
range([start,] stop [,step])
```

• range( )函数的返回结果是一个起始值为 start、步长为 step、结束值为 end，但不包括 end 的整数序列。

• range( )函数中 start 的默认值为 0，step 的默认值为 1。

② range( )产生 1～n 的整数序列，i 依次遍历每个数值。使用累加求和算法 s=s+i，每循环一次，变量 s 在原有的基础上加 i，再赋给 s，从而实现了从 1 到 n 的求和。

③ 在求和前，给变量 s 赋初值为 0。循环结束后输出结果，print( )要与 for 对齐。

2. while 语句

while 语句常用于循环次数未知的循环结构。语法形式如下：

```
while  <条件表达式>:
    <语句块>
```

当条件表达式的值为 True 时，循环体重复执行语句块中的语句；当条件表达式的值为 False 时，循环终止，执行 while 语句的下一条语句。while 语句的流程图如图 6.13 所示。

【例 6.9】猜数游戏。计算机随机生成一个 1～20 之间的整数，让用户来猜，猜错时，给出提示信息：猜大或猜小了，直到用户猜对为止，显示"猜对了，一共猜了 N 次"。

【分析】由于要持续猜，而且猜的次数不确定，故使用 while 语句。在循环体中，用户输入的数字与系统产生的随机数进行比较，比较结果为大于、等于和小于三种，因此使用分支结构根据比较结果给出提示信息。

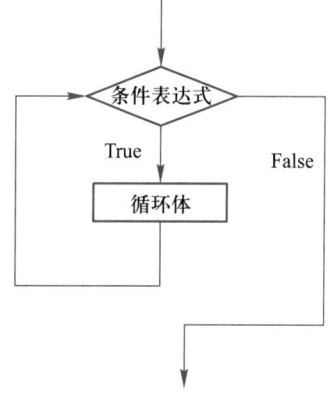

图 6.13　while 语句流程图

程序代码如下：

```python
import random
number = random.randint(1,20)
guess = -1      #guess 初值为 -1
tries = 0
print(" 欢迎来到猜数字游戏 !")
```

```
while guess!=number:
    guess = int(input(" 请输入你猜测的数字 (1~20):"))
    tries += 1
    if guess < number:
        print(" 猜错了，你猜的数字太小了。")
    elif guess > number:
        print(" 猜错了，你猜的数字太大了。")
    else:
        print(" 恭喜你，猜对了！你一共猜了 {} 次 ".format(tries))
print(" 游戏结束。")
```

程序运行结果如下：

```
欢迎来到猜数字游戏！
请输入你猜测的数字 (1~20):10
猜错了，你猜的数字太大了。
请输入你猜测的数字 (1~20):5
猜错了，你猜的数字太小了。
请输入你猜测的数字 (1~20):7
恭喜你，猜对了！你一共猜了 3 次
游戏结束。
```

程序说明：

① 首先导入 random 库，randint（1，20）函数产生包含 1 ~ 20 的随机数。Python 中的 random 库是用于产生并运用随机数的标准库，randint（a，b）返回 [a，b] 范围的随机整数。

② 在 while 语句中，必须有使循环趋于结束条件的语句，也就是使条件表达式趋于不成立的语句。在本例中，guess 值每次循环时都会重新输入，直到 guess 和 number 相等，循环结束。

3. break 和 continue 语句

break 和 continue 都是用来控制循环结构的，主要是停止循环，一般和 if 语句结合使用。

① break 语句用来终止内部循环语句，执行循环结构的下一条语句。

② continue 语句跳出本次循环，继续下一次循环。

6.6　函数和模块

函数是可重用的程序代码段，可以在程序的执行过程中多次调用。模块（module）是一种组织形式，它把许多逻辑上有关联的代码放到独立文件中，当程序功能越来越多时,可通过引入模块实现重利用。

6.6.1 函数

函数是一段具有特定功能的、可重用的代码。函数是功能的抽象,一般来说,每个函数表达特定的功能。函数是带名字的代码块,用于完成具体的工作。需要使用函数的功能时,可调用该函数。在程序中多次执行同一任务时,不需要反复编写完成该任务的代码,而只需要调用执行该任务的函数即可。

使用函数的主要目的有两个:① 降低编程难度;② 代码复用。通过使用函数,程序的编写、阅读、测试和修复将变得更加容易。

1. 内置函数

Python 解释器提供了内置函数,这些函数不需要引用库就可以直接使用,比如输入函数 input( )、输出函数 print( )、求和函数 sum( )、range( ) 函数等。通过 dir(_ _builtins_ _)命令查看所有的内置函数和内置常量名。

2. 自定义函数

除了内置函数,有些函数是用户自己编写的,称为自定义函数。函数需要先定义后调用,函数的定义形式如下:

```
def   < 函数名 >(< 参数列表 >):
      < 函数体 >
      return   < 返回值列表 >
```

其中,def 是关键字,函数名可以是任何有效的 Python 标识符。参数列表是调用该函数时传递给它的值,可以有零个、一个或多个,当传递多个参数时参数之间用逗号隔开,圆括号不能省略。函数体是函数每次被调用时执行的一组语句,由一行或多行语句组成。当需要返回值时,使用关键字 return 和返回值列表,否则函数可以没有 return 语句,在函数体结束位置将控制权返回给调用者。

Python 函数调用的一般形式如下:

```
< 函数名 >(< 实际参数列表 >)
```

调用函数时,参数列表中给出要传入函数内部的参数,这类参数称为实际参数,简称实参。

【例 6.10】定义求阶乘的函数 fact( ),调用 fact( ) 函数,计算并输出组合 C_{10}^2 的值。

【分析】数学中的组合式 C_n^m 是从 n 个元素中不重复地选取 m 个元素的一个组合,计算公式为

$$C_n^m = \frac{n!}{m!\ (n-m)!}$$

从公式可以看出,计算组合数需要多次计算阶乘,因此自定义一个求阶乘的函数 fact,然后在计算组合数的过程中多次调用求阶乘的函数。fact 函数需要一个参数,求

得的阶乘值通过 return 返回。

程序代码如下：

```
def fact(n):
    s = 1
    for i in range(1,n+1):
        s *= i
    return s
# 分别调用 fact() 函数，求 10、2 和 8 的阶乘
a = fact(10)
b = fact(2)
c = fact(10-2)
print('C(10,2)=',a//(b*c))
```

程序运行结果如下：

```
C(10,2)= 45
```

程序说明：

① 该程序运行从 a = fact（10）开始，由于调用了 fact（）函数，因此转向执行 fact（）函数的定义部分，并将实参 10 传递给参数 n，n 的值为 10。

② 整个调用过程中的数据传递如图 6.14 所示。在函数调用过程中，实际参数 10 传递给形式参数 n，经过 for 循环计算得到 s = 3 628 800，通过 return 将 s 的值返回，并赋值给 a。

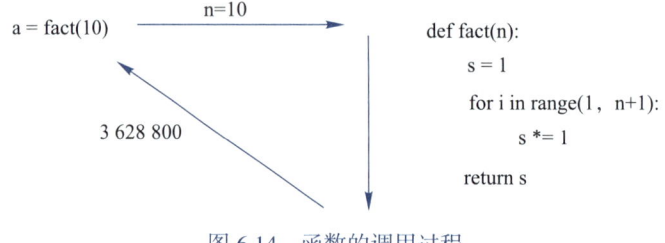

图 6.14　函数的调用过程

③ 同样的调用过程，计算 b = fact（2）和 c = fact（10–2）。使用函数降低了编程难度，同时可以多次复用相似代码，提高了代码效率。

6.6.2　模块

模块（module）是 Python 中最基本的组织单位，用于封装和组织代码。每一个扩展名为 .py 的文件都可以作为一个模块，模块可以包含变量、函数、类或可执行代码，比如，"例 6.10.py"就是一个模块。通过使用模块，可以将代码分离成逻辑单元，促进模块化编程。

1. 模块的导入和使用

模块可以被别的程序引入，以使用该模块中的函数等功能。在 Python 中，使用 import 语句导入模块。

（1）import 语句

import 语句的语法结构如下：

```
import module1[,module2[,…moduleN]]
```

比如，要引用 Python 内置的数学模块 math，就可以在文件最开始的地方用 import math 来引入。在调用 math 模块中的函数时，必须通过"模块名.函数名"的方式引用。例如：

```
>>> import math
>>> math.sqrt(121)       #计算121的平方根
11.0
```

（2）from…import…语句

from…import…语句的语法结构如下：

from modname import name1[, name2[, …nameN]]

这个声明不会把整个模块导入当前模块中，只会将它里面的 name1 或 name2 单独引入执行这个声明的模块。调用时可直接写函数名，不用加前缀。

```
>>> from math import sqrt,pow  #导入math模块中的sqrt()和pow()
函数
>>> print(sqrt(9),pow(15,2))   #计算并输出9的平方根和15的平方
3.0 225.0
```

Python 本身内置了很多非常有用的模块，通过导入，可以使用其功能。常用模块有数学模块 math、随机数模块 random、日期时间模块 datetime 等。

2. 库

库（library）是一组相关模块的集合，通常被打包在一起供其他程序使用。它是一种封装了一定功能的软件组件，可以通过导入库来使用其中的模块和功能。Python 的一大特色就是具有强大的标准库、第三方库以及自定义模块。Python 的标准库是 Python 解释器自带的一组模块，包含了各种功能，例如，处理文件、网络通信、数据结构、日期时间处理等，它们可以直接在 Python 程序中使用而无须安装额外的包。Python 的第三方库用于扩展 Python 的功能，这些库可以通过 pip 工具进行安装，包括数据科学、机器学习、Web 开发、图形界面设计等各个领域。

pip 是 Python 内置命令，需要通过命令行执行，执行 pip - h 命令将列出 pip 常用的子命令，注意不要在 IDLE 环境下运行 pip 程序。pip 支持安装（install）、下载（download）、卸载（uninstall）、列表（list）、查看（show）、查找（search）等一系列安装和维护子命令。

安装第三方库的命令格式如下：

```
pip install  <拟安装库名>
```

例如，安装 jieba 库，在命令行提示符下输入"pip install jieba"，pip 工具默认从网络下载 jieba 库安装文件并自动安装到系统中，如图 6.15 所示。

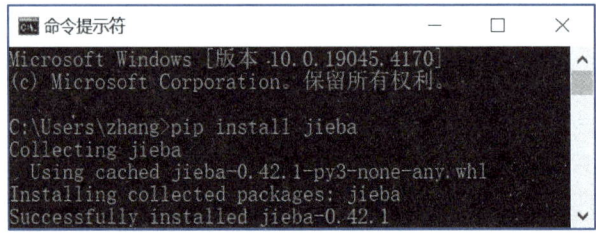

图 6.15　*jieba* 库的安装

卸载一个库的命令格式如下：

```
pip uninstall  <拟卸载库名>
```

注意：卸载过程可能需要用户确认。

6.7　文　　件

文件是数据存储的一种形式，是存储在辅助存储器上的数据序列，是数据的抽象和集合。从文件的展现形态上，可以将文件分为文本文件和二进制文件。但本质上所有文件都是以二进制形式存储的。

文本文件一般由单一特定编码的字符组成，如 UTF-8 编码，内容容易统一展示和阅读。大部分文本文件都可以通过文本编辑软件或文字处理软件创建、修改和阅读。由于文本文件存在编码，因此，它也可以被看作是存储在磁盘上的长字符串，例如一个 txt 格式的文本文件。

二进制文件直接由 0 和 1 组成，没有统一字符编码，文件内部数据的组织格式与文件用途有关。二进制文件是信息按照非字符但特定格式形成的文件，例如，png 格式的图片文件、avi 格式的视频文件。

无论是文本文件还是二进制文件，都可以用"文本文件方式"或"二进制文件方式"打开，但打开后的操作不同。

6.7.1　文件基本操作

Python 对文本文件和二进制文件采用统一的操作步骤：打开→操作→关闭。

1. 打开文件

通过内置函数 open( )打开文件,获取文件的对象,语法格式如下:

```
f = open(filename,mode,encoding="encoding-name")
```

参数说明:

① filename:指定被打开文件的名称。文件名可以是文件的实际名称,也可以是包含完整路径的名称。

② mode:指定打开文件后的处理方式(如只读、写入、追加等),该参数为可选项,具体如表 6.4 所示。

③ encoding:指定对文本进行编码和解码的方式,只适用于文本文件,可以使用 Python 支持的任何格式如 GBK、UTF-8 等。

④ f 为文件描述符。

表 6.4　文件的打开模式

文件的打开模式	描述
'r'	只读模式,默认值,如果文件不存在,返回异常 FileNotFoundError
'w'	覆盖写模式,文件不存在则创建,存在则完全覆盖
'x'	创建写模式,文件不存在则创建,存在则返回异常 FileExistsError
'a'	追加写模式,文件不存在则创建,存在则在文件最后追加内容
'b'	二进制文件模式
't'	文本文件模式,默认值
'+'	与 r、w、a、x 一起使用,在原功能基础上增加同时读写功能

2. 文件读写操作

(1)读取文件

Python 提供了多个读文本文件操作方法,包括 read( )、readline( )和 readlines( ),具体操作方法如表 6.5 所示。

表 6.5　文件读取函数

操作方法	描述
<f>.read(size = -1)	读取文件全部内容,如果给出参数,读取前 size 长度
<f>.readline(size = -1)	读入一行内容,如果给出参数,读取该行前 size 长度
<f>.readlines(hint = -1)	读取文件所有行,以每行为元素形成列表,如果给出参数,读取前 hint 行

(2)写入文件

Python 提供了 3 个与文件内容写入有关的方法,如表 6.6 所示。

表 6.6　文件写入函数

操作方法	描述
<f>.write（s）	向文件写入一个字符串或字节流
<f>.writelines（lines）	将一个元素全为字符串的列表写入文件
<f>.seek（offset）	改变当前文件操作指针的位置，offset 的值：0 表示文件开头，1 表示当前位置，2 表示文件末尾

3. 关闭文件

文件操作后要及时关闭，以释放系统缓存。关闭文件的语法格式如下：

```
f.close()
```

执行关闭操作时，会刷新缓存区中任何还没有写入的信息，并关闭文件。

【例 6.11】score.txt 文件中存放了某门课程的成绩，如图 6.16 所示。现有如下要求：

① 向 score.txt 中追加一行成绩。

② 读取 score.txt 文件中的所有成绩，统计不及格的人数。

【分析】本例涉及文本文件的读写操作，首先使用追加写入模式 "a" 打开，利用 write（）向文件中写入一个字符串；再以读 "r" 模式打开文件，通过 readlines 函数读取所有成绩，逐行统计不及格人数。

程序代码如下：

图 6.16　score.txt 文件部分内容

```
sc = input('请输入一名学生成绩:')
fw = open('score.txt','a')              # 以追加写的模式打开文本文件
fw.write(sc+'\n')                       # 写入一个成绩
fw.close()                              # 关闭文件
n = 0                                   # 不及格人数
fr = open('score.txt','r')              # 以读模式打开文本文件score.txt
for line in fr.readlines():
    if line!="":
        a = int(line.strip())   # 读取每个学生的成绩
        if a<60:                        # 统计不及格人数
            n = n+1
fr.close()
print('不及格人数:{}'.format(n))
```

程序运行结果如下：

```
请输入一名学生成绩:90
不及格人数:1
```

程序说明：line.strip( )去掉字符串 line 首尾的空格。

6.7.2　表格文件的处理

要使 Python 操作 WPS Office 电子表格，可以使用 Python 的第三方库 Pandas。Pandas 提供了一组数据分析和数据操作工具，包括读取和写入表格、数据过滤和清理、数据计算等。

1. 安装环境

由于 Pandas 依赖 xlrd 模块，所以需要提前安装 xlrd 模块，安装命令是 pip install xlrd。然后再安装 Pandas，安装命令：pip install Pandas。

2. 操作工作表

【例 6.12】temperature.xlsx 文件存放了某市 1 月份的温度信息，包括日期、最低气温、最高气温、天气情况、风力风向等，部分数据如图 6.17 所示。读取并输出最低气温。

▲	A	B	C	D	E	F	G
1	日期	最低气温	最高气温	天气	风力		
2	1	-4	2	晴 /多云	西北风 1-3级	/西南风 1-3级	
3	2	-3	7	多云 /晴	西风 1-3级	/西风 1-3级	
4	3	-4	4	晴 /晴	西北风 1-3级	/南风 3-4级	
5	4	0	9	晴 /晴	西南风 3-4级	/东北风 1-3级	
6	5	-4	4	晴 /晴	北风 1-3级	/北风 1-3级	
7	6	-5	5	晴 /小雪	西北风 1-3级	/西北风 3-4级	
8	7	-7	-1	小雪 /晴	北风 3-4级	/南风 1-3级	
9	8	-4	2	多云 /多	南风 1-3级	/北风 3-4级	
10	9		4	雨夹雪 /ℓ	北风 3-4级	/北风 3-4级	
11	10		2	晴 /晴	北风 3-4级	/西南风 3-4级	
12	11		7	晴 /晴	西南风 3-4级	/东南风 1-3级	
13	12		7	晴 /晴	东南风 1-3级	/南风 1-3级	
14	13	1	8	多云 /雨	南风 1-3级	/北风 3-4级	
15	14	-3	1	阴 /晴	北风 3-4级	/北风 1-3级	
16	15	-4	3	晴 /多云	西北风 1-3级	/南风 1-3级	
17	16	-2	5	阴 /小雨	南风 1-3级	/南风 1-3级	
18	17	0	3	雨夹雪 /l	东风 1-3级	/北风 3-4级	
19	18	-1	3	多云 /阴	北风 3-4级	/东北风 3-4级	
20	19	0	4	雨夹雪 /l	东北风 3-4级	/东北风 3-4级	
21	20	-3	3	雨夹雪 /l	北风 3-4级	/北风 3-4级	

图 6.17　temperature.xlsx 文件

程序代码如下：

```
import pandas as pd
# 默认读取工作簿中第一个工作表
df = pd.read_excel('temperature.xlsx')
x = df['最低气温'].tolist()
mintemp = min(x)
printf("一月份最低气温是{}℃".formate(mintemp))
```

程序运行结果如下：

> 一月份最低气温是 -10℃

程序说明：

① df[' 最低气温 '] 返回的是一维数组，通过 tolist（）函数转换为列表。

② min（）方法返回给定参数的最小值，参数可以是序列。min（x）获取列表 x 的最小值。

工作表读取操作说明：

① 读取整个工作表数据。

```
data=df.values                          # 获取整个工作表数据,返回二维数组
```

② 读取某一行。

```
data=df.iloc[0].values                  #0 表示第一行,不包含表头
```

③ 读取多行数据。

iloc[] 中嵌套列表指定行，各行之间通过逗号隔开。

```
data=df.iloc[[row1, row2]].values       # 读取 row1 和 row2 两行数据
```

④ 读取指定单元格数据。

读取第 row 行第 column 列的值，这里不需要嵌套列表。

```
data=df.ix[row, column]
```

6.8　综 合 应 用

Python 拥有丰富的第三方库，并形成了良好的生态，是多学科应用中普遍使用的编程语言之一。Python 在人工智能、大数据、物联网、网络爬虫、云计算、Web 开发等领域都有广泛的应用。在人工智能领域主要涉及自然语言处理、语言识别及计算机视觉等方向。众多科学计算软件包都提供了 Python 调用接口，如计算视觉库 OpenCV、科学计算扩展库 Matplotlib 等。本节主要介绍 Python 语言在图形绘制、中文词云、人脸检测、数据可视化等方面的具体应用。

6.8.1　turtle 绘图

turtle 库是 Python 语言的标准库之一，属于入门级的图形绘制函数库。其绘图原理为，有一只海龟在窗体画布上游走，走过的轨迹形成了绘制的图形。海龟由程序控制，可以自由改变轨迹的颜色、方向和宽度。

1. turtle 库的导入

使用 turtle 库进行绘图时，需要导入 turtle 库，并使用相关函数（即方法）。导入 turtle 库的语法如下：

```
import turtle
```

此时,程序可以调用库中的所有函数。调用函数的语法如下:

```
turtle.函数名(函数参数)
```

2. 坐标系

画布就是 turtle 绘图区域,可以设置它的大小和初始位置。以绘图区域中心为原点,水平向右为 X 轴正方向,垂直向上为 Y 轴正方向,建立平面直角坐标系,这就是 turtle 空间坐标体系。在初始状态时,海龟位于 turtle 空间坐标系原点的位置上。turtle 坐标系示意图如图 6.18 所示。

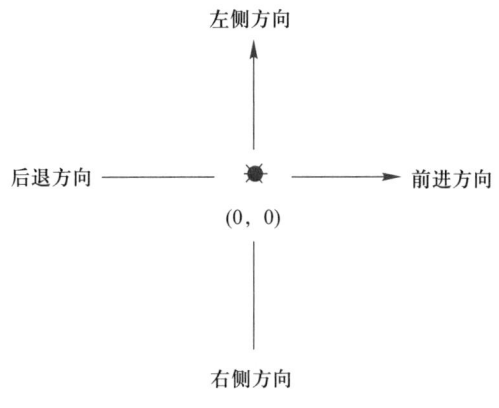

图 6.18 turtle 坐标系示意图

3. 画笔状态函数

绘图区域好比是一块画布,而海龟就是一支画笔,可以通过函数设置画笔宽度、颜色、填充等。常用的控制函数如表 6.7 所示。

表 6.7 画笔控制常用函数

函数	说明
penup( )或 pu( )	画笔抬起,意味着当它移动时没有线条会被画出来
pendown( )或 pd( )	画笔落下,默认绘制
pencolor(*args)	设置画笔颜色,参数可以是颜色字符串或 rgb 的值
pensize(width)	设置画笔宽度为 width
color(color1 , color2)	设置画笔颜色 color1 和填充颜色 color2
begin_fill( )	准备开始填充图形
end_fill( )	填充完成
hideturtle( )	隐藏画笔的 turtle 形状
showturtle( )	显示画笔的 turtle 形状
done( )	启动事件循环,必须是图形程序中的最后一条语句

4. turtle 库的绘图控制

画笔可以前进、后退、转向、绘制圆、绘制多边形等,画笔运动函数如表6.8所示。

表6.8　画笔运动函数

函数	说明
forward(d)或 fd(d)	向当前画笔方向移动 d 像素
backward(d)或 bk(d)	向当前画笔相反方向移动 d 像素
right(degree)	degree 为角度值,向右旋转 degree 度
left(degree)	degree 为角度值,向左旋转 degree 度
goto(x,y)	将画笔移动到坐标点为(x,y)的位置
circle(r,degree)	绘制一个指定半径 r、角度 degree 的弧形
speed(s)	设置画笔绘制的速度为 s,s 为 [0, 10] 的整数

【例6.13】编写程序,利用 turtle 库绘制一个如图6.19所示的蓝色五角星。

【分析】五角星每个角和每条边的形状完全相同,边的夹角都是36°,可以使用循环控制绘制。画笔首先前进一定距离,然后向右旋转144°,再前进,再旋转,如此循环,直到完成五条边的绘制,从而形成五角星的外形。

图 6.19　五角星效果图

程序代码如下:

```
import turtle
# 设置画笔颜色和粗细
turtle.color("blue")
turtle.pensize(3)
# 循环绘制五角星
for i in range(5):
        turtle.forward(100)      # 向前移动 100 个像素
        turtle.right(144)        # 向右旋转 144 度
turtle.hideturtle()             # 隐藏画笔
turtle.done()                   # 显示绘制窗口
```

程序说明:

① 本例中画笔先向前移动100像素,再右转144°,也可以采用其他顺序进行绘制。试着修改画笔的颜色和粗细以及画笔的运动顺序,体会其他方法绘制的过程。

② 使用 Python 的 turtle 库可以实现各种有趣的图形绘制,除了五角星之外,还可以绘制矩形、圆形、螺旋形等其他形状和图案。

6.8.2　中文词云

1. wordcloud 库

wordcloud 是 Python 的第三方库,用于生成词云。词云是一种以词语为基本单位,更加直观和艺术地展示文本数据的方法,其中单词的大小表示其在源文本中的频率或重要性。这一工具经常被广泛应用于数据可视化领域,特别是在文本分析和自然语言处理(NLP)领域。通过词云用户可以直观地了解关键词和短语的分布情况,从而快速领略文中的主旨。

(1)安装 wordcloud 库

安装 wordcloud 库的语法如下:

```
pip install wordcloud
```

(2)导入 wordcloud 库

导入 wordcloud 库的语法如下:

```
import wordcloud
```

(3)创建词云对象

wordcloud 把词云当作一个 WordCloud 对象,即 wordcloud.WordCloud(<参数>)代表一个文本对应的词云。词云的形状、尺寸和颜色都可以通过参数设定,常用的参数说明如表 6.9 所示。

表 6.9 词 云 参 数

函数	说明
background_color	指定词云的背景颜色,默认为黑色
width	指定词云对象生成图片的宽度,默认为 400 像素
height	指定词云对象生成图片的高度,默认为 200 像素
min_font_size	指定词云中字体的最小字号,默认为 4 号
max_font_size	指定词云中字体的最大字号,默认根据高度自动调节
font_step	指定词云中字体字号的步进间隔,默认为 1
font_path	指定词云中字体的文件路径,默认为 None 例如,w = wordcloud.WordCloud(font_path="msyh.ttc")# 使用微软雅黑字体
max_words	指定词云最大的单词数量,默认为 200
stopwords	指定词云不显示的单词列表
mask	指定词云形状,默认为长方形,需要引入 imageio 库中的 imread( )函数

(4)加载词云文本

将文本作为参数传递给 WordCloud( )的 generate( )函数,即可生成词云。例如:

```
w.generate(txt)      # 向 WordCloud 对象 w 中加载文本 txt
```

（5）输出词云文件

输出词云文件的代码如下：

```
w.to_file(filename)        #将词云输出为图像文件，图像文件为png或jpg格式
```

【例6.14】根据一个英文文本制作词云。

【分析】使用wordcloud库生成词云，绘制词云包括3个步骤：配置词云对象参数；加载词云文本；输出词云文件。

程序代码如下：

```
import wordcloud
txt = 'Life is short,you need python.'
w = wordcloud.WordCloud(background_color='white')
w.generate(txt)
w.to_file('mycloud.png')
```

生成的词云如图6.20所示。

图 6.20　英文词云

2. jieba 库

与英文文本不同，由于中文词语之间无间隔，在进行中文词云制作前需要先对文本进行分词处理。

jieba是优秀的中文分词第三方库。利用一个中文词库，确定汉字之间的关联概率，汉字间概率大的组成词组，形成分词结果。除了既有的分词结果，用户还可以将自定义的词组添加到词库。

jieba库提供三种分词模式，分别为精确模式、全模式和搜索引擎模式，各分词模式如表6.10所示。

表 6.10　jieba 库常用函数

函数	说明
jieba.lcut（s）	精确模式，返回一个列表类型的分词结果，不存在冗余词语，适合文本分析 >>> jieba.lcut（'十四届全国人大二次会议'） ['十四届','全国人大','二次','会议']

函数	说明
jieba.lcut（s，cut_all=True）	全模式，把文本中所有可能的词语都扫描出来，返回一个列表类型的分词结果，速度较快，有冗余 >>> jieba.lcut（'十四届全国人大二次会议'，cut_all=True） ['十四'，'十四届'，'四届'，'全国'，'全国人大'，'国人'，'人大'，'大二'，'二次'，'会议']
jieba.lcut_for_search（s）	搜索引擎模式，在精确模式基础上，对长词再次切分，返回一个列表类型的分词结果，存在冗余，适合搜索引擎分词 >>> jieba.lcut_for_search（'十四届全国人大二次会议'） ['十四'，'四届'，'十四届'，'全国'，'国人'，'人大'，'全国人大'，'二次'，'会议']
jieba.add_word（w）	向分词词典增加新词 >>> jieba.add_word（'蟒蛇语言'）

【例 6.15】分析《新一代人工智能发展规划》的部分内容 data.txt，按照文件内容制作词云。

【分析】读取文件内容，调用 jieba 库进行中文分词，利用 wordcloud 库生成词云。

程序代码如下：

```
import jieba
import wordcloud
s = ''
stopwords = ['是','的','和','们','我们','与','等']
with open('data.txt','r',encoding='utf-8')as f:
    s = f.read()
ls = jieba.lcut(s)          # 列表 ls 保存文本 s 的分词结果
txt = ''.join(ls)           # 列表 ls 的元素通过空格连接成一个字符串
w = wordcloud.WordCloud(width=1000,height=800,background_
color='white',
font_path='msyh.ttc',stopwords=stopwords)
w.generate(txt)
w.to_file('AI.png')
```

程序执行后生成的词云如图 6.21 所示。

程序说明：设置 stopwords 可以剔除无意义的词语，不显示在词云中，实际应用中可以根据需要设置。

图 6.21 词云效果图

6.8.3 数据可视化

数据可视化是数据处理的一个重要环节,它可以让人们更好地理解、观察数据。Matplotlib 库是 Python 中优秀的数据可视化第三方库,主要用于二维图形的绘制。它借鉴了 MATLAB 中的函数,可以快速绘制各类图形,包括统计图、函数图、艺术图等。pyplot 是其中绘制各类可视化图形的命令子库,导入形式如下:

```
import matplotlib.pyplot as plt
```

pyplot 子库提供了丰富的函数来绘制各种图形,包括绘制直线和曲线的 plot( )函数、绘制条形图的 bar 函数、绘制饼图的 pie 函数、绘制散点图的 scatter 函数等。下面以 plot( )为例介绍绘图函数的用法。plot( )的语法如下:

```
plt.plot(x,y,format_string,**kwargs)
```

其中,当绘制多条曲线时,各条曲线的 x 不能省略。

① x:X 轴数据,列表或数组,可选参数。

② y:Y 轴数据,列表或数组。

③ format_string:修饰参数,可选,表示对绘制图形的美化。常用的修饰参数有以下几种:

- color=' 颜色 ',设置线条颜色,可以是颜色的英文单词或首字母,比如, 'b' 'g' 'r'。
- marker=' 字符 ',设置标记字符,常用标记如实心圈标记 'o'、点标记 '.'、星形标记 '*' 等。
- linestyle=' 字符 ',设置线条风格,默认为实线,常用风格字符如虚线 ':'、破折线 '--' 等。

注意:颜色字符、风格字符和标记字符可以组合使用。

④ **kwargs:第二组或更多(x, y, format_string)。

如果要在图中显示文本,可以参照表 6.11,给图形添加标题,为坐标轴添加文本标签,并在图中的任意位置添加文本。

表 6.11   文本显示函数

函数	说明
plt.title	在当前图形中添加标题
plt.text	在任意位置增加文本
plt.xlabel	在当前图形中添加 X 轴名称，可以指定位置、颜色、字体大小等参数
plt.ylabel	在当前图形中添加 Y 轴名称，可以指定位置、颜色、字体大小等参数
plt.xticks	指定 X 轴刻度的数目与取值
plt.yticks	指定 Y 轴刻度的数目与取值

【例 6.16】temperature.xlsx 文件存放了某市 1 月份的温度信息，包括日期、最低气温（℃）、最高气温（℃）、天气情况、风力风向等，部分数据如图 6.22 所示。根据该文件绘制温度变化曲线。

	A	B	C	D	E	F	G
1	日期	最低气温	最高气温	天气	风力		
2	1	-4	2	晴 /多云	西北风 1-3级 /西南风 1-3级		
3	2	-3	7	多云 /晴	西风 1-3级 /西风 1-3级		
4	3	-4	4	晴 /晴	西北风 1-3级 /南风 3-4级		
5	4	0	9	晴 /晴	西南风 3-4级 /东北风 1-3级		
6	5	-4	4	晴 /晴	北风 1-3级 /北风 1-3级		
7	6	-5	5	晴 /小雪	西北风 1-3级 /西北风 3-4级		
8	7	-7	-1	小雪 /晴	北风 3-4级 /南风 1-3级		
9	8	-4	5	多云 /多	南风 1-3级 /北风 3-4级		
10	9	-2	4	雨夹雪 /I	北风 3-4级 /北风 3-4级		
11	10	-3	2	晴 /晴	北风 3-4级 /西南风 3-4级		

图 6.22   1 月气温部分数据

【分析】读取温度信息文件，分别提取日期、最低温度和最高温度，存入 3 个列表中，使用 plot 绘制曲线。

程序代码如下：

```python
import matplotlib.pyplot as plt
import pandas as pd
def read_wps(filename):
    df = pd.read_excel(filename)
    global x,heigher,lower
    x = df['日期'].values.tolist()        #X轴数据也可以是数组,df['日期'].values 即可
    lower = df['最低气温'].values.tolist()     #Y轴可以是数组,df['最低气温'].values
    heigher = df['最高气温'].values.tolist()
def plot_line():
    plt.rcParams['font.sans-serif'] = ['SimHei']
```

```
                                           # 中文显示 , 黑体
        plt.rcParams['axes.unicode_minus'] = False
                                           # 解决负号 – 为方块的问题
        plt.plot(x,heigher,marker='o',color='r')
                                           # 最高气温变化曲线
        plt.title('一月温度变化图')          # 图形标题
        plt.xlabel('日期')                  #X 轴名称
        plt.ylabel('温度')                  #Y 轴名称
        plt.plot(x,lower,marker='*',color='b')# 最低气温变化曲线
        plt.xticks(list(range(1,32)))      #X 轴刻度范围 [1,31]
        plt.yticks(list(range(-10,14,2)))  #Y 轴刻度范围 [-10,12]
        plt.axhline(0,linestyle='--',color='g')#0℃参考线
        plt.savefig('temp.png')            # 保存绘制的图片
        plt.show()                         # 本机显示图形
read_wps('temperature.xlsx')
plot_line()
```

程序运行结果如图 6.23 所示。

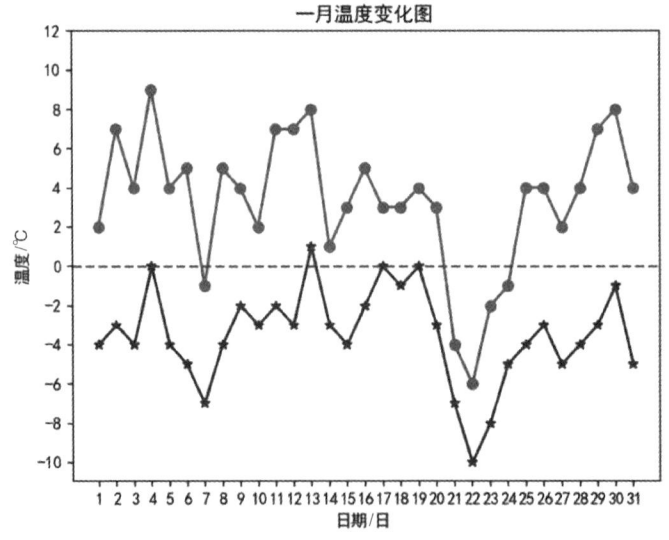

图 6.23　某市 1 月气温变化曲线图

程序说明:

① 绘制 1 月份的温度变化曲线, 设置 X 轴坐标刻度为日期, 即文件中的第一列, Y 轴的坐标刻度根据文件中的最低气温和最高气温进行设置。最低气温曲线为蓝色, 标记字符为星号, 最高气温曲线设为红色, 标记字符为圆圈。添加绿色虚线为 0 ℃参考线。

② pyplot 默认无法显示中文, 若要显示中文, 可通过字典对象 rcParams 修改字体,代码如下:

```
#'SimHei'表示黑体,'SimSun'表示宋体
plt.rcParams['font.sans-serif'] = 字体
```

③ 由于字体的变化可能影响负号的输出,为此也可进行相应的设置。例如

```
plt.rcParams['axes.unicode_minus'] = False
```

6.8.4 图像处理

PIL(Python image library)是一个具有强大图像处理能力的第三方库,支持图像存储、显示和处理,它能够处理几乎所有图片格式,可以实现图像归档和图像处理两方面功能需求。

① 图像归档:对图像进行批处理、生成图像预览、图像格式转换等。

② 图像处理:图像基本处理、像素处理、颜色处理等。

根据功能不同,PIL 共包括 21 个与图片相关的类。Image 是 PIL 最重要的类,任何一个图像文件都可以用 Image 对象表示,Image 类提供了加载图像、保存图像、缩放和旋转图像等方法;ImageFilter 类和 ImageEnhance 类提供了过滤图像和增强图像的方法。

【例 6.17】利用 PIL 对图像进行颜色交换、过滤和增强处理。

【分析】PIL 是 Python 程序的第三方库,安装 PIL 库的方法:pip install pillow。

首先通过 Image 类的 Open 方法打开图像,对图像进行颜色合成 merge;然后利用 ImageFilter 类和 ImageEnhance 类对图像进行过滤和增强处理。

程序代码如下:

```
from PIL import Image,ImageFilter,ImageEnhance
img = Image.open("greatwall.jpg")        # 加载图像文件
# 图像的颜色交换
r,g,b = img.split()                      # 分离图片的 3 个颜色通道
(r,g,b)
om = Image.merge("RGB",(b,r,g))          # 交换颜色 (b,r,g)
om.save('aBGR.jpg')                      # 保存图像
# 图像的轮廓获取
om = img.filter(ImageFilter.CONTOUR)
om.save('aContour.jpg')
# 图像对比度的增强
om = ImageEnhance.Contrast(img)
om.enhance(20).save('aEnContrast.jpg')
```

图 6.24 为 "长城" 图片,经过图像处理的图片如图 6.25 所示,从左至右依次为改变颜色后的效果,获取图片的轮廓,20 倍对比增强效果。

图 6.24　长城图片

图 6.25　例 6.17 图像处理效果

程序说明：

① img = Image.open（"greatwall.jpg"）：根据参数加载图像文件，返回 Image 图像对象赋值给 img，之后操作对 img 起作用。

② Image 类能够对每个像素点或者一幅 RGB 图像的每个通道单独进行操作，split（）方法能够将 RGB 图像各颜色通道提取出来，返回图像副本；merge（mode，bands）方法能够将各独立通道再合成一幅新的图像，其中，mode 表示色彩，bands 表示新的色彩通道。

③ ImageEnhance 类提供了更高级的图像增强功能，如调整色彩度、亮度、对比度、锐化等。om.enhance（20）增强图像的对比度为初始的 20 倍。

6.9 扩展阅读

雷军,小米科技有限责任公司董事长兼首席执行官,北京金山软件有限公司董事长,小米智能技术有限公司法定代表人、执行董事、经理,小米汽车有限公司法定代表人、执行董事、经理。曾获中国经济年度人物及十大财智领袖人物、中国互联网年度人物等多项国内外荣誉,并当选《福布斯》(亚洲版)2014年度商业人物。

扩展阅读
6-1:
雷军

思 考 题

1. 简述算法的概念和特征。
2. 程序的 3 种基本控制结构是什么?
3. 试着用单分支结构实现根据 BMI 指数判断体重情况。
4. 修改例 6.13 的代码,实现绘制正方形、正五边形、正六边形的功能。
5. 编程实现百钱买百鸡、猴子吃桃问题。
6. 请尝试安装 jieba 库和 matplotlib 库。

第7章 人工智能技术基础

人工智能是一门以计算机科学为基础和工具,结合数学、社会心理学、工程学、哲学等多学科的交叉研究领域,它的目的是实现一种模拟智能,代替人类来完成一些复杂思维工作,甚至使其具备创造性,最终实现能够超越人类的智能。人工智能的研究是几十年来各种数据分析、优化、预测、推理、生成等算法模型的集成,被广泛应用于机器视觉、自然语言处理、语音处理、智能机器人、专家系统等各个领域,取得了显著的经济和社会效益。

了解人工智能的基本概念、模型算法、应用技术和应用场景,可以帮助大学各专业学生了解人工智能的基本思想和方法,拓展知识范围,同时了解人工智能技术在自身专业领域中的应用,为专业课程的学习和知识积累提供一定的帮助。

7.1 案例与案例解析

1. 本章案例

棋盘游戏:从"深蓝"到 AlphaGo。

2. 案例说明与分析

棋类游戏一直是人工智能感兴趣的领域。信息理论的创始人香农等最早提出了双人对弈的最小最大算法(Minimax),将棋盘定义为一个二维数组,每个棋子都被赋予一个子程序,用于计算棋子所有可能的走法,当子程序计算出所有可能的走法后,就会得到一个评估函数,每个棋子的可能走法就可以形成一棵博弈树。对于一个完全信息的博弈系统,如果能穷举完整的博弈树,那么 Minimax 算法就可以计算出最优的策略。但复杂游戏的博弈树增长是指数形式的,要穷举完整的博弈树非常困难。为此麦卡锡提出了著名的 $\alpha-\beta$ 剪枝技术,纽厄尔和西蒙进行了实现,并在国际象棋领域大获成功。

1997 年 5 月,在美国纽约举行的一场六局比赛中,IBM 公司的"深蓝"战胜了卡斯帕罗夫,从而成为历史上第一个战胜人类国际象棋大师的下棋机。与卡斯帕罗夫对战的"深蓝"有 2 个操作台,包括 30 台计算机,其中用到了 480 个定制的国际象棋芯片。"深蓝"能战胜国际象棋大师,主要是基于两点:一是丰富的国际象棋知识,尤其是对这些知识的深入理解;二是巨大的算力,虽然剪枝算法以及软件对残局的搜索客观上降低了搜索空间,但整体上依然属于暴力穷举。

国际象棋之后,研究人员便把目标转向围棋。但与国际象棋不同,围棋的搜索空间太大,比宇宙空间的粒子数还多,只依赖评估函数和剪枝搜索算法在有限的时间内无法完成对整个空间的搜索。暴力穷举的搜索方法对于围棋完全无效。很长时间以来,人们认为围棋是人工智能难以解决的。

2016 年初,谷歌公司的 DeepMind 研究团队发表了关于 AlphaGo 的论文,在论文中称,AlphaGo 以 5∶0 的比分战胜了欧洲围棋冠军樊麾,这是围棋历史上机器第一次战胜职业围棋选手。2016 年 3 月,DeepMind 团队向围棋世界冠军、韩国顶尖棋手李世石发起挑战,最终 AlphaGo 以 4∶1 的比分战胜了李世石。

2016 年末,DeepMind 以改进后的版本 Alpha Master 在几个知名围棋对战平台上轮番挑落中、日、韩围棋高手,并在 2017 年 1 月 3 日战胜中国顶级围棋棋手柯洁。最终,在自己对人类的连胜纪录达到 60∶0 后收手。

2017 年 5 月,在中国乌镇举行的人工智能峰会上,排名世界第一的围棋冠军柯洁挑战 AlphaGo Master,最终以 0∶3 落败。在比赛结束后的发布会上,DeepMind 的负责人哈萨比斯宣布 AlphaGo "退役",即不再与人类棋手进行比赛,但申明团队仍旧会继续相关方面的研究。

从 IBM 公司"深蓝"到 AlphaGo,算法的迭代给了人们很多启发,对于完全信息博弈问题,机器的经验比人类的经验更优,依靠强大的算力,机器比人类做得更好。AlphaGo 的进步得益于深度网络的进步,需要搜索的深度和位置大量减少,而深度网络更多使用在非完全信息的场景中,通过强化学习,可以减少对人类经验的依赖,用以解决医疗、自动驾驶等更为复杂的问题。面对快速发展的人工智能系统,或许人们应该思考的是,我们如何去向机器学习!

本章主要知识点

① 人工智能的概念和内涵。

② 人工智能的常用技术及应用。

③ 人工智能的发展趋势。

7.2　人工智能的概念与发展

人工智能(artificial intelligence, AI)是指机器能够模拟人类智能的一种技术,是一个以计算机科学为基础,由计算机、心理学、哲学等多学科融合的交叉学科,它也是研究、开发用于模拟、延伸和扩展人类智能的理论、方法、技术及应用系统的一门技术科学,力图了解智能的实质,并生产出一种新的能以与人类智能相似的方式做出反应的智能机器。这里的智能,一般是指学习、推理、识别、理解、决策等行为方面。人工智能领域的研究非常广泛,包括图像识别、自然语言处理、知识图谱、语音处理、智能机器人、专家系统等。

目前,一般将人工智能分为三个层次:弱人工智能、强人工智能和超人工智能。弱人工智能是指可以完成某些特定的、单一的、固定任务的人工智能,如语音识别、图像识别、自然语言处理、推荐算法等。强人工智能是指能够像人类一样进行智能活动的人工智能,具有自主推理和决策、创造性、情感等方面的能力。超人工智能是指远远超过人类智慧的人工智能,它不仅具有强大的智能能力,还具有类似意识和意图等人类意识的特征。目前,大部分研究还处于弱人工智能阶段,强人工智能大体处于起步和早期发展阶段。

7.2.1　人工智能的起源和发展

人工智能学科诞生于 20 世纪 50 年代中期,是以计算机科学为主要工具的一个研究领域,也伴随着计算机技术的发展和进步逐步发展,但是人工智能问题的复杂性,使得人工智能研究的发展过程中出现多次起伏。人工智能的发展历程大致可以划分为 7 个阶段。

1. 人工智能的诞生(20 世纪 40—50 年代)

1950 年,艾伦·图灵提出"图灵测试"。如果一台机器能够与人类展开对话(通过电传设备)而不能被辨别出其机器身份,那么称这台机器具有智能。图灵还预言了创造出真正智能机器的可能性。1954 年美国人乔治·戴沃尔设计了世界上第一台可编程机器人,为使用计算机程序实现人工智能奠定了基础。

1956 年夏天,美国达特茅斯学院举行了历史上第一次人工智能研讨会,从不同学科的角度探讨了人类各种学习和其他智能特征的基础以及用机器模拟人类智能等问题。麦卡锡首次提出了"人工智能"这个概念,这被看作人工智能学科诞生的标志。

2. 人工智能的黄金时代(20 世纪 50—70 年代)

人工智能概念提出后,计算机被广泛应用于数学和自然语言领域,用来解决代数、几何和英语问题,相继取得了一批令人瞩目的研究成果,如机器定理证明、跳棋程序等,掀起了人工智能发展的第一个高潮。

1959 年,美国发明家乔治·德沃尔与约瑟夫·英格伯格发明了首台工业机器人,该机器人借助计算机读取示教存储程序和信息,发出指令控制一台多自由度的机械。1964 年,美国麻省理工学院 AI 实验室的约瑟夫·魏岑鲍姆教授开发了 ELIZA 聊天机器人,实现了计算机与人类通过文本来交流。1965 年,约翰·霍普金斯大学应用物理实验室研制出 Beast 机器人,Beast 能够通过声呐系统、光电管等装置,根据环境校正自己的位置。同年,美国科学家爱德华·费根鲍姆等研制出化学分析专家系统程序DENDRAL,它能够分析实验数据来判断未知化合物的分子结构。1968 年,美国斯坦福研究所公布了机器人 Shakey,它带有视觉传感器,能够根据人的指令执行动作。

3. 人工智能的低谷(20 世纪 70—80 年代初)

人工智能初期的成功提升了人们对人工智能的期望,研究者们开始尝试更具挑战性的任务,并提出了一些不切实际的研发目标,造成了接二连三的失败,人工智能的发展进入低谷期。当时面临的问题主要有三个方面:一是计算机性能不足导致很多程序无法应用,二是问题的复杂性一旦提升程序就不堪重负,三是没有足够大的数据来支持模型算法的深入学习。

尽管如此,一些研究者仍在继续。1970 年,美国斯坦福大学计算机教授 T. 维诺格拉德开发了人机对话系统 SHRDLU,能分析指令,比如,理解语义,解释不明确的句子,并通过虚拟方块操作来完成任务。1976 年,美国斯坦福大学肖特里夫等人发布的医疗咨询系统 MYCIN,可用于对传染性血液病患者进行诊断。这一时期还陆续出现了用于生产制造、财务会计、金融等各领域的专家系统。

4. 人工智能的重新崛起(20 世纪 80 年代初—80 年代中)

专家系统的迅速发展,实现了人工智能从理论研究走向实际应用、从一般推理策略探讨转向运用专门知识的重大突破,在医疗、化学、地质等多个领域取得成功,推动人工智能的发展重新进入高潮。

1980 年,美国卡耐基梅隆大学为 DEC 公司制造出 XCON 专家系统,帮助 DEC 公司每年节约 4 000 万美元左右的费用,特别是在决策方面能提供有价值的内容。1981 年,日本率先拨款支持第五代计算机研发项目,目标是制造出能够与人对话、翻译语言、解释图像,并能像人一样推理的机器。随后,英美等国也开始为 AI 和信息技术领域的研究提供资金。1984 年,在美国人道格拉斯·莱纳特的带领下,启动了 Cyc(大百科全书)项目,试图将人类拥有的所有一般性知识都输入计算机,建立一个巨型数据库,并在此基础上实现知识推理,目标是使人工智能应用能够以类似人类推理的方式工作。

5. 低迷发展期(20 世纪 80 年代中—90 年代中)

这段时间也被称为"人工智能的冬天"。专家系统的实用性仅仅局限于某些特定情景,其应用领域狭窄、缺乏常识性知识、知识获取困难、推理方法单一、缺乏分布式功能、难以与现有数据库兼容等问题逐渐暴露出来。IBM 公司和苹果公司生产的台式机性能开始提升,使专家系统落于下风。

6. 人工智能再次崛起(20 世纪 90 年代中—2010 年)

20 世纪 90 年代中期开始,随着计算机性能的提高、网络技术的发展和人工智能相关技术尤其是神经网络技术的逐步发展,人工智能技术开始进入平稳发展时期。

1997 年,IBM 公司的深蓝超级计算机战胜了国际象棋世界冠军卡斯帕罗夫,引发了公众领域对人工智能话题的讨论。2002 年,美国 iRobot 公司推出了吸尘器机器人 Roomba,它能避开障碍,自动设计行进路线,还能在电量不足时,自动驶向充电座。2006 年,Hinton 在神经网络的深度学习领域取得突破。

7. 蓬勃发展期间(2011 年至今)

随着大数据、云计算、互联网、物联网等信息技术的发展,大数据和图形处理器等计算平台推动以深度神经网络为代表的人工智能技术飞速发展,人工智能的各类工业应用逐渐兴起,如图像分类、语音识别、知识问答、人机对弈、无人驾驶等,人工智能进入蓬勃发展期。

2011 年,Watson(沃森)作为 IBM 公司开发的使用自然语言回答问题的人工智能程序参加美国智力问答节目,打败了两位人类冠军,赢得了 100 万美元的奖金。2012 年,加拿大神经学家团队创造了一个具备简单认知能力、有 250 万个模拟"神经元"的虚拟大脑,命名为"Spaun",并通过了最基本的智商测试。2014 年,在英国皇家学会举行的"2014 图灵测试"大会上,聊天程序"尤金·古斯特曼"(Eugene Goostman)首次通过了图灵测试。2016 年,谷歌人工智能 AlphaGo 战胜了世界冠军李世石。2022年底,OpenAI 推出了 ChatGPT 自然语言处理模型,拥有了非常强大的自然语言生成和理解能力,在许多任务上的表现远远超过了之前的语言模型,引发了新一轮的人工智能研究热潮。微软、谷歌、百度等互联网大公司,还有众多的初创科技公司,纷纷加入人工智能产品的市场竞争。

7.2.2　人工智能的学派

一般认为,人工智能存在三大学派:符号主义学派、连接主义学派和行为主义学派,不同学派秉持不同的思想和价值观念,造成了其实现人工智能的思路不同。

1. 符号主义学派

符号主义,又称逻辑主义、心理学派或计算机学派,是一种基于逻辑推理的智能模拟方法,认为人工智能源于数学逻辑,其原理主要为物理符号系统(即符号操作系统)假设和有限合理性原理。符号主义曾为人工智能的发展做出重要贡献,如数学定理的证明、启发式算法、专家系统等,尤其是专家系统的成功开发与应用,使得人工智能从科学研究走向工程应用。

2. 连接主义学派

连接主义,又称仿生学派或生理学派,是一种基于神经网络和网络间的连接机制与学习算法的智能模拟方法。这一学派认为人工智能源于仿生学,特别是人脑模型的研究。连接主义学派从神经生理学和认知科学的研究成果出发,把人的智能归结为人脑的高层活动的结果,强调智能活动是由大量简单的单元通过复杂的相互连接后并行运行的结果。其基本思想是,既然生物智能是由神经网络产生的,那么就通过人工方式构造神经网络,再训练人工神经网络产生智能。各种类型的人工神经网络尤其是深度网络,目前已经成为机器学习领域的主流算法。

3. 行为主义学派

行为主义,又称进化主义或控制论学派,是一种基于"感知—行动"的行为智能模拟方法,思想来源是进化论和控制论,其原理为控制论以及"感知—动作"型控制系统。

行为主义学派认为,智能取决于感知和行为,取决于对外界复杂环境的适应,不同的行为表现出不同的功能和不同的控制结构。学习是刺激与反应之间的联结,行为是学习者对环境刺激所做出的反应。学习过程是渐进的尝试错误的过程,强化是学习成功的关键。生物智能是自然进化的产物,生物通过与环境及其他生物之间的相互作用,从而发展出越来越强的智能,人工智能也可以沿这个途径发展。这一学派的典型的工程成果如布鲁克斯的六足行走机器人,波士顿动力工程公司的机器狗等。

除了三大学派的划分,一些学者认为存在更多的流派,如美国的佩德罗·多明戈斯在《终极算法》中认为包含贝叶斯派和类比派。

贝叶斯派来源于概率统计领域,处理的思路是减少不确定性。它认为知识是不确定的,处于动态变化中,从数据中推理出的内容无法完全确定,所以学习的方法是通过使用概率来量化不确定性。在获取更多数据证据后,不同假设的概率就应随之调整,证据越多,知识概率越高。典型的学习方法就是贝叶斯理论。贝叶斯方法需要的数据量较少,也更容易理解和解释训练结果。

类比派源于心理学,通过类比来推理。这里实际是模拟人类的做法,当人类面对一个新问题时,会从已有的经验中寻找与之类似的情况,然后用原来的解决方法解决现有问题。该派主要的算法是核学习机(kernel machines),如支持向量机(support vector machine),它既可以实现直接线性分类,也可以将非线性问题通过核函数映射为线性问题进行分类。

7.3　人工智能关键技术

机器学习(machine learning,ML)是人工智能的核心技术,是使机器具有智能的根本途径。机器学习是一种让机器通过数据学习并改进性能的技术,它可以让机器通过自我学习和调整来实现自我优化和提高。深度学习(deep learning,DL)是机器学习的一个分支,通过多层神经网络模拟人类大脑的神经元,实现更高级别的抽象和特征提取。神经网络(neural network,NN)是深度学习的核心,它是由多个层次的神经元组成的,每一层都执行特定的计算任务,并将计算结果传递给下一层。大模型是指具有大规模参数和复杂计算结构的机器学习模型,这些模型通常由深度神经网络构建而成。人工智能、机器学习、深度学习、神经网络之间的关系如图7.1所示。本节将介绍相关的技术概念。

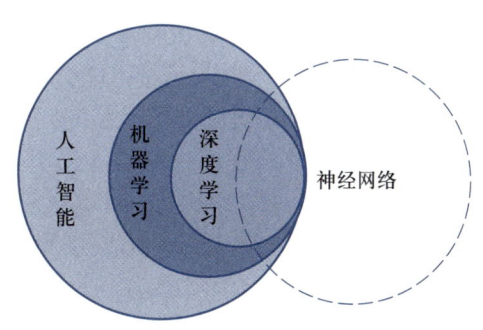

图7.1　人工智能关键技术

7.3.1　机器学习

1. 机器学习的概念

人类学习是指人类通过观察、体验、实践等方式从环境中获取知识,并将其应用于新的情境中。卡耐基梅隆大学教授汤姆·米切尔(Tom Mitchell)在《机器学习》中给出"机器学习"的定义:对于某类任务(task,T)和某项性能评价准则(performance,P),如果一个计算机在程序T上,以P作为性能度量,随着经验(experience,E)的积累,不断自我完善,那么称计算机程序从经验E中进行了学习。机器学习的核心是"使用算法解析数据,从中学习,然后对新数据做出决定或预测",也就是说机器学习是计算机利用已获取的数据得出某一模型,然后利用此模型进行预测的一种方法。大多机器学习算法需要通过输入海量训练数据对模型进行训练,使模型掌握数据所蕴含的潜在规律,如图7.2所示。

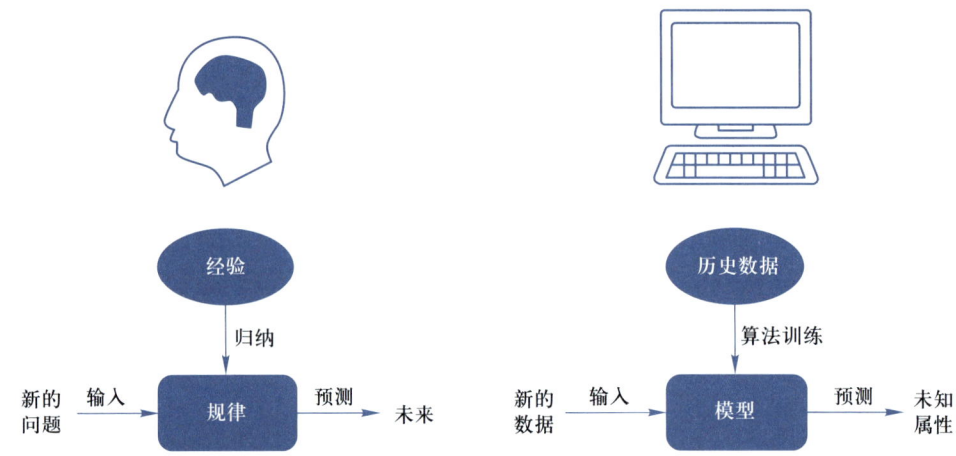

图 7.2　学习模式

举例来说,识别一个动物是否是猫,人类往往可以很轻易地完成识别,因为我们在日常生活中积累了大量的经验,学习到了猫的特征(例如,两只耳朵、四条腿、一条尾巴,有胡须等),因此即便是三岁小孩也可以迅速判断出一个动物是否是猫。那么如何让机器识别一只猫?我们可以准备大量动物图片,并将猫的图片筛选出来作为计算机程序的经验,但是计算机程序无法自动地归纳这些经验,这时需要通过机器学习算法来训练这个计算机程序。经过训练的计算机程序被称为模型。一般来说,训练所用的图片数量越多,模型可能会被训练得越好。

机器学习可以解决多种类型的问题,最为典型的问题包括分类、回归和聚类。分类问题要求计算机程序指明输入属于 K 个类别中的哪一类,例如,动物图片分类、识别手写数字等。回归问题中,计算机程序需要对给定输入预测输出值,例如,预测房价、气温、股票等。聚类问题需要按照数据的内在相似性,将数据划分为多个类别,例如,图片检索、用户画像生成等。

2. 机器学习的基本流程

一个完整的机器学习项目的流程,一般包括下面几个部分,如图 7.3 所示。需要说明的是,这个过程并不是一次性完成的,而是需要反复迭代和调整,最终才能达到令人满意的效果,最后还需要将模型部署到具体的应用场景,从而使理论成果转化为实际价值。

图 7.3　机器学习基本流程

(1)需求分析

需求分析的主要目的是为项目确定方向和目标,需要明确机器学习的目标、输入和输出、任务的类型、关键性能指标等。

(2)数据采集

机器学习的基础是数据。数据集是在机器学习中使用的一组数据,其中每个数据称为一个样本。反映样本在某方面的属性称为特征。数据集分为训练集和测试集。训练过程中使用的数据集统称为训练集,每个样本称为训练样本,学习(训练)就是从数据中学得模型的过程。使用模型进行预测的过程称为测试,测试使用的数据集称为测试集,测试集中的每个样本称为测试样本。一般的分割比例是训练集占样本总数的 80%,测试集占 20%。图 7.4 给出了一个根据面积、学区以及朝向预测房价的数据集示例。

	序号	特征1 面积	特征2 学区	特征3 朝向	标签 房价(万)
训练集	1	150	是	东	300
	2	120	否	南	100
	3	80	是	西	160
	4	50	否	北	50
测试集	5	90	是	西	180

图 7.4　示例数据集

（3）数据清洗

数据是模型训练的基础,没有好的数据,就不会得到好的模型。但是真实的数据中通常会出现一些质量问题,例如,数据不完整、缺失,数据包含噪声,数据中存在矛盾的记录等。这样的数据称为"脏"数据。填充缺失值、发现并消除数据异常点的过程称为数据清洗。数据清洗的工作量往往很大,研究表明,清理和组织数据占用了数据科学家在机器学习研究中 60% 的时间。一方面,这说明了数据清洗的难度很大,数据的收集途径和内容不同,采用的清洗方法也不同;另一方面,也说明数据清洗对后续的模型训练起着至关重要的作用。

除此之外,数据预处理往往还包含降维和数据标准化。数据降维的目的是简化数据属性,避免维度爆炸,而数据标准化的目的是统一各个特征的量纲,从而降低训练难度。

（4）特征提取与选择

特征提取是指从原始数据中提取出具有代表性的特征,特征的质量和数量直接影响模型的性能和准确度。特征提取的目的是将原始数据转换为更具代表性和可解释性的特征,以便更好地描述和区分数据。例如,在图像识别任务中,可以使用特征提取方法从图像中提取出边缘、角点、纹理等特征,以便更好地区分不同的图像。

通常情况下,一个数据集中存在很多种不同的特征,其中一些可能与目标无关,例如,根据面积、学区、朝向和气温预测房价时,气温显然是一个无关的特征。通过特征选择,可以剔除这些无关特征,使模型得到简化。

（5）模型训练

模型训练就是经过数据采集、数据处理、特征提取和选择之后,通过算法训练得到模型。具体机器学习的算法将在下面详细介绍。随着训练数据的增加,模型的准确率会提高,那么为什么不将全部数据用于训练,而要分出一部分作为测试集呢? 这是因为我们关心的是模型面对未知数据时的表现,而不是已知数据。举例来说,训练集就像学生备考时做过的模拟题,而测试集就是考试试题。

（6）模型评估

什么是好的模型? 最重要的评价指标是模型的泛化能力,也就是模型在面对实际的业务数据时的准确性。机器学习的目标是使得建立的模型能够很好地适用于新的样本,而不仅仅是在训练样本上取得好的效果。模型适用于新样本的能力称为泛化能力,也称为鲁棒性。

3. 机器学习的算法

机器学习算法可以从不同的角度进行分类,基于学习方式将机器学习分为四类:监督学习、无监督学习、半监督学习和强化学习。

（1）监督学习

监督学习也称为有监督学习。在监督学习中,训练机器学习模型的训练样本有对应的目标（结果）值,通过对已知结果、已知数据样本不断地学习和训练完成模型,训练完的模型可对新的数据进行结果的预测。通俗地说,监督学习就是在训练计算机做题时,允许其对比标准答案,计算机努力调整自己的模型参数,希望推测出的答案与标准答案尽可能一致,最终学会如何做题。

监督学习通常用在分类和回归中,如识别图片中的物体,通过用大量带有类别标签的图像来训练模型,使得模型可以对输入的图形输出类别判断。再如垃圾电子邮件的识别,通过对一些历史邮件做垃圾分类的标记,使用这些带有标记的数据训练完成模型,此后对获取到的新邮件,就可以代入模型进行匹配,来识别此邮件是不是垃圾邮件。回归一般用于预测活动,比如,使用营业收入、资产负债情况、管理费用等变量作为自变量,净利润作为因变量,利用历史数据训练得到一个回归方程,可以代入新的自变量的值计算对未来利润的预测。

监督学习的难点是获取具有目标值或标记的样本数据成本较高,大多数情况下要依赖人工标注。

（2）无监督学习

无监督学习与有监督学习的区别是选取的样本数据不带有目标值或标签,模型不会分析选取的数据对某些结果的影响,而是分析这些数据自身内在的规律。就像让计算机做题,但是却不告诉它正确答案,这种情况下,计算机只能通过分析题目之间的关系,对题目进行分类,使得每一个类别的题目具有相似的答案。常见的两类无监督学习算法是降维和聚类。

降维的目的是去除冗余或不重要的特征,降低样本数据参数的维度,用更少的维度来表示特征,图 7.5 给出二维转一维的一个具体示例。

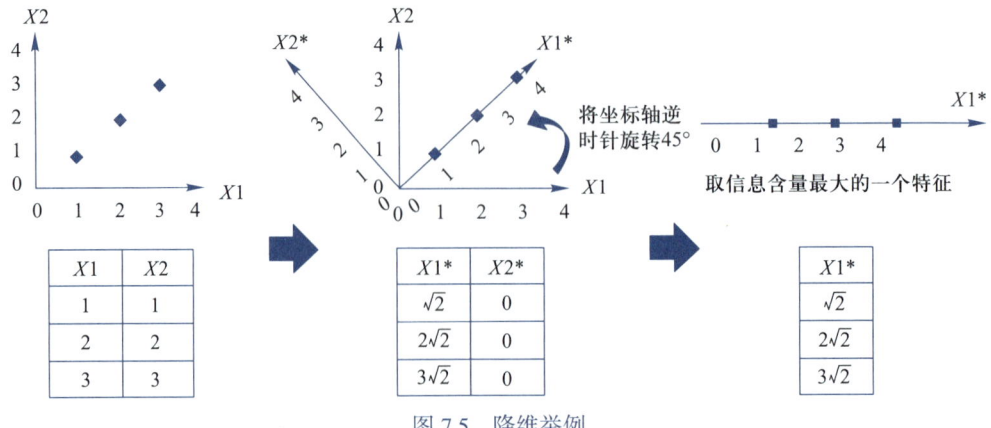

图 7.5　降维举例

聚类算法中,数据的类别或标签是未知的,只能通过算法分析数据的特征,然后进行数据划分,把相似的数据聚到一起,对于新来的样本,只需要计算其与已有样本之间的相似度,然后按照程度进行归类即可,即"物以类聚,人以群分"。生物学家很早就开始使用聚类的思想对物种的种间关系进行研究了,例如,将鸢尾花按照萼片和花瓣尺寸归类后,可以明显地将其分成 3 类。

（3）半监督学习

半监督学习是有监督学习与无监督学习的结合。半监督学习使用大量的未标记数据以及少量的标记数据来进行模型训练工作。半监督学习可以降低数据标注的工作量,提升可用带标记样本数据较少时模型训练的效果。其思想是在标记样本数量较少的情况下,通过在模型训练中引入无标记样本来避免传统监督学习在训练样本不足、学习不充分时出现的性能或模型退化的问题。

（4）强化学习

强化学习的目标是通过与环境的交互来学习如何做出最优的决策。它通过试错的方式来学习,不需要标记好的训练数据或者环境的先验知识。强化学习最初来自对生物体行为学的观察,关注智能体如何在环境中采取不同的行动,以最大限度地避开惩罚、累积奖励。

在强化学习中,有一个智能体（agent）和一个环境（environment）。智能体通过观察环境的状态（state）,选择一个动作（action）,然后环境根据智能体的动作给予一个奖励（reward）。智能体根据奖励来调整自己的策略,以获得更高的累积奖励。智能体与环境的交互方式与人类与环境的交互方式类似,因此可以认为强化学习是一套通用的学习框架,可用来解决通用人工智能的问题。

强化学习已经在许多领域取得了显著的成果,包括但不限于以下领域:

- 游戏:AlphaGo、AlphaGo Zero 和 AlphaZero 通过强化学习击败了人类顶级棋手,展示了强化学习在围棋、象棋等游戏上的强大潜力。

- 机器人:强化学习被用于机器人控制,如教会机器人行走、抓取物体等。

- 自动驾驶:强化学习可以用于优化自动驾驶汽车的控制策略,提高道路安全和驾驶体验。

- 推荐系统:强化学习可以用于优化推荐策略,提高用户满意度和长期收益。

- 资源管理:强化学习可以用于优化资源分配问题,如数据中心能耗管理、通信网络流量控制等。

7.3.2　深度学习

深度学习是一种基于神经网络的机器学习模型,是一种模拟人类神经网络而构建的模型。

人类大脑是一部极其高效的"计算机"。以 20 岁的人为例,男性脑部的神经轴突（与神经细胞相连的细长部分,用来进行神经信号传递）总长度为 17.6 万千米,约为月球距近地点距离的一半,女性约为 14.9 万千米。人脑神经信号回路比今天全世界的电话网络还要复杂 1 400 多倍。每一秒钟,人脑中进行着 10 万种不同的化学反应,反应环境、反应速度及反应产物控制都十分精确,出错率极低,各种反应间相互关联、配合默契。

人工神经元是一个生物启发式的计算和学习模型,像生物神经元一样,它们从其他细胞(神经元或环境)获得加权输入,然后经过一个处理单元产生离散或连续的输出。人工神经网络是由人工神经元互联组成的网络,是一种旨在模仿人脑结构及其功能的信息处理系统,反映了人脑功能的若干基本特征,如并行信息处理、学习、联想、模式分类、记忆等。图 7.6 对生物神经网络和人工神经网络的相似性给出了形象的对比。

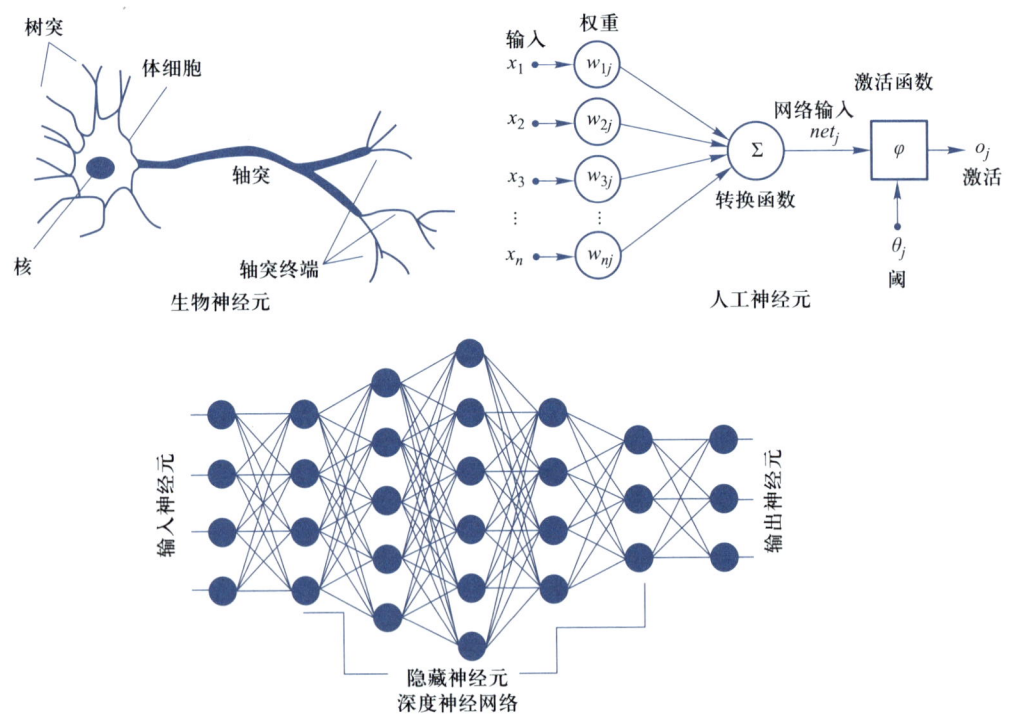

图 7.6 生物神经网络和人工神经网络的相似性

深度学习在许多领域取得了显著的成果,如图像识别、分割和检测、自然语言处理、机器翻译、语音识别、个性化推荐等,深度学习的模型已经接近甚至超过人类大脑的能力,解决了很多模式识别和生成的难题。

1. 深度学习的原理

深度学习的网络结构由输入层、隐藏层和输出层组成,每一层都有许多神经元,它们之间通过权重连接,形成一个复杂的网络结构。每一层的神经元都会根据输入信号的不同,产生不同的输出信号,从而实现特征提取和学习。图 7.7 演示了一个含有两个隐藏层的人工神经网络。

深度网络通过设计建立适量的神经元计算节点和多层运算层次结构,选择合适的输入层和输出层,经过网络的学习和调优,建立起从输入到输出的函数关系。深度网络虽然不能 100% 找到输入与输出的函数关系,但是可以尽可能地逼近现实的关联关系。

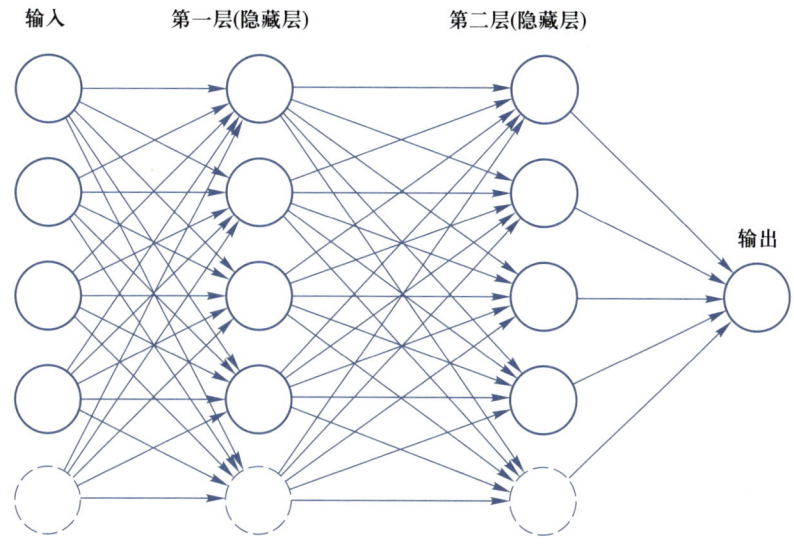

图 7.7　含有两个隐藏层的神经网络

相比浅层结构,多层深度网络结构有许多优点:能够表达复杂高维函数,向深度扩展相对向广度扩展更加节省参数,与人类大脑皮层的工作原理更相近,各层提取的特征可以共享,等等。

深度学习模型的训练过程包括以下几个步骤:

① 确定模型结构:包括输入层、输出层、隐藏层的数量和类型。

② 选择损失函数:损失函数用于衡量模型预测结果与真实结果之间的差距。

③ 选择优化算法:优化算法用于调整模型参数,使得损失函数最小化。常见的优化算法包括随机梯度下降(SGD)、Adam、RMSprop 等。

④ 获取训练数据:训练数据包括输入数据和对应的输出值。

⑤ 训练模型:训练过程包括以下几个步骤,将训练数据输入模型,并计算损失函数的值;计算损失函数的梯度;使用优化算法调整模型参数,使得损失函数最小化。训练过程通常需要迭代多次,直到损失函数的值达到一个较小的阈值为止或者达到预先指定的最大迭代次数。

⑥ 验证模型:在训练完成之后,使用验证数据来评估模型的表现。验证数据是独立于训练数据的,用于评估模型的泛化能力。如果模型在验证数据上的表现较差,需要采取措施来改善模型的表现。

⑦ 测试模型:在验证数据上获得较好的表现之后,可以使用测试数据来最终评估模型的表现。测试数据是独立于训练数据和验证数据的,用于评估模型的最终性能。

深度学习模型也存在一些局限性:① 数据需求量大,因为深度网络需要模拟一个复杂的包含大量参数的函数;② 计算复杂度高,由于参数规模巨大,完成模型的训练需要大量的计算资源,并且训练时间可能很长;③ 深度神经网络难以解释,神经网络更像一个"黑匣子",即使它能获取良好的预测结果。

2. 深度学习常用模型

（1）卷积神经网络模型

卷积神经网络（convolutional neural networks，CNN）是指至少在网络的一层中使用卷积运算来替代一般的矩阵乘法运算的神经网络。卷积神经网络的基本结构由几个部分组成：输入层（input layer）、卷积层（convolution layer）、池化层（pooling layer）、激活函数层（activation layer）、全连接层（full-connection layer）和 Softmax 层。图 7.8 演示了一个典型的卷积神经网络结构。

卷积层1　　　池化层1　　　卷积层2　　　池化层2　　全连接层1　全连接层2

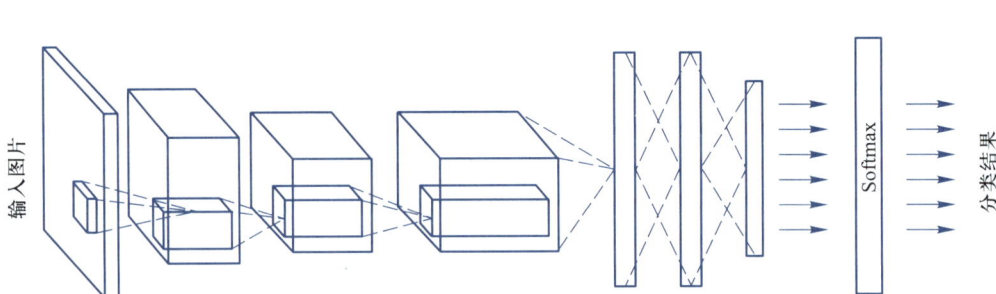

图 7.8　典型卷积神经网络结构

① 输入层。在处理图像数据的 CNN 中，输入层一般代表了一张图片的像素矩阵。可以用三维矩阵代表一张图片。三维矩阵的长和宽代表了图像的大小，深度代表了图像的色彩通道，黑白图像的深度为 1，RGB 彩色模式的图像的深度为 3。

② 卷积层。卷积层是卷积网络的核心，它执行卷积操作，即对输入数据（图像）和滤波矩阵做内积（逐个元素相乘再求和），滤波矩阵对应输入图像上的一个窗口，包含一组固定的权重，所以可以看作一个可学习的恒定滤波器。

在 CNN 中，滤波器对局部输入数据进行卷积计算。每计算完一个数据窗口内的局部数据后，对窗口进行平移，直到计算完所有数据。卷积操作的基本思想是，由于图像的空间联系是局部的，每个神经元不需要对全部的图像做感受，只需要感受局部特征即可，然后在更高层将这些感受得到的不同的局部神经元综合起来就可以得到全局的信息。

③ 池化层。池化层的窗口滑动操作与卷积操作相同，但它不计算内积，而是将输入矩阵某一位置相邻区域（窗口）的总体统计特征作为该位置的输出。简单来说，池化就是在该区域上指定一个值来代表整个区域。

④ 激活函数层。激活函数是一个非线性函数或分段函数，目的是得到非线性的输出值，通过加入非线性激活函数，神经网络才能实现对复杂函数的模拟。常见的激活函数有 ReLU、Sigmoid 等，其中 ReLU 在许多神经网络中取得了良好的效果。

⑤ 全连接层。在经过多轮卷积层和池化层的处理之后，可以认为图像中的信息已经被抽象成了信息含量更高的特征，在 CNN 的最后一般会由 1 到 2 个全连接层来给出最后的分类结果。

⑥ Softmax 层。如果是分类问题，还会在全连接层后添加一个 Softmax 层，将全连接层的输出转化为每个类别的可能性概率，以便使用交叉熵损失函数。

（2）生成对抗网络

生成对抗网络（generative adversarial network，GAN）是由蒙特利尔大学 Ian Goodfellow 在 2014 年提出的机器学习架构，它是生成模型的一种，如可用于生成新的卡通形象或人脸。GAN 的训练过程处于一种对抗博弈状态中，它的思想类似于两个博弈方（生成器和鉴别器）的动态对抗。如印制假钞的罪犯（生成器）和识别假钞的警察（鉴别器），最初假钞制作水平不高，警察很容易识别，这时罪犯会提高印制假钞的技术，想办法骗过警察（即生成器的提升训练），发现假钞技术提高后，警察就会想办法提高假钞的鉴别技术以鉴别新型假钞（即鉴别器的提升训练），两者交互往复，假钞的制作技术和警察的鉴别技术均逐步提高（生成器的生成能力和鉴别器的鉴别能力都越来越强）。

GAN 是一种非监督式的架构，它包括了两个独立的网络（如图 7.9 所示），两者之间相互对抗，第一个网络是生成器 G（generator），生成类似真实样本的随机样本（如生成与人类手绘漫画角色图片相似的新的动漫角色图片），它会作为鉴别器 D（discrimitor）的假样本；第二个网络是鉴别器，它可以分辨是真实数据还是虚假数据（人类绘制的动漫角色图片还是生成器生成的动漫角色图片）。

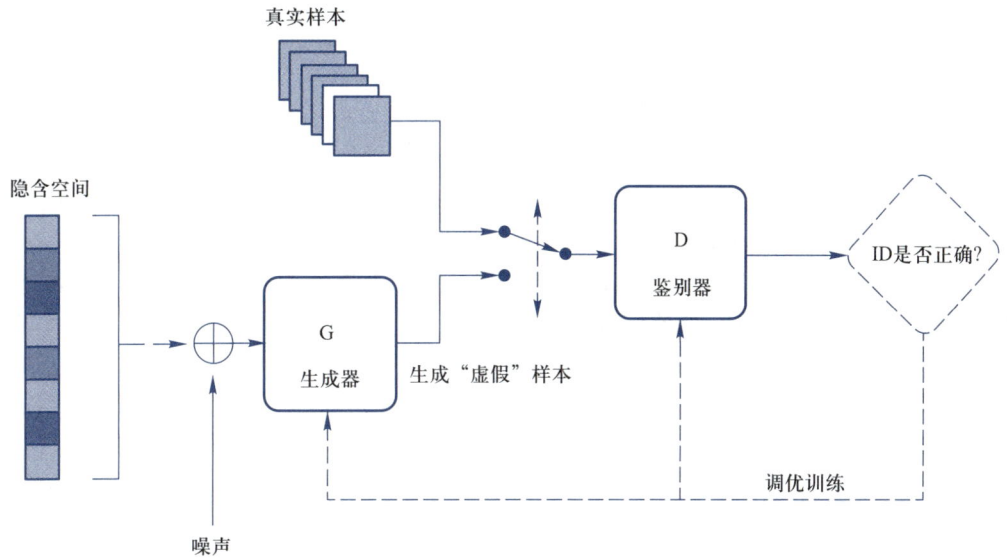

图 7.9　生成对抗网络基本结构

在图像生成任务中，鉴别器实际上是一个图片分类器，生成器的目标是绘制出非常接近真实图片的伪造图片来欺骗鉴别器。在训练过程中，D 会接收真实数据和 G 产生的假数据，它的任务是判断图片是属于真实数据还是假数据。对于最后输出的结果，可以同时对两方的参数进行调优。首先训练 D 来辨别出 G 绘制的图片和真实的图片，再训练 G 来骗过 D。训练交互进行一直持续到两者进入到一个均衡和谐的状态。训练后的成果是一个质量较高的自动生成器和一个判断能力较强的鉴别器。

（3）Transformer 模型

2017 年，谷歌在论文 *Attention is All You Need* 中提出了 Transformer 模型，由于该

模型较为复杂,下面通过一个简单的例子说明该模型的工作流程。

先将 Transformer 模型视为一个黑盒,在机器翻译任务中,将"我有一只猫"作为输入,然后将其翻译成英文作为输出。中间部分的 Transformer 本质上是一个 Encoder–Decoder 架构,如图 7.10 所示。

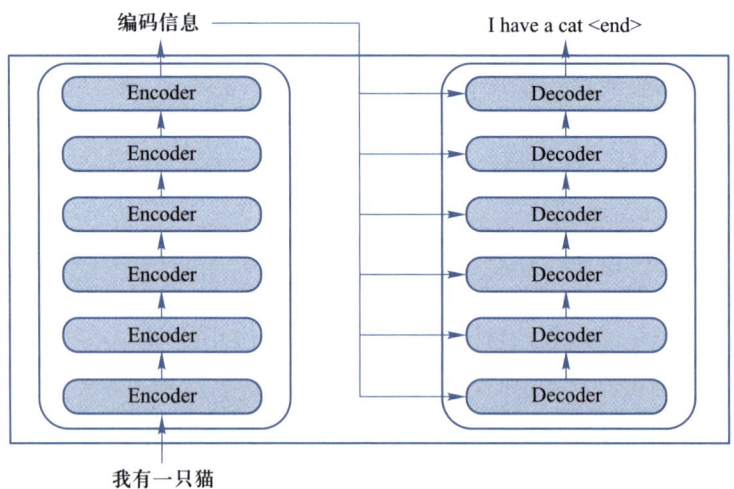

图 7.10　Transformer 整体结构

Transformer 的工作流程大体如下:

第一步:获取输入句子的每一个单词的表示向量 X。

第二步:将得到的单词表示向量 X 传入 Encoder 中,经过 6 个 Encoder block 后可以得到句子所有单词的编码信息矩阵 C。

第三步:将 Encoder 输出的编码信息矩阵 C 传递到 Decoder 中,Decoder 会根据当前翻译过的单词翻译下一个单词。

Transformer 现在已经广泛用于各种自然语言处理(NLP)模型,目前主要的大语言模型如 ChatGPT、BARD 等,均基于 Transformer 模型。

7.3.3　大模型

1. 大模型的定义

大模型是指具有大规模参数和复杂计算结构的机器学习模型。这些模型通常由深度神经网络构建而成,拥有数十亿甚至数千亿个参数。大模型的设计是为了提高模型的表达能力和预测性能,能够处理更加复杂的任务和数据。大模型在各种领域都有广泛的应用,包括自然语言处理、计算机视觉、语音识别和推荐系统等。大模型通过训练海量数据来学习复杂的模式和特征,具有更强大的泛化能力,可以对未见过的数据做出准确的预测。

ChatGPT 对大模型的解释更为通俗易懂,也更体现出类似人类的归纳和思考能力:大模型本质上是一个使用海量数据训练而成的深度神经网络模型,其巨大的数据和参数规模,实现了智能的涌现,展现出类似人类的智能。

与大模型相关的几个概念介绍如下：

① 超大模型：超大模型是大模型的一个子集，它们的参数量远超过大模型。

② 大语言模型（large language model）：通常是具有大规模参数和计算能力的自然语言处理模型，例如 OpenAI 的 GPT-3 模型。这些模型可以通过大量的数据和参数进行训练，以生成类似人类生成的文本或回答自然语言的问题。大型语言模型在自然语言处理、文本生成和智能对话等领域有广泛应用。

③ GPT（generative pre-trained transformer）：GPT 和 ChatGPT 都是基于 Transformer 架构的语言模型，但它们在设计和应用上存在区别。GPT 模型旨在生成自然语言文本并处理各种自然语言处理任务，如文本生成、翻译、摘要等。它通常在单向生成的情况下使用，即根据给定的文本生成连贯的输出。

④ ChatGPT：ChatGPT 专注于对话和交互式对话。它经过特定的训练，以更好地处理多轮对话和理解上下文。ChatGPT 设计用于提供流畅、连贯和有趣的对话体验，以响应用户的输入并生成合适的回复。

2. 大模型的发展历程

（1）萌芽期（1950—2005 年）：以 CNN 为代表的传统神经网络模型阶段

① 1956 年，从计算机专家约翰·麦卡锡提出"人工智能"概念开始，AI 由最开始基于小规模专家知识逐步发展为基于机器学习。

② 1980 年，卷积神经网络的雏形 CNN 诞生。

③ 1998 年，现代卷积神经网络的基本结构 LeNet-5 诞生，机器学习方法由早期基于浅层机器学习的模型，变为基于深度学习的模型，为自然语言生成、计算机视觉等领域的深入研究奠定了基础，对后续深度学习框架的迭代及大模型发展具有开创性的意义。

（2）探索沉淀期（2006—2019 年）：以 Transformer 为代表的全新神经网络模型阶段

① 2013 年，自然语言处理模型 Word2Vec 诞生，首次提出将单词转换为向量的"词向量模型"，以便计算机更好地理解和处理文本数据。

② 2014 年，被誉为 21 世纪最强大算法模型之一的 GAN（对抗式生成网络）诞生，标志着深度学习进入了生成模型研究的新阶段。

③ 2017 年，谷歌公司颠覆性地提出了基于自注意力机制的神经网络结构——Transformer 架构，奠定了大模型预训练算法架构的基础。

④ 2018 年，OpenAI 公司和谷歌公司分别发布了 GPT-1 与 BERT 大模型，意味着预训练大模型成为自然语言处理领域的主流。在探索期，以 Transformer 为代表的全新神经网络架构奠定了大模型的算法架构基础，使大模型技术的性能得到了显著提升。

（3）迅猛发展期（2020 年至今）：以 GPT 为代表的预训练大模型阶段

① 2020 年，OpenAI 公司推出了 GPT-3，模型参数规模达到了 1 750 亿，成为当时最大的语言模型，并且在零样本学习任务上实现了巨大性能提升。随后，更多策略如基于人类反馈的强化学习（RHLF）、代码预训练、指令微调等开始出现，被用于进一步提高推理能力和任务泛化。

② 2022 年 11 月,搭载了 GPT 3.5 的 ChatGPT 横空出世,凭借逼真的自然语言交互与多场景内容生成能力,迅速引爆互联网。

③ 2023 年 3 月,超大规模多模态预训练大模型——GPT-4 具备了多模态理解与多类型内容生成能力。百度新一代大语言模型文心一言正式启动邀测。

在迅猛发展期,大数据、大算力和大算法完美结合,大幅提升了大模型的预训练和生成能力以及多模态多场景应用能力。

3. 大模型的特点

① 巨大的规模:大模型包含数十亿个参数,模型大小可以达到数百 GB 甚至更大。巨大的模型规模使大模型具有强大的表达能力和学习能力。

② 涌现能力:涌现(emergence)或称创发、突现、呈展、衍生,是一种现象,为许多小实体相互作用后产生了大实体,而这个大实体展现了组成它的小实体所不具有的特性。引申到模型层面,涌现能力指的是当模型的训练数据突破一定规模,模型突然涌现出之前小模型所没有的、意料之外的、能够综合分析和解决更深层次问题的复杂能力和特性,展现出类似人类的思维和智能。涌现能力也是大模型最显著的特点之一。

③ 更好的性能和泛化能力:大模型通常具有更强大的学习能力和泛化能力,能够在各种任务上表现出色,包括自然语言处理、图像识别、语音识别等。

④ 多任务学习:大模型通常会一起学习多种不同的 NLP 任务,如机器翻译、文本摘要、问答系统等。这可以使模型学习到更广泛和泛化的语言理解能力。

⑤ 大数据训练:大模型需要海量的数据来训练,通常是在 TB 以上甚至 PB 级别的数据集。只有大量的数据才能发挥大模型的参数规模优势。

⑥ 强大的计算资源:训练大模型通常需要数百甚至上千个 GPU 以及大量的时间,通常需要几周到几个月。

⑦ 迁移学习和预训练:大模型可以通过在大规模数据上进行预训练,然后在特定任务上进行微调,从而提高模型在新任务上的性能。

⑧ 自监督学习:大模型可以通过自监督学习在大规模未标记数据上进行训练,从而减少对标记数据的依赖,提高模型的效能。

⑨ 领域知识融合:大模型可以从多个领域的数据中学习知识,并在不同领域中进行应用,促进跨领域的创新。

⑩ 自动化和效率:大模型可以自动化许多复杂的任务,提高工作效率,如自动编程、自动翻译、自动摘要等。

4. 大模型的分类

按照输入数据类型的不同,大模型主要可以分为以下三大类。

① 语言大模型(NLP):是指在自然语言处理(natural language processing, NLP)领域中的一类大模型,通常用于处理文本数据和理解自然语言。这类大模型的主要特点是它们在大规模语料库上进行了训练,以学习自然语言的各种语法、语义和语境规则。例如,GPT 系列(OpenAI)、Bard(谷歌)、文心一言(百度)。

② 视觉大模型(CV):是指在计算机视觉(computer vision, CV)领域中使用的大模型,通常用于图像处理和分析。这类模型通过在大规模图像数据上进行训练,可以实现各种视觉任务,如图像分类、目标检测、图像分割、姿态估计、人脸识别等。例如,

VIT 系列（谷歌）、文心 UFO、华为盘古 CV、INTERN（商汤）。

③ 多模态大模型：是指能够处理多种不同类型数据的大模型，例如文本、图像、音频等多模态数据。这类模型结合了 NLP 和 CV 的能力，以实现对多模态信息的综合理解和分析，从而能够更全面地理解和处理复杂的数据。例如，DingoDB 多模向量数据库（九章云极 DataCanvas）、DALL-E（OpenAI）、悟空画画（华为）、midjourney。

按照应用领域的不同，大模型主要可以分为 L0、L1、L2 三个层级：

① 通用大模型 L0：是指可以在多个领域和任务上通用的大模型。它们利用大算力、使用海量的开放数据与具有巨量参数的深度学习算法，在大规模无标注数据上进行训练，以寻找特征并发现规律，进而形成可"举一反三"的强大泛化能力，可在不进行微调或少量微调的情况下完成多场景任务，相当于 AI 完成了"通识教育"。

② 行业大模型 L1：是指那些针对特定行业或领域的大模型。它们通常使用行业相关的数据进行预训练或微调，以提高在该领域的性能和准确度，相当于 AI 成为"行业专家"。

③ 垂直大模型 L2：是指那些针对特定任务或场景的大模型。它们通常使用任务相关的数据进行预训练或微调，以提高在该任务上的性能和效果。

7.4 人工智能技术的应用

7.4.1 机器视觉

机器视觉是人工智能在发展过程中的一个分支，广泛应用于生产制造检测等工业领域，用来保证产品质量、控制生产流程、感知环境等。它用机器代替人的眼睛，来做一些测量工作和需要进行判断的工作。机器视觉综合了光学、机械、电子、计算机软硬件等方面的技术，涉及计算机、图像处理、模式识别、人工智能、信号处理、光机电一体化等多个领域。

机器视觉过程通过图像摄取设备将需要摄取的目标转换成图像信号，传送给专用的图像处理系统，根据像素分布和亮度、颜色等信息，转变成数字化信号；图像系统对这些信号进行各种运算来抽取目标的特征，进而根据判别的结果来控制现场的设备动作。

机器视觉系统具有高效率、高度自动化的特点，可以实现很高的分辨率精度与速度，提高生产的柔性和自动化程度。机器视觉系统与被检测对象无接触，安全可靠。与人眼相比，机器视觉在感光范围、速度、环境要求等方面有明显优势，尤其在一些不适合人工作业的危险工作环境或人工视觉难以满足要求的场合，都可以用机器视觉替代人工视觉。

1. 机器视觉系统的组成部分

一个完整的机器视觉系统需要完成三项任务，一是采集图像，将图像转换成模拟格式并传入计算机存储器。二是图像处理和分析，运用不同的算法来提升重要的图像要素并形成数据作为判决依据。三是信息的综合处理,处理器的控制程序根据收到的数据做出结论并输出信息作反馈控制等。为了完成这三项任务,一个机器视觉系统一般由下面几个主要部分构成,如图7.11所示。

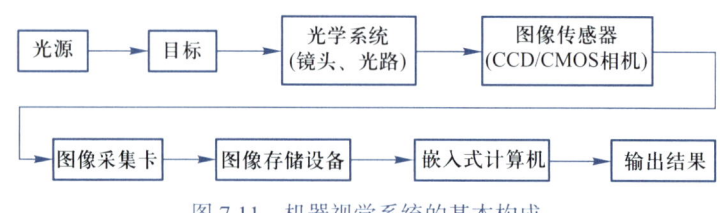

图 7.11　机器视觉系统的基本构成

（1）工业相机

工业相机在机器视觉系统中负责将光信号转变成电信号,与普通相机相比,它具有更高的传输能力、抗干扰能力以及稳定的成像能力。

（2）工业镜头

镜头在机器视觉系统中主要负责光束调制,并完成信号的传递。镜头类型主要包括定焦镜头、远摄镜头、广角镜头、变焦镜头、高清镜头、光学变焦镜头、数字变焦镜头和多焦点镜头等。

（3）光源

照明光源也是一个重要部件,它的好坏直接影响输入数据的质量和应用效果。一般需要针对特定的应用场景,选择不同类型的光源以达到最佳效果。光源的类型主要包括直射结构的光源、侧射结构的光源、背部结构的光源、背光源、球积分光源和条形光源等。

（4）图像采集卡

图像采集卡是一种可以获取数字化视频图像信息,并将其存储和播放出来的硬件设备。图像采集卡也决定了摄像头的接口:黑白、彩色、模拟以及数字等。

（5）机器视觉软件

机器视觉软件是机器视觉系统中自动化处理的关键部件,目前,大部分工业机器视觉软件可自动完成对图像的采集、显示、存储和处理,并可根据具体应用需求对软件包进行二次开发。

2. 机器视觉的处理流程

一个完整的机器视觉系统的工作过程主要包括下列步骤:

① 工件定位检测器探测到物体已经运动至接近摄像系统的视野中心,向图像采集部分发送触发脉冲。

② 图像采集部件按照事先设定的程序和延时,分别向摄像机和照明系统发出启动脉冲。

③ 摄像机停止扫描,重新开始新的一帧扫描,或者摄像机在启动脉冲来到之前处于等待状态,启动脉冲到来后启动一帧扫描。

④ 摄像机开始新的一帧扫描之前打开曝光机构,曝光时间可以事先设定。

⑤ 另一个启动脉冲打开灯光照明,灯光的开启时间应该与摄像机的曝光时间匹配。

⑥ 摄像机曝光后,正式开始一帧图像的扫描和输出。

⑦ 图像采集部分接收模拟视频信号并通过 A/D 将其数字化,或者直接接收摄像机数字化后的数字视频数据。

⑧ 图像采集部分将数字图像存放在处理器或计算机的内存中。

⑨ 处理器对图像进行处理、分析和识别,获得测量结果或逻辑控制值。

⑩ 控制系统根据图像处理结果控制流水线的动作,进行定位、纠正运动的误差、缺陷检测等。

3. 机器视觉的应用

机器视觉技术目前已应用于电子、新能源、半导体、医疗等众多行业,可以进行工件检测定位、产品质量等级分类、印刷品质量自动化检测、文字识别、纹理识别、人脸识别、无人驾驶、追踪定位等各种技术活动。如在新能源行业,机器视觉可识别电芯极性正反,可测量电池尺寸,可检测焊点是否存在缺陷,可定位电池包位置等。下面列出了机器视觉的三个典型行业应用。

(1)工业检测

工业检测是指在工业生产中运用一定的测试技术和手段对生产环境、工况、产品等进行测试和检验。机器视觉技术在微尺寸、大尺寸、复杂结构尺寸和异型曲面尺寸检测中具有突出的优势,如印刷电路板检查、金属表面自动探伤、大型工件平行度和垂直度测量、外形轮廓尺寸检测、容器容积或杂质检测、机器零件的自动识别和分类等。

(2)医疗诊断

在医疗诊断中,机器视觉技术可以对图像进行增强、标记、检测、识别等,如对血液细胞自动分类计数、染色体分析、癌症细胞识别等,可以帮助医生诊断疾病;结合专家知识系统,可以对图像进行分析和解释,给出建议诊断结果,如图 7.12 所示。

图 7.12 医学影像自动诊断机器人

(3)智能交通

机器视觉技术在智能交通中可以帮助完成自动导航(如图 7.13 所示)、车牌识别、目标车辆跟踪等任务。如在违章检测应用中,可以通过在交通要道放置摄像头,当有违章车辆时,摄像头将车辆的牌照拍摄下来,传输给中央管理系统,系统利用图像处理技术,对拍摄的图片进行分析,提取出车牌号,存储在数据库中,管理人员可以检索和作为判罚依据。

图 7.13　机器视觉技术用于自动导航

7.4.2　自然语言处理

自然语言处理（natural language processing，NLP）是一门融语言学、计算机科学、数学于一体的科学，是人工智能（AI）的一个分支，它以语言为对象，利用计算机技术来分析、理解和处理自然语言，旨在构建能够理解人类输入并做出相应响应的数字系统。它包括自然语言理解（natural language understanding，NLU）和自然语言生成（natural language generation，NLG）两部分，NLU 将人类语言转换为机器可读的格式以进行 AI 分析。分析完成后，NLG 会生成适当的响应，并以相同的语言将其发送回人类用户。

1. 自然语言处理方法

自然语言处理包含一系列的数据处理方法，既有一些传统方法，又有一些新的机器学习方法。

① 基于规则的方法：通过总结规律来判断自然语言的意图，常用的方法有 CFG（上下文无关文法）、JSGF（Java speech grammar format）等。

② 基于统计的方法：对语言信息进行统计和分析，并从中挖掘出语义特征，常见的方法有 SVM（支持向量机）、HMM（隐马尔可夫模型）、MEMM（最大熵马尔可夫模型）、CRF（条件随机场）等。

③ 基于深度学习的方法：这类方法目前在自然语言理解领域被广泛应用，如 CNN（卷积神经网络）、RNN（循环神经网络）、LSTM（长短期记忆网络）、Transformer 等。

2. 自然语言处理技术

从处理技术角度，一般将自然语言的处理技术分为自然语言理解技术和自然语言生成技术。

（1）自然语言理解技术

自然语言理解旨在理解和分析人类语言，重点关注对文本数据的理解，通过对其进行处理来提取相关信息。它提供直接的人机交互，并执行和语言理解相关的任务，是所有支持机器理解文本内容的方法模型或任务的总称，包括分词、词性标注、词法分析、句法分析、语义分析等任务。

① 分词。分词是指将原始文本（一个语句或文档）切分为一个字符串（词或字词）序列，其中，字符串一般是文本的重复序列，可能是词，可能是子词（被称为词素，

例如,英语中的"un–"前缀和"–ing"后缀),甚至可能是单个字符。

② 词性标注和词法分析。词性标注是指为每个字词标注词性(如名词、动词、形容词等)的过程,词法分析则旨在识别字词如何组合成为短语、子句和整个语句。其中,前者是一种序列标注任务,后者是一种扩展的序列标注任务。

③ 句法分析。句法分析是对输入的文本以句子为单位,进行分析以得到句子的句法结构的处理过程。三种比较主流的句法分析方法包括短语结构句法分析(识别出短语结构及短语间的层次句法关系)、依存结构句法分析(识别词与词之间的相互依赖关系)、深层文法句法分析(深层的句法和语义分析)。

④ 语义分析。语义分析的最终目的是理解句子表达的真实语义。语义分析技术基本可分为两种,一种为语义角色标注(semantic role labeling),一般都在句法分析的基础上完成,通常采用级联的方式,逐个模块分别训练模型;一种为联合模型,将多个任务联合学习和解码,通常都可以显著提高分析质量,但复杂度更高,速度也更慢。

(2)自然语言生成技术

自然语言生成是一种自动将结构化数据转换为人类可读文本的软件过程,其大致可分为6个步骤:

① 内容确定(content determination):决定哪些信息应该包含在正在构建的文本中,哪些不应该包含。通常数据中包含的信息比最终传达的信息要多。

② 文本结构(text structuring):合理地组织文本的顺序。例如,在报道一场演出活动时,会优先表达"时间""地点""演员",然后表达"演出内容"。

③ 句子聚合(sentence aggregation):多个信息合并到一个句子里,表达可能会更加流畅,也更易于阅读。

④ 语法化(lexicalization):当每一句的内容确定下来后,就可以将这些信息组织成自然语言了。这个步骤会在各种信息之间加一些连接词,看起来更像是一个完整的句子。

⑤ 参考表达式生成(referring expression generation,REG),也是选择一些单词和短语来构成一个完整的句子。但相对于语法化,REG 需要识别出内容的领域,然后使用该领域(而不是其他领域)的词汇。

⑥ 语言实现(linguistic realization):当所有相关的单词和短语都已经确定时,需要将它们组合起来形成一个结构良好的完整句子。

简单来看,自然语言生成的目的是形成包含意义和结构的短语、句子和段落,它也可以抽象为3个部分:

① 生成器:负责根据给定的意图,选择与上下文相关的文本。

② 表示组件和层级:为生成的文本赋予结构。

③ 应用:从对话中保存相关数据,从而遵循逻辑。

生成的文本必须使用一种人类可读的格式。自然语言生成的优点是可以提高数据的可访问性,还可以用来快速生成报告摘要。

3. 自然语言处理技术的应用

自然语言处理目前已广泛应用于各个领域,如机器翻译、舆情监测、自动摘要、观点提取、文本分类、问题回答、文本语义对比、语音识别、中文 OCR(optical character recognition）等方面。下面介绍自然语言处理的一些常见应用。

（1）语言检测和机器翻译

目前已经存在许多语言翻译服务,如谷歌翻译、必应翻译、百度翻译等。它们都提供了一个强大的应用程序,能够自动识别语言,并将文本数据从一种语言转换为另一种语言,同时还提供了单词释义、例句搜索等功能。

（2）虚拟助理或聊天机器人

目前大的科技公司基本都推出了基于大语言模型的智能助理,如 ChatGPT、Bard、Siri、Alexa、文心一言、通义千问等。一般存在两种聊天机器人,一种是基于文本或图像的,一种是基于语音的。聊天机器人可以代替人工座席来处理大量日常任务,让员工腾出时间来处理更具挑战性和更有趣的任务。例如,聊天机器人或虚拟助手可以识别各种用户请求,然后从企业数据库中找到相匹配的条目并有针对性地为用户创建响应。很多公司也已经利用聊天机器人技术来分析客户的行为和观点,以便获取产品反馈或者发起广告宣传活动。

（3）文档分析和组织

自然语言处理可用于文档的分析和组织,如进行文档聚类和主题建模等,可以帮助了解大型文档集合（例如企业报告、新闻文章或科学文档）中内容的多样性,同时也可以自动从每篇文档中生成简明的摘要。

（4）搜索优化

自然语言处理中的问答系统（question answering system,QA）包含了信息检索（information retrieval,IR）,这种系统通过在数据库中查询知识或信息来进行回答,也能够从自然语言文档库中提取回答。对于文档和 FAQ（frequent asked questions）检索,自然语言处理可以优化关键字匹配搜索,包括基于上下文消除歧义、匹配同义词以及考虑形态变化。此外,一些企业也通过搜索分析来优化内容,提升自身在线上搜索中的展示排名。

（5）信息审核和过滤

自然语言处理技术可以帮助进行信息审核和过滤,如通过分析评论的用词、语气和意图来确保评论的合规性,帮助过滤正在传播的负面或仇恨言论,帮助过滤垃圾邮件,进行智能自动邮件回复等。

（6）社交媒体和市场分析

通过情感分析算法,可以确定文本的正面、负面或中性内涵,通过分析推文、帖子、评论和其他反应来分析客户的反馈、监测趋势、进行市场研究等,这些信息能够帮助企业了解如何更好地与客户沟通,更有效地满足客户需求,同时帮助企业设计更有效的上下文广告。

7.4.3　知识图谱

知识图谱是由谷歌公司在 2012 年提出来的一个新概念,它"本质上是语义网络（semantic network）的知识库"。从组成形式上来看,它是一种基于图的数据结构,由节点（point）和边（edge）组成,每个节点表示一个"实体",每条边为实体与实体之间的"关系"。实体可以是现实世界中的事物,比如人、地名、公司、电话、动物等;关系则用来表达不同实体之间的某种联系。

通俗来说,知识图谱就是把所有不同种类的信息连接在一起而得到的一个关系网络,因此知识图谱提供了从"关系"的角度去分析问题的能力。一般认为知识图谱具有三个特点。

① 数据及知识的存储结构为有向图结构。有向图结构允许知识图谱有效地存储数据和知识之间的关联关系。

② 具备高效的数据和知识检索能力。知识图谱可以通过图匹配算法,实现高效的数据和知识访问。

③ 具备智能化的数据和知识推理能力。知识图谱可以自动化、智能化地从已有的知识中发现和推理多角度的隐含知识。

1. 知识图谱的表示

知识图谱表示(knowledge graph representation),又称知识图谱嵌入(knowledge graph embedding),是将知识图谱中的实体和关系映射到连续的向量空间中,同时保留知识图谱的固有结构。实体和关系嵌入表示有利于多种任务的执行,包括知识图谱补全、关系抽取、实体分类和实体解析等。

知识图谱中的知识表示方法,总体来说,就是以本体为核心,以 RDF 的三元组模式为基础框架,但更多的是体现实体、类别、属性、关系等多粒度多层次的语义关系。本体是知识图谱中的一个概念,它用一些属性或特征描述客观世界某一类事物的共性特征,并通过"关系"描述它与其他本体之间的关系。例如,本体"学生干部"有"课程成绩""获奖"等属性,这些属性与本体"学生干部"属于从属关系。

另一方面,在知识图谱中,知识表示有知识定义(知识体系)与知识实例两个层面,知识定义(知识体系)描述了本体以及本体之间的关系,是上层建筑;知识实例是本体的一个一个实例,对应的是真实的数据存储层。

RDF 三元组是目前主要使用的知识图谱表示形式,其中三种主要的表示框架是RDF、RDFS 与 OWL,它们在节点和边的取值上做了约束,制定了统一标准,为多源数据的融合提供了便利。

(1) RDF

RDF(resource description framework),即资源描述框架,其本质是一个数据模型(data model)。具体地,resource 指页面、图片、视频等任何具有 URI 标识符的资源。description 指属性、特征和资源之间的关系。framework 指模型、语言和这些描述的语法。

它提供了一个统一的标准,用于描述实体 / 资源。RDF 形式上表示为 SPO 三元组,有时候也称为一条语句(statement),知识图谱中也称其为一条知识(subject,predicate,object),其中节点表示实体 / 资源、属性,边则表示了实体和实体之间的关系以及实体和属性的关系。

若需要对 RDF 数据进行传输和存储,需要对 RDF 数据进行序列化(serialization)。目前,RDF 序列化的方式主要有 RDF/XML、N-Triples、Turtle、RDFa、JSON-LD 等几种。

（2）RDFS

RDF 的表达能力有限，无法区分类和对象，也无法定义和描述类的关系 / 属性。RDF 是对具体事物的描述，缺乏抽象能力，无法对同一类别的事物进行定义和描述。RDFS 即 "resource description framework schema" 模式语言，通过引入 Schema 作为 RDF 的补充解决了 RDF 表达能力有限的困境。RDFS 的表现形式和 RDF 一样，常用的方式主要是 RDF/XML 和 Turtle。

（3）OWL

在复杂的场景下，RDFS 的语义表达能力显得太弱。OWL 语言是 RDF（S）的扩展，它引入了布尔算子（并、或、补），递归地构建复杂的类，还提供了表示存在值约束、任意值约束和数量值约束等能力。同时，OWL 能够描述属性具有的传递性、对称性、函数性等性质以及两个类等价或者不相交，两个属性等价或者互逆，两个实例相同或者不同，枚举类，等等。OWL 是语义网上表示本体的推荐语言。

2. 知识图谱的构建

知识图谱在逻辑结构上主要分为数据层和模式层。数据层包含大量的事实（fact）信息，即（实体，关系，实体）或者（实体，属性，属性值）等三元组表示形式，将这些数据存储在图数据库中会构成大规模的实体关系网络，进而形成知识图谱。模式层是知识图谱的核心，建立在数据层之上，存储的是提炼后的知识。

知识体系的构建有两种方法：一种是自顶向下，即先构建一个完善的知识体系，再将知识填充到这个知识体系中；另外一种是自底向上，即在知识抽取的过程中，自动地扩充和构建知识体系。目前大多数知识图谱都是采用自底向上的方式进行构建。

自底向上的知识图谱构建是从结构化、半结构化和无结构化数据资源中，采用自动或半自动的技术抽取知识，并存入数据层和模式层的过程。自底向上的知识图谱构建是一个迭代更新的过程，涉及的技术主要包括信息抽取、知识融合、知识加工等，如图 7.14 所示。

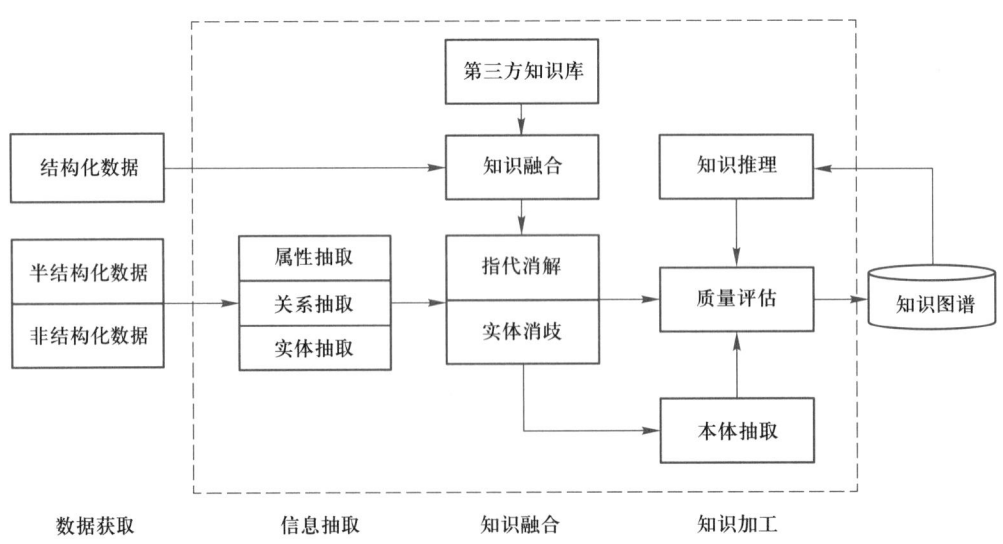

图 7.14　知识图谱的构建过程

（1）知识获取

知识获取是从海量的文本数据中获取结构化知识的过程。首先是获取数据,它们可以是一些表格、文本、数据库等。根据数据的类型可以分为结构化数据、非结构化数据和半结构化数据。结构化的数据为表格、数据库等按照一定格式表示的数据,通常可以直接用来构建知识图谱。非结构化的数据为文本、音频、视频、图片等,需要对它们进行信息抽取才能进一步建立知识图谱。半结构化数据是介于结构化和非结构化之间的一种数据,也需要进行信息抽取才能建立知识图谱。

信息抽取是指从各种类型的数据源中提取出实体(概念)、属性以及实体间的相互关系,在此基础上形成本体化的知识表达。通常,信息抽取包括如下的基本任务:实体识别,实体消歧,关系抽取以及属性抽取等。

（2）知识融合

知识图谱的构建需要从多个来源获取数据,这些来源不同的数据可能会存在交叉、重叠,同一个概念、实体可能会反复出现,知识融合的目的就是把表示相同概念的实体进行合并,把来源不同的知识融合为一个知识库。

知识融合的主要任务包括实体消歧和指代消解,它们都用来判断知识库中的同名实体是否代表同一含义、是否有其他实体也表示相同含义。实体消歧专门用于解决同名实体产生歧义的问题,通常采用聚类法、空间向量模型、语义模型等。指代消解则是为了避免代词指代不清的情况。

（3）知识加工

对于经过融合的新知识,需要经过质量评估之后(部分需人工参与),将合格的部分加入知识库中,以确保知识库的质量,新增数据之后,可以进行知识推理、拓展现有知识、得到新知识。

（4）知识存储

知识存储解决知识图谱的存储问题。目前的知识图谱存储基本都基于图数据库,常用的图数据库有 Neo4j、ArangoDB、TigerGraph 等,其查询语言使用的是 SPARQL。

（5）知识推理

知识推理旨在识别错误并从现有数据中推断新结论。通过前述步骤,基本可以构建一个知识图谱。但是,由于知识的不完备性,搭建出来的图谱通常会有很多缺失。由于数据的稀疏性,有时很难通过抽取和融合的方法去丰富图谱。通过知识推理可以导出实体间的新关系,并反馈以丰富知识图谱,从而支持高级应用。

3. 知识图谱的应用

知识图谱包含了大量的数据和知识库,因此可以依赖知识库进行推理和语义搜索,与相关应用相结合,知识图谱可以改进很多领域的工作效率和用户体验。

（1）语义搜索

传统搜索是靠网页之间的超链接实现网页的搜索,搜索后得到的通常是包含其中关键词的网页链接,还需要在多个网页中进行筛选。而语义搜索是直接对事物进行搜索,比如人、物、机构、地点等,这些事物可以来自文本、图片、视频、音频、物联网设备等。知识图谱和语义技术提供了关于这些事物的分类、属性和关系的描述,这样搜索引擎就可以直接对事物进行搜索。它首先将用户输入的问句进行解析,找出问句中的实体和关系,理解用户问句的含义,然后在知识图谱中匹配查询语句,找出答案,最后通过一定的形式将结果呈现到用户面前。

（2）智能问答

智能问答是指用户与具有智能的机器系统之间的交互,包括问答和交谈等。知识图谱也广泛应用于人机问答交互中。借助自然语言处理和知识图谱技术,比如,基于语义解析、基于图匹配、基于模式学习、基于表示学习和深度学习的知识图谱模型,智能问答可以辅助银行、电信等一些服务行业的客服进行工作,帮助回答简单的问题,或者帮助人工客服搜索答案。一些简单的智能问答机器人,如音乐、阅读、英语等也获得了一定的推广应用。不同应用依赖的知识图谱不同,如一般聊天机器人使用的是通用知识图谱,而智能客服使用的是专业领域的知识图谱。

（3）个性化推荐

个性化推荐是根据用户的个性特征,为用户推荐感兴趣的产品或服务,或提供个性化的信息服务和决策支持。个性化推荐系统通过收集用户的兴趣偏好、属性,产品的分类、属性、内容等,然后利用知识图谱,分析用户之间的社会关系,用户和产品的关联关系,利用个性化算法,推断出用户的喜好和需求,从而为用户推荐感兴趣的产品或者内容。

（4）辅助大数据分析

知识图谱也可以用于辅助进行数据分析与决策,利用知识图谱的知识,对知识进行分析处理,通过一定规则的逻辑推理,得出某种结论,为用户决断提供支持。同时,不同来源的知识通过知识融合进行集成,通过知识图谱和语义技术增强数据之间的关联,使得用户可以更直观地对数据进行分析。此外,知识图谱也被广泛用于作为先验知识从文本中抽取实体和关系以及被用来辅助实现文本中的实体消歧、指代消解等。

7.4.4　语音处理

语音处理（speech signal processing）是用以研究语音发声过程、语音信号的统计特性、语音的自动识别、机器合成以及语音感知等各种处理技术的总称,是一门多学科的综合技术。它以生理、心理、语言以及声学等基本实验为基础,以信息论、控制论、系统论的理论作指导,通过应用信号处理、统计分析、模式识别等现代技术手段,成为一个重要的研究和应用领域。

1. 语音处理的相关技术

（1）语音识别

语音识别（speech recognition）是利用计算机技术,自动对语音信号的音素、音节或词进行识别的技术总称。语音识别把语音信号转变为相应文本或命令,涉及的技术领域包括信号处理、模式识别、概率论和信息论、发声机理、听觉机理和人工智能等。

语音识别一般要经过以下几个步骤:① 语音预处理,包括对语音的幅度标称化、频响校正、分帧、加窗和始末端点检测等内容。② 语音声学参数分析,包括对语音共振峰频率、幅度、线性预测参数、倒谱参数等的分析。③ 参数标称化,主要是时间轴上的标称化,常用的方法有动态时间规整(DTW)或动态规划方法(DP)。④ 模式匹配,可以采用距离准则或概率规则,也可以采用句法分类等。⑤ 识别判决,通过最后的判别函数给出识别的结果。

（2）语音理解

语音理解(speech understanding)是利用知识表达和组织等人工智能技术进行语句自动识别和语意理解。相对语音识别,语音理解系统还需加入知识处理的部分,包括知识的自动收集、知识库的形成,知识的推理与检验、知识修正等。语音知识包括音位知识、音变知识、韵律知识、词法知识、句法知识、语义知识以及语用知识等。这些知识涉及实验语音学、语法学、自然语言理解以及知识搜索等许多交叉学科。

（3）语音合成

语音合成,一般又称为文语转换(text-to-speech)技术,是指将文字信息转化为相应语音朗读出来,即通过一定的硬件、软件将文本转换为语音,并由计算机或电话语音系统等输出语音的过程,并尽量使合成的语音具有良好的自然度与可懂度。语音合成涉及声学、语言学、数字信号处理、计算机科学等多个学科。为了合成高质量的语音,要依赖于各种规则,包括语义学规则、词汇规则、语音学规则等,还需要理解文字的内容,即要处理自然语言的理解问题。

文语转换系统的三个核心部分是文本分析模块、韵律控制模块和语音合成模块。

① 文本分析:主要功能就是使计算机能够识别文字,并根据文本的上下文关系在一定程度上对文本进行理解,并知道要发什么音、怎样发音,并将发音的方式告诉计算机。工作过程可以分为四个主要步骤:输入文本规范化,分析词和文本边界、确定读音,确定语气变换以及不同音的轻重方式,将输入的文字转换成计算机能够处理的内部参数。

② 韵律控制:韵律指人说话时不同的声凋、语气、停顿方式、发音长短等,韵律参数包括能影响这些特征的声学参数,如基频、音长、音强等,韵律控制模块生成具体的韵律参数。

③ 语音合成:语音合成的技术一般包括参数合成的方法、波形拼接的方法以及两者混合的方法。最常使用的是波形拼接的技术,典型代表是基音同步叠加法(PSOLA),其核心思想是,直接对存储于音库的语音运用PSOLA算法来进行拼接,从而整合成完整的语音。为了解决其音库过大、特殊情况下音质下降问题,目前也广泛使用波形拼接和参数合成的混合方法。

2. 语音处理的应用

随着各类智能化应用的兴起,语音识别和语音合成技术被广泛应用于各个行业领域,如语音识别技术被用于语音打字、语音搜索、语音拨号、语音助手等应用,语音合成技术被用于服务机器人、客服系统、智能家居、出行导航、阅读软件等领域,均产生了较好的经济效益和社会效益。下面从语音处理技术应用侧重点的角度,介绍语音处理技术在实践中的一些应用。

（1）语音唤醒

语音唤醒是通过让语音识别模型学习特定唤醒词的语音信号特征,当输入设备捕捉到一定阈值范围内的语音信号时,唤醒当前设备,否则平时设备都处于待机状态,以便延长待机时间和电池寿命。训练语音唤醒识别模型的方法有很多,有基于传统机器学习的方法,也有基于深度学习的方法。目前市场上几乎所有的智能语音产品都有语音唤醒功能,如智能手机、智能手表、智能音箱等,其智能语音助理均可通过特定唤醒词激发进入工作状态。

（2）语音命令

很多智能语音系统可以分析用户的语音命令,然后驱动设备执行。语音命令主要是一些简短的语音词汇所组成的信息,比如打开音乐、寻找影院等命令性词汇,如图 7.15 所示。处理过程中,也是通过对人发出的声波经过一系列的变化而得到语音信号特征,然后对特征进行分类处理。语音命令在日常使用的智能终端已经很常见,如手机智能助手、地图导航、智能音箱控制等,均支持使用语音命令来执行功能。语音控制的优势是方便快捷,但在一些情况下如噪声较强的场景下存在识别正确率降低的问题。

图 7.15　语音命令的例子

（3）声纹识别

声纹识别的应用目的与指纹识别、人脸识别等类似,也是一种生物信息识别技术,用于唯一标识被识别个体。首先需要对被识别人的识别信息进行采样存库,然后在应用场景中采集一个人发出的声音与库中留存的声音进行匹配比较。声纹识别的模型与语音唤醒、语音命令相似,如使用特定深度学习模型,先对接收到的声波进行转换,得到频谱图,进而使用梅尔频谱倒数分析,进行特征提取。声纹识别主要用于用户信息登录识别验证等敏感的场景,作用与键盘输入识别验证、指纹识别验证、人脸识别验证相同。声纹识别的优点是样本采集简单,也容易为用户接受,但它也存在一定的局限性,如要求安静的环境,当噪声变大时识别效果变差,另一方面,人的声音随着年龄、身体状况的变换而变化,也缺乏稳定性。

（4）语音文本转换

语音文本转换也称为 STT（speech to text）,即对语音进行一系列的转换,从波形图最终翻译成对应的文字信息,这个过程中一般会生成一个中间特征来对应两边的语音和文本,也即先把语音转成某种特征图,然后令特征图对应到文本信息上。该技术可替代键盘快速输入文本信息,也可通过查看文本来替代收听声音,现在广泛用于一些聊天软件或即时通信软件上,如当发送方发出语音,而接收方不方便收听时,可以将其转化为文本查看。

（5）语音合成

语音合成的输入是文本信息,输出是声音信息。语音合成技术的应用不及语音识别技术成熟,但是也已经开始逐渐推广。如在多媒体合成技术中生成配音,进行新闻播报,在智能交互语音客服中回答用户的问题以实现呼叫中心的自动化,在虚拟助理中与用户聊天,在智能服务机器人中与用户进行语言交流,等等。

7.4.5 智能机器人

智能机器人是一种自动化的机器,具备一些与人或生物相似的智能能力,如感知能力、规划能力、动作能力和协同能力,是一种具有高度灵活性的自动化机器。

美国机器人协会给机器人下的定义是,一种可编程和多功能的操作机,或是为了执行不同的任务而具有可用计算机改变和可编程动作的专门系统。机器人一般由执行机构、驱动装置（驱动器）、检测装置（传感器）、控制系统（控制器）和复杂机械等组成。

智能机器人是一种增加了思考要素的机器人,一般认为智能机器人至少要具备三个要素。

① 感觉要素,用来认识周围环境状态,包括能感知视觉、接近、距离等的非接触型传感器和能感知力、压觉、触觉等的接触型传感器,如摄像机、图像传感器、超声波传成器、激光器、导电橡胶、压电元件、气动元件、行程开关等。

② 运动要素,指对外界做出反应性动作,智能机器人具有一个无轨道型的移动机构,以适应诸如平地、台阶、墙壁、楼梯、坡道等不同的地理环境。它们的功能可以借助轮子、履带、支脚、吸盘、气垫等移动机构来完成。在运动过程中要对移动机构进行实时控制,这种控制不仅要有位置控制,而且还要有力度控制、位置与力度混合控制、伸缩率控制等。

③ 思考要素,根据感觉要素所得到的信息,思考决定采取什么样的动作。思考要素包括判断、逻辑分析、理解等方面的智力活动,是一个信息处理过程。

1. 智能机器人的分类

智能机器人可以从不同的角度进行分类。按照智能程度,可分为传感型机器人、交互式机器人和自主型机器人。

（1）传感型机器人

机器人的本体上没有智能单元只有执行机构和感应机构。它利用传感信息（视、听、触、距离、力、红外、超声及激光等）进行传感信息处理,实现控制与操作。它的智能处理单元在外控计算机上,其根据机器人采集的各种信息及机器人本身的姿态和轨迹等信息,发出控制指令指挥机器人的动作。

（2）交互型机器人

对交互型机器人,可通过计算机系统与操作员或程序员进行人机对话,实现对机器人的控制与操作。虽然还是要受到外部控制,但具有了部分处理和决策功能,如路径规划、简单避障等。

（3）自主型机器人

自主型机器人无须人的介入，能够在各种环境下自动完成拟人任务。其本体上具有感知、处理、决策、执行等模块，可以像一个自主的人一样独立地活动和处理问题。自主型机器人具有自主性、适应性和交互性。自主性是指它可以在一定的环境中，不依赖任何外部控制，完全自主地执行一定的任务。适应性是指它可以实时识别和测量周围的物体，根据环境的变化，调节自身的参数，调整动作策略以及处理紧急情况。交互性是指它可以与人、与外部环境以及与其他机器人之间进行信息的交流。

按照用途，智能机器人可以分为工业智能机器人、农业智能机器人、医疗智能机器人、服务智能机器人等。相对于传统机器人，它们能完成更复杂、更高级的工作。

（1）工业智能机器人

工业智能机器人有多种类型，如焊接机器人、装配机器人、喷漆机器人、码垛机器人、搬运机器人等。焊接机器人，包括点焊（电阻焊）和电弧焊机器人，用途是实现自动的焊接作业。装配机器人，比较多地用于电子部件电器的装配。喷漆机器人，代替人进行喷漆作业。码垛、上下料、搬运机器人的功能则是根据一定的速度和精度要求，将物品从一处运到另一处。工业智能机器人可以灵活改变作业内容或方式，以满足生产要求的变化。

（2）农业智能机器人

农业智能机器人以动、植物之类复杂作业对象为目标，可以替代农业劳动力，提高作业质量，避免农药、化肥等对人体的伤害。农业机器人目前主要集中在耕种、施肥、喷药、蔬菜嫁接、苗木株苗移栽、收获、灌溉、养殖和各种辅助操作等方面。农业机器人针对的是非结构、不确定、不宜预估的复杂环境和工作对象，研发难度较大。

（3）医疗智能机器人

医疗智能机器人是指用于医院、诊所的辅助医疗的机器人，它能独自编制操作计划，依据实际情况确定动作程序，然后把动作变为操作机构的运动，如图7.16所示。比如，"达·芬奇"机器人（全称为"达·芬奇高清晰三维成像机器人手术系统"），它可以进行外科手术，适合普外科、泌尿外科、心血管外科、胸外科、五官科、小儿外科等微创手术。

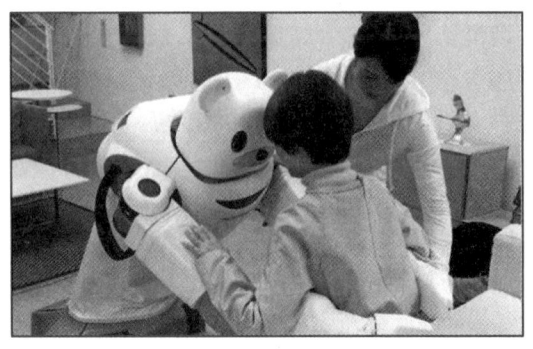

图7.16 医疗辅助机器人

（4）服务智能机器人

国际机器人联合会给服务机器人的一个初步定义是，一种以自主或半自主方式运行，能为人类的生活、康复提供服务的机器人，或者是能对设备运行进行维护的一类机器人，如图 7.17 所示。服务机器人目前主要应用在清洁、护理、执勤、救援、娱乐和设备维护保养等场合，应用前景非常广泛，如目前应用于养老院或社区服务站的家庭智能陪护机器人，其具有生理信号检测、语音交互、远程医疗、智能聊天、自主避障漫游等功能，可以替代一部分护工工作。

图 7.17　家庭智能服务机器人

（5）灾害救援智能机器人

灾害救援智能机器人主要应用于一些特殊、危险、对人类有害的工作场景，如核电站事故、NBC（核、生物、化学）恐怖袭击等。机器人装有轮带，可远程操控，可以跨过瓦砾测定现场周围的辐射量、细菌、化学物质、有毒气体等状况并将数据传给指挥中心，指挥者可以根据数据选择污染较少的进入路线。

按设计形态分类，智能机器人可以分为拟物智能机器人和仿人智能机器人。

（1）拟物智能机器人

仿照各种各样的生物、日常使用物品、建筑物、交通工具等做出的机器人，如机器狗，机器昆虫，轮式、履带式机器人等。

（2）仿人智能机器人

模仿人的形态和行为而设计制造的机器人，一般分别或同时具有仿人的四肢和头部。机器人一般根据不同应用需求被设计成不同形状和功能，如步行机器人、写字机器人、奏乐机器人、玩具机器人等。目前，仿人机器人配以优良的控制系统，通过自身智能编程软件便能自动地完成整套动作，如跳舞、行走、起卧、武术表演、翻跟斗等。

2. 智能机器人的相关技术

智能机器人涉及机械、电子、传感器、计算机、多媒体、网络技术等多种先进技术，还涉及反应式行为的感知和编程技术以及多智能体群体之间的协调和控制等问题。下面介绍主要的几项关键技术。

（1）多传感器信息融合技术

多传感器信息融合技术与控制理论、信号处理、人工智能、概率和统计相结合，为机器人在各种复杂、动态、不确定和未知的环境中执行任务提供技术解决途径。机器人所用的传感器按用途可分为内部测量传感器和外部测量传感器两大类。内部测量传感器用来检测机器人组成部件的内部状态,包括特定位置－角度传感器、任意位置－角度传感器、速度－角度传感器、加速度传感器、倾斜角传感器、方位角传感器等。外部传感器包括视觉(测量、认识传感器)、触觉(接触、压觉、滑动觉传感器)、力觉(力、力矩传感器)、接近觉(接近、距离传感器)以及角度传感器(倾斜、方向、姿态传感器)。机器人控制决策中会将来自多个传感器的感知数据进行融合,以产生更可靠、更准确或更全面的信息。多传感器信息融合方法有贝叶斯估计、Dempster-Shafer理论、卡尔曼滤波、神经网络、小波变换等。

(2)导航和定位技术

导航的基本任务有三点:① 基于环境理解的全局定位,通过环境中景物的理解,识别人为路标或具体的实物,以完成对机器人的定位;② 目标识别和障碍物检测,实时对障碍物或特定目标进行检测和识别;③ 安全保护,能对机器人工作环境中出现的障碍和移动物体做出分析并避免对机器人造成的损伤。导航有多种方式,一般可分为视觉导航和非视觉导航两类。视觉导航是利用摄像头进行环境探测和辨识,处理的内容主要包括视觉信息的压缩和滤波、路面检测和障碍物检测、环境特定标志的识别、三维信息感知与处理。非视觉传感器导航是指采用多种传感器共同工作,如探针式、电容式、电感式、力学传感器、雷达传感器、光电传感器等,用来探测环境,对机器人的位置、姿态、速度和系统内部状态等进行监控。

导航、避障和路径规划任务中均需精确知道机器人或障碍物的当前状态及位置。定位系统可分为被动式传感器系统和主动式传感器系统。被动式传感器系统通过码盘、加速度传感器、陀螺仪、多普勒速度传感器等感知机器人自身运动状态,经过累积计算得到定位信息。主动式传感器系统通过超声传感器、红外传感器、激光测距仪以及视频摄像机等主动式传感器感知机器人外部环境或人为设置的路标,与系统预先设定的模型进行匹配,从而得到当前机器人与环境或路标的相对位置,获得定位信息。

(3)路径规划技术

路径规划就是依据某些最优化准则,如路线最短、时间最短等,在机器人工作空间找到一条从起始状态到目标状态,同时避开障碍物的最优路径。路径规划的传统方法主要包括自由空间法、图搜索法、栅格解耦法、人工势场法等,智能规划算法主要包括神经网络、遗传算法、模糊算法等。

(4)机器视觉技术

机器视觉技术是智能机器人的重要组成部分,主要包括图像的获取、处理和分析、输出和显示,核心任务是特征提取、图像分割和图像辨识。视觉信息处理包括视觉信息的压缩和滤波、环境和障碍物检测、特定环境标志的识别、三维信息感知与处理等。其中,环境和障碍物检测是最重要的部分,一般使用边缘检测、神经网络、模糊推理规则等方法解决。

(5)智能控制技术

智能控制技术是机器人运动控制的基础,目前已经提出了各种不同的机器人智能控制系统,如模糊控制、神经网络控制、混合控制等。但各种方法也各自存在一定局限性,比如,如果规则库或神经网络规模很大,推理时间就过长,而规则库小或使用简单的神经网络,控制的准确性又会变差。

（6）人机接口技术

目前,智能机器人系统还不能完全排斥人,而是需要借助人机协调来实现系统控制。因此需要机器人控制系统提供友好、灵活方便的人机界面,同时能够识别文字、语言、声音等。另一方面,各种远程操作技术、通信技术也是人机接口的重要组成部分。

7.4.6　专家系统

专家系统是一种基于人工智能技术的智能应用,它是一个通过人工智能技术来模拟人类专家的经验和知识,在特定领域内解决问题的智能程序系统。它应用人工智能技术和计算机技术,根据已存储的专家级的知识、经验等通过推理得出更好的解决问题的方法。

专家系统一般由知识库和推理机组成,必须具备三要素:一是具备领域专家级知识,二是能够模拟专家思维,三是能够达到专家级的水平。专家系统的应用产生了显著的经济效益和社会效益,已成为人工智能领域非常活跃的研究方向。

1. 专家系统的分类

专家系统可以从不同的角度进行分类。从专家系统的能力侧重来分,一般可分为基于知识库的专家系统和基于推理的专家系统两种主要类型。基于知识库的专家系统主要是通过构建和维护知识库来解决特定问题。知识库是专家系统的核心组成部分,包括专家对某一领域的知识和经验,可以是规则、知识图谱等多种形式。基于推理的专家系统则是通过推理机来实现问题的解决,推理机模拟了人类专家的推理过程,通过将输入的问题与知识库中的知识进行匹配,从而得出解决方案。如果将功能侧重具体化,也可以将专家系统分为基于规则的专家系统、基于框架的专家系统、基于案例的专家系统、基于模型的专家系统和基于网络的专家系统。

按任务类型来分类,可将专家系统分为以下几种。

① 诊断型专家系统:根据对症状的观察分析,推理产生症状的原因以及排除故障的方法的一类系统,如医疗诊断、机械探伤等。

② 解释型专家系统:根据表层信息解释深层结构或内部情况的一类系统,如地质结构分析、物质化学结构分析等。

③ 预测型专家系统:根据现状预测未来情况的一类系统,如气象预报、人口预测、水文预报、经济形势预测等。

④ 设计型专家系统:根据给定的产品要求设计产品的一类系统,如建筑设计、机械产品设计等。

⑤ 决策型专家系统:对可行方案进行综合评判并优选的一类专家系统。

⑥ 规划型专家系统:用于制定行动规划的一类专家系统,如自动程序设计、军事计划的制定等。

⑦ 教学型专家系统:能够辅助教学的一类专家系统。

⑧ 数学专家系统:用于自动求解某些数学问题的一类专家系统。

⑨ 监视型专家系统：对某类行为进行监测并在必要时候进行干预的一类专家系统，如机场监视、森林监视等。

2. 专家系统的组成

专家系统通常由知识库、推理机、知识获取、综合数据库、解释器、人机交互界面等 6 个部分构成。

（1）知识库

知识库是问题求解所需要的领域知识的集合，包括基本事实、规则和其他有关信息。知识库中的知识源于领域专家，知识库中知识的质量和数量决定着专家系统的质量水平。一般来说，专家系统中的知识库与专家系统程序是相互独立的，用户可以通过改变、完善知识库中的知识内容来提高专家系统的性能。知识的表示形式可以包括框架、规则、语义网络等。专家系统中使用较多的是产生式规则，产生式规则以 IF…THEN… 的形式出现，IF 后面跟的是条件（前件），THEN 后面跟的是结论（后件），条件与结论均可以通过逻辑运算 AND、OR、NOT 进行复合。

（2）推理机

推理机是实施问题求解的核心执行机构，它实际上是对知识进行解释的程序，根据知识的语义，对按一定策略找到的知识进行解释执行，并把结果记录到动态库的适当空间中。简单来说，推理机针对当前问题的条件或已知信息，反复匹配知识库中的规则，获得新的结论，以得到问题求解结果。推理方式可以有正向和反向推理两种，正向推理是从前件匹配到结论，反向推理则先假设一个结论成立，看它的条件有没有得到满足。

（3）知识获取

知识获取负责建立、修改和扩充知识库，是专家系统中把问题求解的各种专门知识从人类专家的头脑中或其他知识源那里转换到知识库中的一个重要机构。知识获取可以是手工的，也可以采用半自动知识获取方法或自动知识获取方法。知识的获取包括知识的提取、收集、建模和验证。

（4）综合数据库

综合数据库也称为动态库或工作存储器，是反映当前问题求解状态的集合，用于存放系统运行过程中所产生的所有信息以及所需要的原始数据，包括用户输入的信息、推理的中间结果、推理过程的记录等。综合数据库中有各种事实、命题和关系组成的状态，既是推理机选用知识的依据，也是解释机制获得推理路径的来源。

（5）解释器

解释器用于对求解过程做出说明，并回答用户的提问。两个最基本的问题是"为什么"和"如何做"。解释机制涉及程序的透明性，它让用户理解程序正在做什么和为什么这样做，向用户提供了关于系统的一个认识窗口。为了回答"为什么"得到某个结论的询问，系统通常需要反向跟踪动态库中保存的推理路径，并把它翻译成用户能接受的自然语言表达方式。

（6）人机界面

人机界面是系统与用户进行交流时的界面。通过该界面，用户输入基本信息、回答系统提出的相关问题，并输出推理结果及相关的解释等。

3. 专家系统的应用

专家系统技术广泛应用于工业、医疗、金融、教育等方面,下面介绍其在几个产业领域的应用。

（1）工业领域

专家系统在工业领域已经获得了广泛的应用,如用于设备故障诊断和维修,帮助减少停机时间和维修成本,提高设备的可靠性和性能。在自动化控制领域,专家系统可以通过收集和分析大量的传感器数据,预测机器设备的运行状况,并提供相应的维护建议。在生产计划和物流优化等方面,专家系统可以帮助提高生产效率和降低物流成本。

（2）医疗领域

专家系统在医疗领域的应用也非常广泛,如用于辅助医生进行诊断和治疗决策,特别是在疾病的早期诊断和治疗方案的制定方面。医学知识内容庞杂且更新较快,专家系统可以帮助医生及时获取最新的医学知识和研究成果,提高医疗质量和效率。此外,专家系统还可以用于药物研发和生产控制等方面,帮助制药公司提高药物研发的效率和质量,并确保药品符合相关的法规和标准。

（3）金融领域

在金融领域,专家系统可以帮助金融机构进行风险评估和投资决策。它可以根据历史数据、市场趋势等信息,对风险进行预测和评估,并提供相应的决策建议,帮助金融机构降低风险。如信用风险评估专家系统可以根据贷款人的个人信息、历史信用记录和经济状况等多种因素,对贷款申请进行评估,并给出是否批准贷款的建议。此外,专家系统还可以用于金融市场预测和投资决策,例如,股票价格预测和投资组合优化等。

（4）教育领域

在教育领域,专家系统可用于智能教育和学生评估等。例如,智能专家教学系统可以根据学生的学习习惯和水平,为学生量身定制课程内容和教学方法,并提供个性化的学习建议。另一方面,专家系统还可用于学生评估和教学质量监控等方面,帮助学校提高教学质量和学生综合素质。

（5）客户服务

在客户服务领域,专家系统可以辅助服务应答和反馈,提高工作效率。例如,在智能客服中,专家系统可以通过语音识别、自然语言处理等技术,帮助用户快速解答问题,提高客户满意度。

7.5　人工智能的挑战与未来

7.5.1　人工智能的挑战

人工智能技术已经广泛应用于各行各业,一方面人工智能拥有巨大的潜力,但另一方面也带来了众多的挑战。

1. 算力问题

大部分人工智能算法需要规模庞大的运算来训练模型,尤其是深度学习模型,目前人工智能领域对算力的需求越来越大,通用 GPU 供应商英伟达的显卡经常处于供不应求的状态。一些大模型需要在服务器集群或者超级计算机上完成,而这两者的建设和使用代价都很高昂。这些状况限制了人工智能在很多领域的使用,因为没有足够的算力满足众多客户的请求。

2. 黑盒问题

一些人工智能算法就像个黑匣子,人们对算法内部的工作原理知之甚少。比如神经网络,人们可以理解它的输入和输出预测,但是很难解释它如何产生这些预测结果,即模型是不可解释的。

3. 算法偏见问题

人工智能通过大量数据训练模型,模型的效果取决于数据的质量。但是很多数据不可避免带有偏见,如种族、性别、社区、民族的偏见或歧视等。如果将带有偏见的模型用于辅助决策,如在招聘中确定合格的候选人,带有偏见的算法可能会产生不公平和不道德的结果。一些研究者和大公司开始关注这一问题,已经应用各种方法和策略来检查数据、模型或模型的输出结果。

4. 数据隐私问题

人工智能技术需要大量的数据支持,而这些数据大部分是由个人提供的,包括社交媒体数据、购物记录、医疗信息等。人工智能系统可以通过分析这些数据来做出预测和决策,但这也意味着用户的隐私可能会受到侵犯。同时,技术风险如人工智能系统可能会被黑客攻击和操纵,也会造成数据泄露。

5. 法律和道德问题

人工智能技术的发展也带来了一系列的道德和法律问题。例如,人工智能系统如何平衡自主权和公共利益,如何保证人工智能系统的透明度和公正性等。人工智能在应用过程中也会带来一些道德和伦理问题,如自动驾驶车辆遇到紧急情况时该如何做出决策。

6. 系统集成问题

将人工智能与企业现有的信息基础设施集成比传统的信息项目更加复杂,除了考虑兼容性,还要考虑人工智能的输出是否会产生副作用或负面影响。目前还缺乏一个标准的人工智能接口来简化人工智能基础设施的管理。

7.5.2 人工智能的未来

经过 60 多年的发展,人工智能在算法、算力和数据三个方面都取得了重大突破,经历了"不可用"到"可以用"之后,目前正处于从"可以用"到"更好用"的技术拐点上,出现了一些明显的发展趋势。

1. 人机协作混合智能

借鉴脑科学和认知科学的研究成果是人工智能的一个重要研究方向。人机混合智能旨在将人的作用或认知模型引入到人工智能系统中,提升人工智能系统的性能,使人工智能成为人类智能的自然延伸和拓展,通过人机协同更加高效地解决复杂问题。

2. 通用智能

目前,人工智能在许多专业领域都已经达到甚至超过了人类的水平,如图像识别、语音识别等。大的互联网公司如微软、谷歌等近些年已经开始将重点转向通用人工智能模型的研究。美国国家科学技术委员会在 2016 年就提出了发展通用人工智能的中长期发展策略。微软公司在 2017 年即成立了通用人工智能实验室。2022 年底,以 ChatGPT 为代表的语言生成模型,在各个行业领域都取得了不错的效果,并且开始向多模态转化。

3. 自主智能系统

当前人工智能领域的大量研究集中在深度学习,但大部分深度学习模型需要大量人工干预,比如,人工设计深度神经网络模型、人工设定应用场景、人工采集和标注大量训练数据、用户需要人工适配智能系统等,要耗费大量时间和人力。近些年来,科研人员开始关注减少人工干预的自主智能方法,提高机器智能对环境的自主学习能力,如谷歌公司的 AlphaGo 通过自动对弈来产生训练数据。

4. 多学科交叉渗透

人工智能将加速与其他学科领域交叉渗透。人工智能的发展需要与计算机科学、数学、认知科学、神经科学和社会科学等学科深度融合。随着超分辨率光学成像、光遗传学调控、体细胞克隆等技术的突破,脑与认知科学的发展,现在已经能够大规模、更精细解析智力的神经环路基础和机制,人工智能将进入生物启发的智能阶段。

5. 人工智能产业蓬勃发展

随着人工智能技术的进一步成熟以及政府和产业界投入的日益增长,人工智能的工程应用不断加速,全球人工智能产业规模在未来 10 年将进入高速增长期。例如,咨询公司埃森哲指出,人工智能技术的应用将为经济发展注入新动力,可在现有基础上将劳动生产率提高 40%,到 2035 年,美、日、英、德、法等 12 个发达国家的年均经济增长率可以翻一番。麦肯锡公司预测,到 2030 年,约 70% 的公司将采用至少一种形式的人工智能,人工智能新增经济规模将达到 13 万亿美元。

6. 人工智能社会学

为了确保人工智能的健康可持续发展,需要从社会学的角度系统全面地研究人工智能对人类社会的影响,制定完善的人工智能法律法规,规避可能的风险。2017年,联合国犯罪和司法研究所(UNICRI)在海牙成立了联合国人工智能和机器人中心,规范人工智能的发展。2023 年 5 月,美国国家科学基金会(The National Science Foundation)计划拨款 1.4 亿美元用于新的人工智能研究中心,美国政府同时承诺为政府机构发布指导方针草案,以确保对人工智能的使用保障"美国人民的权利和安全"。

7.6　扩 展 阅 读

扩展阅读
7-1：
吴文俊

1. 吴文俊

吴文俊,中国科学院院士,我国最具国际影响力的数学家之一,对数学与计算机科学研究影响深远。

扩展阅读
7-2：
陆汝钤

2. 陆汝钤

陆汝钤,计算机科学家,中国科学院院士。2018 年首度获吴文俊人工智能最高成就奖。

扩展阅读
7-3：
张钹

3. 张钹

张钹,中国科学院院士,第二位吴文俊人工智能最高成就奖获得者。

4. 李德毅

李德毅，我国指挥自动化和人工智能专家，中国科学院院士，是获吴文俊人工智能最高成就奖的第三位科学家。

扩展阅读
7-4：
李德毅

5. 汤晓鸥

汤晓鸥，著名物理学家、计算机科学家。他是第一个获得"图灵奖"的华人，也是到目前为止的唯一一个。

扩展阅读
7-5：
汤晓鸥

思 考 题

1. 人工智能的发展经历了哪几个阶段？每个阶段有哪些代表性成果？

2. 人工智能的常用模型或算法有哪些？其基本思想和原理是什么？

3. 列举人工智能的常用技术及其应用，你认为它们对社会经济发展有什么影响和意义？

4. 你认为人工智能的发展面临哪些挑战和机遇？未来有哪些发展趋势？

5. 通过文献检索，了解国内外人工智能的发展现状，分析我国人工智能技术研发存在哪些优势和劣势。

第 8 章　云计算与大数据

如今大数据广泛应用于人们生活：在便利店，刷一下脸就能支付；在家里，使用一部手机一台计算机就可工作；出门办事，数据代替人工"跑路"，节省了大量时间成本……

8.1　案例与案例解析

随着移动互联网、物联网、5G 等技术的高速发展及其在各行各业中的广泛应用，人类社会已进入无处不网、无时不网的时代，数以亿计的设备接入网络，对处理能力、存储空间、数据资源的需求日益强烈，呈现出爆炸式增长的态势。以云计算、大数据为代表的数字基础设施建设，支撑了社会高速发展，成为满足各类用户信息服务需求的基础。

云计算基于数据中心为单一用户或多租客提供高性能的、规模可扩展的服务平台，成为满足全球对海量计算资源迫切需求的首选。世界多个国家和具有显著影响力的企业、机构纷纷构建了大规模的云数据中心。

与云计算密切相关的是大数据。大数据技术的本质是从海量的数据中挖掘人们感兴趣的、隐含的、尚未被发现的、有价值的信息。云计算和大数据被誉为 21 世纪发展的科技新动力。

云计算与大数据的有机结合，为电子商务、电子政务、在线金融、智慧城市等各个领域提供了强有力的支持，推动着新经济时代的发展。

本章主要知识点
① 云计算的特征和服务模式。
② 云计算的关键技术及应用。
③ 大数据的特征。
④ 大数据的核心技术及应用。

8.2　云　计　算

云计算,作为现代信息技术领域的一项革命性创新,已经深刻改变了人们处理数据和应用的方式。从搜索引擎到淘宝、京东等电商平台,从网络打车到网络订餐,从移动支付到网络社交,基本都离不开云计算。"云化生活"正成为生活常态,"云化生产"也如火如荼,企业上云、政务上云蔚然成风,其背后蕴涵的是海量的用户、天量的数据以及支撑这些需求的强大计算能力。因此,每个人的生活都与云计算紧密相连,成为"互联网 +"时代的"芸芸众生"。

8.2.1　什么是云计算

1. 云计算的概念

云计算是一种资源的服务模式,是一种新兴的 IT 服务模式,能通过互联网将资源(网络、存储、计算资源、服务器、应用等)按需提供给用户,用户可以像水电一样按需购买,可提升用户体验,降低成本。

美国国家标准与技术研究院(NIST)对云计算的定义:云计算是一种无处不在、便捷且按需对共享的可配置计算资源(包括网络、服务器、存储、应用和服务)进行网络访问的模式,它能够通过最少量的管理以及与服务提供商的互动实现计算资源的迅速供给和释放。

维基百科对云计算的定义:云计算是一种基于互联网的计算,在其中共享的资源、软件和信息以一种按需的方式提供给计算机和设备。

2012 年,我国将云计算作为国家战略性新兴产业并给出了定义:云计算是基于互联网的相关服务的增加、使用和交付模式,通常涉及通过互联网来提供动态、易扩展且经常是虚拟化的资源。云计算是传统计算机和网络技术发展融合的产物,它意味着计算能力也可作为一种商品通过互联网进行流通。

从计算发生的地方来看,云计算将软件的运行从平常情况下的个人计算机(或桌面计算机)搬到了云端,也就是位于某个"神秘"地理位置上的服务器或服务器集群上。

从资源供应的形式来看,云计算是一种服务计算,即所有的 IT 资源,包括硬件、软件、架构都被当作一种服务来销售并收取费用。

综上,云计算就是"云"+"计算"。"计算"是一种行为,而"云"是一种模式、方法或者说理念。人脑思考,就是一种计算方式。计算,就是对信息、数据进行处理和运算。游戏里面的任务建模、移动控制,属于计算。视频里面的图像编码解码,属于计算。网上购物、计价付费也属于计算。就像人思考需要大脑、干活需要工具一样,计算也离不开资源。信息时代的计算资源,既包括 CPU、内存、硬盘、显卡这样的硬件资源,也包括操作系统、数据库、中间件、应用程序这样的软件资源。而"云",就是获取这些资源的一种新型方式。这些软硬件资源全部都能租,提供资源租用服务的,就是云服务提供商。

2. 云计算的特征

云计算的"租"和租房租车又有很大不同,它具有以下特征。

（1）资源池化

云计算的计算资源,大部分不是单体物理资源。也就是说,不会租一台孤零零的物理服务器,大部分云资源都是池化了的资源。

所谓的资源池化就是在物理资源的基础上,通过软件平台,封装成虚拟的计算资源。比如,将所有磁盘聚集起来,将所有处理机聚集起来,将所有内存、网络宽带或虚拟机等分类聚集起来,并且对聚集的资源进行单位划分,分成可以独立使用的细小单位,形成相应的资源池,这个过程就称为资源池化。例如,将所有磁盘聚集起来,然后按 1 GB 或 1 TB 的单位进行划分,这样就形成了由 1 GB 或 1 TB 大小的"磁盘"聚集的磁盘池,无论用户需要多大的磁盘空间,都可以用 1 GB 或 1 TB 的磁盘组合出来。资源池化不仅是同类信息资源的聚集和单位化,还要屏蔽不同资源的性能差异。比如,云平台中可能拥有 Intel、AMD 等类型的 CPU,但是池化后,用户能够看到的 CPU 的最小单位是虚拟的单核 CPU,具体是 AMD 还是 Intel 就无从知晓了。

（2）弹性伸缩

云计算平台具备自动化的资源分配和可伸缩性的特点,根据需要可以动态分配和释放资源,满足用户对计算能力和存储容量的灵活需求。比如,当用户需要处理大规模数据时,云计算平台可以通过自动调度和分配资源,迅速提供更多的计算能力,从而满足用户的需求。而在需求减少时,系统又能够及时释放多余的资源,保证资源的高效利用。

（3）按需服务

云计算平台允许用户根据需要自主选择和配置所需的服务和资源。这意味着用户可以通过自助服务的方式,随时随地获取所需的计算资源,并且能够根据实际情况进行灵活调整和管理。用户可以根据自己的需求选择不同的云计算服务模式,如基础设施即服务（IaaS）、平台即服务（PaaS）和软件即服务（SaaS）,以满足不同的业务需求。

（4）网络访问性

云计算平台可以通过互联网提供广泛的网络访问,用户可以通过各种终端设备,如个人计算机、智能手机和平板电脑等,随时随地访问云计算服务。无论用户身在何处,只要有网络连接,就能够方便地获取和使用云计算的服务和资源,这大大提高了用户的灵活性和便利性,使得用户可以更加高效地开展工作和生活。

（5）计费和灵活性

云计算平台一般采用按需计费的方式,用户只需对实际使用的资源和服务付费,可以根据需求进行灵活调整,避免了 IT 模式下的固定成本和资源浪费。用户可以根据自身的需求和预算,选择合适自己的付费方式,并灵活管理控制。这为企业和个人提供了更有竞争力的成本控制和经营方式。

8.2.2 云计算的分类

1. 按云计算的服务模式

云计算具有 IaaS、PaaS、SaaS 三种服务模式,分别从硬件基础设施、系统开发平台、应用软件系统三个层面向系统管理员、开发人员和终端用户三种类型的用户提供服务,满足他们对 IT 基础设施建设、信息平台建设和软件应用的需求,如图 8.1 所示。但 IaaS、PaaS、SaaS 三个层面并无紧密联系,不要求用户同时购买三类服务,用户可以根据需要单独购买其中任何类型的服务。

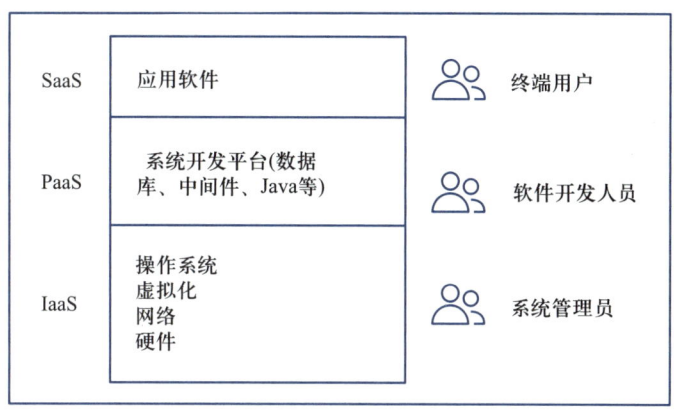

图 8.1　云计算服务模式

（1）基础设施即服务（infrastructure as a service, IaaS）

IaaS 位于云计算服务模式的底层,是指云计算以服务的形式向用户提供服务器、存储设备、网络硬件和基础资源,本质上是向用户提供计算和存储能力。也就是说,用户不必投资购买服务器、路由器和存储器等设备来构建自己的信息处理平台,只需向云计算服务商支付少量的服务费用,云计算服务商可以在云基础设施上采用虚拟化技术为用户提供基础平台。在 IaaS 环境中,用户相当于在使用裸机和磁盘,既可以让它运行 Windows,也可以让它运行 Linux。IaaS 主要产品包括阿里、百度和腾讯云的 ECS, Amazon EC2（Amazon 弹性计算云）等。IaaS 的主要用户是系统管理员。

（2）平台即服务（platform as a service, PaaS）

PaaS 位于云计算服务模式的中间层。相比于 IaaS 云服务提供商,PaaS 云服务提供商需要准备机房、布好网络、购买设备、安装操作系统、数据库和中间件,即把基础设施层和平台软件层（包括开发工具、数据库、操作系统、网络等,如 Python、Oracle、UNIX 等）都搭建好,然后在平台软件层上划分“小块”（习惯称之为容器）并对外出租。PaaS 云服务提供商也可以从其他 IaaS 云服务提供商租赁计算资源,然后再部署平台软件层。另外,为了让消费者能直接在云端开发调试程序,PaaS 云服务提供商还得安装各种开发调试工具。相反,用户要做的事情相比 IaaS 要少很多,用户只要开发和调试软件或者安装、配置和使用应用软件即可。PaaS 主要用户包括程序开发人员、程序测试人员、软件部署人员和软件管理员等。

（3）软件即服务（software as a service，SaaS）

SaaS位于云计算服务模式的最上层。将软件部署在云端，让用户通过因特网来使用它，即云服务提供商把IT系统的应用软件层作为服务出租出去，而消费者可以使用任何云终端设备接入计算机网络，然后通过网页浏览器或者编程接口使用云端的软件。这进一步降低了用户的技术门槛，应用软件也无须自己安装了，而是直接使用软件。SaaS已成为当前众多商业应用软件的应用和交易形式，如基于SaaS的企业财务系统、客户关系管理系统、协同软件等方面的成功案例不胜枚举。

2. 按云计算的部署模式

云计算有4种部署模式，每一种都具备独特的功能，能满足用户不同的需求。

（1）公有云

公有云是指由第三方（云服务提供商）提供的、能够在互联网上被公开访问的云服务，所有非限定的公众都可以访问。公有云服务提供商可以提供从应用程序、软件运行环境到硬件基础设施等信息技术资源的安装、管理、部署和维护的完整服务，用户只需支付必要的费用就能够获得云服务提供商的信息服务，通过共享的信息技术资源，达成信息技术应用或信息管理的目标。

在公有云中，用户并不知道还有其他哪些用户在使用云资源、具体信息资源的底层结构和实现方式是怎样的，也不能够控制硬件基础设施。因此，公有云服务提供商必须保证信息资源的安全性和可靠性。比较典型的公有云包括亚马逊AWS、微软Azure、华为云、阿里云、腾讯云等。

（2）私有云

私有云是为某一用户（企业或机构等）单独使用而构建的云计算平台。它的核心特征是某一用户的专有资源、服务和基础结构均在私有网络上维护，云端资源只供本用户使用，以有效地防止数据泄露、篡改、攻击等。私有云的架构和功能可以根据用户的特点和需求进行定制，满足不同的业务场景和应用需求。私有云可以与用户的现有信息化系统进行无缝集成，实现业务的平滑迁移和创新。

与公有云相比，私有云的数据安全性更强，但成本也更高。因此私有云主要面向对安全隐私性要求较高、规模较大的用户，如政府机构、金融机构等。私有云可以部署在用户数据中心的防火墙内，也可以租用第三方云服务商的服务器，由第三方云服务商托管。

（3）社区云

社区云是一个社区而非独家企业所拥有的云平台，通常隶属于某个集团企业、机构联盟或行业协会。如果一些企业、组织或机构具有较为紧密的联系，相互信任，并且具有共同或近似的信息技术需求，就可以联合构建社区云，共享云中的信息基础设施和信息资源，减少信息资源投资，降低系统运行维护成本。

（4）混合云

混合云融合了公有云和私有云，是近年来云计算的主要模式和发展方向。私有云主要面向企业用户，出于安全考虑，企业更愿意将机密、重要的关键数据存放在私有云中，但是同时又希望可以获得公有云的计算资源，在这种情况下混合云被越来越多地采用,它将公有云和私有云进行混合和匹配,以获得最佳的效果,这种个性化的解决方案达到了既省钱又安全的目的。

8.2.3 云计算的关键技术

云计算的关键技术有虚拟化技术、分布式存储技术、编程模型、平台管理技术、海量数据管理技术等。

1. 虚拟化技术

虚拟化是云计算最重要的核心技术之一,主要用于解决高性能的物理硬件产能过剩和老旧硬件产能过低的重构重用等问题,它能够使底层物理硬件透明化,提高物理硬件的利用率。虚拟化技术目前主要应用在 CPU、操作系统、服务器等多个方面,是提高云服务效率的最佳解决方案之一。

在虚拟化技术中,被虚拟的实体是各种各样的 IT 资源。如果按照这些资源的类型分类,虚拟化可以分为计算虚拟化、网络虚拟化、存储虚拟化。

(1)计算虚拟化

计算虚拟化技术可以将单个 CPU 模拟为多个虚拟 CPU(即 vCPU),允许在一个平台同时运行多个操作系统,并且应用程序可以在相互独立的空间内运行而不相互影响,也就是计算虚拟化技术可实现计算单元的模拟和这些被模拟出来的计算单元的隔离。运行在物理计算机系统上的虚拟化层也可以被称为虚拟机监控器(virtual machine monitor, VMM)或 hypervisor。计算虚拟化又分为服务器虚拟化、桌面虚拟化、应用程序虚拟化。

服务器虚拟化是将虚拟化技术应用于服务器,将一台服务器虚拟成若干虚拟服务器,在该服务器上可以支持多个操作系统同时运行。

桌面虚拟化是指将计算机的终端系统进行虚拟化,以达到桌面使用的安全性和灵活性。可以通过任何设备、在任何地点、于任何时间通过网络访问属于个人的桌面系统。

应用程序虚拟化是指在应用程序和操作系统之间建立一个虚拟层,这个虚拟层使得应用程序与操作系统隔离,应用程序包会以流媒体形式部署到客户端,客户端无须安装应用程序便可以使用。

(2)网络虚拟化

对于操作系统来说,其管理的资源仅仅是一台服务器的资源,而云操作系统管理的资源需要扩展到整个数据中心。为了实现彻底地与现有物理硬件网络解耦的虚拟网络,需要通过软件定义网络的方式来对网络进行虚拟化,以构建一个与物理网络完全独立的逻辑网络。

(3)存储虚拟化

存储虚拟化技术利用虚拟化层软件对存储数据读写操作指令进行“截获”,建立异构硬件资源的统一应用程序可编程接口,进行统一的信息建模,使上层应用可以采用规范的方式访问底层的存储资源。存储虚拟化能够将多个存储设备整合成一个容量可无限扩展的、超大的共享存储资源池。

2. 分布式存储技术

为了保证数据的高可靠性,云计算通常会采用分布式存储技术,将数据存储在不同的物理设备中,采用冗余存储的方式来保证存储数据的可靠性,即为同一份数据存储多个副本。另外,云计算系统需要同时满足大量用户的需求,并行地为大量用户提供服务。因此,云计算的数据存储技术必须具有高吞吐率和高传输率的特点。分布式存储是一种数据存储技术,通过网络使用企业中的每台机器上的磁盘空间,并将这些分散的存储资源构成一个虚拟的存储设备,数据分散地存储在企业的各个角落。

3. 编程模型

云计算是一个多用户、多任务、支持并发处理的系统,旨在通过网络把强大的服务器计算资源方便地分发到终端用户手中,同时保证低成本和良好的用户体验。为此,云计算采用了基于大规模集群系统的分布式编程系统,使普通开发人员可以将精力集中于业务逻辑上,不用关注分布式编程的底层细节和复杂性,从而降低普通开发人员编程处理海量数据并充分利用集群资源的难度。常用的编程模式有谷歌公司提出并采用的 MapReduce 编程模型、微软公司设计并实现的 Dryad 编程模型等,这些编程模型允许程序员使用集群或数据中心计算资源的“数据并行处理编程系统”。

4. 平台管理技术

云计算资源规模庞大,服务器数量众多并分布在不同的地点,同时运行着数百种应用,如何有效地管理这些服务器,保证整个系统提供不间断的服务是巨大的挑战。云计算的平台管理技术能够使大量的服务器协同工作,方便进行业务部署和开通,快速发现和恢复系统故障,通过自动化、智能化的手段实现大规模系统的可靠运营。

5. 海量数据管理技术

云计算需要对分布的、海量的数据进行处理、分析,因此,数据管理技术必须能够高效地管理大量的数据。云计算系统中的数据管理技术主要是谷歌公司的 BT(BigTable)数据管理技术和 Hadoop 团队开发的开源数据管理模块 HBase。

8.2.4 云计算的应用

云计算应用正从互联网行业向政务、金融、工业、交通、物流、医疗健康等领域渗透,比如,12306 铁路购票网站将 75% 流量的余票查询业务放在阿里云上,通过基于云计算服务的可扩展性与按量付费的计量方式来支持巨量查询业务,整个系统实现了上百倍的服务能力扩展,高峰时段“云查询”要承受每天多达 250 亿次的访问。不仅如此,用户每次登录微信、微博,收发电子邮件,使用社交网络,也都是在不知不觉中与云计算打交道,因为所获得的这些信息都是来自“云”。下面介绍几种面向普通用户的云计算应用。

1. 存储云

存储云,又称云存储,是基于云计算技术发展起来的一种新型存储方式。它是一个以数据存储和管理为核心的云计算系统,用户可以将本地资源上传至云端,随时通过互联网访问云上资源。知名的谷歌、微软等大型网络公司提供云存储服务,在国内,百度云和微云是市场份额最大的云存储服务提供商。存储云为用户提供存储容器、备份、归档和记录管理等服务,极大地简化了用户对资源的管理。

2. 云会议

云会议是基于云计算技术的一种高效、便捷、低成本的会议形式。使用者只需要通过互联网界面,进行简单易用的操作,便可快速高效地与全球各地团队及客户同步分享语音、数据文件及视频,而会议中数据的传输、处理等复杂技术由云会议服务商帮助使用者进行操作。国内外知名的云会议包括 Webex、微软 Teams、腾讯会议、钉钉视频会议、飞书、华为云会议等。

3. 云输入法

云输入法是依托于云计算技术的输入法,其与一般输入法最明显的区别在于,没有本地输入法文件,完全靠服务器支持。其在硬件和软件上都突破了单台计算机的限制,所存储的词库和语言模型库从理论上可以无限大,并且根据用户们的输入信息动态实时地扩充着,再依靠内存巨大、计算能力强大的云服务器运算,能大幅提升输入准确率,带给用户更完整丰富的输入体验。目前已经正式推出的云输入法有搜狗云输入法、QQ 云输入法、百度在线输入法等。同时,搜狗拼音输入法等普通输入法在选词时也增加了云计算候选功能,突破本地词库大小等诸多因素的限制,实时地获取云计算结果,如图 8.2 所示,极大地提高了长句输入以及最新热词的准确率。

图 8.2　输入法的云计算候选功能

4. 地图导航

在没有导航系统的时代,每到一个地方,我们都需要一个新的当地地图。以前经常可见路人拿着地图问路的情景。而现在,我们只需要一部手机,就可以拥有一张全世界的地图。甚至还能够得到地图上得不到的信息,例如,交通路况、天气状况等。正是基于云计算技术的导航系统带给了我们这一切。地图、路况这些复杂的信息,并不需要预先装在我们的手机中,而是存储在服务提供商的"云"中,我们只需在手机上按一个键,就可以很快地找到我们所要找的地方。

5. 医疗云

医疗云是在云计算、移动技术、多媒体、5G 通信、大数据和物联网等新技术的基础上,结合医疗技术,利用云计算创建的医疗健康服务云平台。这种技术整合实现了医疗资源的共享和医疗服务范围的拓展。医疗云的运用提高了医疗机构的效率,为居民提供了更便捷的就医方式。例如,医院的预约挂号、电子病历、医保等服务都是云计算与医疗领域结合的成果。医疗云具有数据安全、信息共享、动态扩展和全国范围覆盖等优势。

6. 金融云

金融云,是指利用云计算的模型,将信息、金融和服务等功能分散到庞大分支机构构成的互联网"云"中,旨在为银行、保险和基金等金融机构提供互联网处理和运行服务,同时共享互联网资源,从而解决现有问题并且达到高效、低成本的目标。在 2013 年 11 月 27 日,阿里云整合阿里巴巴公司旗下资源并推出阿里金融云服务。其实,这就是现在基本普及了的快捷支付,因为金融与云计算的结合,现在只需要在手机上简单操作,就可以完成银行存款、购买保险和基金买卖。现在,不仅仅阿里巴巴公司推出了金融云服务,像苏宁金融、腾讯等企业均推出了自己的金融云服务。

7. 云安全

云安全(cloud security)通过网状的大量客户端对网络中软件行为的异常监测,获取互联网中木马、恶意程序的新信息,推送到 Server 端进行自动分析和处理,再把病毒和木马的解决方案分发到每一个客户端。云安全的策略构想是,使用者越多,每个使用者就越安全,因为如此庞大的用户群,足以覆盖互联网的每个角落,只要某个网站被挂马或某个新木马病毒出现,就会立刻被截获。相对于传统反病毒机制而言,云安全的引入可以极大地提升对病毒样本的收集能力,减少威胁的响应时间。目前,趋势科技、瑞星、卡巴斯基、360、金山等安全厂商均推出了自己的云安全解决方案。

8.3 大 数 据

8.3.1 什么是大数据

1. 大数据的概念

什么是大数据?至今还没有一个被业界广泛认同的明确定义,人们对大数据的认识可谓"仁者见仁,智者见智"。

麦肯锡全球研究所的定义:大数据是一种规模大到在获取、存储、管理、分析方面大大超出了传统数据库软件能力范围的数据集合,具有海量的数据规模、快速的数据流转、多样的数据类型和价值密度低四大特征。

研究机构高德纳(Gartner)公司给出的定义:大数据需要新的处理模式才能具有更强的决策力、洞察发现力和流程优化能力来适应海量、高增长率和多样化的信息资产。

维基百科将大数据描述为,大数据是现有数据库管理工具和传统数据处理应用很难处理的大型、复杂的数据集,大数据的挑战包括采集、存储、搜索、共享、传输、分析和可视化等。

2. 大数据的特征

一般认为,大数据具有 4 个方面的典型特征:数据规模大(volume)、数据形式多样性(variety)、数据增长速度和处理速度快(velocity)以及价值高但密度低(value),简称"4V"。

（1）volume，海量性

这是大数据最明显的特点，现在每时每刻都在互联网上产生大量数据：聊天记录、消费记录、浏览记录等，累积到一起是一个十分庞大的数字，并且在不断增长，数据量从 TB 级别跃升到 PB 级别（其中，1 024 GB=1 TB，1 024 TB=1 PB）。据统计，2020 年互联网用户每天每人产生约 1.5 GB 的数据。截至 2024 年 1 月 5 日，互联网用户数量为 53 亿，相当于世界人口的 66%，每天产生的数据量可想而知。

（2）variety，多样性

数据的形式是多种多样的，包括数字（如价格、交易数据、人的体重、人数等）、文本（如邮件、网页信息等）、图像、音频、视频、位置信息（如经纬度、海拔等）。

这些数据又分为结构化数据和非结构化数据。

① 结构化数据：数据按照特定的数据模型和组织方式进行组织和存储的数据。它是以表格、字段和行的形式存在的数据，其中每个字段都具有预定义的数据类型和属性。结构化数据通常使用关系型数据库管理系统（RDBMS）进行存储和管理。常见的结构化数据类型有数字数据、字符串数据、日期和时间数据。

② 非结构化数据：无特定格式和组织方式存在的数据，无法按照传统的表格、行和列的结构进行存储和处理。与结构化数据不同，非结构化数据不具备明确的数据模型和预定义的字段。常见的非结构化数据类型包括文本数据、图像和照片、音频和视频、网页和 HTML 数据、地理位置数据。

③ 半结构化数据：半结构化数据介于结构化数据和非结构化数据之间，它具有一定的结构特征，但不符合传统的关系型数据库中的严格表格模型。与结构化数据相比，半结构化数据具有更灵活的组织方式和更宽松的数据模式。

常见的半结构化数据类型包括 XML（可扩展标记语言）数据、JSON（JavaScript 对象表示法）数据、日志文件、HTML（超文本标记语言）数据。

（3）velocity，高速性

现在的数据增长速率非常快，就在刚刚过去的这一分钟时间内，数据世界可能已经瞬息万变。

微信：3 125 万条信息被发送。

外卖平台：完成价值 26.6 万美元的外卖订单。

北斗卫星导航系统：被 200 多个国家和地区的用户访问超过 7 000 万次。

谷歌：200 万次搜索请求被提交。

YouTube：2 880 分钟的视频被上传。

快递小哥：收发 7.6 万件快递。

移动支付：3.79 亿元。

……

这些数据都需要得到及时的处理，所以在数据的获取、处理速度上也要求非常快速。数据无时无刻不在产生，谁的速度更快，谁就有优势。

（4）value，价值密度低

单条或者少量数据没有什么意义，无法得出有效信息。但是当数据量达到一定级别后，整个数据集蕴含的信息价值就大，可以从中获得许多有用的信息。比如，从以往的评论中确定物美价廉的商家。

随着大数据的发展,真实性(veracity)被认为是大数据的第五个特征,即数据的准确性和可依赖度高。如果数据本身是虚假的,那么分析研究它就失去了意义,因为任何通过虚拟数据得出的结论都可能是错误的,甚至是相反的。

3. 大数据的影响

① 在思维方式方面,大数据具有"全样而非抽样、效率而非精确、相关而非因果"三大显著特征,完全颠覆了传统的思维方式。

全样而非抽样:在过去,由于数据量庞大而存储和处理能力有限,科学分析通常依赖于抽样方法。然而,随着大数据技术的发展,科学分析可以直接针对完整数据进行,而非仅依赖于抽样数据。

效率而非精确:过去使用抽样,就需要模型和运算非常精确,因为"差之毫厘便失之千里"。在全样本时代,有多少偏差就是多少偏差,而不会被放大。谷歌公司的人工智能专家诺维格说过:大数据基础上的简单算法比小数据基础上的复杂算法更加有效。快速获得一个大概的轮廓和发展脉络,要比严格的精确性重要得多。

相关而非因果:过去,数据分析旨在解释事物背后的发展规律和预测未来可能发生的事件,以了解因果关系。然而,在大数据时代,由于数据量庞大,人们更加关注事物之间的相关性。例如,在电商平台上,推送与用户购买相同商品的其他用户购买了什么商品的消息,强调的是相关性,而非其他用户购买某商品的原因。

② 在科学研究方面,大数据使得人类科学研究在经历了实验、理论、计算 3 种范式之后,迎来了第四种范式——数据。图灵奖获得者、著名数据库专家吉姆·格雷(Jim Gray)博士总结认为,人类自古以来在科学研究上先后经历了实验、理论、计算和数据四种范式:

$$实验 \rightarrow 理论 \rightarrow 计算 \rightarrow 数据$$

③ 在社会发展方面,大数据决策逐渐成为一种新的决策方式,大数据应用有力地促进了信息技术和各行业的深度融合,大数据开发大大推动了新技术和新应用的不断涌现。

8.3.2 大数据的核心技术

从大数据的生命周期来看,大数据采集、大数据预处理、大数据存储、大数据分析与可视化共同构成了大数据生命周期里最核心的技术。

1. 大数据采集

数据采集是大数据处理的第一步,也是最基础的步骤。数据采集涉及从不同的数据源收集数据。这些数据源可以是传感器、移动设备、社交媒体、网站等。不同来源、不同类型的数据有不同的采集方式,总体来说,大数据的采集主要分为数据库采集、系统日志采集、网络数据采集和感知设备数据采集 4 种方式。

(1)数据库采集

传统企业会使用传统的关系型数据库 MySQL 和 Oracle 等来存储数据。随着大数据时代的到来,Redis、MongoDB(分布式文件存储)和 HBase 等 NoSQL 数据库(泛指非关系型的数据库）也常用于数据的采集。通过在采集端部署大量数据库，并在这些数据库之间进行负载均衡和分片，来完成大数据采集工作。

（2）系统日志采集

系统日志采集是指收集计算机系统内部生成的日志信息，如操作系统、应用程序、网络设备等产生的日志。采集这些日志信息有助于安全管理人员或系统管理员实时监控系统运行状态，发现系统故障或异常，及时采取措施保障系统安全稳定运行。

（3）网络数据采集

不同的人、不同的企业，甚至不同机器目前都可能通过网络进行数据传输，而在数据传输的过程中自然形成大量的数据。百度、谷歌等搜索引擎就致力于在网络上进行有效信息的搜索。但不同领域、不同背景的用户往往具有不同的检索目的和需求，通过常用搜索引擎查询返回的结果却包含大量用户不关心的信息。网络数据采集是指利用互联网搜索引擎技术实现有针对性、行业性、精准性的数据抓取，并按照一定规则和筛选标准进行数据归类，形成数据库文件的过程。

网络数据采集技术主要有网络爬虫、分词系统、任务与索引系统等。在一个项目中，通常需要综合应用多种技术，而且在将海量的信息和数据采集回来后，通常需要进行分拣和二次加工。

（4）感知设备数据采集

感知设备数据采集是指通过传感器、摄像头和其他智能终端自动采集信号、图片或录像来获取数据。大数据智能感知系统需要实现对结构化、半结构化、非结构化的海量数据的智能化识别、定位、跟踪、接入、传输、信号转换、监控、初步处理和管理等。其关键技术包括针对大数据源的智能识别、感知、适配、传输、接入等。

2. 大数据预处理

当通过不同的方法获取不同来源的数据后，会发现数据类型、数据值等都各不相同。哪怕是同一事务，都可能出现各数据源数据不一致等现象。为确保获得高质量的数据，对数据进行预处理就显得至关重要。数据预处理分为数据清洗、数据集成、数据转换和数据归约4个环节，但在实际的预处理过程中，这4个环节不一定都用得到，也没有固定的顺序，甚至有些环节可能先后要多次进行。

（1）数据清洗

数据清洗是指将数据中"不干净""不好用"的数据"洗"掉。其中的"不干净"数据主要包括异常值、缺失值、重复值等。结合业务实际情况，根据数据的重要性，通常有忽略、删除、填充3种处理方式。

（2）数据集成

数据集成是指将不同来源的数据合并在同一个数据集中，以方便后续的数据分析处理。不同来源的数据可能会出现模式不匹配、数据重复、数值冲突等问题，此时就需要根据具体的情况进行相应的调整，最终将多个数据集合并成一个，以进行后期分析。

（3）数据转换

数据转换是指将数据转换或统一成适合于数据挖掘的形式。数据集成后，会出现同一实体属性过多、过细等现象,这不利于后期的数据分析。数据转换主要是指找到数据的特征表示,用维变换或转换方法减少有效变量的数目或找到数据的不变式,包括规范化、离散化、稀疏化、特征构造等操作。

（4）数据归约

数据归约是指将数据"压缩"。数据集可能非常大,面对海量数据进行复杂的数据分析和挖掘将需要很长时间。例如,一个人的年收入可能是在零元到几千万元甚至上亿元这个范围内,若将最小值归约为 0,最大值归约为 1,则所有人的收入都能用 0～1 的数据表示,大大减少了数据的计算量。数据归约技术可以用来得到数据集的归约表示,它的值很小,但仍接近保持原数据的完整性。数据归约的方法主要有维归约、数值归约、数据压缩等。

3. 大数据存储技术

分布式存储与访问是大数据存储的关键技术,它具有经济、高效、容错高等特点。分布式存储技术与数据存储介质的类型和数据的组织管理形式直接相关。

4. 大数据分析与可视化技术

（1）大数据分析

数据分析也称为数据挖掘,是指从大量的数据中挖掘出令人感兴趣的知识。令人感兴趣的知识是指有效的、新颖的、潜在有用的和最终可以理解的知识。实际应用中,数据分析的具体手段包括关联分析、分类分析及聚类分析等多种模式。这些模式有时相互结合,融为一体。

（2）大数据可视化

大数据可视化指借助图形化手段,清晰并有效传达与沟通信息的分析手段。其简单明了、清晰直观、易于接受,主要应用于海量数据关联分析,即借助可视化数据分析平台,对分散异构数据进行关联分析,并做出完整分析图表的过程。常见数据可视化工具如下。

WPS 表格、Excel:技术门槛低,上手快,无须编程,但数据量和灵活性受限制。

Python:广泛使用的编程语言,也是数据科学家和分析师们的利器之一。Python 拥有众多的数据处理和可视化库,如 Pandas、NumPy 和 Matplotlib 等。这些库提供了丰富的函数和工具,可以进行数据准备、处理和可视化,帮助用户探索数据并生成各种图表和图形。

D3.js:基于 JavaScript 的数据可视化库。它提供了丰富的 API 和功能,使得用户能够使用 HTML、CSS 和 SVG 等技术创建高度定制的可视化效果。D3.js 在定制性和灵活性方面具有独特优势,尤其适用于需要创造独特数据可视化体验的项目。

EChats:百度公司开源免费的 JavaScript 实现的可视化库,提供直观、交互丰富、可高度个性化定制的数据可视化图表。它的优点在于,文件体积较小,打包的方式灵活,可以自由选择用户需要的图表和组件,而且图表在移动端有良好的自适应效果,还有专为移动端打造的交互体验。

常见的可视化图表如图 8.3 所示。

折线图是将数据标注成点,并通过直线将这些点按某种顺序连接而成的图表,它以折线的方式形象地反映事物沿某个维度的变化趋势,能够清晰地展示数据增减的

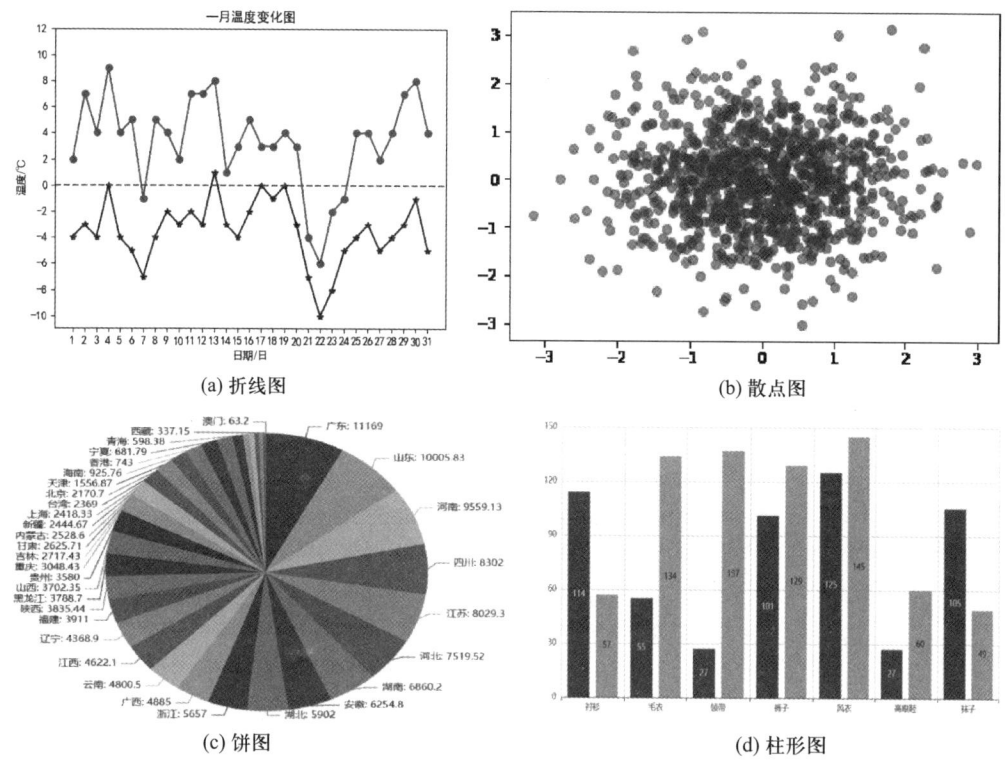

图 8.3 常见的数据可视化图表

趋势、速率、规律及峰值等特征。折线图一般将时间序列作为 X 轴的数据,将时间序列对应的数值作为 Y 轴的数据,适用于反映具有固定时间间隔的数据的变化趋势的场景,例如,股票分析、天气预报等。

散点图也叫 X–Y 图,它将所有数据以点的形式展现在直角坐标系上,以显示变量之间的相互影响程度,点的位置由变量的数值决定。通过散点图上数据点的分布情况,可推断变量间的相关性。如变量间不存在相互关系,在散点图上就会表现为随机分布的离散点。

饼图是由若干个面积大小不一、以条形或颜色填充的扇形组成的圆形图表,它使用圆表示数据的总量,组成圆的每个扇形表示数据中各项所占总量的比例大小,主要用于显示数据中各项大小与各项总和的比例。饼图中的圆与扇形分别代表整体与部分,可以形象地展示数据整体与各项数据的关系,适用于快速了解整体数据中各项数据分配情况的场景。

柱形图是由一系列宽度相等的纵向矩形条组成的图表,它利用矩形条的高度表示数值,以此反映不同分类数据之间的差异。柱形图一般将分类作为 X 轴的数据,将各分类对应的值作为 Y 轴的数据,适用于数据集的各分类之间比较的场景,不适合表示趋势。

除上述图表外,常用的可视化图表还包括曲线图、面积图、雷达图、箱线图、误差棒图等,在实际使用中,需根据不同场景选择合适的图表来展示数据。

8.3.3　大数据应用

大数据无处不在,已经应用于诸多领域,包括电商、金融、医疗、交通、农牧渔等。

1. 电商大数据

最早利用大数据进行精准营销的是电商行业。淘宝、京东等电商平台利用大数据技术,对用户信息进行分析,推送用户感兴趣的产品,从而刺激消费。它根据客户的消费习惯提前准备生产资料、物流管理等,有利于精细社会大生产,如图 8.4 所示。由于电商的数据较为集中,数据量足够大,数据种类较多,因此未来电商大数据应用将会有更多的想象空间,包括预测流行趋势、消费趋势、地域消费特点、客户消费习惯、各种消费行为的相关度、消费热点、影响消费的重要因素等。

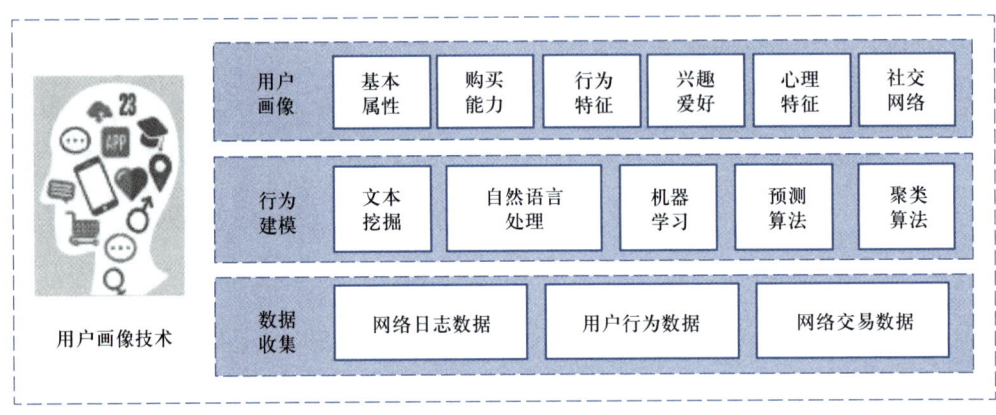

图 8.4　大数据客户行为分析用户画像

2. 金融大数据

互联网金融是指利用互联网技术实现资金融通、支付、投资等金融相关活动的新型金融业务模式。第三方支付、网络小额信贷、信息化金融机构以及众筹模式等,皆属于互联网金融的业务范畴。以下详述大数据在互联网金融领域的三个典型应用。

① 构建用户画像,实现精准营销:通过将用户信息纳入数据库,为每位用户打造个性化用户画像,根据用户特征精准推荐符合其需求的商品。首先,根据用户的原始数据和实际记录为其打上个性化“标签”即用户画像;随后,借助大数据分析手段根据用户画像推断出用户的潜在消费需求,并优先推荐符合其需求的商品。

② 客户信用评估,提供互联网信贷服务:通过分析每位客户的历史交易数据,评估个人或企业的信用等级,从而确定借贷额度,以便提供相应借贷服务。例如,蚂蚁花呗平台记录用户的基本经济状况和历史贷款记录等业务数据,反映用户的融资行为和信用程度;支付宝存储用户在淘宝、实体店等消费渠道的多种消费记录,间接反映用户的偿还能力;蚂蚁计算云作为强大的计算平台,可将其他平台传来的数据转化

为用户的信用评估分数。

③ 反欺诈检测：通过预防、辨识和建档的方式，验证客户真实身份信息，识别危险的用户操作行为，根据用户的历史信用记录规范用户的贷款和交易额度，降低欺诈风险的发生。

3. 医疗大数据

大数据在医学领域中的应用非常广泛，主要有以下几个方面。

① 临床决策支持：通过大数据分析患者的病史、症状、实验室检查和影像学等多种数据，为医生提供更准确的临床决策支持，从而提高诊断和治疗的精准性，进而提升治疗效果和医疗质量。

② 疾病预测与预防：通过分析大规模医疗数据，预测患某些疾病的风险，并采取相应的预防措施，如早期筛查和治疗。此外，大数据还可用于监测传染病的流行趋势，协助公共卫生部门采取有效的控制措施。

③ 健康管理与健康教育：协助医生和患者更有效地管理健康，提升健康水平。医生可通过大数据分析患者的健康数据，为其提供个性化的健康管理方案。患者也可通过自我监测和数据分析，更好地管理自身健康。

④ 医学研究：大数据在医学研究中扮演重要角色，涉及疾病发病机制、治疗方案研究、药物副作用等领域。这种方法可加速医学研究进展，更好地服务临床实践。

4. 交通大数据

大数据技术在交通领域的应用为改善交通状况提供了优化方案，有助于交通运输部门提高对道路交通的管理能力，防止和缓解交通拥堵，提供更人性化的服务。

① 制定交通规划：通过分析道路交通流量、车辆行驶轨迹等数据，预测未来的交通状况，制定更科学的交通规划方案。例如，某些城市利用大数据技术分析交通数据，预测未来的交通拥堵情况，制定更合理的道路建设规划。

② 缓解交通拥堵：利用大数据技术分析出行强度、交通流量、拥堵路段等数据，调动多种手段优化交通，如"动态绿波"系统根据车流量自动计算道路最佳行驶速度，智能调整红绿灯时间，实现车辆按建议速度行驶，出行更安全顺畅；"自适应可变车道"检测流量，实时调整车道方向，提高通行效率。

③ 预防交通事故：通过大数据建模分析预测，找出易发生事故的人、车、道路、时间、环境等因素，及时干预，有效预防交通事故。

④ 调配停车资源：智慧停车管理平台覆盖各类停车场，通过大数据采集与分析停车场情况、泊位数、余位数量、车流量等，实现车位预订、停车导航、在线支付、错时停车等智慧化停车管理，最大化利用停车资源。

5. 农牧渔大数据

农牧渔领域应用大数据分析来有计划地展开生产，降低菜贱伤农的概率；可以精准预测天气变化，帮助农民做好自然灾害的预防工作，还能够提高单位种植面积的高产出；牧农可以根据大数据分析安排放牧范围，有效利用农场，减少动物流失；渔民可以利用大数据安排休渔期、定位捕鱼等，同时，也能减少人员损伤。

8.4 扩 展 阅 读

扩展阅读
8-1：
王坚

王坚，中国工程院院士，云计算技术专家，阿里云创始人。他首创"以数据为中心"的分布式云计算体系架构，率先提出采用计算作为公共服务的产业模式，主持研发以大规模分布式计算系统"飞天"为核心、拥有自主知识产权的云计算平台。

思 考 题

1. 结合自己的理解谈谈什么是云计算，以及云计算有哪些分类。
2. 云计算有哪些关键技术？
3. 什么是大数据？大数据的 4V 特征是什么？
4. 大数据的核心技术有哪些？
5. 列举 1~2 个你所了解的云计算和大数据在生活中的应用。

第9章　物联网与区块链

从计算机时代到互联网时代,信息技术的发展给人们的生活和工作带来了巨大的变化。如今,以互联网为依托的物联网,伴随着工业自动化和生活智能化进程的不断深入,已经融入工作和生活的各个方面,如手机支付、刷脸进门、刷卡就餐、导航驾车、运动计步等,成为人们生活不可或缺的一部分。

在这个充满科技魔力的时代,人们身边的物品正在悄然发生着变化,它们不再只是单纯的物品,而是变得智能起来。这一切得益于物联网的崛起。

9.1　案例与案例解析

人们希望随时随地控制家居,创造更加智能化、自动化、人性化的居住环境,比如远程控制厨房用具、空调、热水器,回到家就能吃饭、洗澡;远程控制室内环境,随时了解家庭情况等。温馨的小家怎样融入高科技的元素,采暖、照明、清洁以及早餐的预订,这些居家使用的各种电器,只需主人的一声令下便能自如地开关完成工作,如图 9.1 所示。目前,智能家居已经可以与家庭外部环境进行信息的交互,使得这一切

图 9.1　物联网

逐渐变为现实,而这一切都可以通过一部智能手机完成"物物相连"。物联网将人们周围的物品变成了具有智能能力的生命体,无论是家居设备、交通工具、医疗设备,还是工业设备,它们都可以通过互联网实现互相交流和数据共享。

本章主要知识点

① 物联网的概念和特征。

② 物联网的体系结构。

③ 物联网的典型应用。

④ 区块链的基本概念及分类。

⑤ 区块链使用的技术。

⑥ 区块链的应用领域。

9.2 物 联 网

9.2.1 什么是物联网

1. 物联网的概念

物联网是在互联网的基础上,将其用户端延伸和扩展到任何物品与物品之间,进行信息交换和通信的一种网络概念。其定义是,通过射频识别系统(RFID)、红外感应系统、全球定位系统(GPS)、激光扫描仪等信息传感设备,按照约定的协议,并通过接口把需要连接的物品与互联网连接起来,形成一个物品与物品相互连接的网络,从而实现物品识别、定位、跟踪、监控和管理等一系列智能化应用。

上述定义看似复杂,实际上其本质就是"物物相连的互联网"。这包含两层含义:第一,互联网依然是物联网的核心与基础,物联网利用互联网进行扩展和延伸;第二,物联网终端可以延伸和扩展到任何物品之间,这些物品利用相关技术,借助互联网进行智能化信息交换与通信,能够彼此进行"交流"而无须人的干预,从而构造一个覆盖世界上万事万物的"物联网"。

2. 物联网特征

与传统的互联网相比,物联网有其鲜明的特征:全面感知、可靠传输和智能处理。

① 全面感知:"感知是万物互联的核心"。物联网以人和物为主体,在物体上设置一些如电子标签、条形码等可供识别的装置,让物体具有一定的可识性。与此同时,还可以利用温、湿度和红外线传感器等识别设备,来感知物体的物理属性和个性化特征。利用这些装置,人们在任何时间、任何地点都可以得到物体的所有信息,从而达到对物体的全面感知。

② 可靠传输:实现万物互联,最重要的就是数据的稳定性和可靠性。由于物联网是一个异构的网络,因此,在不同的实体之间,其协议的格式(标准)可能存在着一定的差别,因此,为了保证信息在项目之间实时、准确地传递,就必须采用相关的软件和硬件手段来实现。为了使各种传感设备采集的数据能够得到一致地处理,从而使

物体之间能够进行信息的交换,就需要研制一种能够对多个通信协议进行转换的通信网关。通过通信网关,实现了多个传感器之间的通信转换,形成了一个统一的、事先约定好的通信协议。

③ 智能处理:是指信息被感知和传输后,运用大数据、云计算等各种智能计算技术,在短时间内进行海量的处理和整理,以达到各行业应用的智能化的决策、控制和管理。

物联网系统的目的就是要对各类物体进行智能识别、定位、跟踪、监控和管理。为此,需要以云计算、数据挖掘等智能计算技术为基础,在短时间内对海量数据进行存储、分析、处理,以满足用户的不同需求,发现新的应用领域和应用模式。

物联网中的"智能物体"或者"智能对象"指的是现实物理世界的人或物,只是被赋予了"感知""通信""计算"能力。例如,给商场中出售的货物贴上 RFID 标签,当顾客打算购买这个货物时,货物在购物车上经过结算的柜台时,RFID 读写器就会通过无线信道直接读取 RFID 标签的信息,知道货物的型号、生产公司、价格等信息,这时贴有 RFID 标签的商品就是物联网中一个具有感知、通信、计算能力的智能物体(smart thing),或者称为智能对象(smart object)。在智能电网应用中,每一个用户家中的安装了有传感器的变电器监控装置的智能电表就是智能物体。装有智能传感器的汽车也是一个智能物体。在智能家居应用中,安装了光传感器的智能照明控制开关是一个智能物体,安装了传感器的冰箱也是一个智能物体。在水库安全预警、环境监测、森林生态监测、油气管道监测应用中,无线传感网络中的每一个传感器节点都是一个智能物体。在智能医疗应用中,带有生理指标传感器的每一位老人是一个智能物体。在食品可追溯系统中,打上 RFID 耳钉的牛、一枚贴有 RFID 标签的鸡蛋也是一个智能物体。因此,在不同的物联网应用系统中,智能物体可以是小到几乎用肉眼也看不到的物体,也可以是一个大的建筑物;可以是固定的,也可以是移动的;可以是有生命的(如人、动物),也可以是对连接到物联网中的人与物的一种抽象符号。

9.2.2 物联网的体系结构

USN(ubiquitous sensor networks,泛在传感器网络)体系架构是由韩国电子与通信技术研究所在 2007 年瑞士日内瓦召开的 ITU 下一代网络全球标准化会议(NUN-USI)上提出的。该体系架构将物联网自底向上分为五层,依次为感知网、接入网、网络基础设施、中间件和应用平台,各层功能如表 9.1 所示。

表 9.1　USN 体系架构

层名	功能
应用平台	各个行业的具体应用
中间件	由负责大规模数据采集与处理的软件组成
网络基础设施	基于后 IP 技术的下一代互联网
接入网	由网关或汇聚节点组成,为感知网与外部网络或控制中心之间的通信提供基础设施
感知网	用于采集与传输环境信息

由于 USN 体系架构按照功能层次比较清楚地定义了物联网的组成,目前被我国工业与学术界广泛接受,同时基于 USN 体系架构衍生出很多改进方案,图 9.2 所示为USN 体系结构演化结构。

我国的《物联网白皮书(2011 年)》中阐述了一种基于 USN 的简化分层物联网网络架构,包括感知层、网络层和应用层(自下而上),如图 9.3 所示。

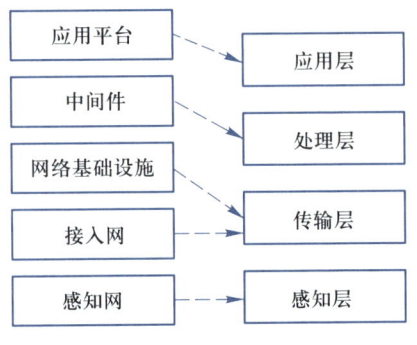

图 9.2　USN 体系架构演化结构

1. 感知层

感知层是物联网体系结构的底层,实现对物理世界的智能感知识别、信息采集处理和自动控制,并通过通信模块将物理实体连接到网络层和应用层,与人体结构中皮肤和五官的作用相似。感知层所需要的关键技术包括传感器技术、RFID技术、二维码技术等。

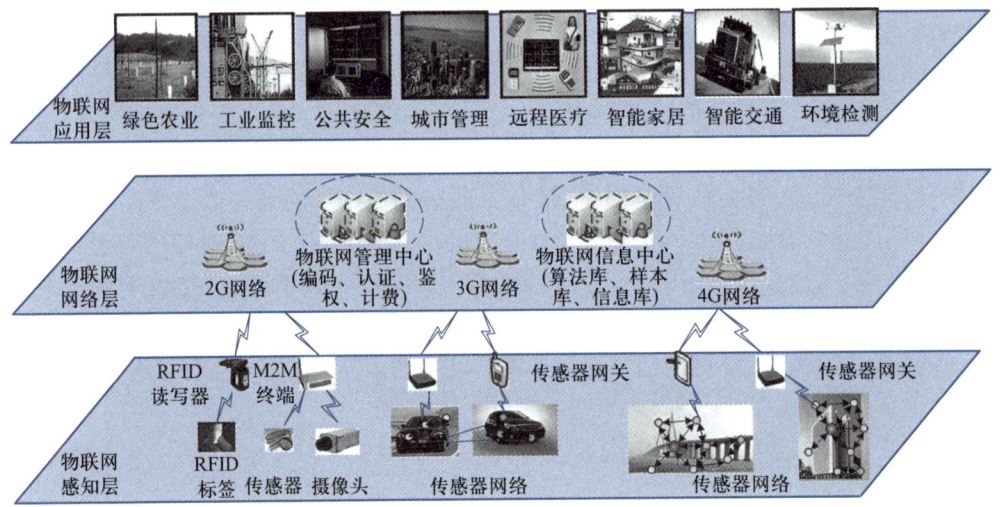

图 9.3　物联网三层体系结构

（1）传感器技术

传感器的功能首先是能感受到被检测的信息,其次还包括传输、处理、存储、显示、记录、控制等功能。例如,汽车内部的油压传感器将油的压力变成电信号传递到显示仪表或信号采集装置上。

传感器是摄取信息的关键器件,它是物联网中不可缺少的信息采集设备,也是采用微电子技术改造传统产业的重要设备。

（2）RFID 技术

RFID(radio frequency identification,射频识别)是 20 世纪 90 年代开始兴起的一种自动识别技术,其利用射频信号通过空间电磁耦合实现无接触信息传递并通过所传递的信息实现物体识别。

在对物联网的构想中,RFID 标签中存储着规范而具有互用性的信息,通过有线或无线的方式把它们自动采集到中央信息系统,实现对物品(商品)的识别,进而通过开放式的计算机网络实现信息交换和共享,实现对物品的"透明"管理。RFID 系统由电子标签(tag)、天线(antenna)、读写器(reader)构成。

RFID 技术的工作原理:电子标签进入读写器产生的磁场后,读写器发出射频信号;凭借感应电流所获得的能量发送存储在芯片中的产品信息(无源标签或被动标签)或者主动发送某一频率的信号(有源标签或主动标签);读写器读取信息并解码后,送至中央信息系统进行有关数据处理。身份证、校园一卡通、公交卡都是基于RFID 的原理生成的。

(3)二维码技术

二维码(2-dimensional bar code)技术是物联网感知层基本和关键的技术之一。二维码也叫二维条码或二维条形码,是用某种特定的几何形体按一定规律在平面上分布(黑白相间)的图形来记录信息的应用技术。从技术原理来看,二维码在代码编制上巧妙地利用构成计算机内部逻辑基础的"0"和"1"比特流的概念,使用若干与二进制相对应的几何形体来表示数值信息,并通过图像输入设备或光电扫描设备自动识读,以实现信息的自动处理。

与一维条形码(也称一维码)相比,二维码有着明显的优势,归纳起来主要有以下几个方面:数据容量更大,二维码能够在横向和纵向两个方位同时表达信息,因此能在很小的面积内表达大量的信息;超越了字母数字的限制;具有抗损毁能力。此外,二维码还可以引入保密措施,其保密性较一维码要强很多。

2. 网络层

网络层是物联网体系结构的中间层,主要负责将感知层采集到的数据传输到应用层进行处理,类似于人体结构中的神经中枢和大脑。这一层包括了互联网、移动通信网、GPS 技术等,这些网络技术共同构成了一个庞大的数据传输网络,使得物联网设备能够随时随地接入网络并交换信息。

(1)互联网

物联网也被认为是互联网的进一步延伸。互联网作为物联网主要的传输网络之一,它将使物联网无所不在地深入社会每个角落。

(2)移动通信网

移动通信网为人与人之间、人与网络之间、物与物之间的通信提供服务。在移动通信网中,当前比较热门的接入技术有电信、移动及联通的 4G、5G 等。相对于 4G 网络,5G 具备更加强大的通信和带宽能力,能够满足物联网应用高速稳定、覆盖面广等需求。

(3)无线传感器网络

无线传感器网络的基本功能是将一系列空间分散的传感器单元通过自组织的无线网络进行连接,从而将各自采集的数据通过无线网络进行传输汇总,以实现对空间分散范围内的物理或环境状况的协作监控,并根据这些信息进行相应的分析和处理。

无线传感器网络通信技术也包含多种类型。

① 蓝牙技术。这是一种能够实现设备之间短距离信息交互的无线通信技术,可以实现便捷的通信连接,实现信息的高效传输和交互。

② WiFi 技术。在中文里又称作"移动热点",几乎所有智能手机、平板电脑和笔记本电脑都支持 WiFi 上网,是当今使用最广的一种无线网络通信技术。

③ ZigBee 技术。ZigBee 技术是一种近距离、低功耗、低复杂性、低数据速率、低成本的双向无线通信技术,这一技术在远程自动控制方面具有显著的应用优势。将这一技术和射频识别技术相结合,能够发挥两种技术的优势,促进系统设计的优化。目前,ZigBee 技术因为其应用优势突出,在智能家居、智能抄表、环境监测、物联网等领域都有广泛应用。

④ 红外线技术。红外线技术借助电磁波来实现信息传输。

（4）GPS 技术

GPS(global positioning system,全球定位系统),是美国研制发射的一种以人造地球卫星为基础的高精度无线电导航的定位系统,目前有 24 颗定位卫星,能够覆盖全球大约 98% 的面积,提供民用和军用两种不同精度的定位服务。GPS 系统和俄罗斯的 GLONASS 系统、欧盟的伽利略系统以及中国的北斗系统是全球的四大卫星定位系统。

北斗系统是中国于 20 世纪 90 年代开始研制开发的卫星定位系统,设计之初就提出了"三步走"的规划思路。2020 年 7 月 31 日,中国自主建设、独立运行的"北斗三号"全球卫星导航系统已全面建成。2023 年 5 月 17 日,中国在西昌卫星发射中心用长征三号乙运载火箭成功发射第 56 颗北斗导航卫星。2035 年前,将建成以北斗系统为核心,更加泛在、更加融合、更加智能的国家综合定位导航授时体系,为未来智能化、无人化发展提供核心支撑。届时,从室内到室外、深海到深空,用户均可享受全覆盖、高可靠的导航定位授时服务,北斗卫星导航系统将更好地服务全球、造福人类。

3. 应用层

应用层是物联网体系结构的顶层,主要负责将网络层传输来的数据进行处理和应用。

物联网需要与云计算、大数据技术结合,以实现对大量数据的整合、处理和挖掘。为物联网数据提供支持的云平台是一组具备强大分布式计算能力的服务器集群。这些服务器集群夜以继日地收集和存储来自世界各地甚至外层空间的数据信息,并遵循特定的程序和算法进行自动的数据挖掘和利用工作,承担着大数据分析与利用的基础工作。

云平台是物联网大数据分析的基础,数据管理后台是建立在物联网云平台上的系统,它是云端应用开发技术、数据库管理技术和专业数据算法的融合产物,同时也是物联网云平台的应用和延伸。基于云平台的开放特性,数据管理后台甚至可以调用外部平台上的数据,并与自身数据进行整合挖掘,进一步提升数据的完整性和应用价值。

9.2.3　物联网的应用

物联网的出现和发展,在带来社会生产力的高速发展的同时,也给人类社会的生产方式、生活方式和思维方式带来又一场巨大的革新。我国《物联网"十三五"发展规划》确定了智能工业、智能农业、智能交通等重点应用领域。

1. 智能农业

物联网在"精准农业""智能耕种"等方面得到了较好的运用,例如,在种植农作物的环境中安置温度湿度传感器、光照传感器、二氧化碳传感器等传感器节点,如图 9.4 所示,对农作物生长环境进行实时监控,随时了解和调整农作物生长环境的各种因素,极大地改善了农作物的收成并减少农作物产出周期。同时也可以利用长时间对某种作物的生长情况和生长环境数据进行分析,获取到环境与植物生长状态、产量和质量的关系,获取到最优的培养方案,实现真正的智能农业。

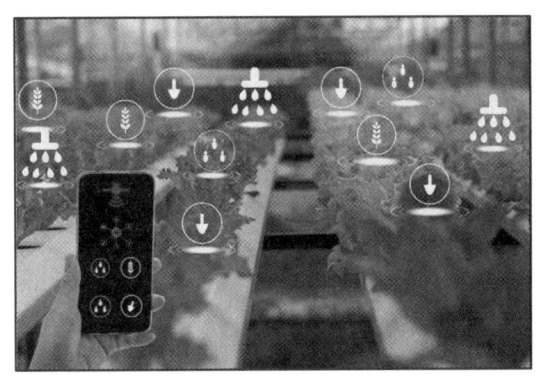

图 9.4　智慧农业

2. 智能交通

智能交通融合了传感器网络、RFID 技术、GPS 定位技术、移动互联网技术和自动控制技术,从而形成信息化、智能化、便捷化的交通运输综合控制和管理系统,使人、车、路紧密配合,改善运输环境,确保交通安全,提高资源利用率。

① 智能公交车:结合公交车辆的运行特点,搭建公交智能调度系统,规划调度线路和车辆,实现智能调度。

② 共享自行车:使用带 GPS 或 NB-IoT(窄带物联网)模块的智能锁,与 App 连接,实现车辆状态的精确定位和实时控制。

③ 汽车联网:采用先进的传感器和控制技术实现自动驾驶或智能驾驶,实时监控车辆运行状况,减少交通事故的发生。

④ 智能停车:通过安装地磁感应,连接到进入停车场的智能手机,实现自动停车导航、停车位在线查询等功能。

⑤ 智能交通信号灯:根据交通流量、行人和天气,动态调整光信号,控制交通流量,提高道路承载能力。

⑥ 汽车电子识别:RFID 技术用于实现车辆身份的准确识别和车辆信息的动态收集。

⑦ 充电桩:通过物联网设备,实现充电桩定位,充放电控制,状态监测和统一管理等功能。

3. 智能医疗

医疗物联网中的"物",就是各种与医学服务活动相关的事物,如健康人、亚健康人、病人、医生、护士、医疗器械、检查设备、药品等。医学物联网中的"联",即信息交互连接,把上述"事物"产生的相关信息交互、传输和共享。如图 9.5 所示,医学物联网中的"网"是通过把"物"有机地连成一张"网",就可感知医学服务对象、各种数据的交换和无缝连接,达到对医疗卫生保健服务的实时动态监控、连续跟踪管理和精准的医疗健康决策。例如,在医院住院时,将腕式 RFID 标签佩戴于医护人员和患者手腕上,确保只有经过许可的人员才能进入医院重要区域。

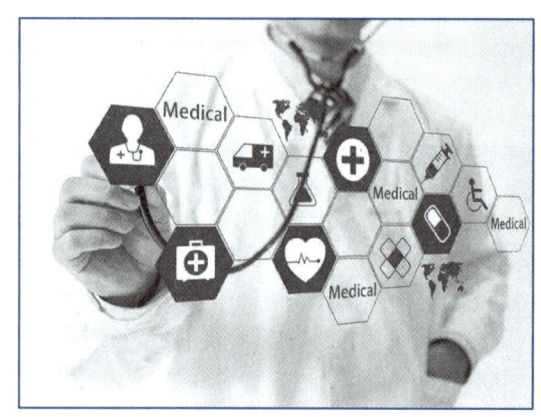

图 9.5　智慧医疗

4. 智能家居

智能家居的目的是为用户提供智能、舒适、安全的家居生活。其以物联网为思想,以计算机技术和网络通信技术为基础,将家里的各类电子、电器产品(如电视机、空调、冰箱等)、门铃、窗帘、安防传感器等需要控制的设备连接在一起形成一个家庭网络,如图 9.6 所示,可以通过不同的通信方式实现设备之间的数据交换和通信,达到设备之间能够相互通信、相互控制的目的,同时也提供用户的远程控制,最终实现智能化的家居生活。在智能家居中,当门窗被异常入侵时,就会被图像传感器捕捉,通过智能安防系统及时发出报警信号;当家里的老人出现了异常情况,物联网传感器会马上将相关信息传递给医院或家人。通过手机、计算机等远程终端控制家庭中的热水器、电视、电动窗帘等智能电器更好地服务家庭生活。

图 9.6　智能家居

5. 智慧物流

智慧物流是以信息化为依托并广泛应用物联网、人工智能、大数据、云计算等技术工具,在物流价值链上的运输仓储、包装、装卸搬运、流通加工、配送、信息服务这6项基本环节实现系统感知和数据采集的现代综合智能型物流系统,如图9.7所示。物联网在物流行业的应用主要体现在以下几个方面。

图 9.7　智慧物流

① 智能仓储管理:物联网的传感器和RFID技术可以帮助自动识别货物、监控库存水平,提高仓库的运作效率。

② 运输检测:实时检测货物运输中的车辆行驶情况,包括货物位置、状态环境以及车辆的油耗、油量、车速及刹车次数等驾驶行为。

③ 供应链可视化:通过物联网技术,物流公司可以实现整个供应链的可视化管理,了解货物流转的全过程,优化供应链的各个环节,提高整体运作效率。

9.3　区　块　链

在超市食品区,一袋五常大米的包装袋上新增了二维码,用微信扫一扫,便能显示信息。首先是基础的产品信息,如规格、生产商、保质期等;然后便是溯源信息,包括原料接收时间、原料检验报告、产品出厂报告、发货时间、收货时间等全流程以及产地和整个物流线路信息。用二维码传递信息并不稀罕,难的是如何让这些信息"保真",区块链便有了用武之地。没有区块链的时候,对食品的追踪要依赖某个中介机构或者公司来收集信息,如电商平台。这种中心化的数据收集方式,理论上存在数据被修改的可能。而区块链上,数据在产生的当下,就由产生者自己即时上传各种仓库物流信息,且信息不能被篡改。数据一旦出现问题,区块链上的数据由谁、什么时候上传,可以根据时间戳追责。除了供应链,如今区块链的应用范围还覆盖了金融、电子政务、医疗健康等多个行业。

9.3.1　什么是区块链

1. 区块链的概念

讲到区块链,货币是绕不开的一个话题。货币是人类发展过程中的一个重大发明,主要用于流通买卖。货币的形态经历了多个阶段,包括以物易物、实物货币(主要是金属货币)、纸币以及中心化记账货币等。

(1)以物易物

回溯远古时代,人们过着自给自足的生活,没有商品交换,也不需要货币。随着工具的使用和生产力的发展,物质生产相对丰富和人类需求相对增加,随之产生社会分工,人们产生交换需求,最初始的交换是以物易物。

(2)实物货币

随着生产力的发展,交易的需求逐渐增加,聪明的人类开始使用大家都一致认可的物品(一般等价物)作为货币,曾经使用过的实物货币有农具、贝壳、茶叶等,这样进行交易就大大方便了。实物货币发展到后期就采用金银为代表的金属货币了,金银稀缺且易分割,是天然的一般等价物。从早期的农具、贝壳,到最后的金银,实物货币是有价值的一般等价物。但是随着商品交易的发展,实物货币(金属货币)在交易过程中的弊端逐渐显露,例如,易磨损,不易携带,且金银数量有限,不易开采等。

(3)纸币

纸币是当今世界各国普遍使用的货币形式,而世界上最早出现的纸币,是中国北宋时期四川成都的“交子”。纸币更方便人们交易、携带和存储。一张百元纸币,其制作成本只有几厘钱,但是可以换取价值一百元的物品,这种现象的背后是国家信用的支持,使得人们相信原本价值微不足道的货币具备了一百元购买力。

(4)中心化记账货币

微信和支付宝所代表的电子支付是第三方支付,就是用户把现金存放到微信或支付宝,每次对外支付都由微信或支付宝代理记账,记录每笔交易和余额变化。所以,移动电子支付的实质为记账货币,是通过银行、第三方支付机构(例如,微信、支付宝)、央行负责记账的。央行拥有整个国家大账本的记账权,本质上是一种中心化的记账方式。

那么,如何实现在没有权威第三方的情况下,需求双方之间直接进行在线转账呢?如何在电子转账过程中记录支付信息,避免重复支付并确保资金安全呢?要解决这两个问题,就意味着要有一套独立的电子货币体系。而比特币,正是在人们对去中心化电子支付的期待中诞生的。

在 2008 年,一个化名为中本聪(Satoshi Nakamoto)的人,发布了一篇题为《一种点对点的电子现金支付系统》的白皮书,针对前面的两个问题提出了解决方法:首先,在个人对个人的转账中,需要有一种能够不依附于第三方定价机构就能判断其价值的电子货币；然后，需要有一份去中心化的数字账本，能够把交易记录及存储的交易信息分发给世界各地的计算机，当然账本的运作方式与其他传统记账方式大致相同。

在 2009 年，这种能够传送电子财富的技术方案正式落地，产品形态就是现在广受关注的比特币，它所依靠的底层技术算法，就是现在被称作区块链的技术。比特币是伴随着对去中心化支付的期望而诞生的，它所采用的加密技术、P2P 网络传输、分布一致性校验等技术有效地实现了点对点支付，不需要第三方参与，并且能防止双重支付和恶意攻击。受到比特币技术的启发，区块链技术应运而生了，其实这样说更准确：比特币是区块链技术兴起的源头，是区块链技术最早、最成功的应用。

什么是区块链呢？下面通过一个通俗的故事开始认识它。

> 从前，有个古老的村落，叫玉石村，村民的主要工作就是挖玉石，村里的财富也是以玉石来计算。这个村子没有银行为大家存玉石，也没有值得信赖的村长来维护账务往来。于是，村民们想了一个集体记账的办法。
>
> 每个人都带一本账本，谁挖到玉石时，自己记录的同时用村口的大喇叭通知所有人，大家都在各自的本子写下同样的内容，每个村民都保管各自的账本。以后村民之间的物品换取、交换玉石，也通过这个方式记账。
>
> 为了防止村民把已经记录的玉石拿来再记一次，给每块玉石都做标记，记录挖掘到的时间、地点和人物以及上一块被挖到的玉石的信息。因此，每个村民的账本都记录了每块玉石的完整信息。每块玉石都与上一块玉石有信息关联，形成一个链条。这样村民无法凭空捏造，也无法更改之前的记录。
>
> 这就是区块链——P2P 分布式记账。

广义上来讲，区块链技术是利用块链式数据结构来验证与存储数据，利用分布式节点共识算法来生成和更新数据，利用密码学的方式保证数据传输和访问的安全，利用由自动化脚本代码组成的智能合约来编程和操作数据的一种全新的分布式基础架构与计算范式。

通俗地讲，区块链（blockchain）是一种数据以区块（block）为单位产生和存储，并按照时间顺序首尾相连形成链（chain）式结构，同时通过密码学保证不可篡改、不可伪造及数据传输安全的去中心化分布式账本，如图 9.8 所示。区块链中的账本的作用和现实生活中的账本基本一致，按照一定的格式记录流水等交易信息。特别是在各种数字货币中，交易内容就是各种转账信息。但随着区块链的发展，记录的交易内容会逐步扩展到各个领域的数据，例如，在供应链溯源应用中，区块里就记录了供应链各个环节中物品所处的责任方、位置信息等。

目前，区块链技术被很多大型机构称为是彻底改变业务乃至机构运作方式的重大突破性技术。同时，像云计算、大数据、物联网等新一代信息技术一样，区块链技术并不是单一信息技术，而是依托于现有技术，加以独创性的组合及创新，从而实现以前未实现的功能。

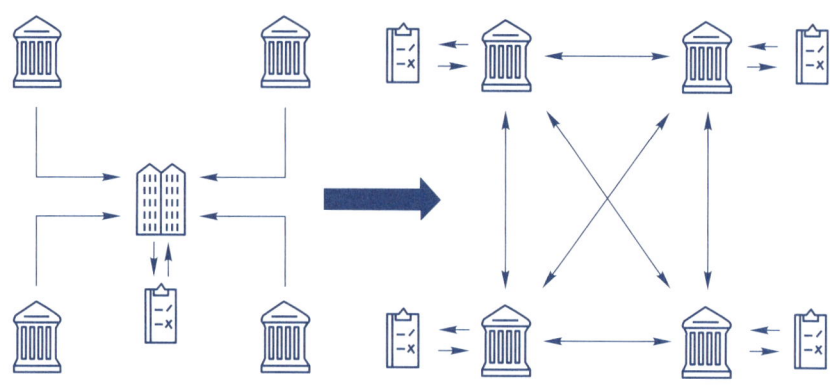

图 9.8　中心化账本和共享式账本

2. 区块链的分类

根据自身特点和应用场景的不同,尤其是网络去中心化程度的不同,区块链可被分为公有链、私有链和联盟链。

公有链出现最早,完全开放,任何人都可自由加入和退出,没有身份认证,没有权限设定,完全去中心化,不受任何机构和他人控制。公有链由所有节点共同维护,任何节点都不能篡改其中的数据。因此,公有链需要设置一些激励机制,鼓励人们积极参与公有链的构建和维护,只有这样才能保证公有链系统的稳定性和不可篡改性。

私有链与公有链相对,不对外开放,只限在一个组织或机构内部使用,参与者需要提交身份认证,使用权限由该组织或机构控制,只有获得授权才可参与和使用私有链系统。例如,一些大型金融机构和大型企业积极建立自己的私有链或把私有链用于企业内部票据管理、财务审计等工作,利用区块链优势保证系统数据安全。

联盟链开放程度介于公有链和私有链之间,是由多个组织或机构共同参与的区块链,属于半开放式区块链,一般由多个利益共同体组成的联盟共同构建,联盟规模可以大到国家,也可以小到几家企业或机构。联盟链为联盟成员使用,一般需要身份认证和权限设置,账本的生成和维护由联盟链成员共同完成。联盟链可以使联盟成员共享资源和利益,不仅提高了成员间的协作水平和交易效率,也增进了联盟成员间的信任,联盟链的主要应用有政务系统、银行之间的支付结算等。

9.3.2　区块链的核心技术

1. 区块链的体系结构

区块链的体系结构大致包含 6 个层次,如图 9.9 所示,分别为数据层、网络层、共识层、激励层、合约层和应用层,各层次职责明确,相互独立又相互支撑。

（1）数据层

数据层主要负责区块链中数据的存储及账户、交易的实现与安全,涉及链式结构、时间戳、哈希函数、默克尔树、非对称加密等技术。其中,数据存储主要基于默克尔树,通过区块的方式和链式结构实现,而账户、交易的实现与安全则主要借助时间

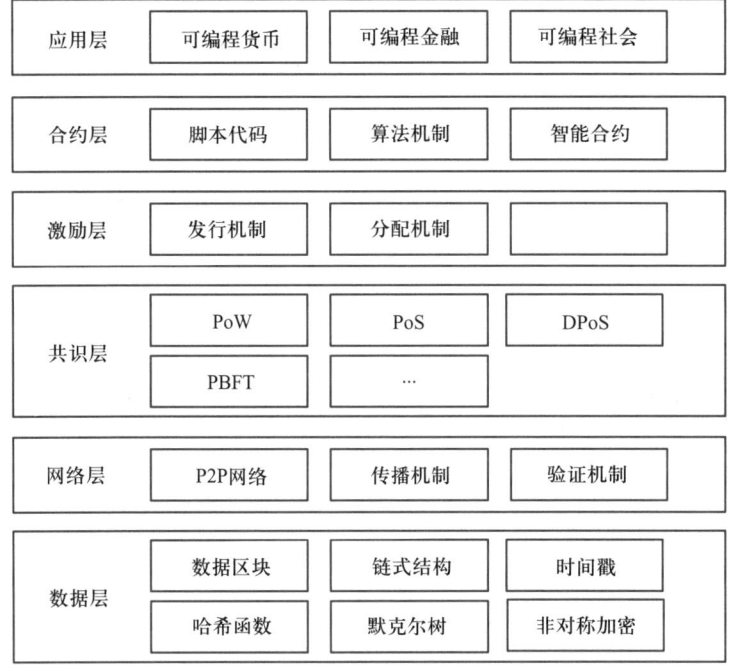

图 9.9 区块链的体系结构

戳、哈希函数、非对称加密等密码学算法和技术,保证区块链数据去中心化分布式存储,不可篡改与可追溯。

（2）网络层

网络层主要负责构建网络环境、搭建交易通道,实现区块链节点间的信息交流,主要涉及组网模式、消息传播机制和数据验证机制。区块链网络是一个点对点（P2P）网络,每个节点都可以参与记账和校验数据,一个节点创造出新区块后会以广播的形式通知其他节点,其他节点接收到信息后会对这个区块数据进行验证,只有通过全网超过 51% 的节点验证后,区块数据才能记入区块链。

（3）共识层

区块链网络无中心节点监管,节点四处分散,系统由所有节点共同维护,这就要求区块链系统必须达成共识,通过制定一套制度或协议准则规范、激励各个节点的操作和行为。共识层包含网络节点的各种共识算法和机制,主要有工作量证明（proof of work, PoW）机制、权益授权证明（delegated proof of stake, DPoS）机制、实用拜占庭容错（practical Byzantine fault tolerance, PBFT）机制等,这些共识机制能确保系统运作的顺序、公平性和稳定性。

（4）激励层

激励层通常发生在公有链中,包括发行机制和激励机制两个部分,在供应链联盟链中,共同维护平台正常运行是每个成员的责任,而产生的利益分配可以按照成员需求,通过产品流或者资金流来实现。

（5）合约层

合约层封装区块链系统的各类脚本代码、算法及由此生成的更为复杂的智能合约,它可用机器指令代替人工指令,指令一旦设定,就不再需要中介参与自动执行,即达到某个条件,合约自动执行,如自动付款、保险自动理赔等。

（6）应用层

应用层是区块链与应用系统进行交互的标准接口层,用户不需要掌握区块链专业知识,仅需调用应用层提供的标准接口,就可使用应用层定义的各种应用,如可编程货币、可编程金融和可编程社会都是区块链的主要应用场景和案例。

2. 区块链的核心技术

迄今为止,区块链技术的发展大致经历了 4 个阶段,如图 9.10 所示。

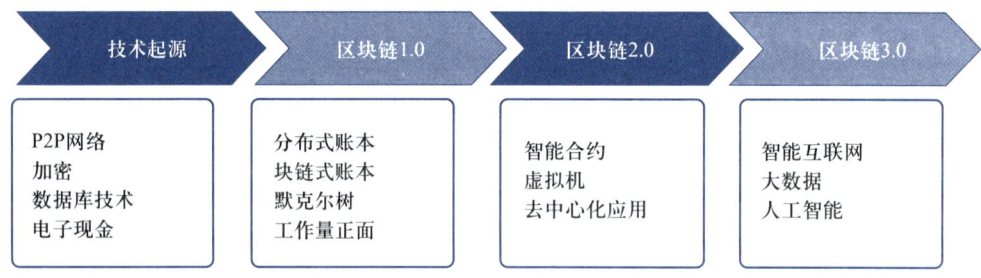

图 9.10　区块链技术发展历程

（1）P2P 网络技术

P2P 网络技术是区块链系统连接各对等节点的组网技术,学术界将其翻译为对等网络,在多数媒体上则称其为“点对点”或“端对端”网络,是构建在互联网上的一种连接网络。不同于中心化网络模式,P2P 网络中各节点的计算机地位平等,每个节点有相同的网络权力,不存在中心化的服务器。所有节点通过特定的软件协议共享部分计算资源、软件或者信息内容。在比特币出现之前,P2P 网络计算技术已被广泛用于开发各种应用,如即时通信软件、文件共享和下载软件、网络视频播放软件、计算资源共享软件等。P2P 网络技术是构成区块链技术架构的核心技术之一。

（2）非对称加密算法

非对称加密是指使用公私钥对数据存储和传输进行加密和解密。公钥可公开发布,用于发送方加密要发送的信息,私钥用于接收方解密接收到的加密内容。公私钥对计算时间较长,主要用于加密较少的数据。常用的非对称加密算法有 RSA 和 ECC。非对称加密技术在区块链的应用场景主要包括信息加密、数字签名和登录认证等,在区块链的价值传输中,要利用公钥和私钥来识别身份。

（3）哈希运算

哈希算法是区块链中用得最多的一种算法,它被广泛使用在构建区块和确认交易的完整性上,为了保证数据完整性,会采用哈希值进行校验。

区块链可理解为区块＋链的形式,这个链是通过哈希函数链接起来的,每个区块可能都有很多交易,整个区块又可以通过哈希函数产生摘要信息,然后规定每一个区块都需要记录上一个区块的摘要信息,这些哈希函数层层嵌套,最终将所有区块串联起来,形成区块链,如图 9.11 所示。如果改变了历史中某一个区块的数据,意味着这个区块摘要值(即哈希值)就会发生改变,那么下一个区块中记录的上一个区块的哈希值也得做相应的修改,以此类推,也就是说,如果要修改历史记录,则所有记录都要修改才能保证账本的合法性,哈希函数就提高了账本篡改的难度。

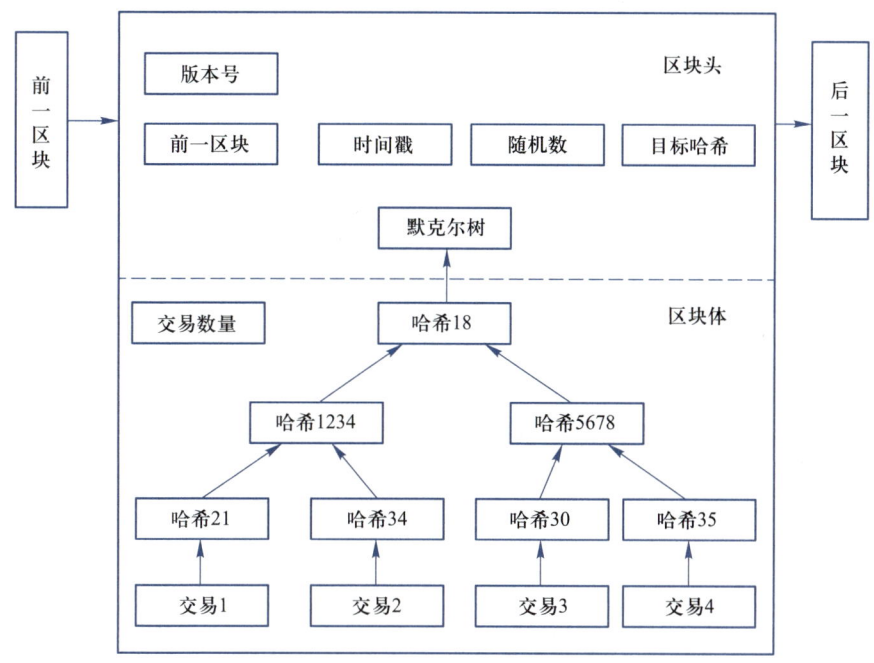

图 9.11　区块链中区块结构

（4）共识机制

加密货币都是去中心化的,去中心化的基础就是 P2P 节点众多,那么如何吸引用户加入网络成为节点,有哪些激励机制? 同时,开发的重点是让多个节点维护一个数据库,那么如何决定哪个节点写入? 何时写入? 一旦写入,又怎么保证不被其他的节点更改(不可逆)? 这些问题的答案,就是共识机制。

共识机制是所有区块链和分布式账本应用的基础。所谓共识,是指多方参与的节点在预设规则下,通过多个节点交互对某些数据、行为或流程达成一致的过程。共识机制是指定义共识过程的算法、协议和规则。区块链的共识机制具备"少数服从多数"以及"人人平等"的特点,其中"少数服从多数"并不完全指节点个数,也可以是计算能力、股权数或者其他的计算机可以比较的特征量。"人人平等"是指当节点满足条件时,所有节点都有权优先提出共识结果、直接被其他节点认同并有可能成为最终共识结果。

（5）智能合约

智能合约是基于这些可信的不可篡改的数据,可以自动化地执行一些预先定义好的规则和条款。以保险为例,如果说每个人的信息(包括医疗信息和风险发生的信息)都是真实可信的,那么就很容易在一些标准化的保险产品中进行自动化的理赔。在保险公司的日常业务中,虽然交易不像银行和证券行业那样频繁,但是对可信数据的依赖有增无减。因此,利用区块链技术,从数据管理的角度切入,能够有效地帮助保险公司提高风险管理能力。具体来讲，主要分为投保人风险管理和保险公司的风险监督。

9.3.3 区块链的应用

区块链技术主要应用于以下几个方面。

1. 金融领域

（1）"区块链 + 银行"

传统银行是一个中心化系统，离中心越近，则权限越大、数据越多，为维护中心数据的准确性和权威性，银行需要投入巨大的运营成本。区块链技术具有去中心化、去信任、不可篡改等特征，利用区块链技术的分布式记账，可以削减无效银行中介，节省大量运营成本。

（2）"区块链 + 证券"

传统证券市场以交易所为中心，如果中心系统出现故障或被攻击，则可能导致系统瘫痪，交易暂停。区块链去中心化的特性能够保证整体运作不会因部分节点出现问题而受影响，区块链技术还可以大大简化清算、结算流程，使"交易即结算"成为现实。

（3）"区块链 + 保险"

传统模式下，保险定价和理赔所需数据存储在各个主体中，采集过程存在一定困难。区块链能够促成各方建立联盟，数据通过加密存储在区块链系统中，各节点需要使用相关数据时，可以通过授权的方式，将数据解密给某一指定节点，既保证了数据安全，又提高了保险定价和理赔的效率。

2. 物流领域

（1）物流

在物流过程中，利用数字签名和公私钥加解密机制，可以充分保证信息安全以及寄、收件人的隐私。例如，快递交接需要双方私钥签名，每个快递员或快递点都有自己的私钥，是否签收或交付只需要查一下区块链即可。最终用户没有收到快递就不会有签收记录，快递员无法伪造签名，因此可杜绝快递员通过伪造签名来逃避考核的行为，减少用户投诉，防止货物的冒领、误领。真正的收件人并不需要在快递单上直观展示实名制信息，由于安全隐私有保障，所以更多人愿意接受实名制，从而促进国家物流实名制的落实。另外，利用区块链技术，智能合约能够简化物流程序和大幅度提升物流的效率。

（2）溯源防伪

区块链的不可篡改、数据可完整追溯以及时间戳特性，可有效解决物品的溯源防伪问题。例如，可以用区块链技术进行钻石身份认证及流转过程记录——为每一颗钻石建立唯一的电子身份，用来记录每一颗钻石的属性并存放至区块链中。同时，无论是这颗钻石的来源出处、流转历史记录、归属还是所在地都会被完整地记录在链，只要有非法的交易活动或欺诈造假的行为，就会被侦测出来。此外，区块链技术也可用于药品、艺术品、收藏品、奢侈品等的溯源防伪。

3. 政务领域

（1）保护政府基础信息，促进政务公开

政府信息大多需要从下级部门逐级汇总至上级部门，上级部门有权调用各下级部门的信息，上级部门信息系统一旦遭到攻击，信息就面临泄露、损坏、被篡改等风险，而区块链技术将所有政府信息分布式存储在各个节点，每个节点都有一个总账本，能够有效避免以上风险，提高政府信息系统的安全性。同时，区块链技术使政务工作更加公开透明，间接提高了政府工作人员服务的规范性和有效性。

（2）简化公民身份认定

基于区块链技术构建公民身份信息认证系统，不仅可以有效存储每个公民的所有信息，随用随取，安全可靠，还可以极大降低人工成本。

（3）强化税收监管，杜绝偷税漏税

部分企业试图通过伪造账目的方式达到避税的目的，应用区块链技术，可以从企业创办之初就建立一个分布式账本数据库，企业运营过程中的每一笔账目都会体现在账本上，且不可篡改、可追溯，这样政府就可以强化税收监管，杜绝企业偷税漏税行为。

4. 医疗领域

区块链在医疗领域的应用主要有两个方面。一方面，药品防伪。采用区块链技术不仅可以确定药品是何时何地由何机构生产，还可以记录药品的成分与来源，并且可以展示整个药品的流通环节，这样就可以轻松识别假药并追溯生产源头。另一方面，医保审核与支付。利用区块链技术实现电子票据信息、电子病历信息、费用清单信息、检查检验信息在内的数据上链归集，进而有效突破异地就医报销慢的瓶颈。

9.4　扩展阅读

钱天白，中国 Internet 之父。人们能够享受到网络带来的方便，实在是应该感谢钱天白教授的付出。事实上，钱天白教授之于中国网络事业，就等同于詹天佑之于中国的铁路运输事业。是他，发出了中国第一封电子邮件，从此揭开了中国人使用 Internet 的序幕；是他，代表中国正式注册登记了中国的顶级域名 CN；是他，改变了中国的 CN 顶级域名服务器放在国外的历史，中国的互联网才能迅速发展到繁荣局面。

扩展阅读
9-1：
钱天白

思 考 题

1. 结合物联网的应用,说出你对物联网三层结构模型的理解。
2. 结合本章内容与日常生活,列举一个物联网的应用实例。
3. 区块链是什么?
4. 区块链的核心技术有哪些?
5. 区块链有哪些应用?

第 10 章　计算机与人工智能伦理

计算机技术催生了互联网、大数据和人工智能，延伸了人的身体、扩展了人的智能，促成了万物互联，迎来真正的信息社会。以信息技术为核心的"第四次工业革命"全方位地改变了人类社会的生产方式和生活方式，新一代的信息技术不仅给人类带来了新的福利，也产生了许多新的复杂的社会问题，如网络安全、个人隐私、数字鸿沟和公平公正等。于是，计算机伦理、大数据伦理、人工智能伦理等科技伦理如雨后春笋般涌现，从发展历程上看，三者是一脉相承，有很多相似的案例，也各有其独特性。

10.1　案例与案例解析

目前网上购物已经成为人们的主流消费方式之一，不仅可以货到付款而且还能送货到家，足不出户就能购买到自己心仪的东西，为我们的生活提供了极大的方便。但是在通过网页搜索完某种商品，甚至刚跟朋友聊天提到了某种商品之后，你是否会发现，打开购物 App，它便会自动地给我们推荐该商品的有关信息，这是怎么回事呢？你是否感觉到这些购物软件在监听我们的兴趣爱好，从而实现向我们精准推送？同时还会向我们推荐其他买家所购买的相关商品。购物平台的这种做法是否对我们的隐私构成了侵犯？平台所采集的数据是否存在泄露的风险？这是本章所要讨论的问题。

本章主要知识点

① 伦理、道德、法律之间的关系。
② 计算机伦理的概念、发展和典型案例。
③ 大数据伦理的概念、发展和典型案例。
④ 人工智能伦理的概念、发展和典型案例。
⑤ 职业道德规范。

10.2 伦理、道德、法律的关系

10.2.1 伦理与道德

道德，是社会意识形态之一，是人们共同生活及其行为的准则和规范。如孔子在《论语·述而》中讲的"志于道，据于德"，这里的"道"指理想的人格或社会图景，"德"指立身所依据的行为准则。"道德"两字连用始于荀子《劝学》篇："故学至乎礼而止矣，夫是之谓道德之极"。在西方，"道德"（morality）一词起源于拉丁语的"mores"，意为风俗和习惯。由此可见，道德这个词的词源含义，就是当时的社会现象及其在社会生活中所起实际作用的一种反映。

伦理学（ethics）是一门研究道德的学科，是用概念、范畴、规律对全部社会道德现象所做的系统化、理论化的总结和概括，是关于道德的学说和思想体系。"伦理学"在西方也叫道德学科，是一门古老的学问。约公元前 330 年，古希腊哲学家亚里士多德创作了《尼各马可伦理学》，为西方近现代伦理学思想奠定了基础。另外，我国的孔子、孟子等先贤也都以丰富的伦理道德思想著称于世。《论语》《孟子》《礼记》（图 10.1）等都是伦理学的名著，以至于有人把我国古代的哲学称为伦理类型的哲学。

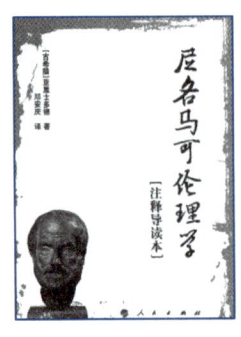

图 10.1 中外古代伦理学著作

伦理和道德两者之间紧密联系。在很大程度上，伦理可以内化为道德。伦理存在的目的和意义在于能够为道德所取法，能够为道德提供依据或理由，以指导人们的实践；而道德存在的目的和意义则在于能够把伦理落实在人心、落实在行动。

10.2.2 道德与法律

法律指立法机关或国家机关制定、国家政权保证执行的行为规则的总称，反映由特定物质生活条件所决定的统治阶级意志的规范体系。

由于法律和道德都具有行为规范的性质，所以它们在社会生活中有着紧密的联系，但也有着本质的区别。表现如下。

第一,两者所借以维持的力量不同。道德采取内在的、自觉的形式,没有明文规定,是依靠人们内心信念、社会舆论、传统习惯和教育等途径来维系的。法律采取外在的、强制的形式,有明文规定的,是由国家制定认可的,并通过司法机关来实现的。因此,法律主要通过"他律"来实现,而道德则主要靠"自律"。

第二,两者作为行为规范的形式不同。法律通常有各种条文规定,如法律、法令、决议、命令、指示条例、章程、判例、条约等这些法律规范的主要形式。只有经由相应的国家机关制订为具体形式的法律规范,才具有法律效力。而道德往往是以约定俗成的方式存在于人们的社会意识之中,存在于人们的观念形态和日常信念之中。

第三,两者对人们行为的规范和调整范围不同。凡是法律规范的行为,道德一般也都应予以规范,但有些法律并未规范的行为,道德也应予以规范。道德无孔不入,遍及社会生活的各个方面,而且涉及许多法律效力触及不到的善恶是非问题。因此,在同一规范体系中,违背道德的行为并不一定就是违法的,而违反法律的行为,一般来说也是违背道德的。

10.3　计算机伦理

计算机伦理学(computer ethics)是当代研究计算机信息与网络技术伦理道德问题的学科。它涉及计算机高新技术的开发和应用,信息的生产、存储、交换和传播中的广泛伦理道德问题。它"探究的是当人们做出选择和采取行动时,如何才是善的和有价值的实践真理",以解决信息技术带来的一系列具体道德问题。

10.3.1　计算机伦理的发展

控制论的创始人诺伯特·维纳(Norbert Wiener)(图10.2)在1948年出版的《控制论》中,以敏锐的眼光首先提出,信息技术的应用,至少会在常规思维方面削弱人脑的功能因而对人类自身构成潜在的威胁。维纳在1950年出版的《人有人的用处》中,率先追问信息技术对诸如生命、健康、快乐、能力等人类核心价值的意义,并采用了"伟大的公正原则"作为信息伦理最基础的东西。作为第一位就计算机对人类价值的影响进行严肃研究的学者,维纳被许多西方学者尊为"计算机伦理学"的创始人。20世纪60年代中期,随着计算机技术的飞速发展和普及,出现了大量隐私问题和计算机犯罪问题,从而吸引了越来越多的人开始进行计算机伦理问题的研究。20世纪70年代中期,美国老多米宁大学(Old Dominion University)哲学系教授曼纳(Walter

图10.2　诺伯特·维纳

Maner）率先提出并使用"计算机伦理学"（computer ethics）这个术语，他提出计算机伦理学应当作为哲学的一个独立学科而存在，为发展这一学科，他在大学开设了计算机伦理相关的课程，但其工作并没能成为西方信息伦理学研究的学术起点。1985年，美国著名哲学杂志《元哲学》（*Metaphilosophy*）10 月号同时发表了杰姆斯·摩尔（James Moor）的《什么是计算机伦理学》和特雷尔·拜纳姆（Terrell Ward Bynum）的《计算机与伦理学》两篇论文，被西方学术界视为计算机伦理学诞生的重要理论标志。

西方学者大多把计算机伦理学看作职业伦理学的一个分支或表现形式。例如，美国学者戴博拉·约翰逊（Deborah Johnson）在《计算机伦理学》一书中指出："计算机伦理学旨在帮助学生和计算机专业人员更好地理解他们的职业，做出更恰当的道德选择。"

20 世纪 90 年代，随着国际互联网的出现，计算机技术在应用中引起的社会伦理问题日渐成为西方哲学界、科技界和全社会关注的一个热点。人们已经认识到，计算机伦理学实际上是一门交叉学科，其研究领域应当超越传统伦理意义范围。1991 年，全美计算机与伦理大会对计算机伦理学做了更为宽泛的界定，提出计算机伦理学是运用哲学社会学、心理学等学科的原理、方法探讨计算机及信息技术应用对人类自身价值所产生的影响的学科。

为了指导用户如何正确、负责任地使用计算机，避免违反道德和法律规范，美国计算机伦理协会制定了"计算机伦理十诫"：

① 不应当用计算机去伤害别人。
② 不应当干扰别人的计算机工作。
③ 不应当偷窥别人的文件。
④ 不应当用计算机进行偷盗。
⑤ 不应当用计算机作伪证。
⑥ 不应当使用或复制没有付过钱的软件。
⑦ 不应当未经许可而使用别人的计算机资源。
⑧ 不应当盗用别人的智力成果。
⑨ 应当考虑你所编制的程序的社会后果。
⑩ 应当用深思熟虑和审慎的态度来使用计算机。

计算机伦理是信息与网络时代的基本道德。我国的计算机伦理学研究起步较晚，2000 年之后，部分学者借鉴西方国家计算机伦理学研究与实践中的有益经验，对中国高校计算机伦理学教育体系的建设提出建议。例如，2011 年，冯继宣等教授编写了《计算机伦理学》教材，该教材被列入普通高等教育"十一五"国家级规划教材。

10.3.2　计算机伦理的主要问题

目前，计算机伦理研究中比较集中的现实道德问题包括个人隐私权的保护问题、软件盗版和知识产权问题、信息垃圾、计算机犯罪和计算机安全问题等。

1. 个人隐私权的保护问题

由于计算机的社会化，网络本身的开放性而使得诸如个人的姓名、性别、身体状况、家庭状况、财产状况、私生活资料等有关个人隐私的权利比过去更容易受到侵犯。保护个人隐私是一项基本的伦理要求,是人类社会文明进步的一个重要标志。在信息社会中,如何在人们广泛使用计算机网络的情况下保护个人隐私,如何在保护个人隐私的前提下实行必要的社会监督,都是值得认真思考的问题。

2. 知识产权的保护问题

随着社会文明程度的提高,人们制定了许多保护知识产权的法律,社会舆论也普遍谴责如剽窃、假冒、仿制等侵犯他人知识产权的不道德行为。互联网的出现使知识产权的保护又出现了新的问题:如何保护软件的知识产权?如何将以前制定的有关知识产权的法律应用于赛博空间或虚拟社区?此外,由于科技发展水平的差异,不同国家、不同地区之间肯定存在着对信息占有程度不同的差异。只有占据信息优势地位的国家和群体才可能借助知识产权的保护而保持信息垄断地位,从而获得垄断利润,由此而产生的信息社会的贫富差距远大于传统社会。这对处于信息劣势地位的发展中国家、地区、阶层组织、群体和个人公平吗?如何处理好信息垄断与信息共享之间的关系,就不仅是一个伦理道德问题,而且是关系到信息资源的合理分配与利用,关系到发展中国家与地区在信息社会中的生存与发展的大问题。

3. 信息垃圾

铺天盖地的广告和莫名其妙的电子邮件可能会使人们陷入无用信息的沼泽中空耗宝贵的时间。如果说近现代工业文明带来全世界的环境污染,那么,当代的网络文明也在滋生着无数的信息垃圾,而且正日益演变成信息污染。网络正成为一个无所不包的仓库,久而久之会不会演变为垃圾站呢?人类社会尚未摆脱原有的环境污染的困扰,现在又要面临信息污染的挑战,人类如何跳出这种文明越发展污染越严重的恶性循环的怪圈呢?

4. 计算机犯罪问题

由于信息时代社会的计算机化,整个社会经济的运行越来越依赖于计算机网络,但网络的开放性增加了网络安全的薄弱性和复杂性,信息资源的共享和分布处理增加了网络受攻击的可能性。这就使病毒、黑客等成了网络可怕的敌人,网络犯罪也变得更加便利、隐蔽,在网络犯罪中要使金额增加 10 倍,只不过是在键盘上多敲一个"0"而已。具体说来,威胁到信息安全的网上犯罪主要包括以下几种形式。

(1)网络诈骗

网络诈骗就是一种通过网络技术在网络上非法编制诈骗程序、发布虚假消息、篡改数据资料等,使某个人或某台计算机相信并允许诈骗者非法获取其信息、实物或金钱的网络犯罪行为。

从伦理学的角度看,制假和欺诈行为将导致社会普遍的信用危机,而信用危机又将导致人际关系的冷漠,甚至导致社会、政治、经济诸方面的混乱,严重的必须运用法律加以严惩。

(2)计算机病毒

计算机病毒是一种隐藏在可执行程序的数据文件中、具有自我复制和传播能力的干扰性计算机程序。由于这种程序具有与生物病毒类似的特性,即需要依附于正常的程序而存在,从而被人们命名为计算机病毒。计算机病毒的传播主要是依靠盗版软件和网络。对于前一种情况,只要用户使用正版软件,一般情况下不会感染病毒。但是通过网络却极容易使病毒广泛传播,据统计,在因特网用户中,大约 80% 都受到过网络病毒的攻击。

（3）黑客

黑客是英语"hacker"的汉字译音,出现于 20 世纪 60 年代早期,原意为"热衷于计算机程序设计的人"。黑客行为广义上是指一种试图进入未被允许进入的计算机系统的活动。如果说当初的黑客行为勉强可以被看作是一种少年天才们不断超越自我的个人行为,那么,今天大多数黑客行为已发展到了故意进行数字破坏和敲诈的程度。这不仅对网络信息和网络安全构成了巨大的威胁,而且也严重扰乱了网络社会中的正常秩序,从而可能会给其他网民及整个社会网络造成难以弥补的物质和精神损失。

10.3.3　计算机伦理的主要案例

［案例 1］浙江杭州破获一起特大侵犯著作权案,涉案金额达亿元

2022 年 4 月,杭州市西湖区公安分局治安大队（以下简称西湖公安）接到了辖区某医学考研机构负责人的报案:"老师们备课讲课要投入大量时间和精力,公司著名老师的医学品牌课一出来就被别人盗录了,品牌课被盗录后网上价格卖得很低,对公司冲击极大,已经难以维持正常经营。"接到报案后,西湖公安迅速成立专案组,重拳出击,发现了数十个遍布全国各地的复制、发行盗版考研教学资料的团伙,卖家通常在某红书、某信、某 Q 等社交平台发布推广信息,吸引有意向的学生或者社会人士,有的直接将账号头像设置成"××考研",用明显的标识招揽客户。同样的课程,不同盗版商的售价也存在很大差异。如被侵权机构标价为 1 700 元的医学考研课,网上盗版售价低至百元。从 2023 年 3 月至 2024 年 3 月,西湖公安分 3 次出动上百名警力奔赴江苏、山西、河南等 10 余个省市进行大规模收网打击,共抓获犯罪嫌疑人 44 名,涉案金额上亿元。目前,该案中 44 名涉嫌侵犯著作权、销售侵权复制品犯罪的嫌疑人均已被依法采取刑事强制措施。

［案例 2］"人人影视字幕组"侵犯著作权案

自 2018 年起,被告人梁某某先后成立 A 科技公司、B 科技公司,指使王某航雇佣万某某等人作为技术、运营人员,开发"人人影视字幕组"网站及 Android、iOS、Windows、macOS、TV 等客户端,由谢某洪等人组织翻译人员,从境外网站下载未经授权的影视作品,翻译、制作、上传至相关服务器,通过所经营的"人人影视字幕组"网站及相关客户端向用户提供在线观看和下载服务。经审计及鉴定,"人人影视字幕组"网站及相关客户端内共有未授权影视作品 32 824 部,会员数量共计约 683 万。经审计,自 2018 年 1 月至案发,通过各种渠道,非法经营数额共计人民币 1 200 余万元。2021 年 1 月 6 日,被告人梁某某在其居住地被公安人员抓获归案,以侵犯著作权罪判处有期徒刑 3 年 6 个月,并处罚金人民币 150 万元;违法所得予以追缴。

［案例 3］2.86 亿元刷单诈骗案

扬州的李女士是一名家庭主妇,一次偶然的机会她在微信群中看到一条做手工兼职的广告,由公司向她邮寄珠子和串绳等原材料,制作手串计件付费,一天可以轻松赚取约 200 元。在等待邮寄的时间,客服便推荐李女士做一些福利小活动,完成任务就可以轻松赚几十元,殊不知这是刷单连环套诈骗的开始:在对方的引导下,李女士开始做一些类似关注公众号、点赞等简单的任务,并成功收到几十元的返利。但后续任务过程中,李女士在对方提示下充值 500 元,按照要求完成任务后,却被告知操作错误,导致无法提现。如果想提现就要再做一次任务,并且充值金额要加倍。如此反复几次,李女士已经将所有积蓄 5 万多元全部投入进去,直到她打电话向朋友借钱试图继续完成任务时,才被朋友一语惊醒。李女士的遭遇并非个案,事实上从 2021 年 12 月至 2022 年 6 月期间,江苏扬州接连发生 32 起刷单类电信网络诈骗案件,"地推"人员活动范围却广泛分布在江西、江苏、山东、湖南四个省份。专案组随即组织警力集中对四省进行走访调查,串并了全国 3 287 个案件,该团伙涉案诈骗金额达到了惊人的 2.86 亿元。

[案例 4] Mydoom 病毒

美国时间 2004 年 1 月 26 日,一种被称为 Mydoom 的计算机病毒正在企业电子邮件系统中传播,导致邮件数量暴增,从而阻塞网络。它采用的是病毒和垃圾邮件相结合的战术,不知情用户的推波助澜使得这种病毒的传播速度更快。这种病毒以各种不同的附件标题出现在电子邮件中,附件通常以 .zip 形式出现。用户打开 .zip 文件,然后点击文件本身就会激活病毒。这种病毒会搜索被感染用户计算机中的联系人名单,然后发送邮件。另外,它还会向搜索引擎发送搜索请求,然后向搜索到的邮箱发邮件。最终,谷歌等搜索引擎收到数百万的搜索请求,服务变得非常缓慢甚至瘫痪。安全公司的评估显示,在高峰期平均每 12 封邮件中就有 1 封携带这种病毒。

[案例 5] 徐玉玉被骗案

2016 年 8 月,山东临沂的高中毕业生徐玉玉,在拿到大学录取通知书后接到了一个诈骗电话,被人以发放助学金的名义,骗走了学费 9 900 元,徐玉玉在报警回家的路上猝死。这一案件引起了社会广泛关注,在最高人民检察院、公安部联合挂牌督办下,临沂中院以诈骗罪、侵犯公民个人信息罪等罪名,对诈骗团伙七被告人分别判处无期徒刑和有期徒刑。公安机关调查发现,在徐玉玉案中,犯罪嫌疑人杜某是一名网络黑客,他利用漏洞入侵了"山东省 2016 高考网上报名信息系统"并在网站植入木马病毒,获取了网站后台登录权限,下载了 64 万条山东考生的个人信息,而后将信息转卖出去。陈某等人则从 QQ 群中购买了几万条山东籍考生的个人信息,扮演教育局、财政局的工作人员,一步一步地对徐玉玉实施了精准诈骗。

[案例 6] 北京某热门景点被非法抢票案

2023 年 7 月,针对群众反映的北京部分热门景点门票预约难、购票难等问题,北京公安机关成立专班开展相关工作。经工作发现了分别以陈某(男,27 岁)和李某(男,34 岁)为首的两个位于外省的非法抢票团伙,两个犯罪团伙自行制作非法抢票软件,用于抢占全国多地热门景点门票,后通过网络加价倒卖。2023 年 7 月至 8 月,在当地警方的协作下,北京公安机关抓获开发软件、非法抢票等涉案人员 16 名,起获作案用手机 25 部、计算机 21 台,查获各类抢票软件 26 款,涉案金额 230 余万元。

[案例 7] 美起诉史上最大信用卡数据盗窃案

信用卡明明放在身边,却被莫名盗刷,不少人都有过这样的遭遇。2013 年 7 月 25 号,美国联邦检察官对 5 名涉嫌信用卡犯罪的嫌疑人提起诉讼,涉案金额超过 3 亿美元。这是美国历史上起诉的涉案金额最大的信用卡数据盗窃案。这起信用卡数据盗窃案的 5 名被告包括 4 名俄罗斯人和 1 名乌克兰人。他们被控在 2005 年到 2012 年间,对纳斯达克、家乐福、道琼斯等企业的网络发起攻击,盗取这些企业在交易中存储的超过 1.6 亿张用户信用卡信息。根据诉状,这 5 人将盗取的信息以每张 15 到 50 美元的价格转卖,这些信息被利用制作假信用卡套现,造成的损失超过 3 亿美元。

10.4　大数据伦理

大数据伦理学(big data ethics),是大型数据的采集、开发、利用和保护的道德规范,关注的是由大型数据集的收集和分析引起的伦理问题。大数据伦理作为大数据时代的新概念,是随着信息技术不断发展而产生的关于数据的善、恶议题与价值规范,可以看作是计算机伦理的延伸,是一脉相承的议题。

10.4.1　大数据伦理的发展

2012 年 9 月,美国学者戴维斯(Kord Davis)和帕特森(Doug Patterson)出版的《大数据伦理学:平衡风险和创新》(*Ethics of Big Data: Balancing Risk and Innovation*)是国际上第一部关于数据伦理问题的学术专著,作者详细讨论了大数据技术的兴起,人类将面临怎样的伦理挑战,指出所有企业都应针对数据确立自身适用的道德规范,明确数据对自身的价值,重视数据中所涉及的身份、隐私、归属及名誉,在技术创新与风险之间保持必要的平衡。2013 年,舍恩伯格(Viktor Mayer-Schönberger)在著作《大数据时代》(*Big Data: A Revolution That Will Transform How We Live, Work, and Think*)中将大数据伦理界定为新的隐私问题、数据安全问题、虚假数据问题。

国内较早研究大数据伦理问题的是邱仁宗教授,2014 年,他在《大数据技术的伦理问题》一文中以数字身份为核心,总结了大数据技术在创新、研发和应用中的伦理问题,探讨了与大数据技术有关的"如何保护互联网上个人的数字身份问题""个人隐私不被泄露的问题""如何确保使用者信息可及以及如何防止不当可及问题""如何使每个人平等获得数字资源"等伦理问题。

大数据时代的隐私保护,已经受到了世界各国的高度重视。美国、欧盟、中国等国和地区都出台了各种法律法规,来加强个人隐私数据的保护。我国在 2019 年就发布了《数据安全管理办法(征求意见稿)》,明确了个人信息和重要数据的收集、数据处理使用和安全监督管理的相关标准;2020 年 3 月,国家标准 GB/T 35273—2020《信息安全技术　个人信息安全规范》正式发布;2021 年 9 月《中华人民共和国数据安全法》正式实施。这些法律法规的公布,为隐私保护的执行奠定了一定的法理依据,但要形成一套完整的法律体系依然任重道远。

10.4.2 大数据伦理的主要问题

1. 数据滥用侵犯用户隐私问题

"大数据发展的核心动力来源于人类测量、记录和分析世界的渴望"。数据是记录的结果,大数据是众多记录结果的集合,其中必然包含对个人隐私的记录。数据存在于更多维度,数据收集方式更为隐秘、持续和智能,用户隐私内容更为多元。个人数据包括用户的身份信息、网络行为、搜索记录、社交网络等方面的数据。这些个人数据可以用来分析用户的喜好、需求和行为模式,从而为互联网公司提供更加精准的广告投放、产品推荐和市场决策,进而为公司带来巨大的商业利益。

2. 数字身份陷入伦理困境

数字身份(digital identity),是实体社会中的自然人身份在数字空间的映射。它被认为是将真实身份信息浓缩为数字代码,形成可通过网络、相关设备等查询和识别的公共密钥。数字身份是通往数字孪生世界的基础设施,是打开数字世界信任大门的钥匙。与传统身份系统相比,数字身份有助于大幅提高整体社会效率,最大化释放经济潜力和用户价值。

数字身份不仅包含出生信息、个体描述、生物特征等身份编码信息,也涉及多种属性的个人行为信息。比如,微信、Facebook存储着社交信息,支付宝、亚马逊存储着交易信息,游戏、视频软件存储着娱乐信息,等等,这些不同属性的信息都是个人数字身份的一部分。在大数据时代,由于个人数字身份主体对身份的数据化风险感知不足以及网络言行缺乏法律和道德约束等原因,伦理问题频发。用户在互联网活动的基础是数字身份,而多样性和流变性导致数字身份认定难。即使是网络身份基本实名化,用户也只是获得了身份认证,并没有真正掌握身份控制权。例如,无法确定正在使用这一数字身份的用户究竟是否是其本人,难以从源头追溯系统中数字身份信息的真实有效性,更不易将现实与网络身份相对应。

3. 数据霸权催生数据垄断

数据的经济学性质,使其有利于市场集中和支配地位。以数据为主要驱动力的平台经济模式天生带有"垄断基因",获得数据垄断地位的大型平台企业在市场竞争中不仅可以限制用户使用服务、侵害用户权益,而且会对其他中小型企业的发展形成挤压。企业利用"谁收集谁拥有""谁投资谁拥有""谁控制谁拥有"的丛林规则形成了数据垄断和"跑马圈地"格局。不过,也有学者对数据垄断持否认观点。一种批评的观点是,数据本身并不稀缺,单纯依赖数据,很难形成明显的竞争优势。另一种批评的观点则认为,数据是一种生产要素,这种生产要素本身具有由所有者垄断使用的特征。

4. 数据叠加算法支配个人

在这个万物互联而又深度依靠数据进行记忆的时代,资本与大数据、算法联姻把大数据技术变成了引导、支配、控制他人的思维和行为的绝佳工具。通过对海量信息数据的深度分析可以精准地为数字化生存中的每个人进行"画像",并基于技术手段掌握每个人的不同偏好,如果有利可图,掌握着数据和算法的私权力主体可以根据需要向目标对象推送特定信息,引导目标对象的思维和行为,形成隐形支配他人的权力。"信息茧房"是凯斯·桑斯坦在《信息乌托邦》一书中提出的概念。一方面,长期困于信息茧房、屏蔽异己信息,不利于个人思想塑造和观点养成;另一方面,信息茧房容易激化矛盾、加剧社会焦虑情绪,如医患关系等问题,甚至导致群体极化。

5. 数字鸿沟加剧社会不公

数字鸿沟是由于不同新兴的信息与通信技术在不同国家之间、国家内部的不同群体之间技术应用方面的不平衡而产生的不平等现象。部分学者认为,数字鸿沟实质上是"技术鸿沟",技术发展与使用的不平等进一步加剧了收入的不平等,导致使用群体的两极分化,也让弱势群体,特别是老年人陷入困境之中。数字鸿沟主要体现在拥有数据、分析数据和数据思维三个层面。政府出于社会稳定性考量并不会选择完全的信息公开;企业则为了实现数据资产的积累将数据视为商业秘密;个人作为普通用户,即便数字平台公布了相关算法政策,也很难读懂并进一步了解算法的底层运算规则。

6. 数据作假引发信任危机

真假问题是一个影响深远的伦理议题,数据的价值根源于其表意的真实性。对于数据作假的研究,目前学界的说法较少。数据得以产生和连接的背后是人们彼此间的信任,没有信任机制,数据流不会产生,连接也不会建立。信任机制是社会网络得以构成的基础,没有彼此间的信任,就不会有沟通、协作、交换等社会行为的持续。数据作假将会逐渐摧毁这一基础,使数据背后流动的信任基因消失。此外,数据作假还会对人们固有的常识进行干扰和误导,使人们不仅不能以数据作为依据来做出判断及预测未来,甚至连基于数据认识世界都无法做到。

10.4.3　大数据伦理的典型案例

[案例 1]国内大数据杀熟第一案

胡女士一直都通过携程 App 来预订机票、酒店,因此,是平台上享受 85 折优惠价的钻石贵宾客户。2020 年 7 月,胡女士像往常一样,通过携程 App 订购了舟山希尔顿酒店的一间豪华湖景大床房,支付价款 2 889 元。然而,离开酒店时,胡女士偶然发现,酒店的实际挂牌价仅为 1 377.63 元。胡女士不仅没有享受到星级客户应当享受的优惠,反而多支付了一倍的房价。胡女士与携程沟通,携程却以其系平台方,并非涉案订单的合同相对方等为由,仅退还了部分差价。无奈之下,胡女士以上海携程商务有限公司采集其个人非必要信息,进行"大数据杀熟"等为由诉至法院,要求退一赔三。法院生效判决认为,胡某某通过携程 App 预订酒店的房价远高于门市价,携程公司对此构成欺诈,携程公司应退还胡女士订房差价 243.37 元,并按差额房费的三倍支付赔偿金 4 534.11 元。

[案例 2]魏则西事件

2016 年 5 月 1 日前后,"魏则西事件"引起社会的广泛关注。21 岁的西安电子科技大学学生魏则西因身患罕见病滑膜肉瘤,于 4 月 12 日去世。他生前求医过程中,在辗转多家医院求治不见好转之后,通过百度搜索了解到,武警北京总队第二医院能够通过一种"DC–CIK 生物免疫疗法"手段治愈他所患的滑膜肉瘤这一类恶性肿瘤。但在花光东凑西借的 20 多万元后,仍不幸离世。魏则西生前曾将他所受到的欺骗性搜索及治疗经历发在网上,也将百度搜索竞价排名和公立医院对外承包科室等乱象,再次推上风口浪尖。国家网信办会同国家市场监督管理总局、国家卫健委成立联合调查组进驻百度公司,国家卫计委、中央军委后勤保障部卫生局、武警部队后勤部卫生局联合对武警二院进行调查。联合调查组调查认为,百度搜索相关关键词竞价排名结果客观上对魏则西选择就医产生了影响,百度竞价排名机制存在付费竞价权重过高、商业推广标识不清等问题,影响了搜索结果的公正性和客观性,容易误导网民,必须立即整改;武警二院存在科室违规合作、发布虚假信息和医疗广告误导患者和公众等问题,责成武警二院进行整改。

10.5　人工智能伦理

人工智能伦理是指在人工智能技术的应用过程中,对于人类价值观、道德规范、法律法规等方面的考虑和规范。它旨在确保人工智能技术的应用符合人类的道德标准和价值观,保障人类的利益和安全。从本质上讲,人工智能伦理源于计算机伦理、大数据伦理,是应用伦理学的一个新的分支。

10.5.1　人工智能伦理的发展

在进入现实生活前,人工智能就以"机器人"形象活跃于文学作品之中。无论在舞台剧、科幻小说还是科幻电影中,人工智能都曾被赋予一种由人类创造但反过来伤害人类的异化性质。这种将人工智能妖魔化的文学想象,体现了人类对于人工智能的深层忧虑。究其原因,乃在于人工智能可能拥有比人类更为强大的力量,进而出现反过来伤害人类的巨大风险。

1942 年科幻小说作家艾萨克·阿西莫夫在其小说集《我,机器人》(*I, Robots*)中的作品《转圈圈》(*Runaround*,又译《环舞》)中第一次明确提出了著名的阿西莫夫机器人三大法则,他在 1985 年的《机器人与帝国》中又增加了"第零法则",将三大法则扩展为四大法则,即

第零法则:机器人不得伤害整体人类,或坐视整体人类受到伤害。

第一法则:除非违背第零法则,否则机器人不得伤害人类,或坐视人类受到伤害。

第二法则:除非违背第零或第一法则,否则机器人必须服从人类命令。

第三法则:除非违背第零、第一或第二法则,否则机器人必须保护自己。

这四大法则此后就成为科幻文学作品中人与人工智能(AI)之间关系伦理的标

准设定。

人工智能自 1956 年诞生以来,其发展经历了多次高潮和低谷。自 2016 年 3 月 AlphaGo 赢得人机围棋大战以来,人工智能成为国际竞争的焦点,各国纷纷出台战略文件支持,促进人工智能的发展。各国政府、国际组织、学术机构和企业界都积极参与相关伦理标准的讨论和制定,确保人工智能技术发展"以人为本"。

2017 年 7 月,国务院在《新一代人工智能发展规划》中提出,要制定促进人工智能发展的法律法规和伦理规范;开展人工智能行为科学和伦理等问题研究;制定人工智能产品研发设计人员的道德规范和行为守则。2019 年 6 月,国家新一代人工智能治理专业委员会发布了《新一代人工智能治理原则——发展负责任的人工智能》,旨在更好地协调人工智能发展与治理的关系,确保人工智能安全可靠可控,推动经济、社会及生态可持续发展。2021 年 9 月,《新一代人工智能伦理规范》发布,旨在将伦理道德融入人工智能全生命周期,为从事人工智能相关活动的自然人、法人和其他相关机构等提供伦理指引。《关于加强科技伦理治理的意见》(2022 年)和《科技伦理审查办法(试行)》(2023 年)的发布旨在强化科技伦理风险防控,促进负责任创新。2023 年 7 月,国家网信办联合国家发展改革委、教育部、科技部、工业和信息化部、公安部、国家广播电视总局公布《生成式人工智能服务管理暂行办法》。这是中国首次对生成式 AI 研发及服务做出明确规定,从生成式人工智能服务提供者的算法设计与备案、训练数据、模型,到用户隐私、商业秘密的保护,监督检查和法律责任等方面提出了相关要求。2023 年 10 月,中央网信办发布全球人工智能治理倡议。倡议提出,发展人工智能应坚持相互尊重、平等互利的原则,各国无论大小、强弱,无论社会制度如何,都有平等发展和利用人工智能的权利。倡议围绕人工智能发展、安全、治理三方面系统阐述了人工智能治理中国方案,彰显了大国责任与担当。

联合国是推动建立全球 AI 伦理规范的重要力量。2019 年,联合国教科文组织启动了全球 AI 伦理建议书的撰写,并于 2020 年 9 月完成草案,提交 193 个会员国协商,2021 年 11 月发布了《人工智能伦理建议书》,这是全球首个针对人工智能伦理制定的规范框架。这一历史性文本确定了共同的价值观和原则,用以指导建设必需的法律框架来确保人工智能的健康发展。此外,世界卫生组织(WHO)于 2021 年 6 月正式发布了《世界卫生组织卫生健康领域人工智能伦理与治理指南》,为不同国家最大化人工智能的益处和最小化其风险提供了指引。2024 年 3 月 13 日,欧洲议会通过欧盟《人工智能法案》,成为全球第一部关于人工智能领域的全面监管法规,标志欧盟向立法监管人工智能迈出重要一步。

10.5.2　人工智能伦理的主要问题

基于当前人工智能技术发展阶段和经济社会生活现实,人脸识别、辅助驾驶、算法推荐作为人工智能应用较广泛、发展较迅速、现实意义强、问题矛盾也相对集中的三大重点领域,其轮廓日趋清晰,国际国内人工智能治理的重点和规则规范制定出台也日趋向这三个领域及相关应用场景集中。

1. 隐私泄露问题引发的侵权性风险

人工智能应用系统中,各个设计和研发环节、部署阶段都存在潜在的隐私泄露的风险,尤其是在数据采集的环节。数据采集环节的隐私泄露涉及个体通过计算机、便携式终端、远程设备、可穿戴设备等进行数据采集或连接互联网所留下的数据信息。例如,在医院就诊时提供的姓名、性别、出生年月、就诊日期、电话、婚姻、疾病等病理信息会造成我们的隐私数据被泄露。还有一些第三方服务商,在未经用户同意或授权的情况下通过互联网采集用户数据,这些数据若被第三方利用,会给用户自身带来极大的隐患。

在技术层面上,训练大模型所使用的数据可以从互联网上广泛收集。这些数据来自各种来源,包括公共领域、私人领域、学术研究等。在训练过程中,模型会学习这些数据中的语言模式、知识和观点。这种学习过程本身并不涉及侵权。然而,实际应用中,如果未经许可擅自使用他人的数据,可能会涉及侵权问题。

2. 算法推荐问题引发的歧视性风险

算法一方面以其超强的洞见能力和探索能力不断强化自身权威,同时又以其复杂晦涩的计算进程和"客观中立"的技术外衣拒绝普通个体的质疑,以此塑造个体对于数据算法的信任,重构人类社会的运作规则。算法在描绘和解释现实世界的同时,也对人类社会的结构型偏见进行了继承。作为人类思维外化的智能算法,在数据选取标准、数据模型的权重设定、语用分析和结果解读等各环节都贯穿着人为因素,因此算法不可避免地会反映设计者对于世界的认识。而当设计者将自身固有的社会成见嵌入规则之中时,智能算法在反映这种偏见的同时,也可能放大歧视倾向。

利益团体的资本嵌入,也是引发算法歧视的重要原因。2014年,美国白宫发布的大数据研究报告指出,由设计者造成的算法歧视可能是无意识的,也可能是利益团体对于弱势一方的蓄意剥削。技术神话之下用户对于数据的迷信,给予了资方用算法中立的外衣来操作舆论、控制受众的机会,"大数据杀熟"便是一种典型的价格歧视。商家通过大数据分析,为不同人群提供动态定价,以获得更大限度的消费者剩余,而对于被以高价供应的消费者群体而言,即是以更高的价格买了同等商品。而当广告商以貌似中立的特征描绘人群,而非以种族、性别、职业身份等归类人群时,这种操纵被掩饰得更隐蔽,消费者成了更加无力的反抗者。

3. 权责归属问题引发的责任性风险

这是指人工智能相关各方行为失当、责任界定不清,对社会信任、社会价值等方面产生负面影响的风险。

人工智能在许多场景辅助甚至代替人类决策,给传统的人类社会关系带来了冲击和挑战。人类需要面对人工智能和机器人的自主行为相关的权责归属问题。例如,在自动驾驶出现问题,造成人或财产,甚至是自动驾驶车辆自身损害时,如何在法律上进行责任的区分,是一个不可回避的重大问题。在责任划分的问题上,目前我国的《侵权责任法》总体上有两个思路,一个是在有驾驶人(由人控制车辆行驶)的情况下,根据该法规定的"机动车发生交通事故造成损害的,依照道路交通安全法的有关规定承担赔偿责任"来法定区别责任;其二,当自动驾驶无人为控制时发生交通事故,则应当适用产品责任,即"因产品存在缺陷造成他人损害的,生产者应当承担侵权责任"；若存在既有人为因素，又有机器辅助的情况，那就是现在我们实际也能碰到的原因力鉴定问题了，以鉴定意见为判断标准。

4. 技术滥用问题引发的社会性风险

这指人工智能使用不合理，包括滥用、误用等，对社会价值等方面产生负面影响的风险。

近年来，一些网络犯罪分子使用"深度伪造"的文本、图像、音频或视频，进行欺诈活动。依靠深度伪造技术工具，AI 客服可以同时给上万人打电话，从事电信诈骗的危害性更强、数额更大。随着技术的进步，在这些假视频和音频中能够让人说现实中没有说过的话、做现实中没有做过的事，甚至达到以假乱真的程度，冲击着人们"眼见为实"的传统认知。2024 年年初，世界经济论坛发布《2024 年全球风险报告》，将人工智能生成的错误信息和虚假信息列为"未来两年全球十大风险"之首，担心其会使本就两极分化、冲突频发的全球形势进一步恶化。

10.5.3 人工智能伦理的典型案例

[案例 1] 中国人脸识别第一案——浙理工教授状告杭州野生动物世界

2019 年 4 月，浙江理工大学郭教授购买了杭州野生动物世界年卡，支付了年卡卡费 1 360 元。合同中承诺，持卡者可在该卡有效期一年内通过同时验证年卡及指纹入园，可在该年度不限次数畅游。同年 10 月，杭州野生动物世界通过短信的方式告知郭教授"园区年卡系统已升级为人脸识别入园，原指纹识别已取消，未注册人脸识别的用户将无法正常入园"。在郭教授前往实地验证后，工作人员确认了短信属实，并向郭教授明确表示，如果不进行人脸识别注册将无法入园，也无法办理退卡退费手续。但郭教授认为，园区升级后的年卡系统进行人脸识别将收集他的面部特征等个人生物识别信息，该类信息属于个人敏感信息，一旦泄露、非法提供或者滥用，将极易危害包括原告在内的消费者人身和财产安全。协商无果后，郭教授于 2019 年 10 月向法院提起了诉讼。2020 年 11 月，杭州市富阳人民法院一审判决，杭州野生动物世界删除郭教授办理年卡时提交的面部特征信息，赔偿郭教授合同利益损失及交通费共计 1 038 元。

[案例 2] 滴滴数据泄露

2022 年 7 月，网信中国官方发布信息称：根据网络安全审查结论及发现的问题和线索，国家互联网信息办公室依法对滴滴全球股份有限公司涉嫌违法行为进行立案调查。经查实，滴滴违反《网络安全法》《数据安全法》《个人信息保护法》的违法违规行为事实清楚、证据确凿、情节严重、性质恶劣。对滴滴处人民币 80.26 亿元罚款，对滴滴董事长兼 CEO、总裁各处人民币 100 万元罚款。滴滴有哪些违法事实？经网信办查明，滴滴共存在 16 项违法事实，归纳起来主要是 8 个方面。一是违法收集用户手机相册中的截图信息 1 196.39 万条；二是过度收集用户剪贴板信息、应用列表信息 83.23 亿条；三是过度收集乘客人脸识别信息 1.07 亿条、年龄段信息 5 350.92 万条、职业信息 1 633.56 万条、亲情关系信息 138.29 万条、"家"和"公司"打车地址信息 1.53 亿条；四是过度收集乘客评价代驾服务时、App 后台运行时、手机连接监视记录仪设备时的精准位置（经纬度）信息 1.67 亿条；五是过度收集司机学历信息 14.29 万条，以明文形式存储司机身份证号信息 5 780.26 万条；六是在未明确告知乘客情况下分析乘客出行意图信息 539.76 亿条、常驻城市信息 15.38 亿条、异地商务 / 异地旅游信息 3.04 亿条；七是在乘客使用顺风车服务时频繁索取无关的"电话权限"；八是未准确、清晰说明用户设备信息等 19 项个人信息处理目的。

[案例 3] 美国首起 AI 招聘歧视案

AI 招聘可以提高效率，避免主观因素的干扰，更好地对应聘者能力与岗位需求进行匹配。然而，偏见和歧视也可能通过算法更隐晦地内嵌到决策系统当中，悄无声息地侵蚀就业公平。2022 年 5 月，美国平等就业机会委员会（EEOC）起诉 iTutorGroup 旗下三家公司（iTutorGroup, Inc、上海平安智慧教育科技有限公司、Tutor Group Limited）因应聘者年龄大拒绝了 200 多名申请者，被判赔 36.5 万美元，用于补偿被拒的应聘者。据 EEOC 指控，iTutorGroup 于 2020 年对其在线招聘软件进行编程，该算法会自动拒绝年龄较大的应聘者，55 岁以上的女性和 60 岁以上的男性将被取消考虑资格。EECO 主席夏洛特 A. 伯罗斯（Charlotte A.Burrows）表示，"年龄歧视是不公正和非法的，即使技术使歧视自动化，雇主仍然负有责任。

[案例 4] Facebook AI 种族歧视，误将黑人标记为灵长类动物

有 Facebook 用户在观看一段以黑人为主角的视频时收到推荐提示：询问他们是否愿意"继续观看有关灵长类动物的视频"。该视频是由《每日邮报》在 2020 年 6 月 27 日发布的，其中包含黑人与白人平民和警察发生争执的片段，并且视频内容与灵长类动物无关。此外，2015 年，Google Photos 也发生过类似事件，它将两位黑人的照片标记为"大猩猩"（Gorillas）。然而 Wired 杂志发现谷歌公司的解决方案仅仅是防止将任何图片标记为大猩猩、黑猩猩或猴子而删除了这一标签。随后谷歌公司证实，无法识别大猩猩和猴子是因为 2015 年将黑人识别为大猩猩事件发生后，为了解决这一错误，谷歌公司直接从搜索结果中删除了这一词条的标签。

[案例 5] AI 申请专利遭拒

2020 年，美国 AI 专家 Stephen Thaler 博士发明了一个名为"DABUS"的系统，该系统具备类似于人脑的独立思考和创作能力，在没有外界干预的情况下自行设计了一款饮料架和一个应急标识。围绕这两个设计，Thaler 博士认为 AI 系统应当拥有专利的所有权，他同时在美国、欧盟、英国多个国家为这两幅作品申请专利，但无一例外地都遭受到了拒绝。2021 年 8 月，南非率先成为第一个授予人工智能专利权的国家，承认人工智能机器人 DABUS 为"发明者"，6 日澳大利亚联邦法院也做出裁决：发明者可以是非人类。这是有历史里程碑意义的判决，因为人工智能系统首次在法律上被承认可为专利申请发明者。在美国，Thaler 博士一路从地方法院诉讼至最高院，最终在 2023 年 4 月盖棺定论——最高法院驳回 Thaler 博士对美国专利商标局拒绝为 DABUS 系统创造的发明专利的诉讼。法院裁决认为，专利只能颁发给人类发明者，其人工智能系统不能被认为是两项发明的合法创造者。

[案例 6] 自动驾驶安全事故频出

2018 年 3 月 18 日大约晚上 10 点，49 岁的伊莱娜·赫茨伯格正骑车穿过马路。一辆沃尔沃 XC 90 SUV，以大约 65 km/h 的速度靠近，没有刹车。生活刚刚发生转机

的赫茨伯格的生命,在那晚戛然而止。肇事的那辆车,是 Uber 公司的自动驾驶测试车辆,如图 10.3 所示。当时,拉法埃拉·瓦斯奎兹作为安全员坐在驾驶座上。但警方报告显示,她并未完全履行安全员的职责,实时监控车辆运行情况,而是频频低头在看手机上的电视节目。瓦斯奎兹未在事故中受伤。

图 10.3　自动驾驶事故发生现场

美国国家运输安全委员会 NTSB 的初步事故报告称赫茨伯格穿着深色衣服,没有看向车辆方向,在没有灯光直接照射的路段,从中央隔离带进入道路,且有警告行人使用人行横道的标志。撞击前 6 s,车辆行驶速度为约 69 km/h,系统将女子和自行车识别为未知物体,后又识别为车辆,继而又识别为自行车。在碰撞发生前 1.3 s,系统标记需要紧急制动,但并未执行,车辆以约 63 km/h 的速度撞上赫茨伯格。车辆在识别为需要紧急制动时未执行制动是因为 Uber 禁用了紧急制动以及沃尔沃 XC90 的紧急制动系统,部分原因是为了改善乘坐感受。因案情复杂,美国法律系统将一起交通事故判决延宕了五年之久。但最终经过五年多的诉讼,在 2023 年 7 月 28 日,肇事车辆的安全员,瓦斯奎兹认罪,判处三年监督缓刑。而如今,当年的安全员最终认罪,又引发了新一轮的争议。自动驾驶造成道路交通事故,到底应该由谁承担责任?是开发这套系统的公司?还是在方向盘后应该干预系统的个人?这一事故对自动驾驶行业影响巨大,作为新兴技术,人们对自动驾驶怀疑倍增。在事故发生之后第一时间,丰田立刻在全美暂停自动驾驶在公开道路的测试。而 Uber 公司虽没有被提起刑事指控,但也因此停止了在亚利桑那州的自动驾驶测试。

[案例 7]"AI 换脸"诈骗

2023 年 5 月,包头市公安局电信网络犯罪侦查局发布一起使用智能 AI 技术进行电信诈骗的案件,福州市某科技公司法人代表郭先生 10 min 内被骗 430 万元。4 月 20 日中午,郭先生的好友突然通过微信视频联系他,称自己在外地竞标,需要 430 万元保证金,且需要公对公账户过账,想要借郭先生公司的账户走账。基于对好友的信任,加上已经视频聊天核实了身份,郭先生没有核实钱款是否到账,就分两笔把 430 万元转到了好友朋友的银行卡上。郭先生拨打好友电话,才知道被骗。骗子通过智能 AI 换脸和拟声技术,佯装好友对他实施了诈骗。值得注意的是,骗子并没有使用一个仿真的好友微信添加郭先生为好友,而是直接用好友微信发起视频聊天,这也是郭先生被骗的原因之一。

10.6　伦理规范与职业道德

近年来,计算机、互联网、大数据、人工智能等技术在诸多领域不断取得重大突破,其发展速度之快、影响程度之深前所未有,在给现代生活带来极大便利的同时,也留下了一些可能危及人类生存的重大风险。如何能够在充分享受科技发展带来的巨大红利的同时有效防范其潜在风险,已经成为人们面临的关键问题。各政府部门、各社会机构发布了一系列伦理规范与行为守则。

10.6.1　中国计算机学会职业伦理与行为守则

1992 年 10 月,美国计算机协会 ACM(Association for Computing Machinery)发布了《美国计算机协会 ACM 伦理与职业行为规范》,2023 年,中国计算机协会 CCF(China Computer Federation)发布了《中国计算机学会职业伦理与行为守则》(以下简称《守则》),共分为四个部分。第一部分为前言,简要介绍学会的发展历程和文件宗旨。第二部分为基本原则,包括一般伦理原则和职业伦理原则。第三部分是行为规范,为会员的具体行为提供规范指引。最后一部分是对违反《守则》行为的披露、惩罚和申诉等方面的相关要求。第二部分和第三部分具体如下。

第二部分　伦理原则

1. 一般伦理原则

1.1　人类福祉

计算机专业人员在研究和实践中应该充分关注人类的福祉,认识到所有人都是计算机与信息技术活动的利益相关者,须承担服务公众利益的责任,利用自己的技能为社会造福。计算机专业人员应思考他们工作的结果是否尊重多元文化,是否富含社会责任感,是否符合社会健康发展需要。除此之外,人类福祉还要求保持和维护安全、健康的自然环境,因此,计算机专业人员应积极促进本地和全球环境的可持续发展。

1.2　诚实守信

计算机专业人员应当诚实地面对专业、行业和公众,应当坦率地回应专业问题,包括自身的能力、资质以及专业困难,不得虚假宣传、故意误导、隐瞒重要信息等,应该遵守合同、协议等相关规定,不得利用信息不对称等手段牟取私利。计算机专业人员应对任何可能导致实际或感知利益冲突的情况保持诚实。故意制造虚假或误导性声明,编造或伪造数据,提供或接受贿赂以及其他不诚实行为均被视为违反本原则。

1.3　公平公正

计算机专业人员应该始终遵守公平公正的原则,努力为所有人提供公平参与的机会,特别是那些代表性不足的群体。当不同群体的利益发生冲突时,计算机专业人员应该优先考虑那些处于不利地位群体的需求,以确保他们被公平对待。在计算机技术的使用中,可能会加剧现有的不平等或导致新的不平等现象的发生。因此,计算机专业人员应该尽可能设计具有包容性的技术和产品,并采取措施避免设计、创建可能剥夺人们权利或压迫人们的系统或技术。

1.4 避免伤害

计算机专业人员的一个基本目标是最大限度地减少计算机相关技术所带来的负面后果,包括对健康、安全和隐私的威胁。计算机专业人员在其从业过程中应对计算机科学与技术涉及的安全性因素保持敏感性,防止和避免专业技术及产品服务对社会成员的生命安全、健康、财产、名誉和工作等造成伤害。当意外伤害出现时,计算机专业人员有义务尽力缓解或减轻伤害。当技术带来的利益与伤害发生冲突,且伤害在一定程度上是可以接受的时候,在确保被伤害主体的知情权和决策权的同时,计算机专业人员应力求对造成的伤害给予相应的补偿。

1.5 尊重原则

计算机专业人员应当遵守国家的法律法规和相关的行业法规,不得从事非法活动,包括但不限于传播淫秽、色情、暴力等不良信息等。计算机专业人员应该尊重他人的知识产权,不得盗用他人知识产权,包括但不限于抄袭、剽窃、侵犯专利、商标、著作权等行为。计算机专业人员应该尊重个人隐私,不得非法获取、使用、泄露他人的个人隐私信息。

2. 职业伦理原则

2.1 追求卓越

计算机专业人员应努力追求卓越,保持职业的声誉和信誉,为社会和行业的发展做出贡献。计算机专业人员坚持并支持自己和同事的高质量工作,应该充分考虑他们工作中的伦理道德问题,努力维护最高的学术诚信和职业道德标准,帮助建立一个更美好、可持续的计算机行业和整个社会的未来。

2.2 保持专业

随着计算机行业的不断发展,新技术和应用层出不穷。为了应对这些变化,计算机专业人员需要持续学习和适应,以保持其专业性和竞争力。专业人员应该积极参与职业培训和学术交流,关注行业新闻和趋势,并加强技术研究和积累。此外,专业人员还应该不断提高自身的管理、沟通、协作等软技能,以更好地适应工作环境和需求。只有通过不断保持专业能力,才能确保计算机行业的健康发展和个人职业发展长远可持续。

2.3 同行评议

同行评议是确保研究成果的质量和可信度的重要过程,计算机专业人员应该主动接受同行评议和审核,从中获得反馈和建议,提高自己的工作质量和水平;应尊重同行评议和审核的过程,并遵守学术诚信和道德规范,不得故意误导或操纵同行评议和审核过程,维护学术和职业的公平和正义;应该在同行评议和审核中保持开放的心态,接受批评和建议,并在必要时进行修改和改进。同时,也应该积极参与同行评议和审核过程,为学术进步和发展做出贡献。

2.4 尽职尽责

计算机专业人员应该尽职尽责,全面了解所承担的工作,包括技术、行业、市场和社会等方面,以便更好地为客户或雇主提供服务。应该熟悉行业标准和最佳实践以及其他与专业工作相关的规则。在工作中,计算机专业人员应该严格遵守合同、协议和其他有关的规定,并保护客户和雇主的利益。此外,还应该积极参与行业自律组织的工作,促进行业的发展和规范化。

2.5 维护专业形象

计算机专业人员应该努力维护计算机行业的形象和声誉,与公众分享技术知识,培养计算思维,增进公众对计算的理解,促进计算机技术的普及和推广,而不应采用虚假宣传、夸大事实等方式误导公众和消费者,或者以任何方式损害行业的声誉和形象。

第三部分 行为规范

1. 计算机专业人员应将确保公众利益作为专业工作的核心,以此为导向发展技术,并在利益发生冲突时始终坚持维护公众利益,优先考虑公众利益。

2. 计算机专业人员应该积极参与有益于公共利益的公益或志愿工作,为社会做出积极的贡献。

3. 计算机专业人员应该在工作和学习中保持诚信精神,向各利益相关方充分披露相关的系统功能、性能、局限性和潜在问题,以保证所提供的产品与服务的透明度。

4. 计算机专业人员应尽可能设计具有包容性的技术和产品,同时避免创建可能会剥夺个体权利或压迫人类的系统或技术。

5. 计算机专业人员在工作中应注意不得设立隐含歧视规则,尽可能减少偏见,防止不公平待遇的出现;应审慎处理决策行为,并提供申诉渠道,以预防不公正行为的发生。

6. 计算机专业人员应该在职业和个人生活中尊重他人,始终坚持以人为本,不得以任何方式参与或支持任何形式的人身攻击或骚扰,包括但不限于言语攻击、恐吓、敲诈勒索、侵犯隐私等行为。

7. 计算机专业人员在从事专业活动、产品开发和服务提供时,应该认真履行保护人们隐私安全的职责,理解计算机系统运行对个人隐私信息保护的重要性,合法合规使用个人信息,不得侵犯个人和团体的合法权利。

8. 计算机专业人员应努力识别和减轻计算机系统中的潜在风险,防止技术滥用,确保数据的准确性,了解数据的来源,并保护数据免受未经授权的访问和意外泄露。

9. 计算机专业人员有责任及时报告任何可能导致系统风险的迹象。如果相关责任主体不采取措施减少或减轻风险,计算机专业人员需要做出"吹哨人"的行动以减少潜在的伤害。但反复无常或误导性的风险报告本身就是有害的。在报告风险之前应仔细评估相关情况。

10. 计算机专业人员应对专业职责负责,致力于实现高质量的工作和产品开发,保证其技术水平和相关改进符合最高的专业标准,以促进技术创新并取得积极成果。

11. 计算机专业人员应当紧跟计算机领域的最新发展趋势和前沿技术,通过定期参加研讨会、座谈会等方式掌握新技术,利用在线资源,如博客、论坛、在线课程等,加强学习,紧跟行业趋势,保持最新状态。秉持终身学习的心态,积极寻找机会提升自身技能和知识,以保持自己的竞争力。

12. 计算机专业人员应该关注社会热点和公共事件,发表言论和观点时应当尊重事实、尊重科学、尊重公共利益和社会责任,不得以任何方式散布虚假信息、煽动情绪、引导错误的舆论导向和社会行为。

13. 计算机专业人员在工作中应该加强安全意识和保障能力,设计和实现安全可靠的系统,做好信息安全管理和维护工作,保护个人隐私和机构信息,不得利用职务之便非法获取、泄露机构和个人信息。

14. 计算机专业人员应该保护计算机行业的相关涉密信息,包括但不限于技术秘密、商业秘密、军事秘密、国家秘密,不得泄露任何涉密信息。

15. 计算机专业人员不得将涉密计算机接入互联网;不得将涉密 U 盘、移动硬盘、光盘接入与互联网连接的计算机;不得在与互联网连接的计算机上处理涉密文件;不得使用具有无线上网功能的计算机处理涉密文件;不得将涉密文件资料、涉密计算机带出办公室或家中处理涉密文件。

16. 计算机专业人员在工作中应对计算机系统及其影响进行全面彻底的评估,包括可能的风险分析和不良后果,在评估、推荐和呈现系统描述和替代方案时,应该努力做到敏锐、全面和客观,应格外小心地识别和减轻机器学习系统中的潜在风险。

17. 计算机专业人员在工作中,应该遵守国家法律法规,严格遵循科技伦理规范,杜绝违法犯罪活动。不应提供或接受贿赂,或以其他不正当行为获取利益。应该积极参与网络安全和信息保护工作,提升安全防护水平,确保计算机行业的安全和稳定运行。积极配合相关部门开展打击网络犯罪和维护网络安全的工作,以保障国家和社会的安全和利益。

18. 计算机专业人员有责任为行业的更广泛的社会和经济利益做出贡献,积极参与开源软件项目,指导有抱负的开发人员,并与学术机构合作推进计算机科学研究和技术开发。

19. 计算机专业人员有责任推动提高行业决策的透明度,让人们相信社会计算机系统(如政府部门的信息管理系统)运行良好,保持与公众清晰的沟通,陈述客观事实,不做出误导性陈述。

《中国计算机学会职业伦理与行为守则》是中国计算机学会对会员职业行为的基本道德要求,是保障中国计算机行业健康发展的基石。中国计算机学会要求所有会员遵守职业伦理与行为守则,在努力促进中国计算机科学与技术进步的同时提升中国计算机学会的职业道德水准,维护学会声誉。

10.6.2 新一代人工智能伦理规范

2021 年 9 月 25 日,国家新一代人工智能治理专业委员会发布了《新一代人工智能伦理规范》,旨在将伦理道德融入人工智能全生命周期,为从事人工智能相关活动的自然人、法人和其他相关机构等提供伦理指引。具体如下:

第一章 总则

第一条 本规范旨在将伦理道德融入人工智能全生命周期,促进公平、公正、和谐、安全,避免偏见、歧视、隐私和信息泄露等问题。

第二条　本规范适用于从事人工智能管理、研发、供应、使用等相关活动的自然人、法人和其他相关机构等。

（一）管理活动主要指人工智能相关的战略规划、政策法规和技术标准制定实施，资源配置以及监督审查等。

（二）研发活动主要指人工智能相关的科学研究、技术开发、产品研制等。

（三）供应活动主要指人工智能产品与服务相关的生产、运营、销售等。

（四）使用活动主要指人工智能产品与服务相关的采购、消费、操作等。

第三条　人工智能各类活动应遵循以下基本伦理规范。

（一）增进人类福祉。坚持以人为本，遵循人类共同价值观，尊重人权和人类根本利益诉求，遵守国家或地区伦理道德。坚持公共利益优先，促进人机和谐友好，改善民生，增强获得感、幸福感，推动经济、社会及生态可持续发展，共建人类命运共同体。

（二）促进公平公正。坚持普惠性和包容性，切实保护各相关主体合法权益，推动全社会公平共享人工智能带来的益处，促进社会公平正义和机会均等。在提供人工智能产品和服务时，应充分尊重和帮助弱势群体、特殊群体，并根据需要提供相应替代方案。

（三）保护隐私安全。充分尊重个人信息知情、同意等权利，依照合法、正当、必要和诚信原则处理个人信息，保障个人隐私与数据安全，不得损害个人合法数据权益，不得以窃取、篡改、泄露等方式非法收集利用个人信息，不得侵害个人隐私权。

（四）确保可控可信。保障人类拥有充分自主决策权，有权选择是否接受人工智能提供的服务，有权随时退出与人工智能的交互，有权随时中止人工智能系统的运行，确保人工智能始终处于人类控制之下。

（五）强化责任担当。坚持人类是最终责任主体，明确利益相关者的责任，全面增强责任意识，在人工智能全生命周期各环节自省自律，建立人工智能问责机制，不回避责任审查，不逃避应负责任。

（六）提升伦理素养。积极学习和普及人工智能伦理知识，客观认识伦理问题，不低估、不夸大伦理风险。主动开展或参与人工智能伦理问题讨论，深入推动人工智能伦理治理实践，提升应对能力。

第四条　人工智能特定活动应遵守的伦理规范包括管理规范、研发规范、供应规范和使用规范。

第二章　管理规范

第五条　推动敏捷治理。尊重人工智能发展规律，充分认识人工智能的潜力与局限，持续优化治理机制和方式，在战略决策、制度建设、资源配置过程中，不脱离实际、不急功近利，有序推动人工智能健康和可持续发展。

第六条　积极实践示范。遵守人工智能相关法规、政策和标准，主动将人工智能伦理道德融入管理全过程，率先成为人工智能伦理治理的实践者和推动者，及时总结推广人工智能治理经验，积极回应社会对人工智能的伦理关切。

第七条　正确行权用权。明确人工智能相关管理活动的职责和权力边界，规范权力运行条件和程序。充分尊重并保障相关主体的隐私、自由、尊严、安全等权利及其他合法权益,禁止权力不当行使对自然人、法人和其他组织合法权益造成侵害。

第八条 加强风险防范。增强底线思维和风险意识,加强人工智能发展的潜在风险研判,及时开展系统的风险监测和评估,建立有效的风险预警机制,提升人工智能伦理风险管控和处置能力。

第九条 促进包容开放。充分重视人工智能各利益相关主体的权益与诉求,鼓励应用多样化的人工智能技术解决经济社会发展实际问题,鼓励跨学科、跨领域、跨地区、跨国界的交流与合作,推动形成具有广泛共识的人工智能治理框架和标准规范。

第三章 研发规范

第十条 强化自律意识。加强人工智能研发相关活动的自我约束,主动将人工智能伦理道德融入技术研发各环节,自觉开展自我审查,加强自我管理,不从事违背伦理道德的人工智能研发。

第十一条 提升数据质量。在数据收集、存储、使用、加工、传输、提供、公开等环节,严格遵守数据相关法律、标准与规范,提升数据的完整性、及时性、一致性、规范性和准确性等。

第十二条 增强安全透明。在算法设计、实现、应用等环节,提升透明性、可解释性、可理解性、可靠性、可控性,增强人工智能系统的韧性、自适应性和抗干扰能力,逐步实现可验证、可审核、可监督、可追溯、可预测、可信赖。

第十三条 避免偏见歧视。在数据采集和算法开发中,加强伦理审查,充分考虑差异化诉求,避免可能存在的数据与算法偏见,努力实现人工智能系统的普惠性、公平性和非歧视性。

第四章 供应规范

第十四条 尊重市场规则。严格遵守市场准入、竞争、交易等活动的各种规章制度,积极维护市场秩序,营造有利于人工智能发展的市场环境,不得以数据垄断、平台垄断等破坏市场有序竞争,禁止以任何手段侵犯其他主体的知识产权。

第十五条 加强质量管控。强化人工智能产品与服务的质量监测和使用评估,避免因设计和产品缺陷等问题导致的人身安全、财产安全、用户隐私等侵害,不得经营、销售或提供不符合质量标准的产品与服务。

第十六条 保障用户权益。在产品与服务中使用人工智能技术应明确告知用户,应标识人工智能产品与服务的功能与局限,保障用户知情、同意等权利。为用户选择使用或退出人工智能模式提供简便易懂的解决方案,不得为用户平等使用人工智能设置障碍。

第十七条 强化应急保障。研究制定应急机制和损失补偿方案或措施,及时监测人工智能系统,及时响应和处理用户的反馈信息,及时防范系统性故障,随时准备协助相关主体依法依规对人工智能系统进行干预,减少损失,规避风险。

第五章 使用规范

第十八条 提倡善意使用。加强人工智能产品与服务使用前的论证和评估,充分了解人工智能产品与服务带来的益处,充分考虑各利益相关主体的合法权益,更好促进经济繁荣、社会进步和可持续发展。

第十九条 避免误用滥用。充分了解人工智能产品与服务的适用范围和负面影响,切实尊重相关主体不使用人工智能产品或服务的权利,避免不当使用和滥用人工智能产品与服务,避免非故意造成对他人合法权益的损害。

第二十条　禁止违规恶用。禁止使用不符合法律法规、伦理道德和标准规范的人工智能产品与服务,禁止使用人工智能产品与服务从事不法活动,严禁危害国家安全、公共安全和生产安全,严禁损害社会公共利益等。

第二十一条　及时主动反馈。积极参与人工智能伦理治理实践,对使用人工智能产品与服务过程中发现的技术安全漏洞、政策法规真空、监管滞后等问题,应及时向相关主体反馈,并协助解决。

第二十二条　提高使用能力。积极学习人工智能相关知识,主动掌握人工智能产品与服务的运营、维护、应急处置等各使用环节所需技能,确保人工智能产品与服务安全使用和高效利用。

第六章　组织实施

第二十三条　本规范由国家新一代人工智能治理专业委员会发布,并负责解释和指导实施。

第二十四条　各级管理部门、企业、高校、科研院所、协会学会和其他相关机构可依据本规范,结合实际需求,制订更为具体的伦理规范和相关措施。

第二十五条　本规范自公布之日起施行,并根据经济社会发展需求和人工智能发展情况适时修订。

10.7　扩 展 阅 读

诺伯特·维纳(Norbert Wiener,1894—1964年),出生于美国密苏里州哥伦比亚,应用数学家,控制论创始人,美国艺术与科学院院士,生前是麻省理工学院荣休教授。

扩展阅读
10-1:
诺伯特·
维纳

思 考 题

1. 什么是伦理、道德、法律? 它们之间有何联系与区别?
2. 结合实例说明隐私泄露的可能环节。

3. 结合实际阐述如何防止隐私泄露。

4. 举例说明人工智能技术的滥用方式有哪些?

5. 阐述你对人工智能技术滥用的治理观点。

6. 人工智能能成为法律主体吗? 请阐述你的观点。

7. 机器人创作的艺术作品有著作权吗?